나무
병해충
도감

한국 생물 목록 10
Checklist of Organisms in Korea 10

나무 병해충 도감
Diseases and Insect Pests of Woody Plants

펴낸날 초판 1쇄 2014년 4월 15일
초판 5쇄 2021년 7월 31일

글·사진 문성철·이상길
펴낸이 조영권
만든이 김원국, 노인향, 박수미
꾸민이 강대현

펴낸곳 자연과생태
주소 서울 마포구 신수로 25-32, 101(구수동)
전화 02) 701-7345~6 팩스 02) 701-7347
홈페이지 www.econature.co.kr
등록 제2007-000217호

ISBN 978-89-97429-39-4 93520

한국 생물 목록 10
Checklist Of Organisms In Korea 10

글 · 사진 **문성철 · 이상길**

DISEASES AND INSECT PESTS OF WOODY PLANTS

자연과생태

일러두기

1. 나무 107종에 대해 공원, 가로수, 아파트, 학교, 고속도로휴게소 등 생활 주변에서 쉽게 발생하는 병해충 501종(병해 191종, 해충 306종, 비전염성 피해 4종)을 사진 2,066장과 곁들여 기술했다.

2. 수종마다 중첩되는 해충은 주로 발생되는 수종에만 기술했으며, 그 외의 수종에는 '기타 해충' 항목에 사진의 일부만을 첨부했다. 다만 전나무잎응애, 식나무깍지벌레, 참긴더듬이잎벌레 3종에 대해서는 2개 수종에서 각각 기술했다.

3. 수목명은 《국가표준식물목록》(산림청 국립수목원)을 기준으로 수록했다.

4. 병명과 병원균명은 《한국식물병명목록》(2009)을 기준으로 했고, 그 후에 알려진 종류는 관련문헌을 따랐으며, 병명은 한글명과 영명으로, 병원균명은 속, 종 순으로 기술했다.

5. 해충명는 《한국곤충총목록》(2010), 《한국동물명집》(1997)을 기준으로 한글명과 학명을 병기했으며, 그 이후에 알려진 종류는 관련문헌을 따랐다.

6. 《한국식물병명목록》, 《한국곤충총목록》, 《한국동물명집》에 수록되지 않은 병해충 96종의 경우, 73종(병해 47종, 해충 26종)은 《日本植物病害大事典》(1998), 《日本植物病名目録》(2000), 《日本農業害虫大事典》(2003), 《樹木病害デジタル図鑑》(2009) 등을 참고해 한글명을 붙인 후 괄호 안에 가칭으로 표기했으며, 그 외 분류학상 문제가 있는 해충 23종에 대해서는 진딧물류, 검정날개잎벌류와 같이 한글명을 붙이지 않았다.

7. 방제방법은 주로 화학적인 방제방법을 제시했으며, 농약명은 《작물보호제지침서》(2012)를 기준으로 했다. 제시된 약제는 발암유발물질, 발암유발의심물질을 포함하지 않은 저독성, 어독성 Ⅲ급 농약, 친환경약제 등 인체에 피해가 적은 약제를 위주로 선별했다.

저자서문

나무병원, 나무의사. 이제는 우리의 일과 직업을 들어본 적이 있는 사람들을 종종 만납니다. 나무의사는 사람을 고치는 의사와 달리 아픈 나무에 직접 찾아가서 진단 · 치료하기 때문에 나무가 있는 전국이 우리의 진료실입니다.

현장에서 나무들을 아프게 하는 원인을 찾았지만 그 병과 해충이 무엇인지 알지 못할 때는 여러 가지 자료를 찾아 확인하는 것이 힘든 작업이었습니다. 또한 기존의 도감이 산에서 발생되는 병해충 위주로 수록하고 있어 공원, 가로수, 아파트단지, 고속도로휴게소 같은 생활 주변에서 발생되는 병해충 동정에 어려움을 겪어왔습니다. 이 도감은 이러한 불편함을 해결할 수 있도록 우리의 생활 주변에서 흔히 볼 수 있는 나무를 선정하고, 나무별로 병해와 해충에 대해 사진을 곁들여서 설명했습니다.

《나무병해충도감》을 출판하겠다는 생각을 처음 했을 때, 일반인들에게 여러 진단 지식을 알리는 것이 오히려 나무를 잘못 진단하고 방제하게 하거나 학문적인 혼돈을 초래해 학계 및 연구 계통에서 전문적으로 연구하는 분들께 누가 되지는 않을까 하는 두려움이 있었습니다. 또한 아직 많은 경험과 지식을 쌓아야 할 사람이 현재 가지고 있는 자그마한 지식을 드러내는 것이 바람직한 일인가 하는 망설임도 있었습니다. 하지만, 지난 시간 동안 쌓아둔 창고를 말끔히 비우고 앞으로 새로운 경험과 지식을 채우겠다는 마음으로 그간 기록한 사진을 한 장씩 정리했습니다.

이 도감은 학교, 연구소, 저희와 같은 나무의사만을 대상으로 하지 않습니다. 나무에 관심 있는 분들을 고려했기 때문에 도감이라는 형식에 맞게 사진을 최대한 많이 수록하고 설명은 간략하게 기술했습니다. 지금까지 국내에 알려지지 않은 새로운 병해충도 학문적으로 명확히 규명되기를 바라는 마음으로 수록했습니다.

이 책이 나오기까지 사진과 원고의 정리에 큰 도움을 주신 한명희 님, 병해충 사진촬영을 도와주고 일부 사진을 제공해 주신 경기도 산림환경연구소 권건형 박사님, 병해충 채집에 도움을 주신 이규범 (주)충남나무병원 원장님, 김준석, 정광렬 님에게 깊이 감사드립니다. 나무의사라는 길을 걸을 수 있도록 인도해 주시고 많은 은혜를 베풀어 주신 강전유 원장님, 이상옥 이사님 감사한 마음 깊이 간직하겠습니다. 그리고 언제나 곁에서 묵묵히 기다려주는 사랑하는 가족에게도 감사한 마음을 전합니다. 끝으로 조영권 편집장님을 포함한 〈자연과생태〉 출판사 여러분과 전국을 누비며 수목치료에 헌신하고 있는 한강나무병원 임직원에게도 감사의 뜻을 전합니다.

2014년 4월

문성철 · 이상길

추천사

최근 기후변화에 의해 나무의 병충해 피해가 다양하게 나타나고 있으며 산업발달과 인구집중현상, 자동차 증가 등에 따른 환경변화에 의한 생리적인 피해가 증가하고 있습니다. 수목의 피해 원인에는 생리적, 생물적, 기상적, 인위적 피해가 있으며 이중 생물적 피해는 해충과 병해로 나뉩니다.

수목의 병충해를 방제하고 치료하기 위해서는 수목에 피해를 주는 병충명을 정확히 진단해야 합니다. 사람이 병이 났을 때 정확한 원인을 모르면 치료할 수가 없으며 치료한다 해도 효과를 기대할 수가 없는 이치와 같습니다. 이번에 발간되는 《나무병해충도감》은 해충의 모양, 병해의 병징이 뚜렷해 수종에 따라 나타나는 병충명을 진단하는 데 중요한 자료가 될 것입니다.

수목의 병충해가 발생되었을 때 병충명을 정확히 진단하면 방제나 치료의 효과를 극대화할 수 있습니다. 효과적인 병충해 방제는 첫째, 병충명을 정확히 진단하고 둘째, 밝혀진 병충해의 생태(생활사)를 파악하며 셋째, 생태에 근거해 약제 처리시기를 정확히 결정하고 넷째, 발생 병충해에 대한 효과적인 약제를 선정해야 합니다. 그리고 다섯째로, 발생 병충해에 대해 약제 처리간격 및 처리횟수를 정확히 지켜야 하며 여섯째로, 수목은 수고가 높고 수관폭이 넓으며 엽량이 많으므로 많은 약량을 살포해야 합니다.

이 책은 침엽수, 낙엽활엽수, 상록수, 대나무로 구분해 수종별로 많이 발생되는 병충해를 선정했으며, 피해수종, 피해증상, 형태, 생태(생활사), 방제 약제와 방법을 자세히 수록해 효과적으로 병충해를 방제하고 치료할 수 있게 했습니다. 나무병원 종사자나 병충해 방제 실무자에게 귀중한 참고자료가 될 것으로 기대합니다.

2014년 4월

나무종합병원 원장 **강전유**

차례

침엽수

차례

차례

차례

상록활엽수 · 대나무

차례

| 침엽수 |

병반에 나타난 뿔 모양 분생포자덩이

잎마름병 Pestalotia leaf blight

피해 특징 여름철에 고온 건조한 날씨가 계속되거나 태풍 이후에 발생이 심하고, 어린 나무와 묘목에서 피해가 크다.

병징 및 표징 여름철부터 발생해 초가을에 증상이 두드러지며, 잎가장자리에서 안쪽으로 갈색을 띠면서 불규칙한 형태로 변색되고, 둘레는 황록색으로 퇴색한다. 병반 양면에 작고 검은 점(분생포자층)이 나타나며, 다습하면 검은색 삼각뿔 또는 곱슬머리카락 모양 분생포자덩이가 솟아오른다.

병원균 *Pestalotia ginkgo*

방제 방법 병든 잎은 제거하고, 태풍이 지나간 이후에 이미녹타딘트리스알베실레이트 수화제 1,000배액 또는 프로피네브 수화제 500배액을 10일 간격으로 2~3회 살포하며, 수세관리를 통해 건강한 나무로 키운다.

잎마름병의 병징

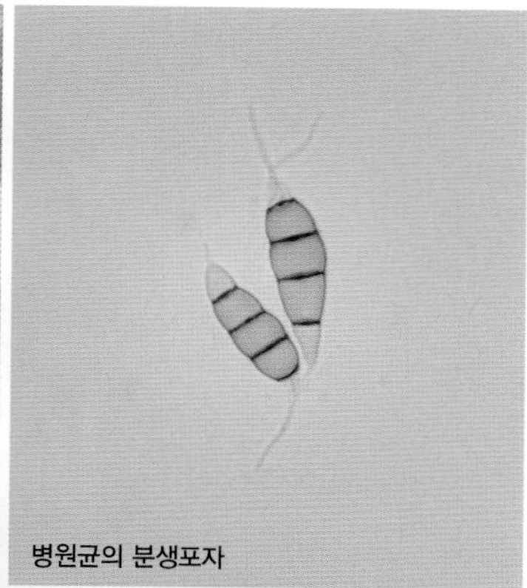
병원균의 분생포자

잎 앞면의 병징

잎 뒷면의 병징

잎 뒷면에 나타난 그을음 모양 분생포자좌

그을음잎마름병 Margin blight

피해 특징 잎가장자리부터 갈색으로 변하며, 갈색 병반에는 그을음이 묻어 있는 것처럼 보인다. 여름철부터 발병하지만, 9월 이후에 급격히 확산되고 병든 잎은 일찍 떨어진다.

병징 및 표징 병든 잎은 가장자리부터 갈색으로 마르며, 병반 주위는 담갈색으로 퇴색한다. 병이 진전되면 병반 위에 작고 검은 점(분생포자좌)이 나타난다.

병원균 *Gonatobotryum apiculatum*

방제 방법 병든 잎은 제거하고, 8월 이후에 이미녹타딘트리스알베실레이트 수화제 1,000배액 또는 프로피네브 수화제 500배액을 10일 간격으로 2~3회 살포한다.

그을음잎마름병의 병징

잎 앞면의 병징

병반에 나타난 검은색 분생포자좌

병원균의 분생포자

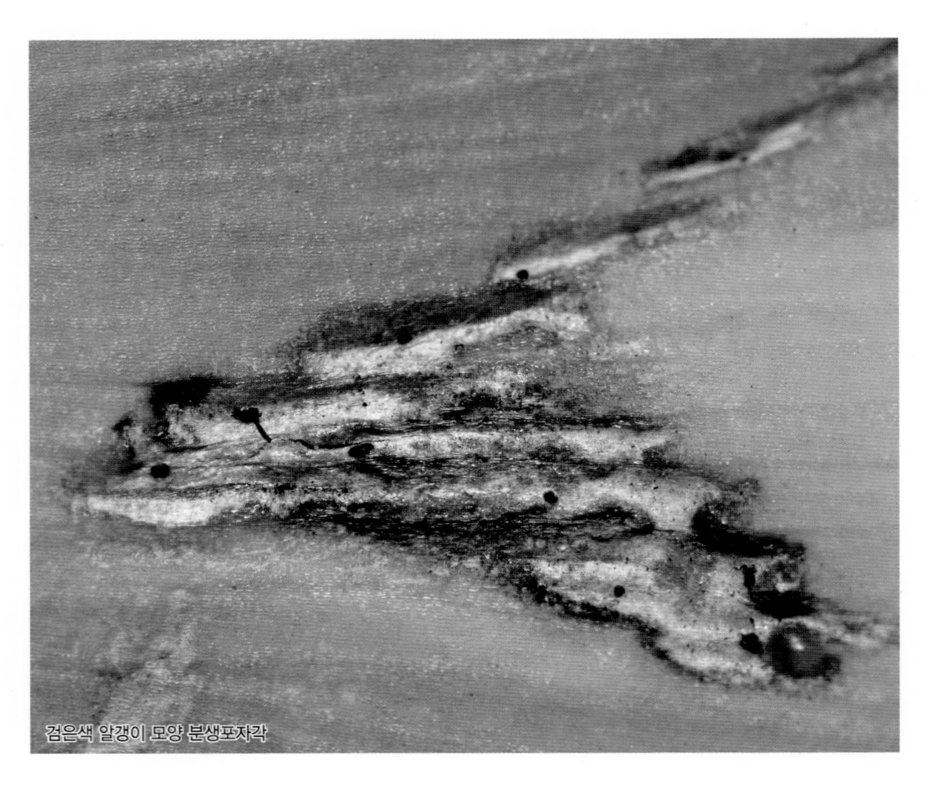
검은색 알갱이 모양 분생포자각

갈색잎마름병(가칭) Microsphaeropsis leaf blight

피해 특징 국내 미기록 병으로 잎마름병, 탄저병과 병징이 매우 비슷하며, 주로 잎맥을 따라 병반이 확대된다.

병징 및 표징 초기증상으로 잎에 작은 갈색 점이 부분적으로 나타나고 병반을 중심으로 노랗게 변한다. 병반은 점차 잎맥을 따라 확대되다가 합쳐져서 검은색 알갱이 같은 작은 점(분생포자각)이 병반 위에 나타난다.

병원균 *Microsphaeropsis* sp.

방제 방법 병든 잎은 제거하고, 피해가 심할 경우 메트코나졸 액상수화제 3,000배액 또는 프로피네브 수화제 500배액을 10일 간격으로 1~2회 살포한다.

병반에 나타난 분생포자각

병원균의 분생포자

잎 앞면의 병징

잎 뒷면의 병징

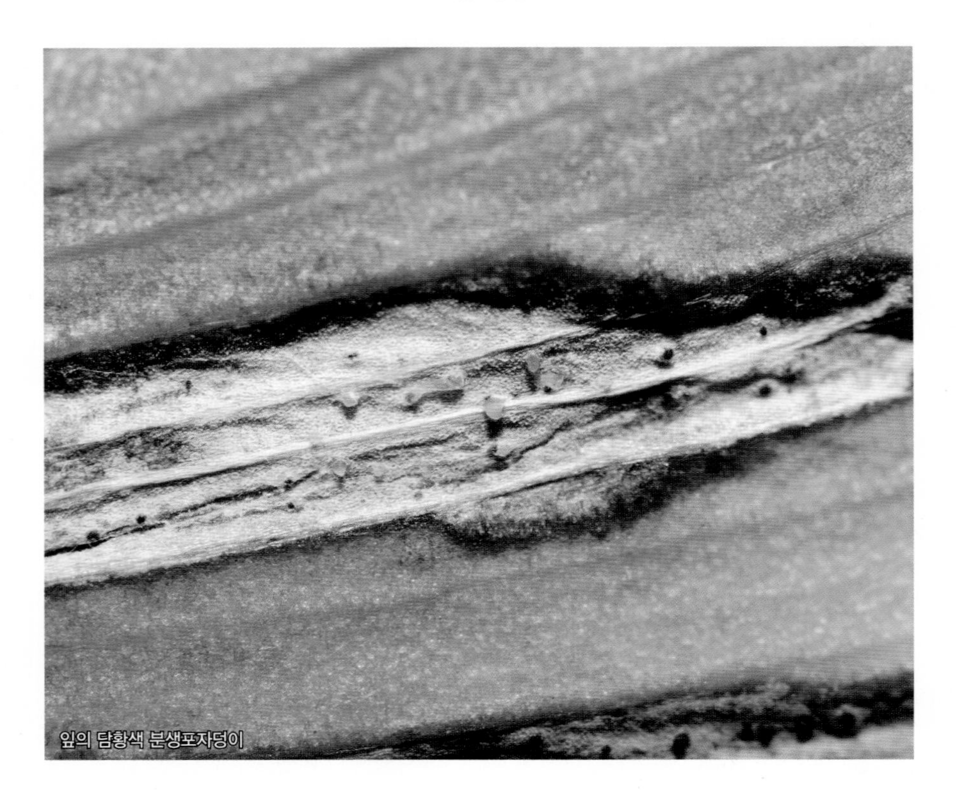

잎의 담황색 분생포자덩이

탄저병(가칭) Anthracnose

피해 특징 국내 미기록 병으로 잎과 어린 가지에 발생하며, 수관 상층부보다는 하층부에서 증상이 심하다. 어린 가지가 병에 걸리면 피해 가지의 잎은 일찍 떨어진다.

병징 및 표징 잎에 작은 갈색 반점이 형성된 후 주변이 노랗게 변하고 잎맥을 따라 병반이 확대된다. 병반부에 작고 검은 점(자실체)이 다수 나타나며, 비가 와서 습할 때는 자실체에서 담황색 분생포자덩이가 솟아오른다.

병원균 *Colletotrichum* sp.

방제 방법 피해 초기에 메트코나졸 액상수화제 3,000배액 또는 프로피네브 수화제 500배액을 10일 간격으로 2~3회 살포한다.

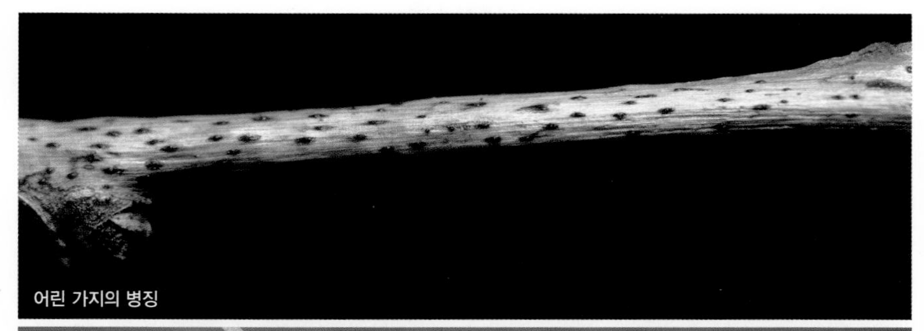

어린 가지의 병징

잎의 병징

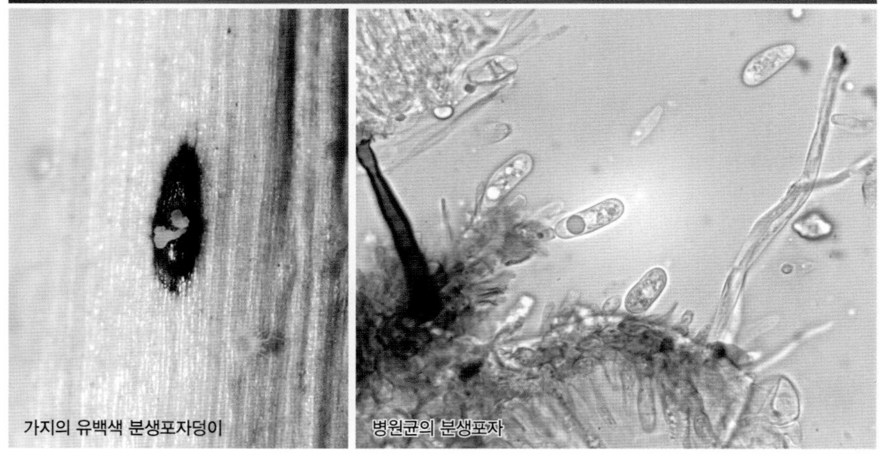

가지의 유백색 분생포자덩이

병원균의 분생포자

잎 뒷면의 성충과 약충

식나무깍지벌레 *Pseudaulacaspis cockerelli*

피해 수목 은행나무, 주목, 감나무, 개나리, 벚나무, 쥐똥나무, 화살나무 등

피해 증상 성충과 약충이 잎 뒷면, 가지, 줄기에 기생하며 수액을 빨아 먹는다. 잎 뒷면에서 가해하면 앞면에 노랗게 변한 무늬가 나타나며, 밀도가 높을 경우 잎 뒷면이 마치 밀가루를 뿌려 놓은 듯이 보인다.

형태 암컷 성충의 깍지는 기주식물과 가해 부위에 따라 모양이 다르나 일반적으로 크기 2.0~2.5㎜의 부채 모양이며 흰색이다. 수컷 성충의 깍지도 흰색으로 긴 형태지만 암컷보다 작다.

생활사 연 2회 발생하고 암컷 성충으로 월동한다. 부화 약충은 5월에 나타나며 환경에 따라 발생 상황이 다르다.

방제 방법 밀도가 높으면 디노테퓨란 액제 1,000배액 또는 클로티아니딘 입상수용제 2,000배액을 10일 간격으로 2~3회 살포한다.

잎 앞면의 변색

깍지 속의 암컷 성충

암컷 성충의 깍지

수컷 성충의 깍지

볼록총채벌레 가해에 의한 잎 앞면의 탈색

가해 양상

배설물 없이 깨끗한 피해 잎 뒷면

볼록총채벌레 *Scirotothrips dorsalis*

피해 수목 은행나무, 감나무, 매실나무, 벚나무, 동백나무, 사철나무, 아왜나무 등

피해 증상 성충과 약충이 잎 뒷면에서 수액을 빨아 먹어 잎 앞면이 하얗게 탈색된다. 응애류와 방패벌레류의 피해와 달리 잎 뒷면이 깨끗하다.

형태 암컷 성충은 몸길이가 0.9~1.2㎜이며 노란색을 띤다. 성충의 날개는 가늘고 좁으며 둘레에 가는 털이 나 있다. 약충은 성충보다 연한 노란색이며 성충과 형태가 비슷하다.

생활사 연 10~13회 발생하며 성충으로 낙엽 속이나 수피 밑, 눈 등에서 월동한다. 4월 하순에 성충이 새잎 뒷면의 조직 안에 한 개씩 산란하고, 부화 약충은 5월 상순부터 나타난다.

방제 방법 피해 초기에 아세타미프리드 수화제 2,000배액 또는 디노테퓨란 수화제 1,000배액을 10일 간격으로 2회 이상 살포한다.

검정주머니나방의 주머니

가해 양상

주머니 속 유충

검정주머니나방 *Mahasena aurea*

피해 수목 은행나무, 느티나무, 밤나무, 배나무, 벚나무, 사과나무, 참나무류 등

피해 증상 유충이 주머니 형태로 집을 짓고 그 속에서 잎을 갉아 먹는다.

형태 노숙 유충은 몸길이가 30~40㎜이며, 몸은 연한 갈색이고 머리와 가슴은 회갈색에 흑갈색 무늬가 있다. 암컷 성충은 다리와 날개가 퇴화되어 없으며, 몸길이는 약 19㎜로 유충과 비슷하다. 수컷 성충은 날개 편 길이가 23~35㎜이고 몸길이는 9~10㎜이다.

생활사 연 1회 발생하며 주머니 속에서 유충으로 월동한 후 이른 봄에 잎을 갉아 먹다가 번데기가 된다. 성충은 6~7월에 나타나며, 새로운 유충은 8월에 나타나서 잎을 갉아 먹다가 가을에 수간으로 이동한다.

방제 방법 밀도가 높은 7~8월에 비티쿠르스타키 수화제 1,000배액 또는 디플루벤주론 수화제 2,500배액을 10일 간격으로 2회 이상 살포한다.

잎마름병의 병징

잎마름병 Pestalotia needle blight

피해 특징 나무의 수세가 쇠약하거나 태풍 이후에 발생이 심하고, 어린 나무와 묘목에서 피해가 크다. 병든 잎은 일찍 떨어져서 가지만 앙상하게 남는다.

병징 및 표징 7월 상순부터 잎 끝부분이 갈색으로 변하며, 건전부와 병반의 경계는 진한 갈색으로 구분된다. 잎 양면 병반 위에 작고 검은 점(분생포자층)이 나타나고, 다습하면 검은색 머리카락 모양 분생포자덩이가 솟아오른다.

병원균 *Pestalotiopsis neglecta, P. foedans*

방제 방법 다습한 환경에서 잘 발생하므로 배수관리와 가지치기 등 생육환경 개선에 힘쓰고, 태풍 이후에 이미녹타딘트리스알베실레이트 수화제 1,000배액 또는 프로피네브 수화제 500배액을 10일 간격으로 2~3회 살포한다.

가뭄에 의한 잎마름증상(잎의 2/3이상이 마름증상을 나타낸다.)

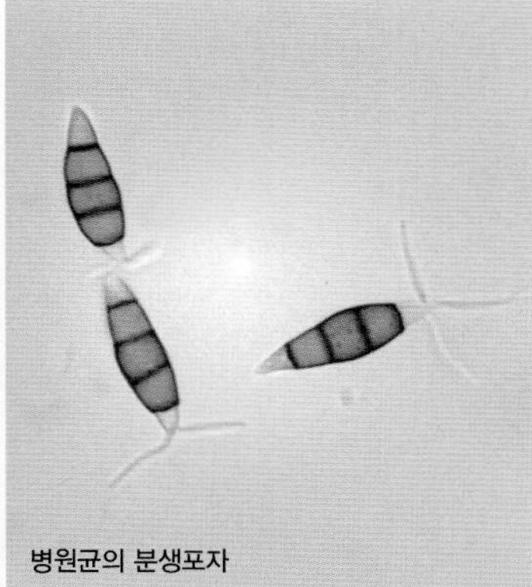
병원균의 분생포자

잎 앞면의 검은색 분생포자층과 분생포자덩이

잎 뒷면의 분생포자덩이

성충과 노랗게 변한 잎

응애류 Mite

피해 수목 메타세쿼이아 등

피해 증상 성충과 약충이 잎 양면에서 수액을 빨아 먹어 엽록소가 파괴되면서 잎이 노랗게 변하고, 밀도가 높으면 잎이 갈색으로 변색되어 나무 전체가 갈색으로 보인다. 고온 건조한 기후가 지속되면 피해가 심하며, 성충의 밀도는 뒷면보다 앞면에서 높다.

형태 성충의 크기는 약 0.3㎜이며, 달걀형으로 붉은 갈색을 띤다.

생활사 연 수회 발생하며, 알로 월동하는 것으로 추정된다. 봄철에 성충과 약충의 밀도가 높고 장마 이후 밀도가 급격히 감소되는 특징이 있다.

방제 방법 개엽 초기부터 피리다벤 수화제 2,000배액 또는 사이에노피라펜 액상수화제 2,000배액을 10일 간격으로 3회 이상 살포한다. 또한, 약제 저항성이 나타나기 쉬우므로 동일 계통의 약제 연용은 피한다.

응애류의 가해로 잎이 변색된 후 일찍 떨어진 피해목

잎 앞면의 황화현상

응애류의 탈피각과 알

성충

응애류 성충

응애류 Mite

피해 수목 구상나무

피해 증상 성충과 약충이 주로 잎 앞면에서 수액을 빨아 먹어 엽록소가 파괴되면서 잎이 노랗게 변한다. 고온 건조한 기후가 지속되면 피해가 심하다.

형태 구상나무를 가해하는 잎응애류는 전나무잎응애(*O. ununguis*)가 보고되었으나, 형태적으로 *Oligonychus*속과 다르고 구상나무만을 가해한다. 성충의 크기는 약 0.3㎜이며, 달걀형으로 암적색이다. 등에는 흰색 센털이 나 있다.

생활사 연 수회 발생하며, 5~6월에 부화해 밀도가 높아지고, 10월 하순까지 성충, 약충, 알 형태가 혼재한다.

방제 방법 피해 초기에 피리다벤 수화제 1,000배액 또는 사이에노피라펜 액상수화제 2,000배액을 10일 간격으로 3회 이상 살포한다.

응애류 알

향나무잎응애(*Oligonychus perditus*) 성충

잎 앞면의 황화현상

전년도 피해 잎과 금년도 피해 잎

유시충

잎말이진딧물류 *Mindarus* sp.

피해 수목 구상나무
피해 증상 성충과 약충이 이른 봄 새잎의 기부에서 집단으로 수액을 빨아 먹어 잎이 오그라드는 증상이 나타난다. 전나무잎말이진딧물(*M. japonicus*)과 비슷하지만, 전나무와 구상나무가 같이 있을 때 구상나무만 가해하는 특징이 있어 동일종인지에 대해 추가적인 연구가 필요하다.
형태 유시충은 몸길이가 약 2.5㎜로 배는 담녹색이며 등에 뚜렷한 검은색 줄무늬가 있고, 밀랍으로 덮여 있다. 약충은 몸길이가 약 1.5㎜로 담녹색이지만 흰 밀랍으로 덮여 있어 하�게 보인다.
생활사 간모, 약충, 유시충이 4월 하순~6월에 가해한다.
방제 방법 4~5월에 아세타미프리드 수화제 2,000배액 또는 디노테퓨란 수화제 1,000배액을 10일 간격으로 2회 이상 살포한다.

가해 양상

약충

밀랍을 뒤집어쓰지 않은 담녹색 약충

하얀 밀랍을 뒤집어쓴 약충

가해 양상

미상해충 unknown

피해 수목 구상나무

피해 증상 무시충이 주로 잎 뒷면에 기생하며 수액을 빨아 먹어, 잎 앞면에 노랗게 변한 무늬가 나타난다.

형태 무시충의 크기는 1.8~2.5㎜로 타원형이며 검은색이다. 자라면서 몸에서 하얀 실타래 모양의 밀랍이 나와 몸을 완전히 덮는다.

생활사 자세한 생태는 밝혀지지 않았다.

방제 방법 밀도가 높으면 디노테퓨란 액제 1,000배액 또는 클로티아니딘 입상수용제 2,000배액을 10일 간격으로 2~3회 살포한다.

잎 앞면의 노란 반점

밀랍을 만들기 전의 무시충

밀랍을 만들고 있는 무시충

밀랍을 뒤집어쓴 무시충

병든 낙엽의 자낭반

잎떨림병 Pine needle cast

피해 특징 소나무, 해송, 리기다소나무, 잣나무 등에 발생하며 묵은 잎이 일찍 떨어지기 때문에 지속적으로 피해를 받으면 수세가 약해진다.

병징 및 표징 4~5월에 묵은 잎이 적갈색으로 변하면서 일찍 떨어져서 새순 또는 당년도 잎만 남는다. 6~7월에 병든 낙엽과 갈색으로 변한 잎에 크기가 1~2㎜인 타원형의 검은색 돌기(자낭반)가 형성되고, 다습한 조건에서 자낭포자가 비산해 새잎에 침입한다. 새로 감염된 잎에는 노란색 띠가 양쪽에 있는 갈색 반점이 나타난 채로 겨울을 난다.

병원균 *Lophodermium* spp.

방제 방법 6~8월에 이미녹타딘트리스알베실레이트 수화제 1,000배액 또는 보르도혼합액 입상수화제 500배액을 10일 간격으로 2~3회 살포한다.

피해 초기의 병징

병원균의 자낭과 자낭포자

전년도 잎이 거의 떨어지고 당년도 잎만 남은 수관

잎의 1/2이 변색된 잎의 자낭반

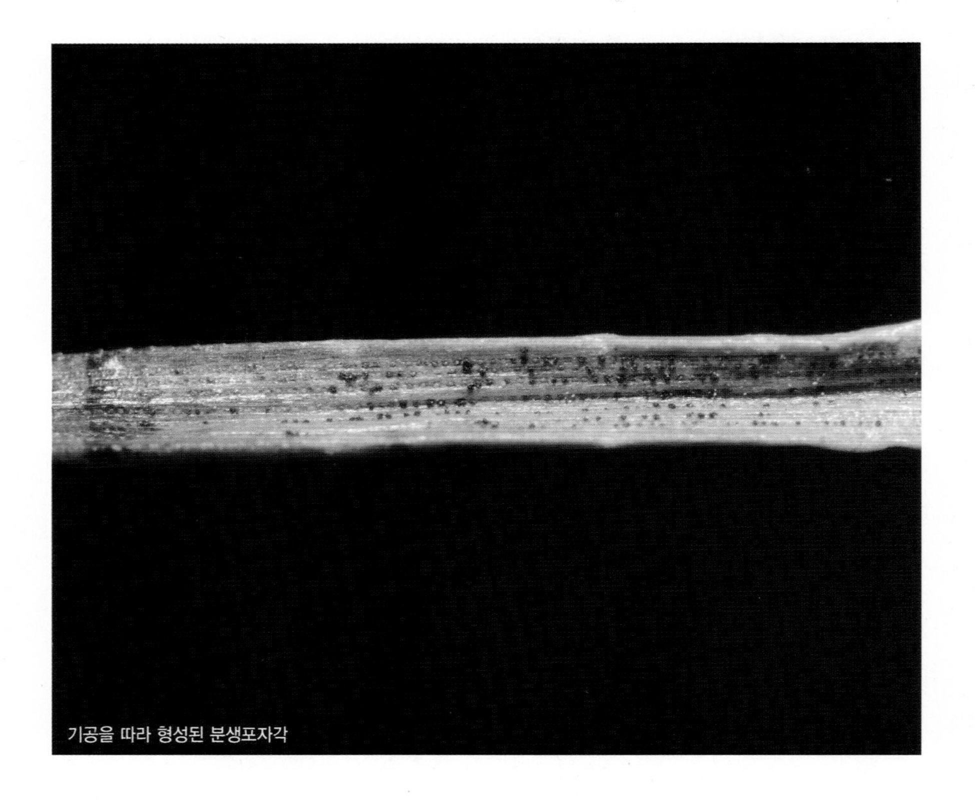

기공을 따라 형성된 분생포자각

그을음잎마름병 Rhizosphaera needle blight

피해 특징 뿌리발달이 불량하거나 수관이 과밀할 때 주로 발생하며, 대기 중 아황산가스 등 농도가 높을 때 피해가 심하다.

병징 및 표징 6월 상순부터 새로 나온 당년도 잎에 발생하며, 잎 끝부분부터 적갈색으로 변색되어 1/3~2/3까지 확대된다. 변색부에는 기공을 따라 원형의 아주 작은 돌기(분생포자각)가 줄지어 형성되고, 다습하면 흰색 분생포자덩이가 솟아오른다.

병원균 *Rhizosphaera kalkhoffii*

방제 방법 수세가 쇠약해지지 않도록 관리하고, 새잎이 자라기 시작할 때부터 이미녹타딘트리스알베실레이트 수화제 1,000배액 또는 보르도혼합액 입상수화제 500배액을 2주 간격으로 2~3회 살포한다.

그을음잎마름병의 병징

1/2~2/3까지 변색된 병든 잎

분생포자각에서 솟아오른 흰색 분생포자덩이

병원균의 분생포자

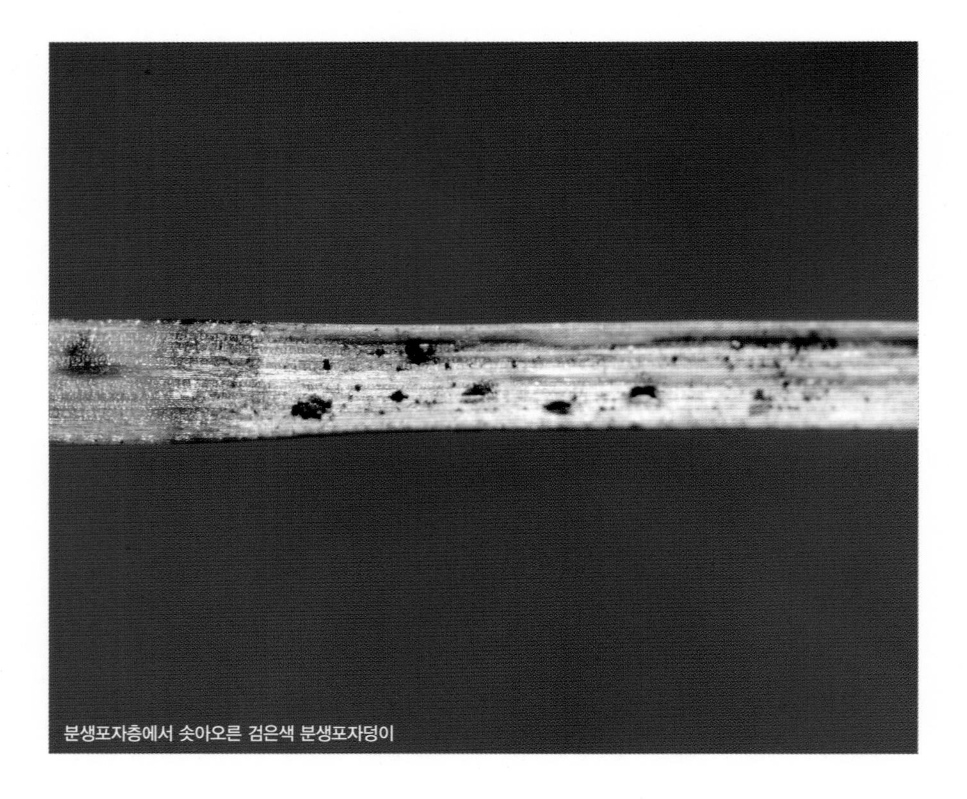

분생포자층에서 솟아오른 검은색 분생포자덩이

페스탈로치아잎마름병 Pestalotia needle blight

피해·특징 통풍이 불량하거나 다습한 환경, 수세 쇠약목에서 잘 발생하며 태풍이 지나간 이후에는 피해가 만연되는 특징이 있다.

병징 및 표징 잎 끝부분부터 갈색 또는 회갈색으로 변한다. 변색된 병반 위에 작고 검은 점(분생포자층)이 나타나며, 습하면 분생포자층에서 검은색 뿔 또는 곱슬머리카락 모양 분생포자덩이가 솟아오른다.

병원균 *Pestalotiopsis foedans, P.glandicola, P.neglecta*

방제 방법 통풍과 배수관리에 힘쓰며, 발생 초기에 이미녹타딘트리스알베실레이트 수화제 1,000배액 또는 프로피네브 수화제 500배액을 10일 간격으로 2~3회 살포한다.

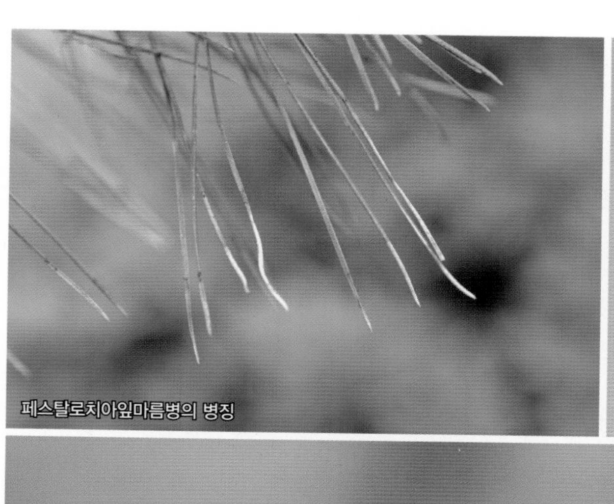
페스탈로치아잎마름병의 병징

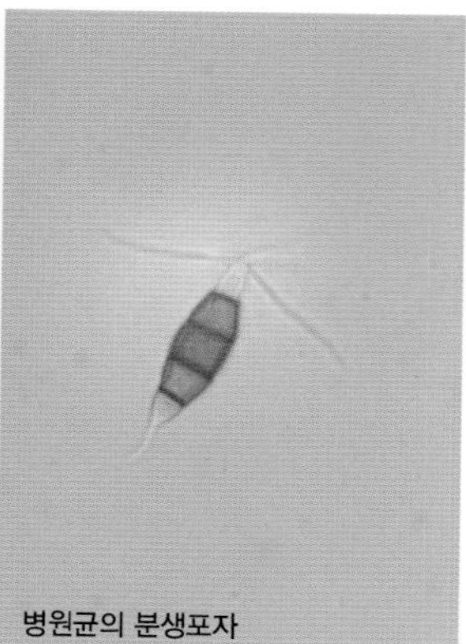
병원균의 분생포자

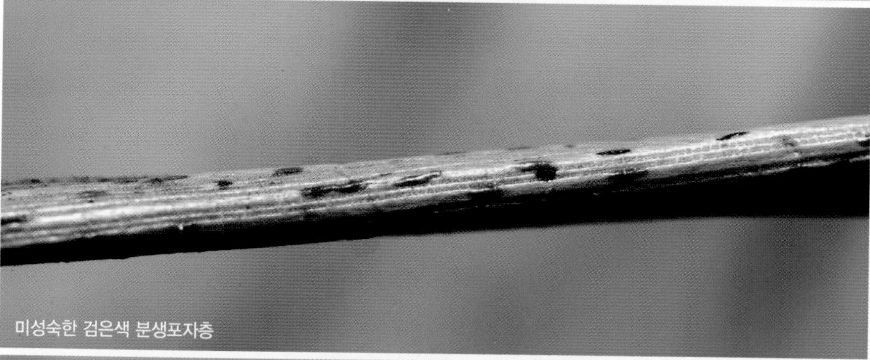
미성숙한 검은색 분생포자층

갈색 병반 위에 나타난 검은색 분생포자층

다 자란 신초의 병징

가지끝마름병 Diplodia tip blight

피해 특징 어린 가지와 새잎, 종자를 고사시키는 병으로 어린 나무보다는 10~30년생 큰 나무, 건전한 나무보다는 수세가 쇠약한 나무에서 많이 발생한다.

병징 및 표징 봄에 완전히 잎이 나오지 않은 신초는 회갈색으로 급격히 말라 죽으며, 새로운 잎이 다 자란 신초는 잎이 갈색으로 마르면서 밑으로 처진다. 감염부위에는 송진이 흘러나와 젖어 있으며, 송진이 굳으면 가지가 쉽게 부러진다. 초여름부터 변색된 어린 가지, 잎, 솔방울에 표피를 뚫고 검은색 자실체(분생포자각)가 나타난다.

병원균 *Diplodia pinea* (=*Sphaeropsis sapinea*)

방제 방법 죽은 가지를 제거하고, 통풍이 잘 되도록 한다. 약제방제는 3월 상순에 테부코나졸 유탁제를 나무주사하거나 봄에 새잎이 나올 때 이미녹타딘트리스알베실레이트 수화제 1,000배액을 2주 간격으로 2회 이상 살포한다.

표피를 뚫고 나온 검은색 분생포자각

잎이 다소 자란 신초의 병징

병원균의 분생포자

잎이 자라지 않은 신초의 병징

주머니 모양 녹포자기

잎녹병의 병징

녹포자가 비산한 후의 변색된 잎과 녹포자기

잎녹병 Needle rust

피해 특징 이종기생균으로 소나무류의 잎에서 녹병정자와 녹포자를 형성하고 황벽나무, 참취, 쑥부쟁이 등 중간기주 잎에서 여름포자, 겨울포자, 담자포자를 형성한다.

병징 및 표징 4~5월에 소나무류의 잎에 노란색 네모난 주머니 모양 녹포자기가 나란히 나타난다. 이 녹포자기가 터져 노란색 가루(녹포자)가 비산해 중간기주로 옮겨가고 나면 피해 잎은 회백색으로 변하면서 말라 죽는다. 8~9월에 중간기주에서 날아온 담자포자가 소나무류의 잎에 침입해 월동한다.

병원균 *Coleosporium* spp.

방제 방법 중간기주 식물을 제거하고, 9~10월에 트리아디메폰 수화제 800배액 또는 페나리몰 수화제 3,300배액을 2주 간격으로 2~3회 살포한다.

혹병 Pine-oak gall rust

피해 특징 이종기생균으로 소나무에서 녹병정자와 녹포자를 형성하고 참나무류 등 중간기주의 잎에서 여름포자, 겨울포자, 담자포자를 형성한다. 이 병으로 인해 나무가 고사하지는 않으나 강한 바람이나 폭설에 부러지기 쉽다.

병징 및 표징 가지나 줄기에 혹을 형성하며 해마다 비대해져서 30㎝ 이상으로 자란다. 12~2월에 혹의 표면에 황갈색 즙액(녹병정자)이 흘러나오고, 4~5월에 노란색 가루(녹포자)가 나타나서 중간기주인 참나무류로 이동한다. 9~11월에 중간기주에서 날아온 담자포자가 소나무에 침입해 월동한다.

병원균 *Cronartium quercuum*

방제 방법 병든 부위는 잘라 제거하고 소나무 근처의 참나무류를 제거한다. 발생이 심한 지역에서는 9~11월에 트리아디메폰 수화제 800배액 또는 페나리몰 수화제 3,300배액을 2주 간격으로 3회 이상 살포한다.

수피 아래의 미성숙 자실체

피목가지마름병 Cenangium twig blight

피해 특징 수세 쇠약목에 주로 발생하는 병으로 이상기온, 해충과 같은 외부환경적 요인에 의해 집단적으로 대발생하기도 한다.

병징 및 표징 초봄부터 가지의 분기점을 중심으로 말라 죽으면서 분기점 위의 가지에 붙은 잎이 적갈색으로 변한다. 죽은 가지에는 4월 이전의 경우 수피 바로 아래에 검은 점(미성숙 자실체)이 다수 형성되고, 4월 이후에는 수피를 뚫고 황갈색 자실체(자낭반)가 나타난다. 습하면 이들 자실체가 2~5㎜로 부풀어서 암황색 접시 모양이 된다.

병원균 *Cenangium ferruginosum*

방제 방법 장마 이전에 예찰을 통해 병든 가지를 제거하고, 수세관리에 힘쓴다. 매년 피해가 발생하는 지역에서는 7~8월에 테부코나졸 유탁제 2,000배액을 2주 간격으로 3회 이상 살포한다.

피목가지마름병의 병징

성숙한 자낭반

부풀어서 접시 모양이 된 자낭반

병원균의 자낭 및 자낭포자

소나무재선충병 피해임지

재선충병 Pine wilt disease

피해 특징 소나무재선충을 보유한 매개충인 솔수염하늘소가 신초를 후식할 때 소나무재선충이 나무 조직 내부로 침입, 빠르게 증식해 뿌리로부터 올라오는 수분과 양분의 이동을 방해하며 나무를 시들어 말라 죽게 한다.

병징 및 표징 잎이 우산살 모양으로 아래로 처지며 빠르면 1개월 만에 잎 전체가 적갈색으로 변하면서 말라 죽는다. 가지나 줄기에서 매개충의 타원형 침입공과 지름 5~8㎜의 원형 탈출공이 발견된다.

병원체 *Bursaphelenchus xylophilus*

방제 방법 고사목은 베어서 훈증 소각하고, 매개충구제를 위해 5~8월에 아세타미프리드 액제를 3회 이상 살포한다. 예방을 위해서는 12~2월에 아바멕틴 유제 또는 에마멕틴벤조에이트 유제를 나무주사하거나 4~5월에 포스티아제이트 액제를 토양관주한다.

소나무재선충병 피해목
소나무재선충병에 감염된 잎의 병징
소나무재선충의 암컷
피해목의 훈증방제
소나무재선충의 암컷 꼬리부분
피해목의 벌근박피처리
소나무재선충의 수컷 꼬리부분

소나무

리지나뿌리썩음병의 병징

주변 토양의 파상땅해파리버섯

줄기 밑동의 파상땅해파리버섯

리지나뿌리썩음병 Rhizina root rot

피해 특징 소나무, 해송, 전나무, 일본잎갈나무 등에 발생하며, 40℃ 이상에서 24시간 이상 지속되면 포자가 발아해 뿌리를 감염시킨다. 산림보다는 해안가 모래의 소나무 숲에서 발생이 많다.

병징 및 표징 감염된 뿌리 표면에 흰색~노란색 균사가 덮여 있고, 줄기 밑동과 주변 토양에 접시 모양 자실체(파상땅해파리버섯)를 형성한다. 또한 병원균이 침입한 뿌리에는 송진으로 인해 모래덩이가 형성되기도 한다.

병원균 *Rhizina undulata*

방제 방법 소나무 숲 안에서 불을 피우는 행위는 철저히 금지하고, 토양산도를 개선한다. 피해목 주변으로 폭과 넓이가 1m 정도인 균사확산저지대를 만든다.

줄기 밑동의 균사층

줄기 밑동의 송진 유출

자실체인 뽕나무버섯

아밀라리아뿌리썩음병 Armillaria root rot

피해 특징 세계적으로 수백 종의 목본 및 초본에 발생해서 큰 피해를 주는 병으로 뿌리에 형성된 근상균사다발이 주변 나무의 뿌리에 침입해 감염이 이루어진다.

병징 및 표징 6월부터 가을에 걸쳐 잎 전체가 갈색으로 변하면서 말라 죽는다. 줄기 밑동이나 굵은 뿌리에서 송진이 유출되며, 수피를 벗기면 그 아래에 버섯 냄새가 나는 흰색 균사층이 형성되고, 목질부와 감염된 뿌리에는 흑갈색 실 모양의 근사균사다발이 있다. 초가을에는 병든 나무의 뿌리나 줄기 밑동에 자실체인 뽕나무버섯이 무리지어 형성된다.

병원균 *Armillaria mellea, A. ostoyae* 등

방제 방법 자실체 및 병든 뿌리는 발견 즉시 제거하고, 주변에 깊은 도랑을 파서 균사확산저지대를 만든다.

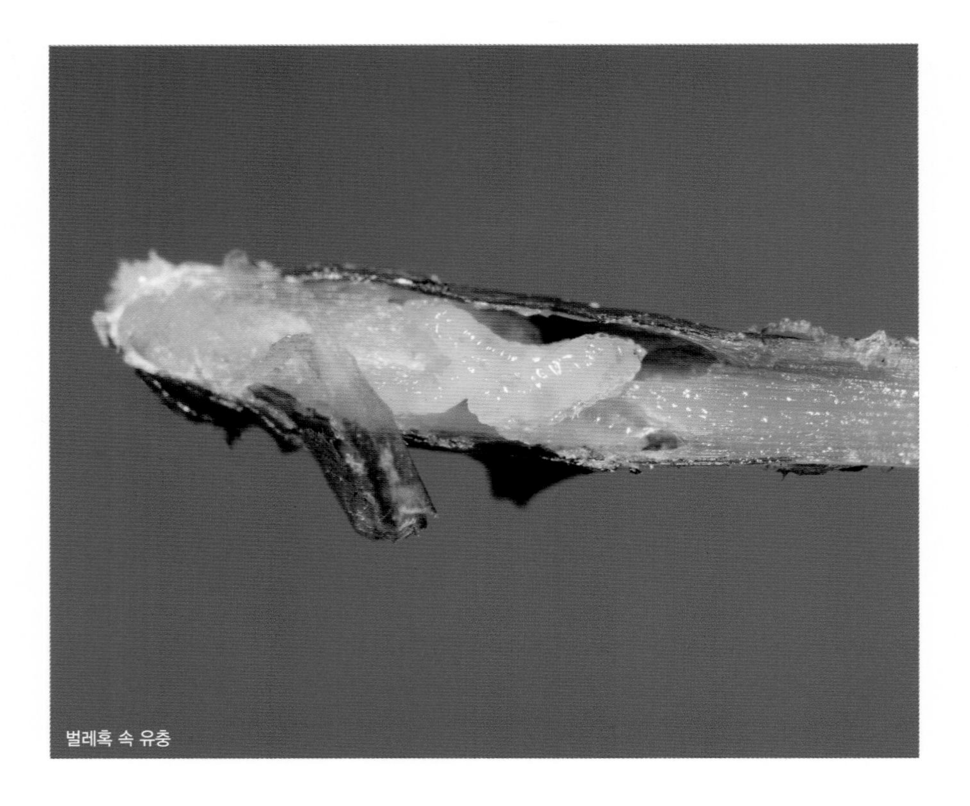
벌레혹 속 유충

솔잎혹파리 *Thecodiplosis japonensis*

피해 수목 소나무, 해송

피해 증상 유충이 솔잎 기부에 벌레혹을 형성하고, 그 속에서 수액을 빨아 먹어 솔잎이 건전한 잎보다 짧아지며, 가을에 갈색으로 변색되어 말라 죽는다.

형태 유충은 몸길이가 1.8~2.8㎜로 황백색이다. 암컷 성충은 2~2.5㎜, 수컷 성충은 1.5~1.9㎜이며 몸 색깔은 등황색으로 모기와 비슷하다.

생활사 연 1회 발생하며, 지피물 밑이나 깊이 1~2㎝의 토양 속에서 유충으로 월동한다. 성충은 5월 중순~7월 중순에 나타나서 새잎에 산란하며, 부화한 유충은 잎 기부로 내려가 벌레혹을 형성하고 수액을 빨아 먹는다. 유충은 9월 하순~다음해 1월에 벌레혹에서 나와 월동처로 이동한다.

방제 방법 6월에 티아메톡삼 분산성액제 등으로 나무주사하거나 4월 하순~5월 하순에 이미다클로프리드 입제(20g/흉고직경 1㎝)를 토양과 혼합처리한다.

솔잎 기부의 벌레혹

건전한 잎보다 짧은 피해 잎(위에서 1, 2번째)

솔잎혹파리 피해로 대부분의 당년도 잎이 말라 죽은 신초

솔잎혹파리 피해임지

소나무

잎을 가해하는 응애류 성충

전년도 잎의 황화현상

전년도 잎의 황화현상(근경)

응애류 *Oligonychus* spp.

피해 수목 소나무, 해송 등

피해 증상 성충과 약충이 잎에서 수액을 빨아 먹어 엽록소가 파괴되면서 잎이 노랗게 변한다. 고온 건조한 기후가 지속되면 피해가 심하다.

형태 소나무를 가해하는 잎응애류는 소나무응애(*Oligonychus clavatus*), 솔응애(*O. solus*)이고, 기주범위가 넓은 전나무잎응애(*O. ununguis*)는 소나무에서 발견되지 않는다. 소나무응애와 솔응애 성충은 크기가 0.4㎜ 내외로 적갈색이며, 알도 적갈색이고 구형이다.

생활사 연 5~10회 발생하며 당년도 가지의 표면에서 알로 월동한다. 약충은 4월 하순부터 나타나며, 10월 하순까지 모든 충태가 혼재한다.

방제 방법 피해 초기에 피리다벤 수화제 1,000배액 또는 사이에노피라펜 액상수화제 2,000배액을 10일 간격으로 3회 이상 살포한다.

가지에 집단으로 기생하는 유시충과 약충

가지에 집단으로 기생하는 유시충과 약충

유시충

소나무왕진딧물 *Cinara pinidensiflorae*

피해 수목 소나무, 리기다소나무

피해 증상 성충과 약충이 5~6월에 소나무 잔가지에 집단으로 기생하며 수액을 빨아 먹어 수세를 저하시키고, 부생성 그을음병을 유발한다.

형태 유시충은 몸길이가 약 4㎜로 검은색 또는 흑갈색이며 센털로 덮여 있다. 무시충의 크기는 약 3㎜이며 적갈색이고, 밀납가루로 인해 은빛 무늬가 있다. 복부 등 쪽 중앙에 검은색을 띤 큰 피부판 2줄이 배열되어 곰솔왕진딧물(*Cinara piniformosana*)과 구별된다.

생활사 연 3~4회 발생하며 알로 월동한다. 6월경 밀도가 가장 높으며 유시태생 암컷 성충이 나타나서 주변 소나무로 분산 이동한다.

방제 방법 5~6월, 밀도가 높으면 아세타미프리드 수화제 2,000배액 또는 디노테퓨란 수화제 1,000배액을 10일 간격으로 2회 이상 살포한다.

신초에 집단으로 기생하는 약충과 무시충

곰솔왕진딧물 *Cinara piniformosana*

피해 수목 소나무, 해송, 버지니아소나무

피해 증상 성충과 약충이 봄에는 소나무의 신초에서 집단으로 기생해 수액을 빨아 먹어 수세를 저하시키고, 부생성 그을음병을 유발하며, 여름에는 1~2년생 가지에서 기생한다.

형태 유시충과 무시충은 몸길이가 약 3㎜이고, 타원형으로 흑갈색 바탕에 무척 많은 뭉뚝한 센털이 덮여 있다.

생활사 봄에는 소나무의 신초, 여름에는 1~2년생 가지에서 생활하며, 늦가을이 되면 난생 암컷과 유시형 수컷이 소나무의 어린 가지에 나타나서 침엽의 윗면에 알을 낳고, 이 알로 월동하는 것으로 알려졌다.

방제 방법 4~5월에 아세타미프리드 수화제 2,000배액 또는 디노테퓨란 수화제 1,000배액을 10일 간격으로 2회 이상 살포한다.

유시충
무시충
약충
잎에 낳은 알

봄과 여름형 청록색 무시충

호리왕진딧물 *Eulachnus thunbergi*

피해 수목 소나무, 해송, 리기다소나무

피해 증상 성충과 약충이 소나무 잎에 집단으로 기생하며 수액을 빨아 먹어 수세를 저하시키고, 부생성 그을음병을 유발한다.

형태 유시충의 크기는 약 2㎜이며, 매우 가늘고 긴 형태로 녹색이고 몸에 검은 무늬가 있다. 무시충의 크기는 약 1.8㎜이며, 가늘고 긴 형태로 청록색이지만, 가을에 나타나는 난생 암컷 무시충은 연갈색이고 배가 약간 통통하다.

생활사 자세한 생활사는 밝혀지지 않았다. 주로 알로 월동하며, 4월경부터 무시충과 유시충이 나타나고, 5~10월까지 오랫동안 밀도가 높다. 가을에는 양성세대가 되어 난생 암컷 성충이 나타나서 잎에 점점이 산란한다.

방제 방법 발생 초기인 5월부터 아세타미프리드 수화제 2,000배액 또는 디노테퓨란 수화제 1,000배액을 2주 간격으로 3회 이상 살포한다.

위협을 받으면 잎 기부로 재빠르게 이동하는 무시충

잎에 낳은 알

가을형 유시충

가을형 무시충

하얀 밀랍가루를 뒤집어쓴 무시충

가루왕진딧물 *Schizolachnus orientalis*

피해 수목 소나무

피해 증상 성충과 약충이 잎에 7~10마리씩 모여서 수액을 빨아 먹어 수세를 저하시킨다. 몸과 다리에서 흰색 밀랍을 분비해 눈에 쉽게 띈다.

형태 무시충의 크기는 약 2.7㎜이며, 항아리 모양으로 거무스름한 황갈색이고 흰색 밀랍가루를 분비한다. 암컷의 크기는 약 2.4㎜로 모양과 색상이 무시충과 같으나 뒷다리의 종아리마디가 매우 통통하다.

생활사 자세한 생활사는 밝혀지지 않았으며, 연 2~3회 발생하는 것으로 추정된다.

방제 방법 발생 초기에 아세타미프리드 수화제 2,000배액 또는 디노테퓨란 수화제 1,000배액을 2주 간격으로 2회 이상 살포한다.

소나무

알주머니와 부화 약충

피해 양상

가지의 분기점에 산란된 흰 솜 덩어리 모양의 알주머니

솔껍질깍지벌레 *Matsucoccus thunbergianae*

피해 수목 소나무, 해송

피해 증상 성충과 약충이 가지에 기생하며 수액을 빨아 먹어 잎이 갈색으로 변하며, 3~5월에 주로 수관의 아랫부분부터 변색되면서 말라 죽는다.

형태 암컷 성충의 크기는 2~5㎜이며, 장타원형으로 황갈색이다. 수컷 성충의 크기는 1.5~2㎜이며, 파리와 비슷한 형태로 기다란 흰색 꼬리가 있다.

생활사 연 1회 발생하며 후약충으로 월동한다. 성충은 4~5월에 나타나 가지에 알주머니를 만들어 산란한다. 부화 약충은 5월 상순~6월 중순에 나타나 가지 위에서 활동하다가 수피 틈 등에서 정착해 정착약충이 되어 하기휴면에 들어가고, 11월 이후 후약충이 나타난다.

방제 방법 12~2월에 에마멕틴벤조에이트 유제 등으로 나무주사하거나 3월부터 디노테퓨란 액제 1,000배액을 10일 간격으로 2~3회 살포한다.

신초의 암컷 성충과 약충

소나무가루깍지벌레 *Crisicoccus pini*

피해 수목 소나무, 해송, 잣나무

피해 증상 성충과 약충이 신초나 2년생 잎 사이에서 집단으로 수액을 빨아 먹어 가지의 생장이 저해되고, 감로에 의해 부생성 그을음병이 유발된다.

형태 암컷 성충의 크기는 3~4㎜이며 타원형으로 적갈색이고, 몸 표면에 흰색 밀랍가루가 덮여 있다.

생활사 연 2회 발생하지만 온도에 따라 3회 발생하는 경우도 있으며, 약충으로 월동한다. 성충은 5월 중순~6월 하순, 8월 중순~9월 하순에 나타나며, 알주머니를 만들지 않고 알을 160여 개 낳는다. 약충은 성충이 산란한 직후 얼마 지나지 않아 부화해 잎의 기부에서 모여 산다.

방제 방법 약충시기에 디노테퓨란 액제 1,000배액 또는 클로티아니딘 입상수용제 2,000배액을 10일 간격으로 2~3회 살포한다.

부생성 그을음병 발생

신초 발달 초기 암컷 성충의 가해

암컷 성충

약충

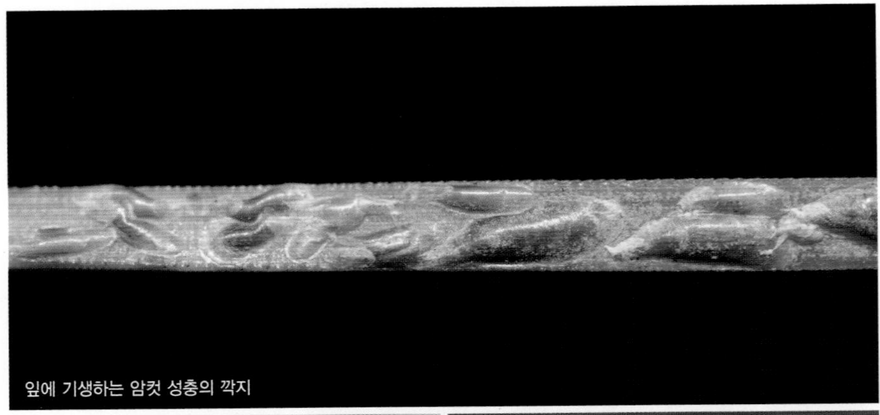
잎에 기생하는 암컷 성충의 깍지

기생봉에 기생당한 암컷 성충의 깍지

암컷 성충의 깍지 속에 낳은 알

소나무굴깍지벌레 *Lepidosaphes pini*

피해 수목 소나무, 해송, 스트로브잣나무, 테다소나무, 방크스소나무

피해 증상 성충과 약충이 잎에 기생하며 수액을 빨아 먹어 피해 입은 잎이 노랗게 변하고, 부생성 그을음병이 유발된다.

형태 암컷 성충은 깍지 길이가 2~4㎜이고, 암갈색으로 가늘고 길다. 수컷 성충의 깍지는 암컷 것보다 작아 약 1㎜이다. 암컷 성충의 몸과 알, 부화 약충은 모두 흰색이다

생활사 연 2회 발생하며 암컷 성충으로 월동해 4월에 알을 약 30개 낳는다. 약충은 4월 하순~5월 하순, 8월 중순~9월 중순에 나타나며, 성충은 7월 하순(제1세대), 10월 상순(제2세대)부터 나타난다.

방제 방법 피해가 심한 경우 1세대 약충시기인 4월 하순에 디노테퓨란 액제 1,000배액 또는 클로티아니딘 입상수용제 2,000배액을 10일 간격으로 2~3회 살포한다.

잎에 기생하는 암컷 성충의 깍지

피해 양상

잎 아랫부분부터 노랗게 변하는 증상

삼나무깍지벌레 *Aspidiotus cryptomeriae*

피해 수목 해송, 일본전나무, 향나무, 가문비나무, 삼나무, 개잎갈나무

피해 증상 성충과 약충이 주로 잎집 부근과 잎 아랫부분에 기생하며 수액을 빨아 먹어 피해 입은 잎은 아랫부분부터 노랗게 변하고, 부생성 그을음병이 유발된다. 주로 울산, 부산 등 남부지방의 소나무에 피해가 많다.

형태 암컷 성충은 깍지 길이가 2~2.5㎜이고, 납작하고 반투명하며 달걀프라이와 비슷한 모양이다.

생활사 연 2~3회 발생하며 주로 약충으로 월동한다. 부화 약충은 5월 하순~6월 상순, 7월 하순~8월 상순에 나타난다.

방제 방법 1세대 약충시기인 5월 하순~6월 상순에 디노테퓨란 액제 1,000배액 또는 클로티아니딘 입상수용제 2,000배액을 10일 간격으로 2~3회 살포한다.

하얀 밀랍을 뒤집어쓴 성충

소나무솜벌레 *Pineus orientalis*

피해 수목 소나무, 해송, 가문비나무, 섬잣나무, 스트로브잣나무

피해 증상 성충과 약충이 신초, 가지나 줄기 껍질 틈에서 수액을 빨아 먹고, 솜 같은 흰색 밀랍을 분비해 기생 부위가 하얗게 보인다.

형태 성충은 몸길이가 약 1.3㎜이고, 암갈색 또는 흑갈색이며, 흰색 밀납가루로 덮여 있다.

생활사 연 수회 발생하며, 가지, 줄기의 수피 틈에서 약충으로 월동한다. 5월 상순부터 무시태생 성충이 나타나서 수피 표면에 산란한다. 부화 약충은 5~6월에 나타나고, 가을까지 매우 불규칙하게 발생한다.

방제 방법 5~6월에 디노테퓨란 액제 1,000배액 또는 클로티아니딘 입상수용제 2,000배액을 10일 간격으로 2~3회 살포한다.

신초의 새잎 기부에 기생
1년생 가지에 기생
굵은 가지에 기생
하얀 밀랍을 걸어낸 성충

약충

약충이 신초에 거품을 분비하면서 기생하는 모습

거품 속 약충

솔거품벌레 *Aphrophora flavipes*

피해 수목 소나무, 해송, 잣나무, 리기다소나무

피해 증상 약충이 5~6월 신초에 기생하며 거품을 분비하고, 이 거품 안에서 수액을 빨아 먹는다. 나무 전체가 죽지는 않으나, 밀도가 높을 경우 피해 받은 신초가 여름 이후 말라 죽는다.

형태 약충은 몸길이가 4~5㎜이며, 머리와 가슴은 암갈색이고 배는 등황색이다. 성충은 몸길이가 8~10㎜로 암갈색을 띠며 매미와 비슷하다.

생활사 연 1회 발생하며 나무의 조직 속에서 알로 월동한다. 약충은 5월 상순에 나타나고 7월 중순까지 거품을 분비하며, 성충은 7~8월에 나타나서 수액을 빨아 먹지만 거품을 분비하지는 않는다.

방제 방법 5월 상순~7월 중순에 아세타미프리드 수화제 2,000배액 또는 디노테퓨란 수화제 1,000배액을 2주 간격으로 1~2회 살포한다.

종령 유충

가해 양상

고치

솔잎벌 *Neodiprion japonicus*

피해 수목 잣나무, 소나무, 곰솔, 일본잎갈나무 등

피해 증상 유충이 주로 어린 소나무에 발생해 잎을 갉아 먹으며, 밀도가 높으면 나무가 죽기도 한다.

형태 노숙 유충은 몸길이가 10~15㎜로 머리는 황갈색이며 몸은 녹황색이다. 성충의 크기는 7~8㎜이며, 검은색으로 날개는 투명하며 다리는 검은색이다.

생활사 연 2~3회 발생하며 번데기로 월동하지만 환경조건에 따라 불규칙하다. 성충은 4월 하순~5월, 9~10월에 나타나서 잎의 중간 부근에 한 잎당 알을 한 개씩 낳는다. 유충은 5~8월, 9~11월에 나타나서 잎을 갉아 먹다가 잎 사이(1세대)와 지피물(2세대)에서 번데기가 된다.

방제 방법 유충 발생 초기에 에토펜프록스 수화제 1,000배액 또는 페니트로티온 유제 1,000배액을 10일 간격으로 1~2회 살포한다.

종령 유충

납작잎벌류 *Acantholyda* sp.

피해 수목 소나무

피해 증상 유충이 잎 여러 개를 묶고 잎을 절단해 가지고 들어가 그 속에서 먹는다. 새잎보다는 묵은 잎을 주로 가해하고, 가해 부위에는 배설물이 남아서 지저분하게 보인다.

형태 노숙 유충은 몸길이가 약 25㎜로 머리는 담갈색이며 몸은 황록색이다. 노숙 유충의 형태 및 가해유형이 솔납작잎벌(*A. erythrocephala*)과 유사하며, 동일종인지 여부는 추가적인 조사가 필요하다.

생활사 자세한 생활사는 밝혀지지 않았다. 유충은 5월에 나타나서 잎을 갉아 먹다가 6월 하순 이후에는 가해 수목에서 볼 수 없다.

방제 방법 유충 발생 초기에 에토펜프록스 수화제 1,000배액 또는 페니트로티온 유제 1,000배액을 10일 간격으로 1~2회 살포한다.

종령 유충

솔나방 *Dendrolimus spectabilis*

피해 수목 소나무, 해송, 잣나무, 리기다소나무, 낙엽송, 개잎갈나무, 전나무, 가문비나무
피해 증상 유충이 가을과 이듬해 봄 두 차례에 걸쳐 잎을 갉아 먹는다.
형태 노숙 유충은 몸길이가 약 70㎜로 담회황색이며 마디 등면에 불규칙한 무늬가 있고 털이 많다. 성충의 몸 색깔은 회백색, 암갈색, 검은색 등 변이가 심하며, 날개 편 길이는 암컷이 64~88㎜, 수컷이 50~67㎜이다.
생활사 연 1회 발생하고 유충으로 월동한다. 월동 유충은 4월부터 잎을 갉아 먹고, 7월 상순에 잎 사이에 고치를 만들고 번데기가 된다. 성충은 7월 하순~8월 중순에 나타나서 잎에 무더기로 산란한다. 새로운 유충은 8월 하순부터 나타나서 잎을 갉아 먹고 10월 중순부터 월동에 들어간다.
방제 방법 유충 가해시기인 4월과 9월에 비티쿠르스타키 수화제 1,000배액을 10일 간격으로 2회 이상 살포하거나 4월에 아바멕틴 미탁제를 나무주사한다.

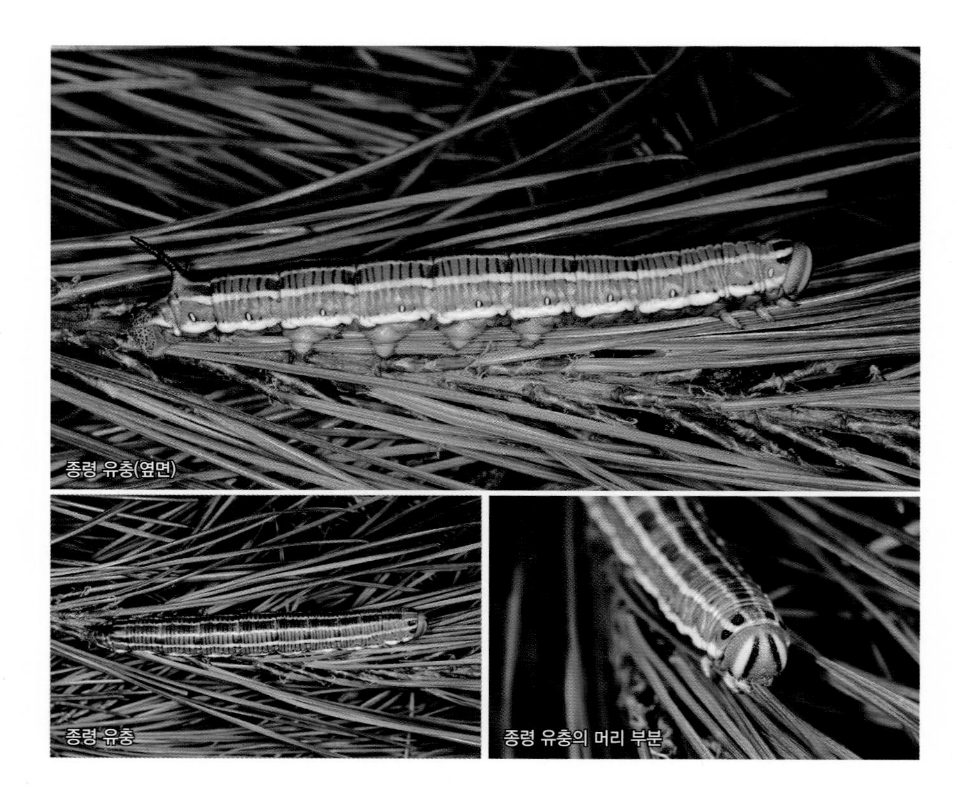

종령 유충(옆면)

종령 유충

종령 유충의 머리 부분

솔박각시 *Hyloicus morio*

피해 수목 소나무, 해송, 낙엽송, 개잎갈나무

피해 증상 유충이 6~9월에 잎을 갉아 먹으며, 집단으로 모여서 가해하지 않기 때문에 큰 피해를 주지는 않는다.

형태 노숙 유충은 몸길이가 약 65㎜로 녹색 바탕에 등 윗면에 갈색 줄이 있고 그 양쪽으로 흰색 줄이 있다. 성충은 날개 편 길이가 60~80㎜이며, 앞날개는 암회색 바탕에 연한 갈색 줄이 여러 개 있다.

생활사 연 2회 발생하고 번데기로 월동한다. 성충은 5~6월, 7~8월에 나타나서 잎에 1개씩 산란한다. 유충은 6~7월, 8~9월에 나타나서 잎을 갉아 먹고, 다 자라면 낙엽 밑으로 들어가서 번데기가 된다.

방제 방법 유충의 밀도가 높을 경우에 한해 에토펜프록스 수화제 1,000배액 또는 페니트로티온 유제 1,000배액을 살포한다.

종령 유충

소나무밤나비 *Panolis flammea*

피해 수목 소나무, 잣나무, 전나무

피해 증상 유충이 5~6월에 잎을 갉아 먹으며, 집단으로 모여서 가해하지 않기 때문에 큰 피해를 주지는 않는다.

형태 노숙 유충은 몸길이가 약 40㎜로 머리는 황갈색이고, 몸은 녹색 바탕에 세로로 흰색 줄무늬가 여러 개 있다. 성충은 날개 편 길이가 약 35㎜이며, 앞날개는 붉은 갈색 바탕에 흰색 줄과 무늬가 있다.

생활사 연 1회 발생하고 번데기로 월동한다. 성충은 4월에 나타나서 잎에 4~8개씩 산란한다. 유충은 5~6월에 나타나서 잎을 갉아 먹고, 다 자라면 낙엽 밑으로 들어가서 번데기가 된다.

방제 방법 유충의 밀도가 높을 경우에 한해 에토펜프록스 수화제 1,000배액 또는 페니트로티온 유제 1,000배액을 살포한다.

신초 속 성충(후식 피해)

소나무좀 *Tomicus piniperda*

피해 수목 소나무, 해송, 잣나무

피해 증상 성충과 유충이 줄기의 수피 아래를 가해하는 1차 피해와 새로운 성충이 신초를 뚫고 들어가서 가해하는 후식 피해(2차 피해)가 있다.

형태 성충은 몸길이가 4~4.5㎜로 긴 타원형이며, 광택이 있는 암갈색이다. 유충은 몸길이가 약 3㎜로 유백색이다.

생활사 연 1회 발생하며 성충으로 나무 밑동의 수피 틈에서 월동한 후 3월에 평균기온이 15℃ 정도로 2~3일 계속되면 월동처에서 나와 수세가 쇠약한 나무의 줄기에 침입해 산란한다. 유충은 4~5월에 줄기에서 가해하고, 새로운 성충이 6월 상순부터 줄기에서 탈출해 신초를 가해하다가 늦가을에 월동처로 이동한다.

방제 방법 수세 쇠약목을 가해하므로 수세회복이 최우선이다. 2월 하순~4월 중순에 페니트로티온 200배액 등을 줄기에 살포한 후 랩으로 밀봉한다.

성충의 후식 피해

줄기의 성충 탈출공

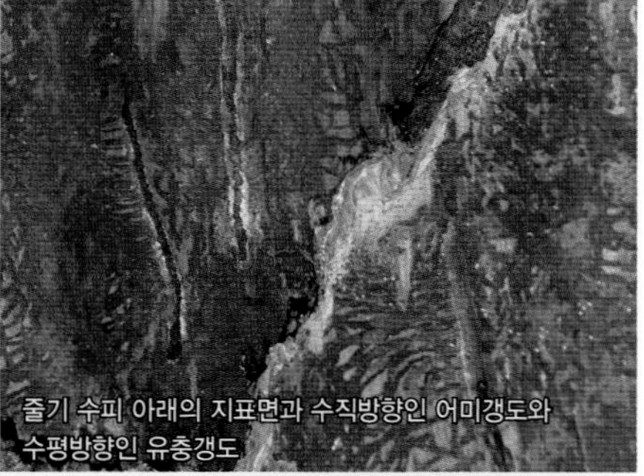
줄기 수피 아래의 지표면과 수직방향인 어미갱도와
수평방향인 유충갱도

소나무좀 피해 고사목

솔수염하늘소 *Monochamus alternatus*

피해 수목 소나무, 해송, 전나무, 삼나무, 개잎갈나무, 잣나무, 리기다소나무

피해 증상 소나무 재선충병의 매개충으로 유충이 목질부와 형성층을 가해하고 톱밥을 배출한다.

형태 성충은 몸길이가 18~28㎜로 적갈색이며, 알은 방추형이다.

생활사 연 1회 발생하고 줄기 내에서 유충으로 월동하며 추운 지방에서는 2년에 1회 발생하는 경우도 있다. 월동 유충은 4월에 수피와 가까운 곳에서 번데기가 되고, 성충은 5월 하순~8월 상순에 줄기에서 탈출해 신초를 가해한다.

방제 방법 고사목을 철저히 벌채해 훈증 또는 소각하거나 파쇄하고, 5~8월에 아세타미프리드 액제 1,000배액을 3회 이상 살포한다.

번데기

성충에 의한 신초 가해흔

줄기의 탈출공

줄기 외부로 배출된 톱밥과 배설물

성충

유충

줄기 외부로 배출된 톱밥과 배설물

북방수염하늘소 *Monochamus saltuarius*

피해 수목 잣나무, 소나무, 전나무, 일본잎갈나무, 백송, 리기다소나무

피해 증상 중부지방의 잣나무 재선충병의 매개충으로 유충이 목질부와 형성층을 가해하고 톱밥을 배출한다.

형태 성충은 몸길이가 11~20㎜이며 적갈색이다. 유충은 유백색으로 윗입술 등면에 강모가 있어 솔수염하늘소 유충과 구분된다.

생활사 연 1회 발생하고 줄기 내에서 유충으로 월동하며 추운 지방에서는 2년에 1회 발생하는 경우도 있다. 월동 유충은 4월에 수피와 가까운 곳에서 번데기가 되고, 성충은 4월 하순~7월 상순에 줄기에서 탈출해 신초를 가해한다.

방제 방법 고사목을 철저히 벌채해 훈증 또는 소각하거나 파쇄하고, 5~8월에 아세타미프리드 액제 1,000배액을 3회 이상 살포한다.

덩어리 모양으로 자란 신초

정상적인 신초 발달(위)과 비정상적인 신초 발달(우측아래)

덩어리 모양의 신초

다아증상 unknown

피해 특징 부정아가 많이 나타나서 신초가 무더기로 성장해 덩어리 형태를 이룬다. 매년 피해를 받으면 수형이 파괴되고, 어린 나무는 말라 죽기도 한다.

피해 증상 봄에 신초가 자라는 시기에 피해가 나타나며, 기형적인 신초 발달과 더불어 종종 잎이 짧아지는 경우도 있다.

병원균 비전염성 원인, 바이러스, 소나무혹응애(*Trisetacus* sp.), 유전적인 원인 등 여러 가지 설이 있으나, 확실히 규명되지는 않았다.

방제 방법 피해를 입은 가지를 제거한다.

성전환 sex transformation

피해 특징 소나무는 암수한몸으로 암꽃과 수꽃이 서로 다른 가지에 달리며, 성전환은 꽃이 성전환을 일으키는 현상으로 주로 수꽃이 암꽃으로 전환되는 경우를 말하며 남복송이라고도 한다. 이와 반대로 암꽃이 여러 개 모여서 달리는 것을 여복송이라고 하며, 이는 성전환현상이 아니다.

피해 증상 수꽃이 나올 때부터 암꽃으로 변해 나오는 경우와 수꽃이 나오다가 중간에 암꽃으로 바뀌는 경우가 있으며, 중간에 바뀌는 경우에는 수꽃과 암꽃이 동시에 만들어져서 기형이 된다. 성전환의 원인은 식물 호르몬의 결핍 혹은 불균형으로 추정하고 있지만, 정확히 밝혀지지 않았다.

병원균 밝혀지지 않았다.

방제 방법 밝혀지지 않았다.

푸사리움가지마름병의 병징

누출되어 마른 송진

흘러내리는 송진

푸사리움가지마름병 Pine pitch canker

피해 특징 어린 나무와 큰 나무에 모두 발생해 나무를 말라 죽게 하는 병으로 가뭄, 밀식 등으로 수세가 쇠약한 나무에서 많이 발생한다. 병원균의 병원성이 매우 높아 집단으로 고사하는 경우도 있다.

병징 및 표징 주로 1~2년생 가지가 말라 죽으며 감염부위에서 송진이 누출되는 것이 전형적인 특징이다. 가지의 엽흔과 구과 표면에는 6~8월에 분홍색 분생포자좌가 나타난다.

병원균 *Fusarium circinatum* (=*F. subglutinans* f.sp. *pini*)

방제 방법 병든 가지는 제거하고, 수세회복에 힘쓴다. 약제방제는 3월 상순에 테부코나졸 유탁제를 나무주사하거나 6~8월에 테부코나졸 유탁제 2,000배액을 2주 간격으로 3회 이상 살포한다.

리기다소나무

갈색으로 마르면서 밑으로 처지는 잎의 병징

가지끝마름병 Diplodia tip blight

피해 특징 수세 쇠약목에 발생해 어린 가지와 새잎, 종자를 말라 죽이는 병으로 어린 나무보다는 10~30년생 큰 나무에서 많이 발생한다.

병징 및 표징 봄에 완전히 잎이 나오지 않은 신초의 어린 가지와 잎은 회갈색으로 급격히 말라 죽으며, 새로운 잎이 다 자란 신초는 잎이 노랗게 마르면서 밑으로 처진다. 감염부위에는 송진이 흘러나와 젖으며, 송진이 굳으면 가지는 쉽게 부러진다. 초여름부터 변색된 어린 가지, 잎, 솔방울에 표피를 뚫고 검은색 자실체(분생포자각)가 나타난다.

병원균 *Diplodia pinea* (=*Sphaeropsis sapinea*)

방제 방법 죽은 가지를 제거하고, 통풍이 잘 되도록 한다. 약제방제는 3월 상순에 테부코나졸 유탁제를 나무주사하거나 봄에 새잎이 나올 때 이미녹타딘트리스알베실레이트 수화제 1,000배액을 2주 간격으로 2회 이상 살포한다.

가지끝마름병의 병징

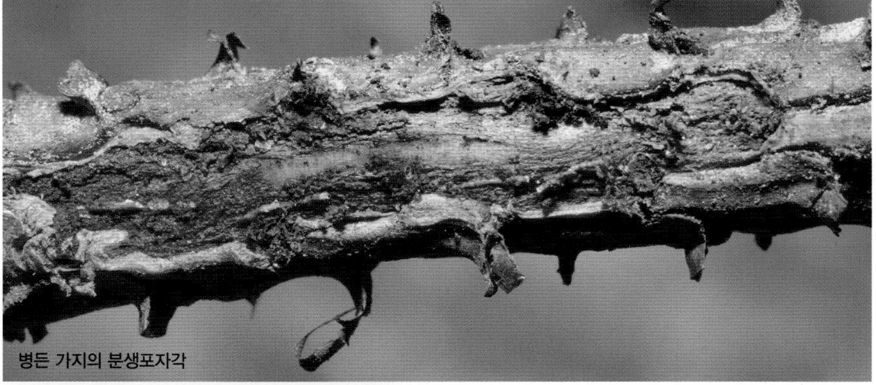
병든 가지의 분생포자각

병든 잎의 분생포자각

병원균의 분생포자

병든 낙엽 위의 자낭반

잎떨림병 Pine needle cast

피해 특징 소나무, 해송, 리기다소나무, 잣나무 등에 발생하며 묵은 잎이 일찍 떨어지기 때문에 지속적으로 피해를 받으면 수세가 약해진다.

병징 및 표징 4~5월에 묵은 잎이 적갈색으로 변하면서 일찍 떨어져서 새순 또는 당년도 잎만 남는다. 6~7월, 병든 낙엽과 갈색으로 변한 잎에 크기가 1~2㎜인 타원형 검은색 돌기(자낭반)가 형성되고, 다습한 조건에서 자낭포자가 비산해 새잎에 침입한다. 새로 감염된 잎에는 노란색 띠가 양쪽에 있는 갈색 반점이 나타난 채로 겨울을 난다.

병원균 *Lophodermium* spp.

방제 방법 병든 낙엽은 제거하고, 풀깎기, 가지치기 등을 해 통풍이 잘 되도록 하며, 6~8월에 이미녹타딘트리스알베실레이트 수화제 1,000배액 또는 보르도혼합액 입상수화제 500배액을 10일 간격으로 2~3회 살포한다.

전년도 잎이 모두 떨어져서 당년도 잎만 남은 신초

병든 잎의 미성숙 자낭반

병원균의 자낭과 자낭포자

일찍 떨어진 병든 잎

잣나무

기공을 따라 나타난 검은색 분생포자각

그을음잎마름병의 병징

당년도 잎이 끝부분부터 말라 죽는 전형적인 병징

그을음잎마름병 Rhizosphaera needle blight

피해 특징 뿌리발달이 불량하거나 수관이 과밀할 때 주로 발생하며, 대기 중의 아황산가스 등 농도가 높을 때 피해가 심하다.

병징 및 표징 6월 상순부터 새로 나온 당년도 잎에 발생하며, 잎 끝부분부터 적갈색으로 변색되어 1/3~2/3까지 확대된다. 변색부에는 기공을 따라 검은색 작은 돌기(분생포자각)가 줄지어 형성되고, 다습하면 흰색 분생포자덩이가 솟아오른다.

병원균 *Rhizosphaera kalkhoffii*

방제 방법 수세가 쇠약해지지 않도록 관리하고, 새잎이 자라기 시작할 때부터 이미녹타딘트리스알베실레이트 수화제 1,000배액 또는 보르도혼합액 입상수화제 500배액을 2주 간격으로 2~3회 살포한다.

검은색 뿔 모양 분생포자덩이

페스탈로치아잎마름병의 병징

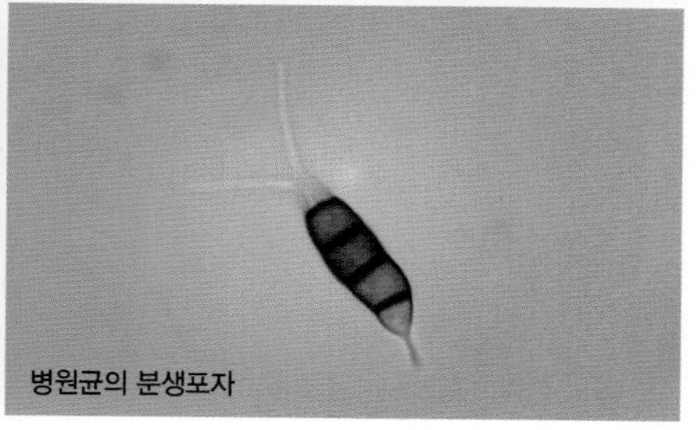
병원균의 분생포자

페스탈로치아잎마름병 Pestalotia needle blight

피해 특징 통풍이 불량하거나 다습한 환경, 수세 쇠약목에서 잘 발생하며, 태풍이 지나간 이후에는 피해가 만연되는 특징이 있다.

병징 및 표징 잎 끝부분부터 갈색 또는 회갈색으로 변한다. 변색된 병반 위에 작고 검은 점(분생포자층)이 나타나며, 습하면 분생포자층에서 검은색 뿔 또는 곱슬머리카락 모양 분생포자덩이가 솟아오른다.

병원균 *Pestalotiopsis foedans, P.glandicola, P.neglecta*

방제 방법 통풍과 배수관리에 힘쓰며, 발생 초기에 이미녹타딘트리스알베실레이트 수화제 1,000배액 또는 프로피네브 수화제 500배액을 10일 간격으로 2~3회 살포한다.

잎 아랫부분부터 마르는 증상

가지끝마름병 Diplodia tip blight

피해 특징 수세 쇠약목에 발생해 신초의 어린 가지와 새잎, 종자를 고사시키는 병으로 어린 나무보다는 10~30년생 큰 나무에서 많이 발생한다.

병징 및 표징 봄에 완전히 잎이 나오지 않은 신초는 회갈색으로 급격히 말라 죽으며, 새로운 잎이 다 자란 신초는 잎이 노랗게 마르면서 밑으로 처진다. 감염부위에는 송진이 흘러나와 젖으며, 송진이 굳으면 가지는 쉽게 부러진다. 초여름부터 변색된 어린 가지, 잎, 솔방울에 표피를 뚫고 검은색 자실체(분생포자각)가 나타난다.

병원균 *Diplodia pinea* (=*Sphaeropsis sapinea*)

방제 방법 죽은 가지를 제거하고, 통풍이 잘 되도록 한다. 약제방제는 3월 상순에 테부코나졸 유탁제를 나무주사하거나 봄에 새잎이 나올 때 이미녹타딘트리스알베실레이트 수화제 1,000배액을 2주 간격으로 2회 이상 살포한다.

가지끝마름병의 병징

잎 조직 속의 분생포자각

잎의 표피를 뚫고 나온 분생포자각

병원균의 분생포자

병든 가지의 자낭반

피목가지마름병으로 말라 죽은 나무

병든 가지의 미성숙 자실체

피목가지마름병 Cenangium twig blight

피해 특징 수세 쇠약목에 주로 발생하는 병으로 이상기온, 해충과 같은 외부환경적 요인에 의해 집단적으로 대발생하기도 한다.

병징 및 표징 초봄부터 가지의 분기점을 중심으로 말라 죽으면서 분기점 위의 가지에 붙은 잎이 적갈색으로 말라 죽는다. 죽은 가지에는 4월 이전의 경우 수피 바로 아래에 검은 점(미성숙 자실체)이 다수 형성되고, 4월 이후에는 수피를 뚫고 황갈색 자실체(자낭반)가 나타난다. 습하면 이들 자실체가 2~5㎜로 부풀어서 암황색 접시 모양이 된다.

병원균 *Cenangium ferruginosum*

방제 방법 장마 이전에 예찰을 통해 병든 가지를 제거하고, 수세관리에 힘쓴다. 매년 피해가 발생하는 지역에서는 7~8월에 테부코나졸 유탁제 2,000배액을 2주 간격으로 2~3회 살포한다.

재선충병 피해임지

재선충병 감염목

감염목의 파쇄

재선충병 Pine wilt disease

피해 특징 재선충을 보유한 매개충인 북방수염하늘소가 신초를 후식할 때 재선충이 나무 조직 내부로 침입, 빠르게 증식하며, 뿌리로부터 올라오는 수분과 양분의 이동을 방해해 나무를 시들어 말라 죽게 한다.

병징 및 표징 잎이 우산살 모양으로 아래로 처지는 것은 소나무의 재선충병과 동일하지만, 소나무가 1개월 경과 후 잎 전체가 갈색으로 변해 말라 죽는 것과 달리 잣나무는 감염 초기에 전신 감염 증세를 보이지 않고 부분적으로 가지가 말라 죽기도 한다.

병원체 *Bursaphelenchus xylophilus*

방제 방법 고사목은 베어서 훈증 소각하고, 예방을 위해서 12~2월에 아바멕틴 유제 또는 에마멕틴벤조에이트 유제를 나무주사하거나 4~5월에 포스티아제이트 액제를 토양관주한다.

성충

거미줄을 치고 가해하는 전나무잎응애

전나무잎응애 *Oligonychus ununguis*

피해 수목 구상나무, 전나무, 가문비나무, 편백나무, 잣나무, 향나무 등

피해 증상 성충과 약충이 주로 잎 앞면에서 수액을 빨아 먹어 엽록소가 파괴되면서 잎이 노랗게 변한다. 고온 건조한 기후가 지속되면 피해가 심하다.

형태 성충의 크기는 약 0.3㎜이며, 달걀형으로 암적색이다. 등에는 흰색 센털이 나 있다.

생활사 연 5~6회 발생하며, 알로 월동한다. 성충과 약충은 4월 하순부터 나타나기 시작해 5~6월에 밀도가 높아지지만 기후조건에 따라 다르며, 10월 하순까지 성충, 약충, 알 형태가 혼재한다.

방제 방법 피해 초기에 피리다벤 수화제 1,000배액 또는 사이에노피라펜 액상수화제 2,000배액을 10일 간격으로 3회 이상 살포한다. 또한, 약제 저항성이 나타나기 쉬우므로 동일 계통의 약제 연용은 피한다.

무시충

신초에 기생하는 무시충과 약충

무시충과 약충

진사왕진딧물 *Cinara shinjii*

피해 수목 섬잣나무

피해 증상 성충과 약충이 새순의 끝이나 가지, 줄기에 집단으로 기생하며 수액을 빨아 먹어 수세를 저하시키고 부생성 그을음병을 유발한다.

형태 유시충과 무시충은 몸길이가 약 2.5㎜이고, 적갈색 바탕에 타원형으로 몸에 흰색 밀랍을 분비하며, 밀랍을 적게 분비하는 개체는 섬잣나무의 수피와 비슷한 색을 띤다. 배의 등면에 흑갈색 무늬가 있고 이 부분에는 밀랍이 없다.

생활사 자세한 생활사는 밝혀지지 않았다. 봄에 섬잣나무의 신초와 가지 등에서 기생한다.

방제 방법 4~5월에 아세타미프리드 수화제 2,000배액 또는 디노테퓨란 수화제 1,000배액을 10일 간격으로 2회 이상 살포한다.

가해 양상

잣나무호리왕진딧물 *Eulachnus pumilae*

피해 수목 잣나무, 스트로브잣나무

피해 증상 성충과 약충이 잎에서 기생하며 수액을 빨아 먹어 수세를 저하시키고 부생성 그을음병을 유발한다. 밀도가 높을 경우 초여름에 전년도 잎이 마르면서 일찍 떨어진다.

형태 유시충은 약 3.5㎜ 크기의 매우 가늘고 긴 형태로 녹색을 띤다. 무시충은 약 3.8㎜ 크기의 가늘고 긴 형태로 녹색을 띤다.

생활사 자세한 생활사는 밝혀지지 않았다. 4월경부터 무시충과 유시충이 나타나고, 여름 이후에는 기주식물에서 거의 보이지 않는다.

방제 방법 발생 초기인 4월 하순부터 아세타미프리드 수화제 2,000배액 또는 디노테퓨란 수화제 1,000배액을 2주 간격으로 3회 이상 살포한다.

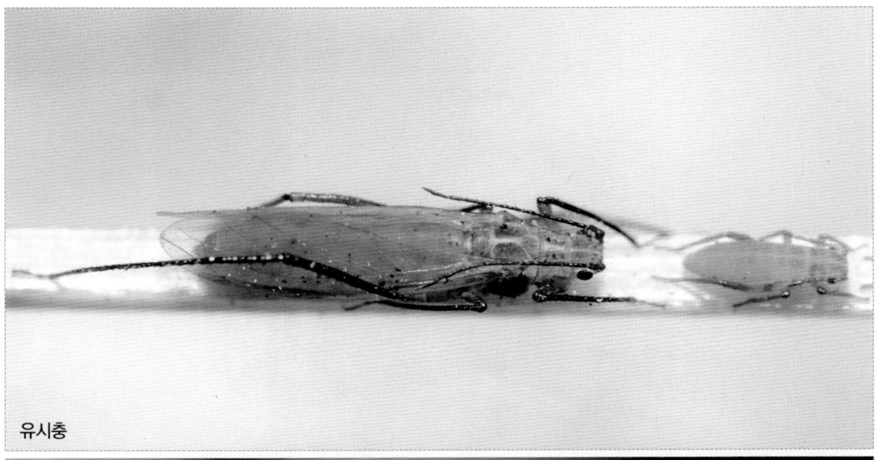
유시충

무시충

약충

잣나무호리왕진딧물 가해로 잎이
일찍 떨어진 스트로브잣나무

하얀 솜과 같은 물질을 분비하는 성충

잎 아랫부분이 노랗게 변한 증상

스트로브솜벌레 *Pineus harukawai*

피해 수목 스트로브잣나무, 섬잣나무

피해 증상 성충과 약충이 가지에 기생하며 수액을 빨아 먹고, 하얀 솜과 같은 물질을 분비한다.

형태 겨울형 성충의 몸길이는 약 1.3㎜이며, 타원형으로 적갈색을 띤다. 여름형 성충의 몸길이는 약 0.8㎜로 머리와 가슴은 흑갈색이고, 몸은 적갈색이다.

생활사 수피 틈에서 월동한 약충이 5월경에 성충이 되어 산란한다. 부화 약충이 솜 같은 물질을 분비하며 수액을 빨아 먹고, 여름형 성충이 되어 산란을 되풀이한다.

방제 방법 5~6월에 디노테퓨란 액제 1,000배액 또는 클로티아니딘 입상수용제 2,000배액을 10일 간격으로 2~3회 살포한다.

종령 유충

유충이 신초를 묶어 놓은 모습

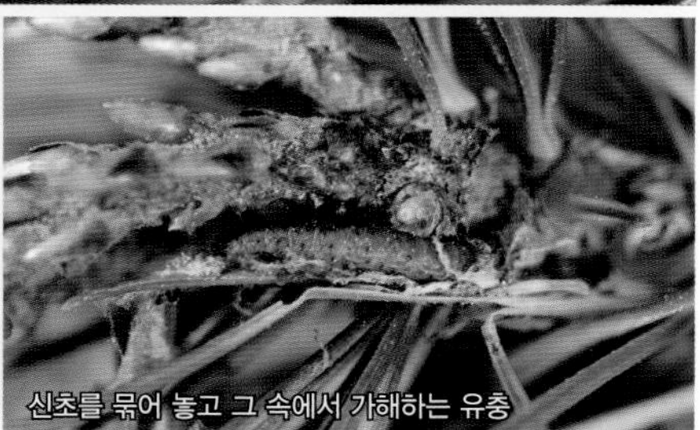
신초를 묶어 놓고 그 속에서 가해하는 유충

복숭아명나방 *Conogethes punctiferalis*

피해 수목 소나무, 잣나무, 구상나무 등 침엽수와 복숭아나무 등 낙엽활엽수

피해 증상 유충이 신초에서 잎이나 작은 가지를 여러 개 묶고 그 속에서 잎을 갉아 먹으며, 배설물을 가해 부위에 붙여 놓는다. 피해는 새로운 잎이 발생하는 시기인 5월에 가장 심하고, 2세대 유충에 의한 피해는 적다.

형태 노숙 유충은 몸길이가 20~25㎜로 머리는 흑갈색이고, 몸은 담갈색 바탕에 흑갈색 점무늬가 있다. 성충은 날개 편 길이가 24~30㎜이고 등황색을 띤다. 앞날개는 투명한 등황색 바탕에 검은 점무늬가 있다.

생활사 연 2회 발생하며 줄기 수피 틈의 고치 속에서 유충으로 월동한다. 월동 유충은 4월 하순~5월 중순에 신초의 잎을 갉아 먹는다.

방제 방법 밀도가 높을 때는 비티쿠르스타키 수화제 1,000배액 또는 디플루벤주론 수화제 2,500배액을 10일 간격으로 2회 이상 살포한다.

잎 뒷면의 녹포자덩이

노랗게 변하는 병든 잎

잎녹병 Needle rust

피해 특징 이종기생병으로 중간기주는 뱀고사리이며, 병든 잎은 노랗게 변하면서 일찍 떨어진다.

병징 및 표징 5월 하순 새잎 뒷면에 흰색 녹포자기가 2줄로 나타나고, 이 녹포자기에서 노란색 또는 흰색 가루(녹포자)가 비산해 중간기주로 옮겨가고 나면 피해 잎은 말라 죽어 일찍 떨어진다. 중간기주의 잎에서 7월 중순 이후부터 잎 뒷면에 여름포자퇴가 나타나며 죽은 잎에서 겨울포자퇴를 형성해 월동한다.

병원균 *Uredinopsis komagatakensis* 외 다수

방제 방법 전나무 부근의 중간기주인 뱀고사리를 제거한다.

잎에 기생하는 전나무잎응애 성충

피해 잎의 황화현상

전나무잎응애 성충

전나무잎응애 *Oligonychus ununguis*

피해 수목 구상나무, 전나무, 가문비나무, 편백나무, 잣나무, 향나무 등

피해 증상 성충과 약충이 주로 잎 앞면에서 수액을 빨아 먹어 엽록소가 파괴되면서 잎이 노랗게 변한다. 고온 건조한 기후가 지속되면 피해가 심하다.

형태 성충의 크기는 약 0.3㎜이며, 달걀형으로 암적색이다. 등에는 흰색 센털이 나 있다.

생활사 연 5~6회 발생하며, 알로 월동한다. 성충과 약충은 4월 하순부터 나타나고 5~6월에 밀도가 높아지지만 기후조건에 따라 다르며, 10월 하순까지 성충, 약충, 알 형태가 혼재한다.

방제 방법 피해 초기에 피리다벤 수화제 1,000배액 또는 사이에노피라펜 액상수화제 2,000배액을 10일 간격으로 3회 이상 살포한다. 또한, 약제 저항성이 나타나기 쉬우므로 동일 계통의 약제 연용은 피한다.

잎 기부에 기생하는 유시충과 약충

전나무잎말이진딧물 *Mindarus japonicus*

피해 수목 전나무, 분비나무, 종비나무

피해 증상 성충과 약충이 이른 봄 새잎의 기부에서 수액을 빨아 먹어 잎이 오그라드는 증상이 나타난다. 6월부터 충태가 알이 되므로 가해해충을 볼 수 없다.

형태 유시충은 약 2.5㎜ 크기로 배는 담녹색이고 등에는 뚜렷한 검은색 줄무늬가 있다. 약충은 몸길이가 약 1.5㎜로 담녹색이지만 흰색 밀랍으로 덮여 있어 하얗게 보인다.

생활사 연 3회 발생하며 알로 월동한다. 간모는 4월 상순에 약충을 낳고, 이 약충이 4회 탈피해 유시태생 암컷이 되어 분산한다. 5월 하순에 암컷은 무시 암컷과 수컷을 낳으며 이것이 교미해 6월에 산란한다.

방제 방법 4~5월에 아세타미프리드 수화제 2,000배액 또는 디노테퓨란 수화제 1,000배액을 10일 간격으로 2회 이상 살포한다.

하얀 밀랍으로 뒤덮인 당년도 신초

유시충

유시충

약충

병든 잎에 나타난 표징

가지마름병(가칭) Twig blight

피해 특징 국내외 미기록 병으로 추가적인 연구가 필요하다. 건조와 과습에 의한 마름증상과 매우 비슷하므로 주의가 필요하다.

병징 및 표징 5월 하순부터 눈주목의 가지와 잎이 적갈색으로 변한다. 변색된 병반에 작고 검은 점(자실체)이 나타나며, 피해가 심하면 말라 죽는다.

병원균 밝혀지지 않았다

방제 방법 말라 죽은 가지는 제거하고, 이미녹타딘트리스알베실레이트 수화제 1,000배액 또는 프로피네브 수화제 500배액을 10일 간격으로 2~3회 살포한다.

가지마름병(가칭)의 병징

가지에 나타난 표징

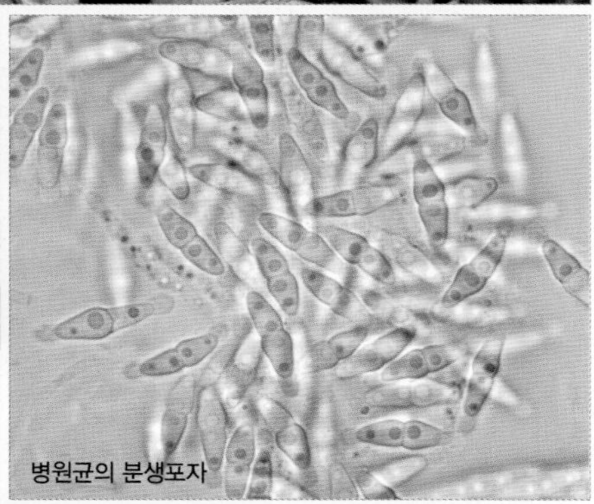
병원균의 분생포자

잎의 병징

귤응애 성충

응애류 Mite

피해 수목 주목

피해 증상 성충과 약충이 주로 잎 앞면에서 수액을 빨아 먹어 엽록소가 파괴되면서 잎이 노랗게 변한다. 고온 건조한 기후가 지속되면 피해가 심하다.

형태 주목을 가해하는 잎응애류는 귤응애(*Panonychus citri*), 전나무잎응애(*Oligonychus ununguis*), 향나무잎응애(*O. perditus*), 회솔애응애(*Pentamerismus taxi*)가 보고되었다.

생활사 연 수회 발생한다. 성충과 약충이 4월 하순부터 나타나서 5~6월에 밀도가 높아지고 10월 하순까지 성충, 약충, 알 형태가 혼재한다.

방제 방법 피해 초기에 피리다벤 수화제 1,000배액 또는 사이에노피라펜 액상수화제 2,000배액을 10일 간격으로 3회 이상 살포한다. 또한, 약제 저항성이 나타나기 쉬우므로 동일 계통의 약제 연용은 피한다.

응애류 가해로 인해 노랗게 변한 잎

응애류 성충

향나무잎응애 성충

응애류 성충과 알

주목

가해 양상

수컷의 깍지

암컷의 깍지

식나무깍지벌레 *Pseudaulacaspis cockerelli*

피해 수목 감나무, 은행나무, 식나무, 개나리, 쥐똥나무, 화살나무, 사철나무 등

피해 증상 밀도가 높을 경우 기생 부위가 하얀 밀가루를 뿌려 놓은 듯이 보이며, 피해 받은 잎은 노랗게 변한다.

형태 암컷은 기주식물과 가해 부위에 따라 다르나 깍지는 2.0~2.5㎜ 크기로 흰색 접은 부채 모양이고, 수컷의 깍지는 흰색에 긴 형태지만 암컷보다 작다.

생활사 연 2회 발생하고 암컷 성충으로 월동한다. 부화 약충은 5월 상순에 나타나며 환경에 따라 발생 상황이 다르다.

방제 방법 밀도가 높으면 디노테퓨란 액제 1,000배액 또는 클로티아니딘 입상수용제 2,000배액을 2주 간격으로 2~3회 살포한다.

주목

잎 뒷면의 코르크화된 반점

노랗게 변한 피해 잎

토양과습상태

에디마증상 Edima

피해 특징 생리적인 피해로 주로 토양이 과습하거나 깊게 식재되어 토양내 공기유통이 불량한 환경에서 발생한다.

피해 증상 잎 뒷면에 지름 2~3㎜의 원형 반점이 나타나며 점차 코르크화된다. 피해가 심하면 잎이 노랗게 변하면서 일찍 떨어지고, 지속적인 피해는 나무의 수세에 큰 영향을 미친다.

병원균 생리적인 증상이다.

방제 방법 배수가 양호하게 되도록 개선하고, 깊게 식재되었거나 복토된 토양은 제거한다. 토양입단구조를 개선시키고 수세회복을 위해 양분 공급을 실시한다.

병든 가지의 분생포자층

가지마름병의 병징

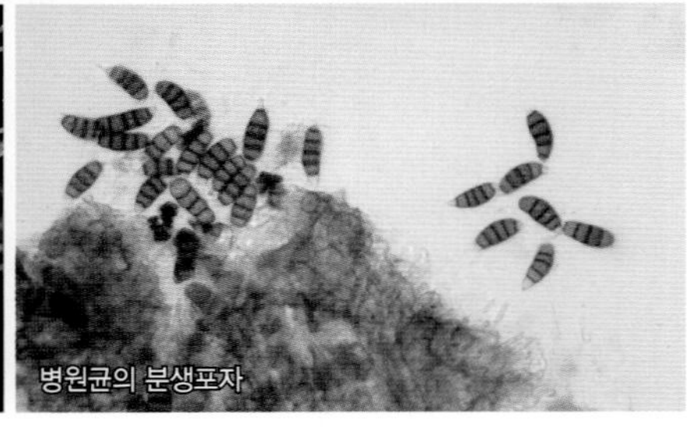
병원균의 분생포자

가지마름병 Seiridium canker

피해 특징 작은 가지와 잎이 적갈색으로 변하면서 말라 죽는 병으로 편백나무, 화백나무, 노간주나무에서 발생하는 것으로 보고되었으나, 측백나무에서도 발생한다.

병징 및 표징 1~2년생 가지가 말라 죽으며 감염부위는 약간 부풀어 오르면서 송진이 누출된다. 병든 가지에는 수피를 뚫고 검은색 작은 돌기(분생포자층)가 나타나며, 다습하면 분생포자덩이가 솟아오른다.

병원균 *Seiridium unicorne*

방제 방법 병든 가지는 제거하고, 수세회복에 힘쓴다. 약제방제는 이미녹타딘트리스알베실레이트 수화제 1,000배액 또는 프로피네브 수화제 500배액을 2주 간격으로 2~3회 살포한다.

병든 잎의 자낭반

주로 수관의 하부에 발생하는 검은돌기잎마름병

검은돌기잎마름병의 병징

검은돌기잎마름병 Chloroscypha needle blight

피해 특징 잎에 발생하는 병으로 통풍이나 채광이 나쁘거나 나무의 수세가 쇠약할 때 심하게 발생한다. 기주는 측백나무, 편백나무, 천지백나무가 보고되었다.

병징 및 표징 5~8월에 수관 하부의 잎이 적갈색으로 말라 죽으면서 일찍 떨어져 수관의 하부가 엉성한 모습으로 된다. 변색된 잎에는 검은색 작은 돌기(자낭반)가 나타나며, 다습하면 담흑갈색으로 부풀어 오른다.

병원균 *Chloroscypha chamaecyparidis*

방제 방법 병든 잎과 가지는 제거하고, 통풍과 채광이 잘 되도록 적절히 가지치기를 한다. 약제방제가 어려우므로 적절한 관수와 비배관리를 통해 수세회복에 힘쓴다.

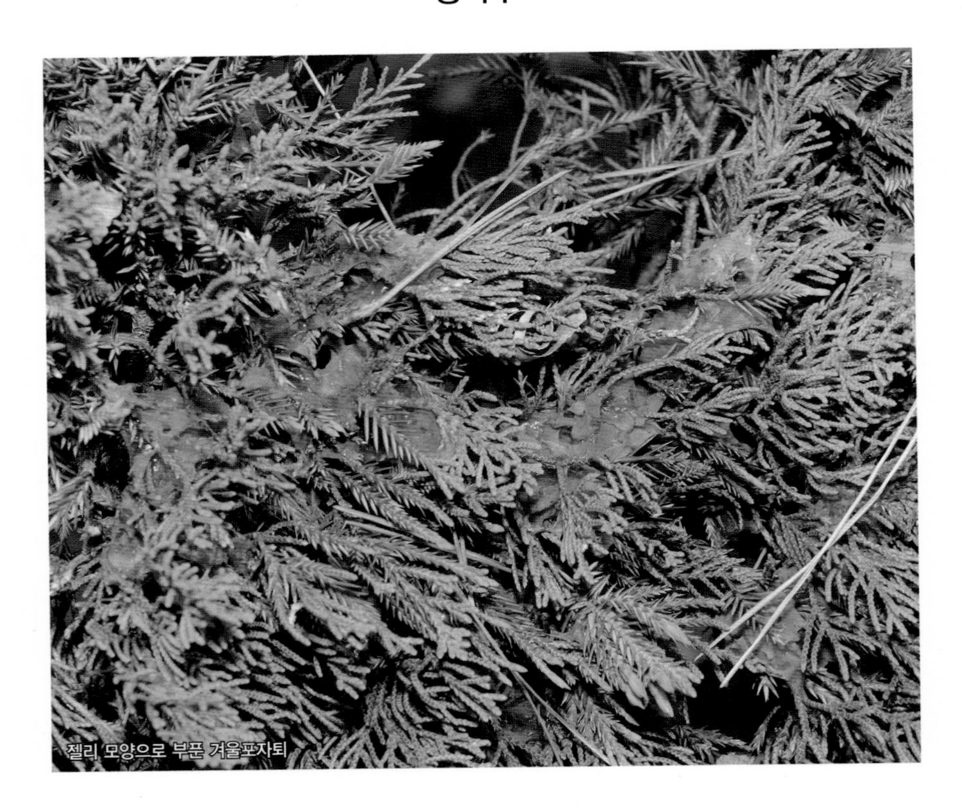
젤리 모양으로 부푼 겨울포자퇴

녹병 Rust

피해 특징 잎과 가지에 발병하며 큰 피해를 주지는 않지만, 종종 굵은 가지가 말라 죽기도 한다. 이종기생균으로 향나무에서 겨울포자세대를 보내고 배나무 등 장미과 수목에서 녹병정자와 녹포자세대를 거친다.

병징 및 표징 2~3월경 잎, 가지 및 줄기에 암갈색 돌기(겨울포자퇴)가 형성된다. 4월에 비가 오면 겨울포자퇴가 부풀어서 오렌지색 젤리 모양이 되어 담자포자를 형성한다. 담자포자는 장미과 수목으로 옮겨간 후 녹병정자에 의한 중복감염이 이루어진다. 6~7월에 장미과 식물에서 만들어진 녹포자가 다시 향나무의 잎과 줄기 속으로 침입해 균사로 월동한다.

병원균 *Gymnosporangium* spp.

방제 방법 향나무는 4~5월과 7월, 중간기주 수목은 4~6월에 트리아디메폰 수화제 800배액 또는 페나리몰 수화제 3,300배액을 10일 간격으로 4회 이상 살포한다.

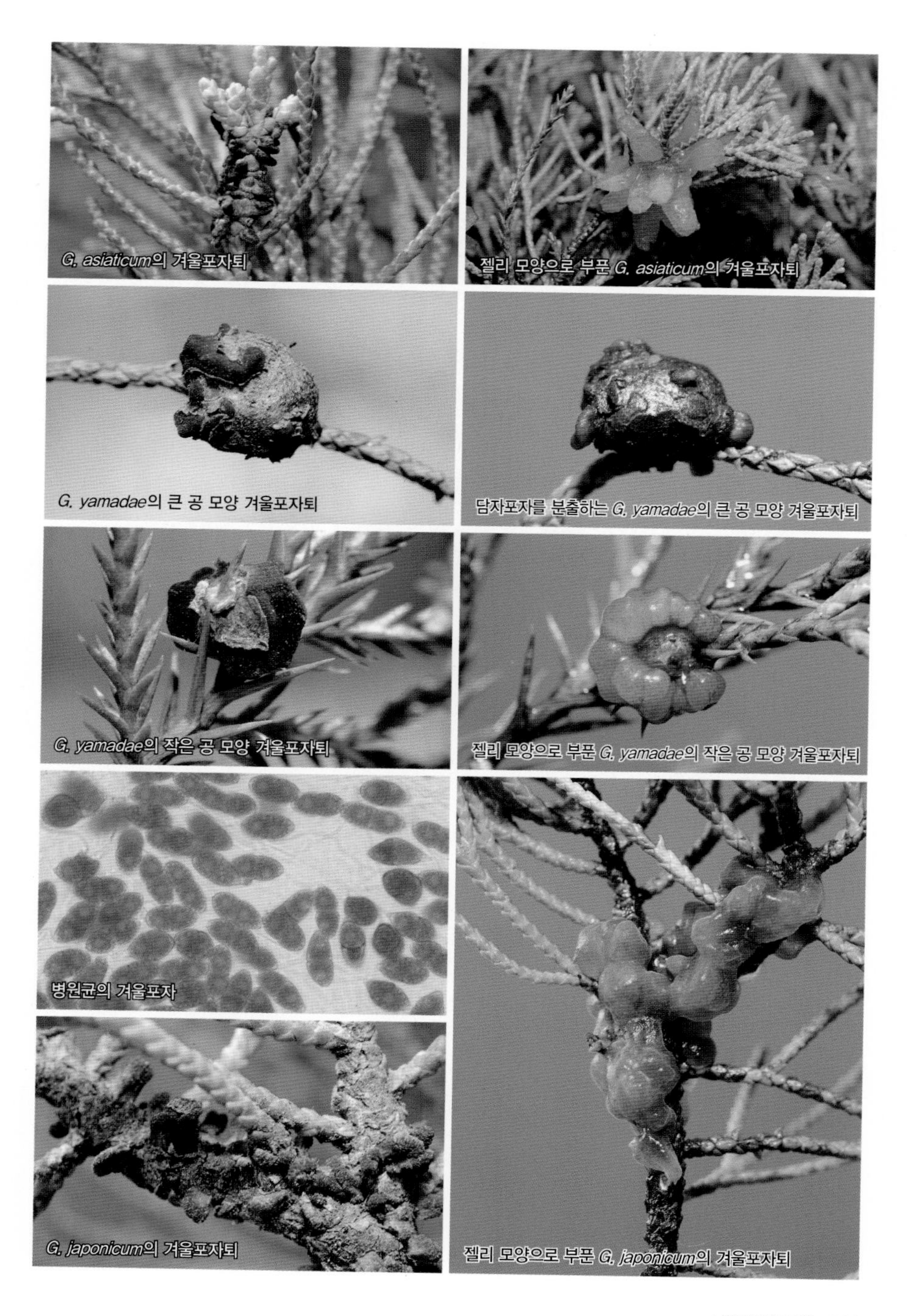

G. asiaticum의 겨울포자퇴

젤리 모양으로 부푼 G. asiaticum의 겨울포자퇴

G. yamadae의 큰 공 모양 겨울포자퇴

담자포자를 분출하는 G. yamadae의 큰 공 모양 겨울포자퇴

G. yamadae의 작은 공 모양 겨울포자퇴

젤리 모양으로 부푼 G. yamadae의 작은 공 모양 겨울포자퇴

병원균의 겨울포자

G. japonicum의 겨울포자퇴

젤리 모양으로 부푼 G. japonicum의 겨울포자퇴

분생포자각에서 솟아오른 유백색 분생포자덩이

눈마름병 Bud blight

피해 특징 4~5월과 초여름에 비가 많이 올 경우 심하게 발생한다. 어린 나무와 큰 나무 모두 발생하며, 수세가 쇠약한 나무에서 잘 발생한다.

병징 및 표징 봄~초여름에 새잎과 어린 가지가 감염되어 갈색으로 변하면서 말라 죽는다. 말라 죽은 잎과 가지 위에는 작고 검은 점(분생포자각)이 다수 나타나고, 다습하면 유백색 분생포자덩이가 솟아오른다.

병원균 *Macrophoma juniperina*

방제 방법 수세관리에 힘쓰고 병든 가지와 눈은 발견 즉시 제거한다. 약제방제는 5월 상순부터 이미녹타딘트리스알베실레이트 수화제 1,000배액 또는 클로로탈로닐 액상수화제 1,000배액을 10일 간격으로 2~3회 살포한다.

눈마름병의 병징

병원균의 분생포자

병든 잎에 나타난 검은색 분생포자각

잎의 병징

잎에 나타난 곱슬머리카락 모양 분생포자덩이

잎마름병 Pestalotia needle blight

피해 특징 병원균의 병원성이 강하지 않기 때문에 상처가 없을 때는 잘 침입하지 못해 바람이 많이 부는 지역에서 증상이 나타나고, 태풍이 지나간 이후에는 피해가 만연되는 특징이 있다.

병징 및 표징 주로 잎 끝부분부터 연한 갈색으로 변한다. 변색된 병반 위에는 작고 검은 점(분생포자층)이 나타나고, 다습하면 검은색 뿔 또는 곱슬머리카락 모양 분생포자덩이가 솟아오른다. 감염된 잎과 작은 가지는 점차 말라 죽으며 잘 부스러진다.

병원균 *Pestalotipsis* spp.

방제 방법 수세가 나빠졌을 때 잘 발생하므로 수세관리에 힘쓰고, 태풍 이후 이미녹타딘트리스알베실레이트 수화제 1,000배액 또는 프로피네브 수화제 500배액을 10일 간격으로 2~3회 살포한다.

잎마름병의 병징
병원균의 분생포자
도장된 잎에 발생한 잎마름병
어린 가지에 나타난 검은색 뾸 모양 분생포자덩이

가지마름병(가칭)의 병징

가지마름병(가칭) Twig blight

피해 특징 스카이로켓향나무에 발생하며 가지가 말라 죽는다. 국내외 미기록 병으로 추가적인 연구가 필요하다.

병징 및 표징 가지와 잎이 적갈색으로 변하면서 말라 죽는다. 적갈색으로 변한 가지에는 표피를 뚫고 검은색 자실체가 나타난다.

병원균 밝혀지지 않았다.

방제 방법 병든 가지를 제거한 후 테부코나졸 유탁제 2,000배액을 2주 간격으로 3회 이상 살포한다.

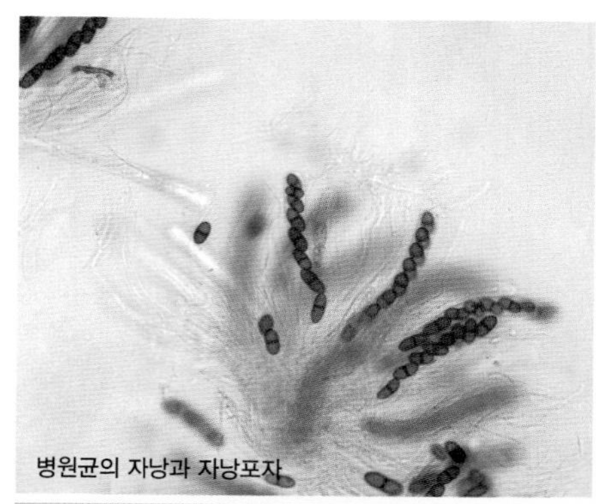
병원균의 자낭과 자낭포자

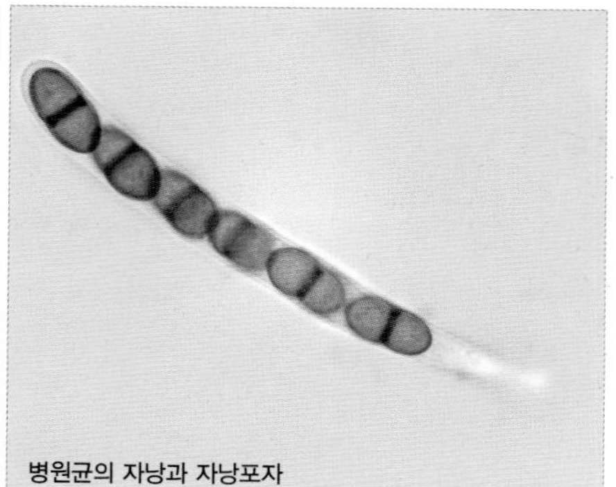
병원균의 자낭과 자낭포자

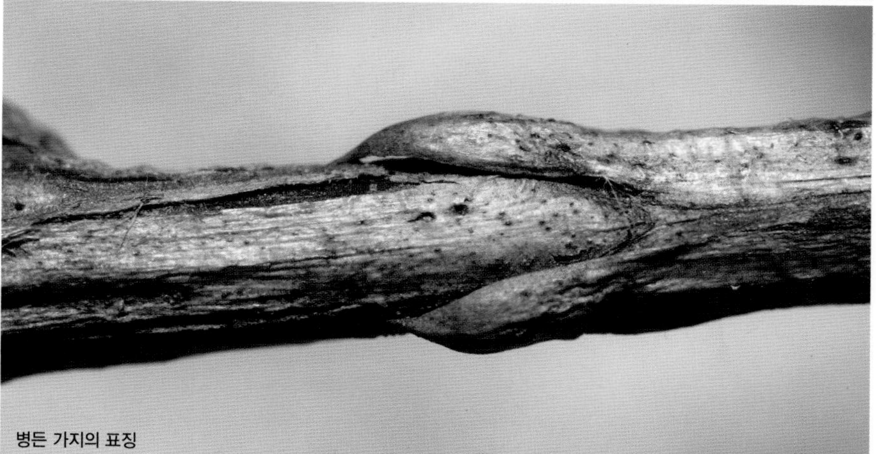
병든 가지의 표징

병든 가지의 수피를 뚫고 나온 자실체

향나무잎응애 *Oligonychus perditus*

피해 수목 향나무, 가이즈까향나무, 옥향나무, 눈향나무

피해 증상 성충과 약충이 잎에서 수액을 빨아 먹어 엽록소가 파괴되면서 잎이 노랗게 변한다. 밀도가 높을 경우 나무 전체가 노랗게 변하는 경우도 있다.

형태 암컷 성충은 몸길이가 0.3~0.4㎜이고, 앞몸통은 등색, 뒷몸통은 적갈색이다. 수컷 성충은 몸길이가 0.2~0.3㎜이며 암컷보다 색깔이 옅다.

생활사 연 수회 발생하며 일반적으로 알로 월동하나 따뜻한 지역에서는 성충으로 월동하기도 한다. 4~9월에 성충, 약충, 알 형태가 혼재한다.

방제 방법 피해 초기에 피리다벤 수화제 1,000배액 또는 사이에노피라펜 액상수화제 2,000배액을 10일 간격으로 3회 이상 살포한다. 또한, 약제 저항성이 나타나기 쉬우므로 동일 계통의 약제 연용은 피한다.

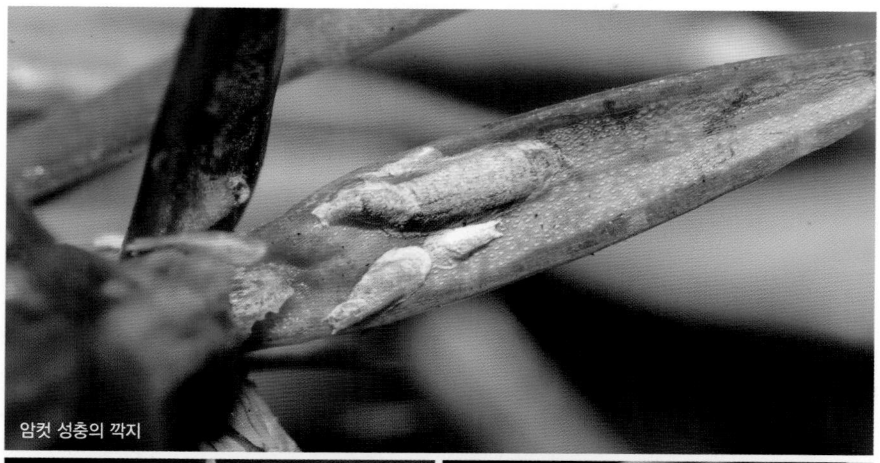

암컷 성충의 깍지

가해 양상

암컷 성충의 깍지

향나무애굴깍지벌레 *Lepidosaphes pallida*

피해 수목 향나무, 금송, 비자나무

피해 증상 성충과 약충이 잎, 어린 가지에서 집단으로 수액을 빨아 먹어 잎이 노란색으로 변한다.

형태 암컷 성충의 깍지의 크기는 2.0~2.5㎜이며, 황갈색으로 굴 모양이다. 몸 빛깔은 유백색으로 몸길이가 약 1.0㎜이다.

생활사 연 2회 발생하며 주로 성충으로 월동한다. 약충은 4월 중순부터 나타나지만 발생이 매우 불규칙하다.

방제 방법 부화 약충시기인 4월 중순에 디노테퓨란 액제 1,000배액 또는 클로티아니딘 입상수용제 2,000배액을 10일 간격으로 2~3회 살포한다.

향나무왕진딧물 *Cinara fresai*

피해 수목 향나무류

피해 증상 성충과 약충이 4~5월에 소나무의 가지와 잎에 집단으로 기생하며 수액을 빨아 먹어 수세를 저하시키고, 부생성 그을음병을 유발한다.

형태 무시충의 크기는 약 3㎜이며, 갈색으로 배 등면에 작고 검은 점이 있다. 형태적으로 노간주왕진딧물(*C. juniperi*)과 매우 비슷한데, 국외에서는 노간주왕진딧물이 향나무와 노간주나무에 기생하는 것으로 보고되었으나, 국내에서는 향나무왕진딧물은 향나무, 노간주왕진딧물은 노간주나무에서만 발견된다.

생활사 자세한 생활사는 밝혀지지 않았다. 주로 잎보다는 가지에 기생하며, 운동성은 활발하지 않다.

방제 방법 4~5월에 아세타미프리드 수화제 2,000배액 또는 디노테퓨란 수화제 1,000배액을 10일 간격으로 2회 이상 살포한다.

신초에 기생하는 무시충과 약충

간모

간모

약충

성충

향나무혹파리 *Aschistonyx eppoi*

피해 수목 향나무, 가이즈까향나무

피해 증상 유충이 가는 가지 끝부분의 잎에 벌레혹을 형성한다. 유충이 탈출한 후에 벌레혹은 갈색으로 말라 죽는다.

형태 성충은 몸길이가 약 1.7㎜로 모기와 유사하며 배는 황적색이다.

생활사 연 1회 발생하며 벌레혹 속에서 유충으로 월동한다. 성충은 5월 상순~6월 상순에 나타나서 가는 가지 끝부분의 잎 사이에 산란한다. 부화 유충은 잎 속으로 파고 들어가 가해하다가 월동하고, 4월 하순에 벌레혹에서 탈출해 지표에서 번데기가 된다.

방제 방법 성충 우화시기인 5월 상순~6월 상순에 에토펜프록스 수화제 1,000배액을 2~3회 살포하거나 4월 하순에 카보퓨란 입제(5g/㎡)를 토양과 혼합처리한다.

수관 가장자리가 변색된 피해목

갈색으로 변한 벌레혹

유충이 탈출한 후 변색된 벌레혹

피해 초기에 담녹색을 띠는 벌레혹

향나무

피해 잎의 작은 구멍

잎 끝부분이 변색된 피해목

성충

향나무뿔나방 *Stenolechia bathrodyas*

피해 수목 향나무, 가이즈까향나무

피해 증상 유충이 잎 조직의 내부를 가해해 가해 부위 선단의 잎이 말라 죽는다. 피해 받은 잎에는 크기 약 5㎜의 작은 구멍이 있고 배설물을 밖으로 내보내서 잎 조직의 내부가 비어 있는 경우가 많다.

형태 성충의 크기는 약 7㎜인 미소나방으로 머리와 가슴의 등면은 흰색, 앞날개는 황색을 띤 흰색이며, 회색 및 검은색 비늘가루에 의한 선명하지 않은 점무늬들이 흩어져 있다. 유충의 크기는 약 5㎜이며 녹색이다.

생활사 연 3~4회 발생하며, 유충으로 잎 조직 내에서 월동한다. 피해는 4~9월까지 지속되지만, 6~7월에 피해가 가장 크다.

방제 방법 성충 우화기인 5, 7, 9월에 비티쿠르스타키 수화제 1,000배액 또는 디플루벤주론 수화제 2,500배액을 10일 간격으로 2회 이상 살포한다.

유충

성충

번데기

향나무독나방 *Parocneria furva*

피해 수목 향나무류, 삼나무

피해 증상 유충이 5월경부터 잎을 갉아 먹어 가지에 배설물이 무수히 관찰된다.

형태 노숙 유충은 몸길이가 20～30㎜이며 머리와 가슴은 황갈색이고, 배의 양쪽 등면에 노란색 물결 모양의 선이 있다. 성충은 날개 편 길이가 약 30㎜로 몸과 앞날개는 암갈색을 띠며, 앞날개에 물결 모양 무늬가 있다.

생활사 연 2회 발생하며, 알 또는 유충으로 수피 틈에서 월동한다. 성충은 6월, 8～10월에 나타난다. 유충은 4월 하순～5월 상순, 6월 하순～7월 중순에 나타나서 주로 잎 끝부분을 갉아 먹고, 노숙 유충은 실을 토해 거미줄과 같은 것을 만들어 번데기가 된다.

방제 방법 유충 가해시기에 비티쿠르스타키 수화제 1,000배액 또는 디플루벤주론 수화제 2,500배액을 10일 간격으로 2회 이상 살포한다.

기타 해충

남방차주머니나방의 주머니(상록활엽수 공통 해충 참조)

남방차주머니나방 유충(상록활엽수 공통 해충 참조)

삼나무깍지벌레(소나무 참조)

사과독나방 유충(느티나무 참조)

향나무하늘소 피해에 의한 가지 고사

|낙엽활엽수|

점무늬병(가칭)의 병징

점무늬병(가칭) Septoria leaf spot

피해 특징 국내외 미기록 병으로 추가적인 연구가 필요하다.

병징 및 표징 초여름부터 잎에 잎맥에 둘러싸인 크기 약 8㎜의 갈색 다각형 병반이 다수 나타나고, 이 병반은 종종 서로 합쳐져서 잎 전체가 노란색으로 변하면서 일찍 떨어진다. 잎 앞면의 갈색 병반에는 작은 흑갈색 점(분생포자각)이 나타나며, 다습하면 유백색 분생포자덩이가 솟아오른다.

병원균 *Septoria* sp.

방제 방법 6월 하순부터 이미녹타딘트리스알베실레이트 수화제 1,000배액 또는 디페노코나졸 입상수화제 2,000배액을 10일 간격으로 2~3회 살포한다.

초기 병징

병원균의 분생포자

잎 앞면 병반에 나타난 유백색 분생포자덩이

갈색 다각형 병반과 노랗게 변하는 잎의 병징

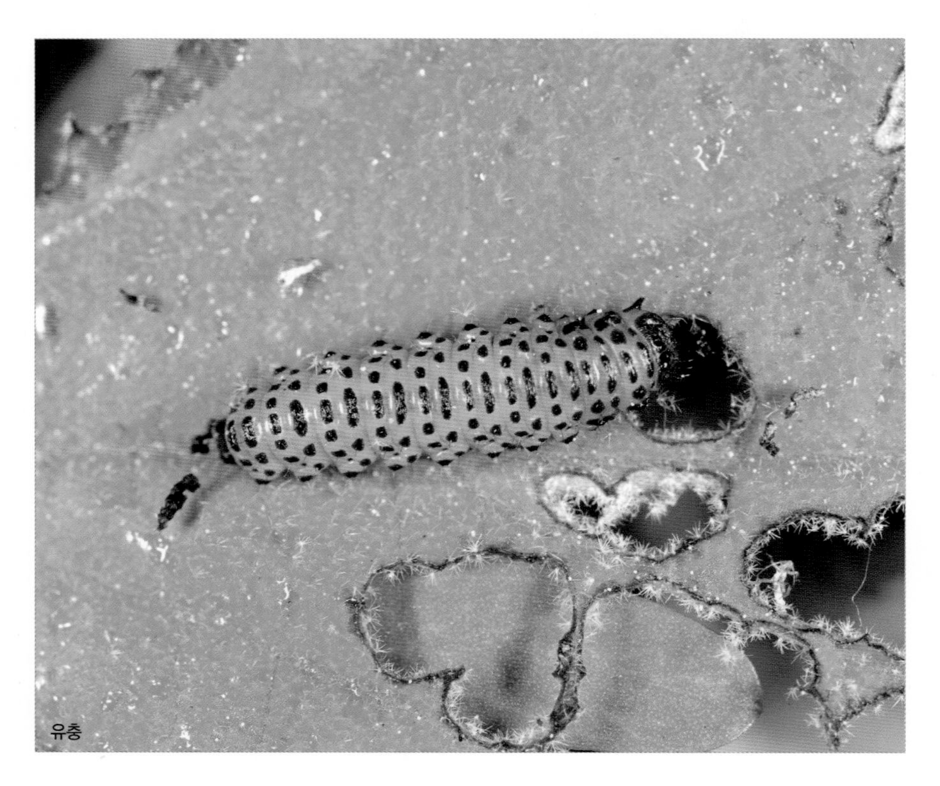
유충

참긴더듬이잎벌레 *Pyrrhalta humeralis*

피해 수목 아왜나무, 가막살나무

피해 증상 유충이 4~5월에 새잎을 잎맥만 남기고 갉아 먹고, 성충은 6월 중순~8월 하순에 나타나서 유충과 함께 가해한다.

형태 성충은 몸길이가 약 7㎜로 담갈색이며 검은 반점이 머리에 1개, 가슴에 3개 있다. 유충은 몸길이 약 10㎜로 노란색이며 각 마디에 검은색 반점이 있다.

생활사 연 1회 발생하며 동아나 가지의 조직 내에서 알로 월동한다. 유충은 4월경부터 나타나며 5월 중순에 낙엽 밑이나 토양 속에서 번데기가 된다. 성충은 6월 중순부터 나타나고 9월 중순부터 산란한다.

방제 방법 피해 초기에 노발루론 액상수화제 2,000배액 또는 에마멕틴벤조에이트 유제 2,000배액을 10일 간격으로 2~3회 살포한다.

유충에 의한 피해 초기 양상

잎 뒷면의 성충

유충과 성충에 의한 피해 양상

성충(띠띤수염잎벌레와 매우 비슷하지만, 더듬이 기부 사이에 검은 점이 없다)

가중나무

잎 뒷면의 병징

잎 뒷면에 나타난 둥근 알갱이 모양의 자낭구

병원균의 자낭구

흰가루병 Powdery mildew

피해 특징 가중나무에서 흔히 볼 수 있는 병으로 큰 나무보다는 어린 나무에 잘 발생하고, 큰 피해를 주지는 않으나 미관을 해친다.

병징 및 표징 잎 뒷면이 미세하게 흰색 밀가루를 뿌려 놓은 것처럼 보인다. 9월 중순 이후 잎 뒷면의 하얀 병반에 흰색 둥근 알갱이(자낭구)가 나타나기 시작하고 10월 상순부터 노란색으로 변한 후 10월 중하순에는 성숙해 검은색으로 변한다. 성숙한 검은색 자낭구가 나타날 쯤에는 흰색 밀가루 모양 균총은 거의 보이지 않는다.

병원균 *Phyllactinia ailanthi*

방제 방법 병든 낙엽을 모아 제거하고, 통풍, 채광, 배수가 잘 되도록 관리한다. 발병 초기에 마이클로뷰타닐 수화제 1,500배액 등 흰가루병 적용 약제를 10일 간격으로 2회 살포한다.

가중나무

잎의 갈색무늬 병반

갈색무늬병의 병징

잎 앞면의 분생포자각

갈색무늬병 Brown leaf spot

피해 특징 잎에 갈색 점무늬 병반이 다수 형성되고, 피해를 심하게 받은 잎은 8월부터 낙엽이 되어 수관이 엉성하게 된다.

병징 및 표징 잎에 작은 갈색 반점이 형성되고 점차 겹둥근무늬가 나타나면서 확대되며 중앙부는 다갈색을 띤다. 잎 앞면 병반에 작고 검은 돌기(분생포자각)가 나타나고, 다습하면 유백색 분생포자덩이가 솟아오른다.

병원균 *Septoria* sp.

방제 방법 피해 초기인 6월 하순부터 이미녹타딘트리스알베실레이트 수화제 1,000배액 또는 디페노코나졸 입상수화제 2,000배액을 10일 간격으로 2~3회 살포한다.

성충

꽃매미 *Lycorma delicatul*

피해 수목 가중나무, 쉬나무, 참중나무, 소태나무, 포도, 머루 등 각종 활엽수

피해 증상 성충과 약충이 수액을 빨아 먹어 나무의 정상적인 생장에 큰 지장을 주며, 분비물과 가해 부위의 수액 유출로 인해 그을음병이 유발된다.

형태 성충은 날개 편 길이가 38~55㎜이고 연한 갈색을 띤다. 앞날개는 연한 갈색 바탕에 기부의 2/3 되는 곳까지 검고 둥근 점무늬가 있고 끝부분은 검은색이다. 어린 약충은 검은색 바탕에 작고 흰 반점이 있으며, 4령 이후에는 등이 붉은색을 띤다.

생활사 연 1회 발생하며 알로 월동한다. 약충은 5월 상순에 나타나고 7월 하순에 성충이 된다. 암컷 성충은 9월 이후 줄기에 무더기로 산란한다.

방제 방법 5월부터 에토펜프록스 유제 2,000배액를 10일 간격으로 3회 이상 살포하거나 5월 상순에 이미다클로프리드 분산성액제를 나무주사한다.

1~3령 약충

4령 이후 약충

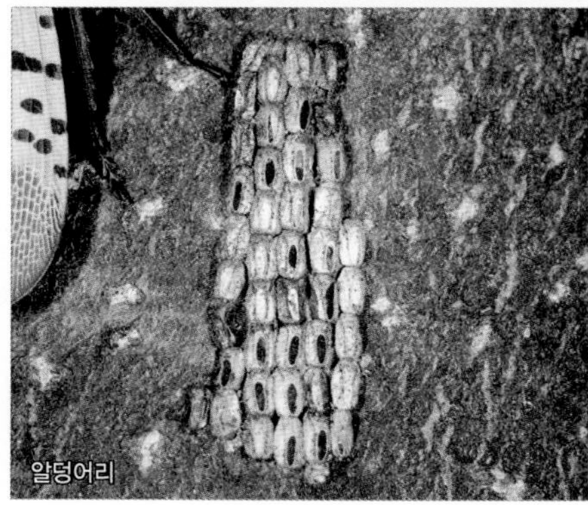
알덩어리

수액이 흘러내리는 모양

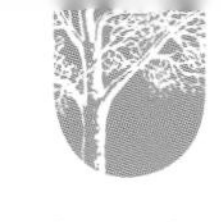

가중나무

종령 유충

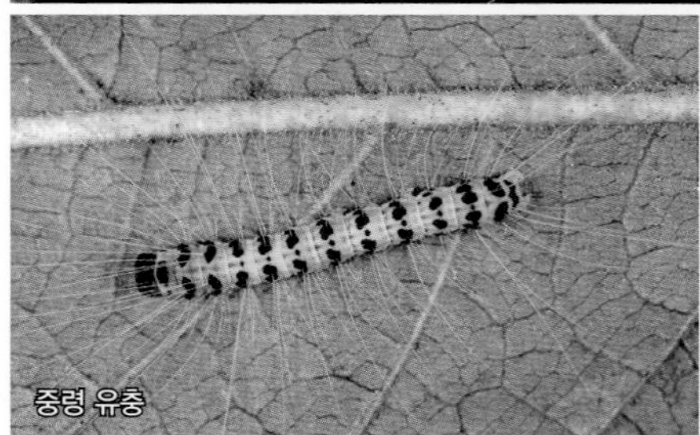
중령 유충

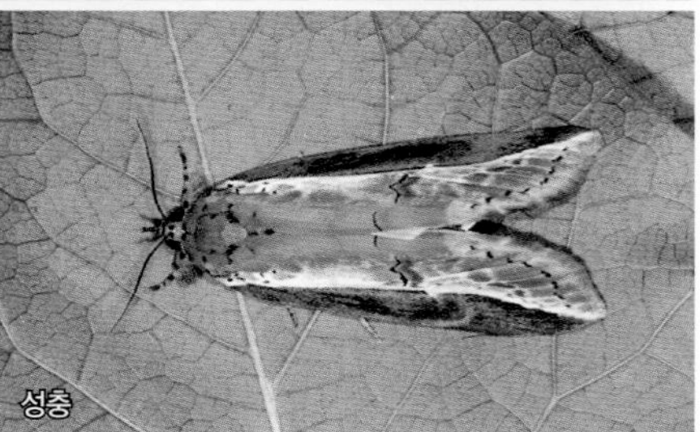
성충

가중나무껍질밤나방 *Eligma narcissus*

피해 수목 가중나무

피해 증상 유충이 모여서 잎을 갉아 먹으며, 잎이 하나도 남지 않을 때도 있다.

형태 노숙 유충은 몸길이가 약 45㎜로 등황색 바탕이며, 각 마디에 검은 띠가 있고 길고 흰 털이 나 있다. 성충은 날개 편 길이가 약 70㎜이고, 앞날개 전반부는 올리브색을 띤 검은색이고 흰색 띠가 있으며 후반부는 자회색이다.

생활사 자세한 생활사는 밝혀지지 않았으며, 연 1회 발생한다. 유충은 9~10월에 나타나서 잎을 갉아 먹고 노숙하면 나뭇가지에서 수피를 긁어 고치를 만든다. 성충은 당년도 11월이나 이듬해 9~10월에 나타난다.

방제 방법 밀도가 높을 경우에 한해 비티아이자와이 입상수화제 2,000배액 또는 디플루벤주론 수화제 2,500배액을 살포한다.

성충

줄기에서 수액이 유출되는 증상

암컷 성충의 산란흔

극동버들바구미 *Eucryptorrhynchus brandti*

피해 수목 가중나무

피해 증상 성충이 줄기에서 수액을 빨아 먹고 암컷 성충이 줄기나 굵은 가지의 수피 속에 산란한다.

형태 성충은 몸길이가 10~14.5㎜이며 검은색이다. 앞가슴등판은 회백색이고 딱지날개에 검은색과 회백색 무늬가 섞여 있어 마치 새똥처럼 보인다.

생활사 자세한 생활사는 밝혀지지 않았으며, 연 1회 발생한다. 성충을 봄부터 가을까지 가중나무의 줄기에서 볼 수 있다.

방제 방법 밀도가 높을 경우에 한해 아세타미프리드 액제 1,000배액을 살포한다.

잎 앞면의 병징

둥근무늬낙엽병 Circular leaf spot

피해 특징 감나무에서 피해가 가장 심한 병으로 5월 중하순부터 자낭포자 형태로 잎에 침입하며 8월 하순 이후에 병징이 나타나서 잎을 일찍 떨어뜨린다. 주로 잎에 발생하며, 드물게 감꼭지에도 발생한다.

병징 및 표징 잎에 처음에는 흑갈색 점무늬가 나타나고, 점점 확대되어 병반 내부는 갈색을 띠고 테두리는 흑자색을 띤 원형 병반이 된다. 원형 병반은 종종 서로 합쳐져 부정형으로 커지고, 잎 뒷면의 오래된 병반에는 작고 검은 점(자낭각)이 나타난다.

병원균 *Mycosphaerella nawae*

방제 방법 병든 잎은 모아 제거하고, 6월 상순부터 비터타놀 수화제 2,000배액 또는 사이프로코나졸 액제 3,300배액을 10일 간격으로 3회 이상 살포한다.

둥근무늬낙엽병의 병징

둥근 무늬의 병반

잎 뒷면에 나타나는 병원균의 자낭각

잎 앞면과 뒷면의 병징

잎 앞면의 병징

모무늬낙엽병 Angular leaf spot

피해 특징 고욤나무와 감나무에서 흔히 볼 수 있는 병으로 수세가 쇠약해졌을 때 많이 발생한다.
병징 및 표징 7월 중순부터 잎에 잎맥으로 둘러싸인 갈색 다각형 병반이 나타나며 병반의 가장자리는 갈색 띠로 둘러싸여 건전부와 뚜렷한 경계를 이룬다. 주로 잎 앞면보다 잎 뒷면 병반이 선명하다. 잎 앞면 병반에는 솜털 같은 흑갈색 분생포자덩이로 뒤덮인 작은 점(분생포자좌)이 나타난다.
병원균 *Cercospora kaki*
방제 방법 병든 잎은 제거하고, 수세관리에 힘쓴다. 약제방제는 6월 상순~7월 상순에 아족시스트로빈 수화제 1,000배액 또는 이미녹타딘트리스알베실레이트 수화제 1,000배액을 10일 간격으로 2~3회 살포한다.

모무늬 병반

잎 뒷면의 병징

병원균의 분생포자

잎 앞면에 나타나는 솜털 모양의 분생포자덩이

잎 뒷면의 병징

잎 뒷면에 나타난 둥근 알갱이 모양의 자낭구

병원균의 자낭구

흰가루병 Powdery mildew

피해 특징 초여름부터 가을에 걸쳐 흔히 볼 수 있으며, 밀식되었거나 습하고 그늘진 곳에서 잘 발생한다. 나무에 큰 피해를 주지는 않으나 미관을 해친다.

병징 및 표징 5~6월에 잎 앞면에 검은색 작은 원형 병반이 불규칙하게 나타나고, 8월 하순부터 잎 뒷면에 밀가루 모양으로 흰색 균총이 형성된다. 가을에 잎 뒷면 하얀 병반에 둥글고 노란 알갱이(자낭구)가 다수 나타나기 시작하고 성숙하면 검은색으로 변한다.

병원균 *Phyllactinia kakicola*

방제 방법 병든 낙엽을 모아 제거하고, 통풍, 채광, 배수가 잘 되도록 관리한다. 발병 초기에 마이클로뷰타닐 수화제 1,500배액 등 흰가루병 적용 약제를 10일 간격으로 2회 이상 살포한다.

감나무

잿빛곰팡이병의 병징

잎 앞면의 검은 점과 솜털 모양의 회색곰팡이

병원균의 분생포자

잿빛곰팡이병 Gray mold

피해 특징 어린 잎과 도장지에서 자란 잎, 어린 열매에 주로 발생하며, 수관 아랫부분과 안쪽의 잎과 같이 그늘진 잎에서 발병이 많다.

병징 및 표징 잎가장자리부터 갈색으로 변하고, 병반 주변에는 물결 모양의 주름이 생긴다. 병반에는 작고 검은 점이 나타나고, 다습하면 솜털 같은 회색 곰팡이(분생자병 또는 분생포자)가 생긴다.

병원균 *Botrytis cinerea*

방제 방법 병든 잎은 제거하고, 개엽 초기에 사이프로디닐 · 디페노코나졸 유탁제 2,000배액을 개화 직전 및 낙화 직후에 살포한다.

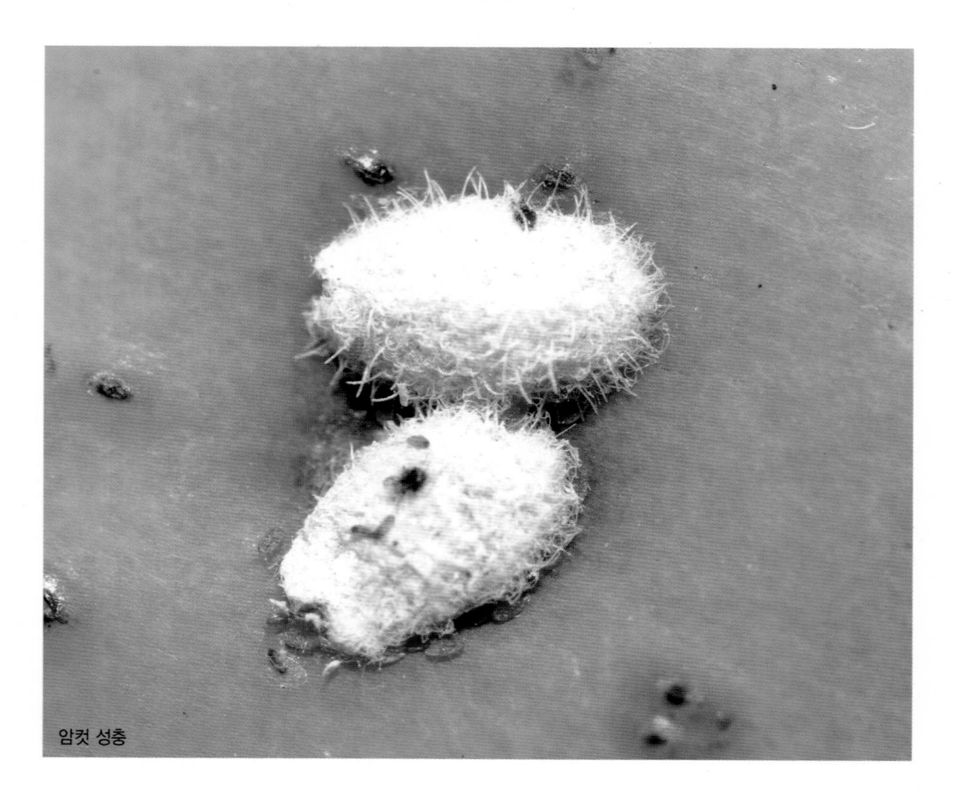

암컷 성충

감나무주머니깍지벌레 *Asiacornococcus kaki*

피해 수목 감나무, 고욤나무

피해 증상 성충과 약충이 6월 중순 이후부터 잎, 가지, 줄기, 과실에 기생하며 수액을 빨아 먹어 잎에는 노란색 반점, 과실에는 검은색 반점이 나타난다.

형태 암컷 성충의 주머니는 약 2.5㎜ 길이의 타원형이고 흰색을 띠며, 몸은 약 2㎜ 크기로 적갈색이다. 수컷 성충의 주머니는 암컷보다 매우 작고 흰색을 띠며 긴 타원형이다. 약충과 알은 적갈색을 띤 타원형이다.

생활사 연 3~4회 발생하며, 수피나 낙엽에서 암컷 성충의 주머니에 싸여 알 또는 약충으로 월동한다. 6~9월에 알, 약충, 성충을 동시에 볼 수 있으며, 9월 이후 암컷 성충의 주머니 안에서 월동태가 된다.

방제 방법 부화 초기부터 디노테퓨란 액제 1,000배액 또는 클로티아니딘 입상수용제 2,000배액을 수확 21일 전까지 3회 살포한다.

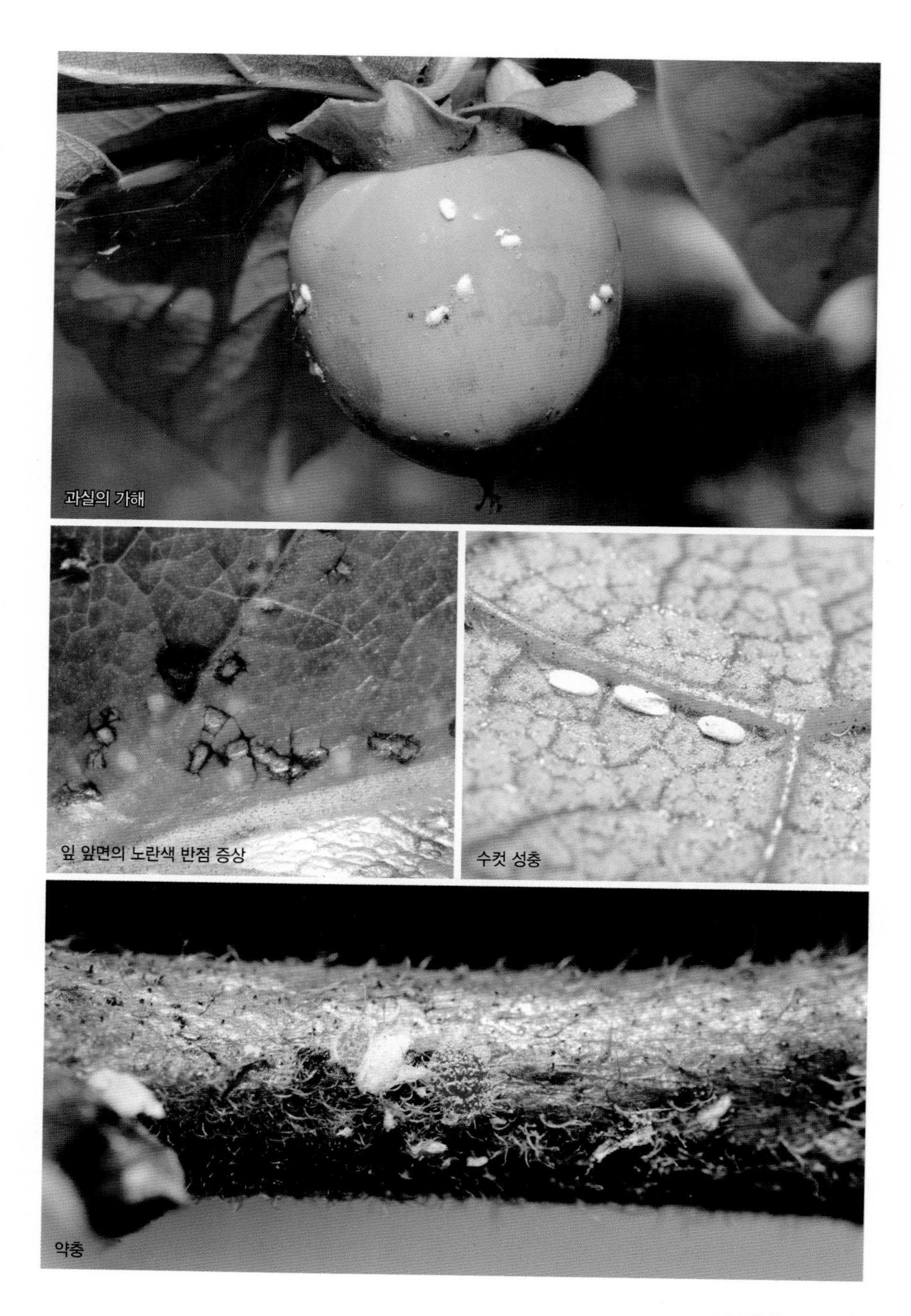

과실의 가해

잎 앞면의 노란색 반점 증상

수컷 성충

약충

성충
잎 앞면의 흰색 반점 증상
약충

감나무애매미충 *Zorka* sp.

피해 수목 감나무

피해 증상 잎 앞면에 1㎜ 이하의 흰색 반점이 잎맥 주위를 중심으로 나타나고, 피해가 심하면 잎 전체에 반점이 형성된다. 감나무주머니깍지벌레의 피해와 증상이 비슷하지만, 감나무주머니깍지벌레는 잎 앞면에 노란색 반점을 형성하고 잎 뒷면이 지저분한 점이 다르다.

형태 성충은 몸길이가 약 3㎜이고 앞날개는 유백색 바탕에 담황색 무늬가 있다. 약충은 유백색 또는 연두색 바탕에 담황색 무늬가 있다.

생활사 자세한 생활사는 밝혀지지 않았으며, 성충으로 월동한 후 6월 상순~9월 상순에 성충과 약충이 가해하는 것으로 추정된다.

방제 방법 6월 상순부터 아세타미프리드 수화제 2,000배액 또는 디노테퓨란 수화제 1,000배액을 10일 간격으로 2~3회 살포한다.

기타 해충

귤응애(꽃복숭아 참조)

차응애(꽃사과 참조)

조팝나무진딧물(조팝나무 참조)

목화진딧물(무궁화 참조)

복숭아혹진딧물(꽃복숭아 참조)

귤가루이(광나무 참조)

선녀벌레(돈나무 참조)

미국선녀벌레(아까시나무 참조)

감나무

갈색날개매미충(단풍나무 참조)

이세리아깍지벌레(돈나무 참조)

긴솜깍지벌레붙이(이팝나무 참조)

거북밀깍지벌레(상록활엽수 공통 해충 참조)

뿔밀깍지벌레(상록활엽수 공통 해충 참조)

루비깍지벌레(상록활엽수 공통 해충 참조)

솜털가루깍지벌레(산사나무 참조)

말채나무공깍지벌레

감나무

줄솜깍지벌레(팽나무 참조)

갈색깍지벌레(상록활엽수 공통 해충 참조)

식나무깍지벌레(은행나무, 주목 참조)

뽕나무깍지벌레(벚나무류 참조)

사과저녁나방(벚나무류 참조)

배저녁나방(벚나무류 참조)

사과무늬잎말이나방(느릅나무 참조)

감나무

꼬마쐐기나방(단풍나무 참조)

노랑쐐기나방(단풍나무 참조)

검은쐐기나방(단풍나무 참조)

흰독나방(단풍나무 참조)

미국흰불나방(버즘나무 참조)

매미나방(느티나무 참조)

독나방(단풍나무 참조)

감나무

무늬독나방(단풍나무 참조)

남방차주머니나방(상록활엽수 공통 해충 참조)

주둥무늬차색풍뎅이(배롱나무 참조)

암브로시아나무좀(산사나무 참조)

오리나무좀(느티나무 참조)

개나리

잎 앞면의 병징

탄저병 Anthracnose

피해 특징 비가 자주 오는 봄~여름에 주로 수관 안쪽의 잎에 발생하며, 병원균의 기주범위가 매우 넓다.

병징 및 표징 잎에 갈색 원형 내지는 부정형 병반을 형성하고, 진전되면 병반이 크게 확대되면서 잎이 일찍 떨어진다. 갈색 병반에는 작고 검은 점(분생포자층)이 나타나고, 다습하면 유백색 분생포자덩이가 솟아오른다.

병원균 *Colletotrichum* sp.

방제 방법 피해 초기에 메트코나졸 액상수화제 3,000배액 또는 프로피네브 수화제 600배액을 10일 간격으로 2~3회 살포한다.

탄저병의 병징

잎 뒷면의 병징

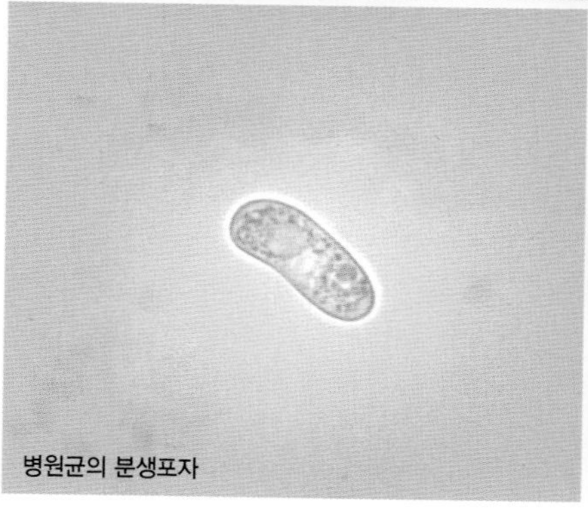
병원균의 분생포자

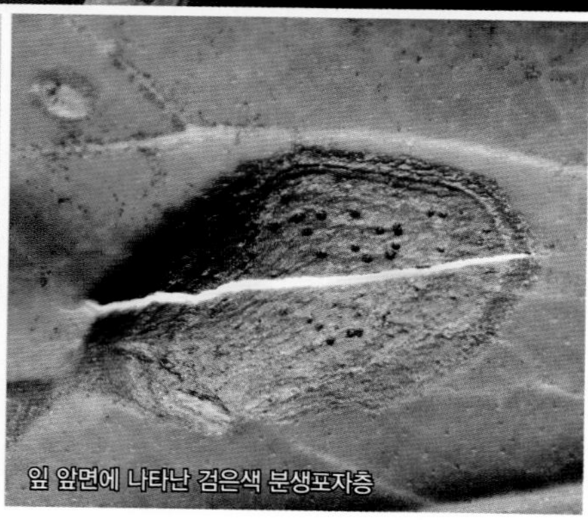
잎 앞면에 나타난 검은색 분생포자층

종령 유충

개나리잎벌 *Apareophora forsythiae*

피해 수목 개나리, 산개나리

피해 증상 개나리의 대표적인 해충으로 유충이 4월 하순~5월 중순에 무리지어 잎을 갉아 먹는다. 피해가 심하면 잎을 다 먹어치워 가지만 남는다.

형태 노숙 유충은 몸길이가 약 17㎜로 검은색이고 황갈색 짧은 털이 나 있다. 성충은 몸길이가 약 10㎜로 검은색을 띠며, 암컷 성충은 수컷 성충에 비해 배에 황색을 많이 띤다.

생활사 연 1회 발생하며 유충으로 토양 속 1㎝ 깊이에 흙집을 짓고 월동한다. 성충은 4월에 우화해 잎의 조직 속에 1~2줄로 산란하고 유충은 4월 하순~5월 중순에 잎을 갉아 먹다가 5월 하순에 월동처로 이동한다.

방제 방법 유충 발생 초기인 4월 하순에 에토펜프록스 수화제 1,000배액 또는 페니트로티온 유제 1,000배액을 10일 간격으로 2~3회 살포한다.

성충

잎에 산란한 모양

중령 유충

부화 유충

좀검정잎벌 *Macrophya timida*

피해 수목 개나리, 광나무, 쥐똥나무

피해 증상 유충이 5월 중순~6월 하순에 무리지어 잎을 갉아 먹는다. 피해가 심하면 잎을 다 먹어 치워 가지만 남는다.

형태 노숙 유충은 몸길이가 약 22㎜로 회녹색이지만 흰색 밀랍 물질로 덮여 있어 하얗게 보인다. 성충은 몸길이가 약 9㎜로 검은색이다.

생활사 연 1회 발생하며, 토양 속에서 고치 안 유충으로 월동한다. 성충은 4월 중순에 나타나서 잎 조직 속에 산란한다. 유충은 5월 중순부터 잎을 갉아 먹다가 6월 하순부터 월동처로 이동해 고치를 짓는다.

방제 방법 유충 발생 초기인 5월 중순에 에토펜프록스 수화제 1,000배액 또는 페니트로티온 유제 1,000배액을 10일 간격으로 2~3회 살포한다.

개나리

기타 해충

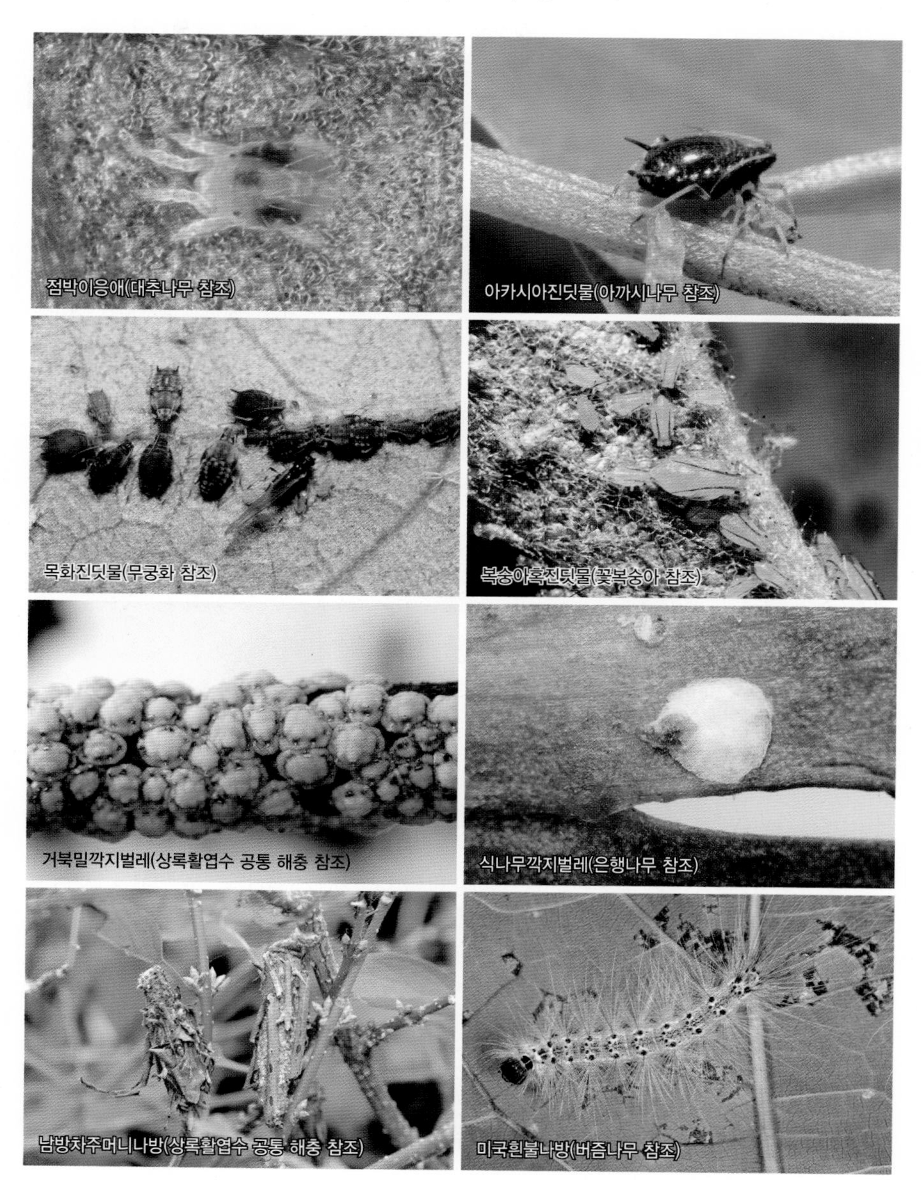

점박이응애(대추나무 참조)

아카시아진딧물(아까시나무 참조)

목화진딧물(무궁화 참조)

복숭아혹진딧물(꽃복숭아 참조)

거북밀깍지벌레(상록활엽수 공통 해충 참조)

식나무깍지벌레(은행나무 참조)

남방차주머니나방(상록활엽수 공통 해충 참조)

미국흰불나방(버즘나무 참조)

흰가루병의 병징

잎이 일찍 떨어진 수관

흰가루병 Powdery mildew

피해 특징 초여름부터 가을에 걸쳐 발생하는 병으로, 피해가 심하면 잎이 노랗게 변하면서 일찍 떨어진다.

병징 및 표징 6월부터 잎에 작고 흰 반점(균총)이 나타나고, 피해가 확산되면 잎 전체에 밀가루를 뿌려 놓은 것처럼 보인다. 오래된 균총은 기생균에 의해 회백색 또는 회색으로 변한다.

병원균 *Arthrocladiella mougeotii*

방제 방법 발병 초기에 마이클로뷰타닐 수화제 1,500배액 등 흰가루병 적용 약제를 10일 간격으로 2회 이상 살포한다.

잎 앞면의 벌레혹

잎 뒷면의 돌출 부위

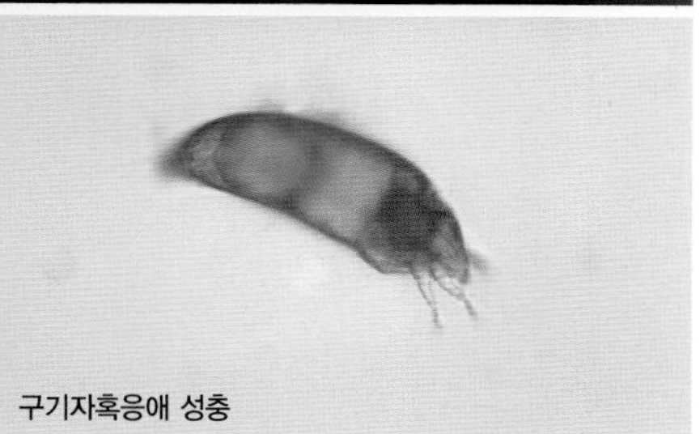
구기자혹응애 성충

구기자혹응애 *Aceria kuko*

피해 수목 구기자나무

피해 증상 성충이 잎 뒷면으로 침입해 잎 앞면에 약 2㎜ 크기의 둥글고 검은 벌레혹을 만들고 그 안에서 가해한다. 벌레혹의 개구는 잎 뒷면에 많고, 밀도가 높으면 꽃도 떨어지고 열매도 일찍 떨어진다.

형태 성충은 몸길이가 약 0.18㎜이고 방추형에 가까우며 여름형은 노란색, 겨울형은 연한 노란색을 띤다.

생활사 연 수회 발생하며, 1~2년생 가지 틈이나 눈의 인편 밑에서 암컷 성충으로 월동한다. 6~7월에 피해가 가장 많이 나타나고, 8월부터 월동형 암컷 성충이 나타난다.

방제 방법 새잎이 나오는 4월부터 피리다펜티온 유제 1,000배액을 10일 간격으로 2회 이상 살포한다.

점액질 분비물을 뒤집어쓴 유충

열점박이잎벌레 *Lema decempunctata*

피해 수목 구기자나무

피해 증상 성충과 유충이 4~11월에 잎을 갉아 먹는다.

형태 성충은 몸길이가 약 5㎜로 머리와 가슴은 검은색이고, 딱지날개의 바탕은 황갈색이며, 검은 무늬가 10개 있으나 종종 없는 경우도 있다. 노숙 유충은 몸길이가 약 5㎜로 몸을 점액질 분비물 또는 배설물로 위장한다.

생활사 연 3~4회 발생하며 낙엽 등에서 성충으로 월동한다. 월동 성충은 4월부터 잎에 노란색 알을 10개씩 2열로 낳는다. 유충은 7월, 9월, 10월 하순~11월 하순에 나타나며 노숙 유충은 토양 속 5㎝ 이내에서 고치를 형성한 후 그 안에서 번데기가 된다. 성충은 11월 하순까지 나타난다.

방제 방법 피해 초기에 노발루론 액상수화제 2,000배액 또는 에마멕틴벤조에이트 유제 2,000배액을 10일 간격으로 2~3회 살포한다.

가해 양상
똥을 뒤집어쓴 유충
딱지날개에 검은 점무늬가 10개 있는 성충
딱지날개에 검은 점무늬가 없는 성충

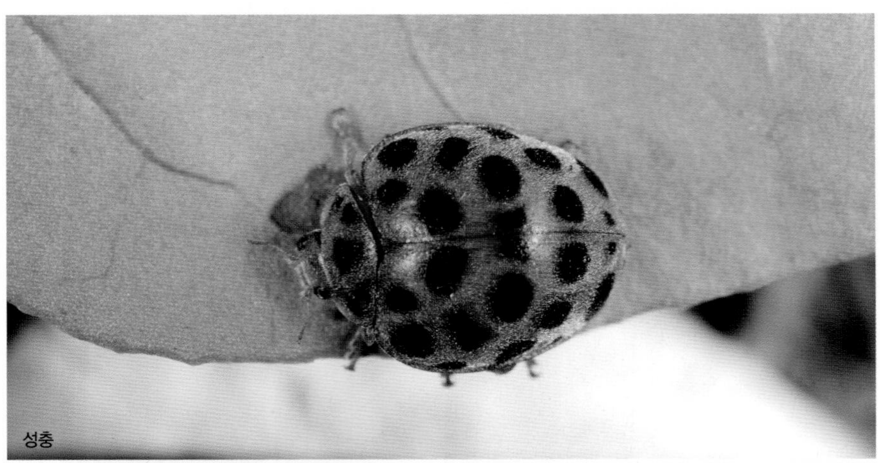
성충

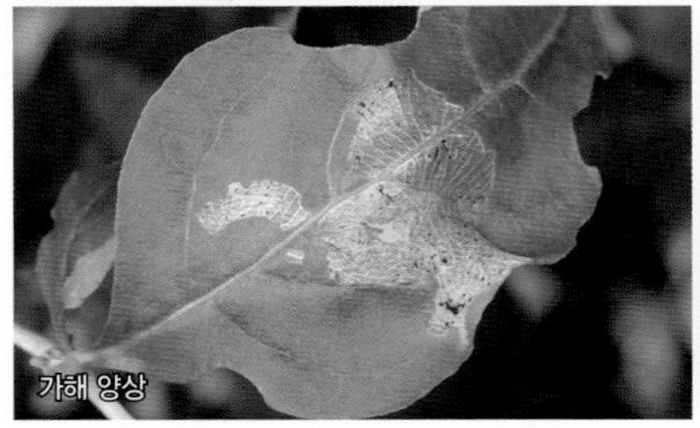
가해 양상

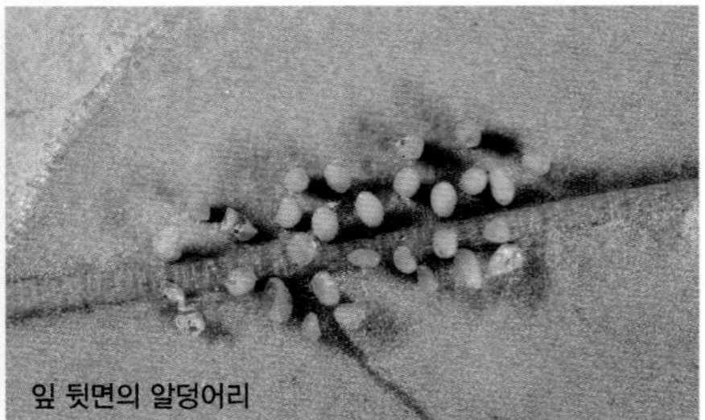
잎 뒷면의 알덩어리

큰이십팔점박이무당벌레 *Henosepilachna vigintioctomaculata*

피해 수목 구기자나무

피해 증상 성충과 유충이 4~10월에 잎 뒷면에서 잎맥을 남기고 잎살만 갉아 먹어 그물 모양 회백색 가해흔을 만든다. 가해 부위는 회백색에서 점차 갈색으로 변하고, 밀도가 높을 경우 잎맥만 남는 경우도 있다.

형태 성충은 몸길이가 6~7.5㎜로 반구형이며 적갈색이고, 딱지날개의 바탕은 적갈색이며, 검은 무늬가 28개 있다. 노숙 유충은 몸길이가 약 9㎜로 담녹색이며 각 마디에 가시와 같은 억세고 검은 털이 있다.

생활사 연 3회 발생하며 성충으로 월동한다. 월동 성충은 이른 봄부터 가해하고 여름에는 알, 유충, 성충을 모두 볼 수 있다.

방제 방법 피해 초기에 노발루론 액상수화제 2,000배액 또는 에마멕틴벤조에이트 유제 2,000배액을 10일 간격으로 2~3회 살포한다.

잎의 병징

잎의 병반이 탈락한 후 생긴 구멍과 구멍 주변의 노랗게 변한 테두리

열매의 병징

세균성구멍병 Bacterial shot hole

피해 특징 잎, 열매, 가지에 발생하는 복숭아나무의 대표적인 병으로 5~7월에 가장 많이 발생한다.
병징 및 표징 잎에 담녹색 수침상 작은 병반이 나타나고, 점차 확대되어 갈색 병반으로 변하면서 마른다. 갈색 병반과 건전부 사이에는 이층이 생기고, 결국 병반은 떨어져 나가서 구멍이 뚫린다. 가지에는 자갈색 수침상 반점이 생기며 점차 병든 부위가 움푹 들어가고 궤양 모양이 된다. 열매는 작은 갈색 반점이 점차 커져 흑갈색을 띤 약간 움푹한 부정형 병반이 된다.
병원균 *Xanthomonas campestris* pv. *pruni, Erwinia nigrifluens*
방제 방법 휴면기에 석회유황합제를 살포하고, 생육기에는 스트렙토마이신 수화제 800배액 또는 아시벤졸라에스메틸 수화제 2,000배액 등 복숭아세균성구멍병 적용 약제를 번갈아 2~3회 살포한다.

초기 병징

잎오갈병 Leaf curl

피해 특징 주로 봄에 잎이 나오기 시작하면서 피해가 나타나며, 5월 하순 이후에는 피해가 크게 확산되지 않고 7월 이후에는 병든 잎이 거의 모두 떨어지기 때문에 피해가 확인되지 않는다. 주로 잎과 어린 가지에 발생하고 봄철에 기온이 낮고 비가 자주 오면 발생기간이 길어져서 피해가 더욱 심해진다.

병징 및 표징 잎에 붉은색을 띠며 부풀어 오른 병반이 생기고, 이 병반은 주름지면서 오그라드는 증상으로 진전된다. 병든 잎 앞면에는 회백색 가루(자낭)가 생기고, 병든 잎은 흑갈색으로 변하면서 일찍 떨어진다. 어린 가지는 병든 부분이 부풀고 생장이 억제되며 수지를 분비하면서 말라 죽는다.

병원균 *Taphrina deformans*

방제 방법 싹트기 전 및 꽃이 피기 전에 디티아논 액상수화제 1,000배액 또는 클로로탈로닐 액상수화제 1,000배액을 10일 간격으로 2~3회 살포한다.

잎이 주름지면서 말리는 증상의 병징

잎 앞면의 회백색 가루(자낭)

잎이 주름지면서 오그라드는 증상의 병징

잎이 부풀어 오르는 증상의 병징

귤응애 *Panonychus citri*

피해 수목 목서류, 귤나무, 탱자나무, 뽕나무, 배나무, 사과나무, 복숭아나무 등

피해 증상 성충과 약충이 잎 양면에서 수액을 빨아 먹어 엽록소가 파괴되면서 황화현상이 나타난다. 성충의 밀도는 앞면이 높고, 알은 뒷면이 높다.

형태 성충의 크기는 약 0.5㎜이며, 적갈색으로 등에는 적색으로 약간 돌출한 부위(결절)에 담적색 털이 나 있다.

생활사 연 8~14회 발생하고, 모든 태로 월동해 봄철 고온 건조한 기후가 지속되면 7~8월에 밀도가 높아진다.

방제 방법 발생 초기에 피리다벤 수화제 1,000배액 또는 사이에노피라펜 액상수화제 2,000배액을 10일 간격으로 2회 이상 살포한다. 약제에 대한 내성이 생기므로 동일 계통의 약제 연용은 피한다.

꽃복숭아

무시충과 약충

잎의 피해 양상

약충

복숭아혹진딧물 *Myzus persicae*

피해 수목 복숭아나무, 매화나무, 벚나무류 등 많은 수목과 배추 등 농작물

피해 증상 성충과 약충이 잎 뒷면이나 어린 가지에서 집단으로 기생하며 수액을 빨아 먹고, 피해 받은 잎은 세로 방향으로 말린다.

형태 유시충과 무시충의 크기는 1.2~2.6㎜로 황갈색, 담황색, 녹색, 흑적색 등 체색변이가 심하며, 뿔관이 황갈색이거나 거무스름한 갈색이다.

생활사 연 수회 발생하며 복숭아나무 등 겨울눈 기부에서 알로 월동한다. 간모가 3월 하순~4월 상순에 부화해 어린 가지에서 단위생식으로 무시충을 증식시킨다. 5월 하순~6월에는 유시태생 암컷이 나타나서 중간 기주로 이동하고, 10월 중순~하순에 다시 복숭아나무 등으로 이동한다.

방제 방법 4월 상순부터 아세타미프리드 수화제 2,000배액 또는 디노테퓨란 수화제 1,000배액을 10일 간격으로 2회 이상 살포한다.

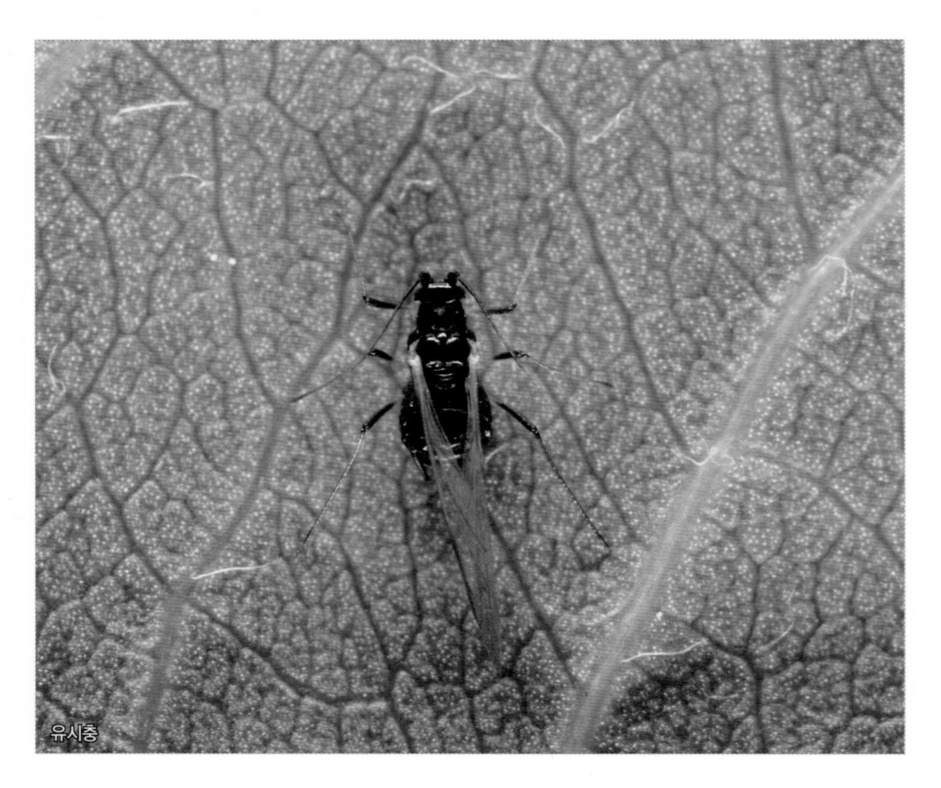

검은마디혹진딧물 *Myzus varians*

피해 수목 복숭아나무, 매화나무, 사과나무, 장미 등

피해 증상 성충과 약충이 잎 뒷면에서 집단으로 기생해 수액을 빨아 먹고, 피해 받은 잎은 뒤쪽으로 길고 가늘게 말린다.

형태 유시충은 몸길이가 약 2.1㎜로 검은색을 띤다. 무시충은 몸길이가 약 2.2㎜인 황록색으로 더듬이 제3~6마디가 검다.

생활사 겨울에 월동하는 1차기주로 복숭아나무 등 *Prunus*속 수목과 여름동안 생활하는 2차기주로 사위질빵 등 *Clematis*속이 있다. 연 수회 발생하며, 1차기주의 겨울눈 기부에서 알로 월동한다. 봄~초여름은 복숭아나무 등에서 기생하고, 6월경에 여름기주로 이동하며 가을에 1차기주로 다시 이동한다.

방제 방법 4월 상순부터 아세타미프리드 수화제 2,000배액 또는 디노테퓨란 수화제 1,000배액을 10일 간격으로 2회 이상 살포한다.

황록색형 무시충

흑갈색형 무시충

잎의 가해 양상

잎 뒷면의 유시충

외점애매미충 *Singapora shinshana*

피해 수목 복숭아나무, 매화나무, 자두나무 등 *Prunus*속

피해 증상 성충과 약충이 주로 잎 뒷면에서 수액을 빨아 먹어 잎 앞면이 퇴색하고, 피해가 심하면 잎이 일찍 떨어진다. 성충은 활동성이 좋아 잎을 건드리면 다른 잎으로 신속하게 이동한다.

형태 성충은 몸길이가 약 3.2㎜이며, 전체적으로 초록색을 띠고, 머리 정수리 부분에 검은 점무늬가 있다. 약충은 연두색 바탕에 주황색 무늬가 있다.

생활사 자세한 생활사는 밝혀지지 않았으며, 5월 중순~9월 하순에 각 충태가 동시에 나타난다.

방제 방법 5월 중순부터 아세타미프리드 수화제 2,000배액 또는 디노테퓨란 수화제 1,000배액을 10일 간격으로 2~3회 살포한다.

잎 앞면의 퇴색
잎 뒷면의 성충, 약충, 탈피각
머리 정수리 부분의 검은 점무늬
약충

기타 해충

차응애(꽃사과 참조)

점박이응애(대추나무 참조)

벚나무응애(벚나무류 참조)

조팝나무진딧물(조팝나무 참조)

복숭아가루진딧물(꽃사과 참조)

꽃매미(가중나무 참조)

갈색날개매미충(단풍나무 참조)

미국선녀벌레(아까시나무 참조)

꽃복숭아

배나무방패벌레(벚나무류 참조)
공깍지벌레(매화나무 참조)
줄솜깍지벌레(팽나무 참조)
벚나무깍지벌레(벚나무류 참조)
뽕나무깍지벌레(벚나무류 참조)
오리나무좀(느티나무 참조)
사과무늬잎말이나방(느릅나무 참조)
갈색뿔나방(벚나무류 참조)

꽃복숭아

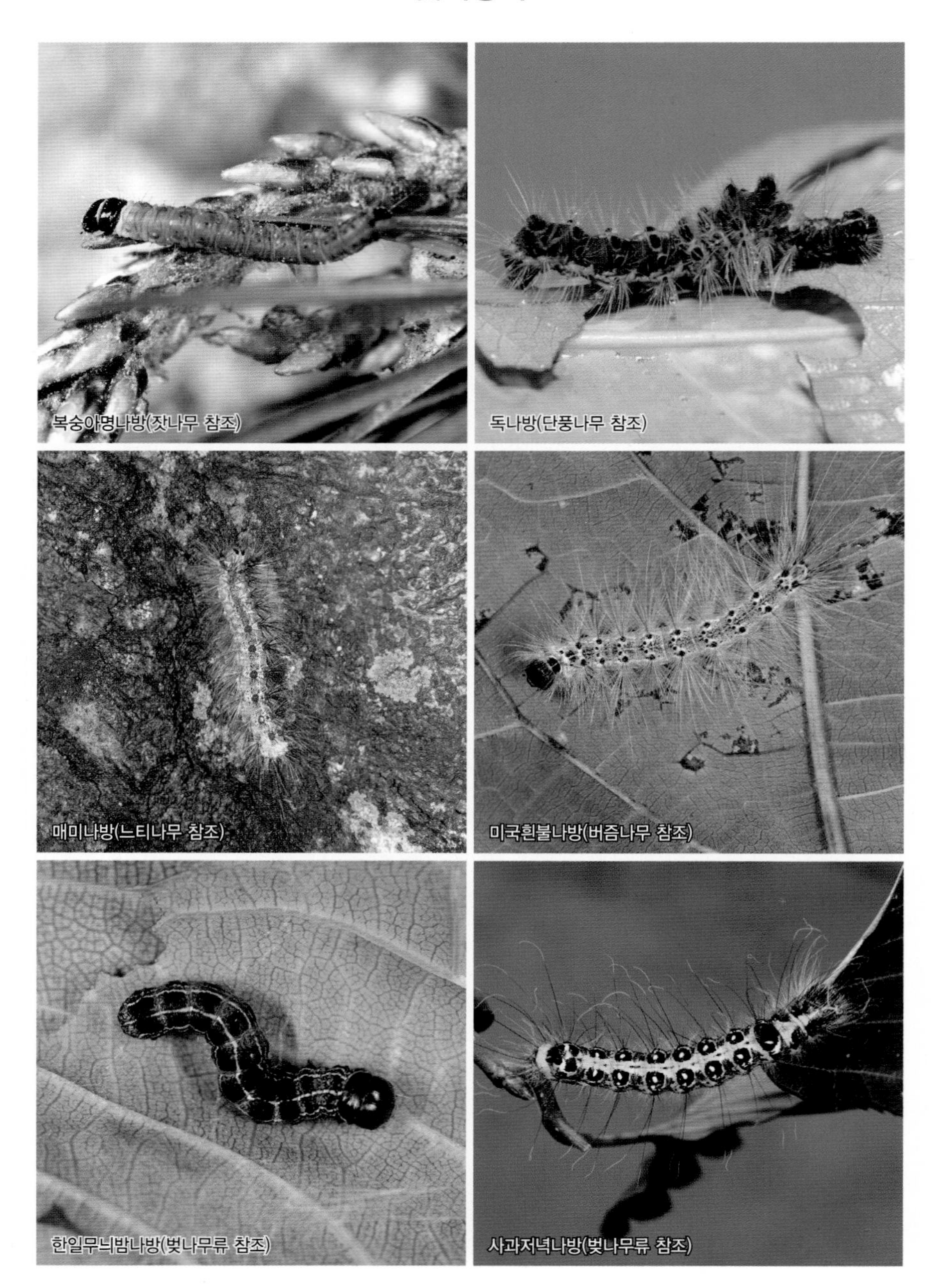
복숭아명나방(잣나무 참조)
독나방(단풍나무 참조)
매미나방(느티나무 참조)
미국흰불나방(버즘나무 참조)
한일무늬밤나방(벚나무류 참조)
사과저녁나방(벚나무류 참조)

점무늬낙엽병의 병징

중기의 병징

병원균의 분생포자

점무늬낙엽병 Alternaria leaf spot

피해 특징 잎, 가지, 과실에 발생하는 병으로 5월 상순~9월 중순에 발생하며, 고온 다습한 시기인 7월 하순~8월 중순에 많이 발생한다.

병징 및 표징 5월 상순부터 잎에 2~6㎜ 크기의 담갈색 병반이 나타나고 점차 확대되어 불규칙한 대형 병반이 된다. 병반이 오래되면 중심부가 회백색으로 되고, 잎이 노랗게 변하면서 일찍 떨어진다. 과실에는 자갈색으로 약간 오목하게 파인 작은 반점이 나타난다. 가지에는 피목을 중심으로 움푹 들어간 원형 갈색 병반이 나타난다.

병원균 *Alternaria mali* (=*Alternaria alternata*)

방제 방법 5월 중순~8월 하순에 메트코나졸 액상수화제 3,300배액 또는 프로피네브 수화제 600배액을 10일 간격으로 4~5회 살포한다.

잎 앞면의 병징

붉은별무늬병 Cedar apple rust

피해 특징 향나무와 기주교대하는 이종기생성병으로 5~6월에 흔히 볼 수 있으며 잎 뒷면에 털 같은 것이 잔뜩 돋아나고 심하면 일찍 떨어진다.

병징 및 표징 5월 상순부터 잎 앞면에 2~5㎜ 크기의 오렌지색 원형 병반이 나타나고, 병반 위에 작은 흑갈색 점(녹병정자기)이 형성되며, 이 녹병정자기에서 끈적덩이(녹병정자)가 흘러나온다. 5월 중순~6월 하순에 병반 뒷면에는 약 5㎜ 크기의 털 모양 돌기(녹포자기)가 무리지어 나타난다. 녹포자기가 성숙하면 그 안에서 엷은 오렌지색 가루(녹포자)가 터져 나온다.

병원균 *Gymnosporangium yamadae*

방제 방법 4~5월에 트리아디메폰 수화제 800배액 또는 페나리몰 수화제 3,300배액을 10일 간격으로 3~4회 살포한다. 또한, 주변의 향나무에도 동일 약제를 4월 상순부터 10일 간격으로 2~3회 살포한다.

잎 뒷면의 병징

잎 앞면의 녹병정자기

잎 뒷면의 녹포자기

어린 가지의 녹포자기

갈색무늬병의 병징

갈색무늬병 Marssonia blotch

피해 특징 사과나무 계통에서 조기낙엽을 가장 심하게 일으키는 병으로 여름철에 비가 많고 기온이 낮으면 피해가 심하다.

병징 및 표징 6월 중하순부터 잎에 작고 둥근 황갈색 무늬가 나타나고 점차 확대되어 부정형 갈색 병반이 된다. 건전부와 병반의 경계는 녹색으로 남고 그 외곽은 노란색으로 변하며, 피해 잎은 일찍 떨어진다. 잎 양면 병반 위에 작은 흑갈색 점(분생포자층)이 나타나고, 다습하면 유백색 분생포자덩이가 솟아오른다.

병원균 *Diplocarpon mali* (무성세대: *Marssonina mali*)

방제 방법 병든 잎은 제거하고, 6월 상순~9월 상순에 메트코나졸 액상수화제 3,000배액 또는 프로피네브 수화제 600배액을 10일 간격으로 4~5회 살포한다.

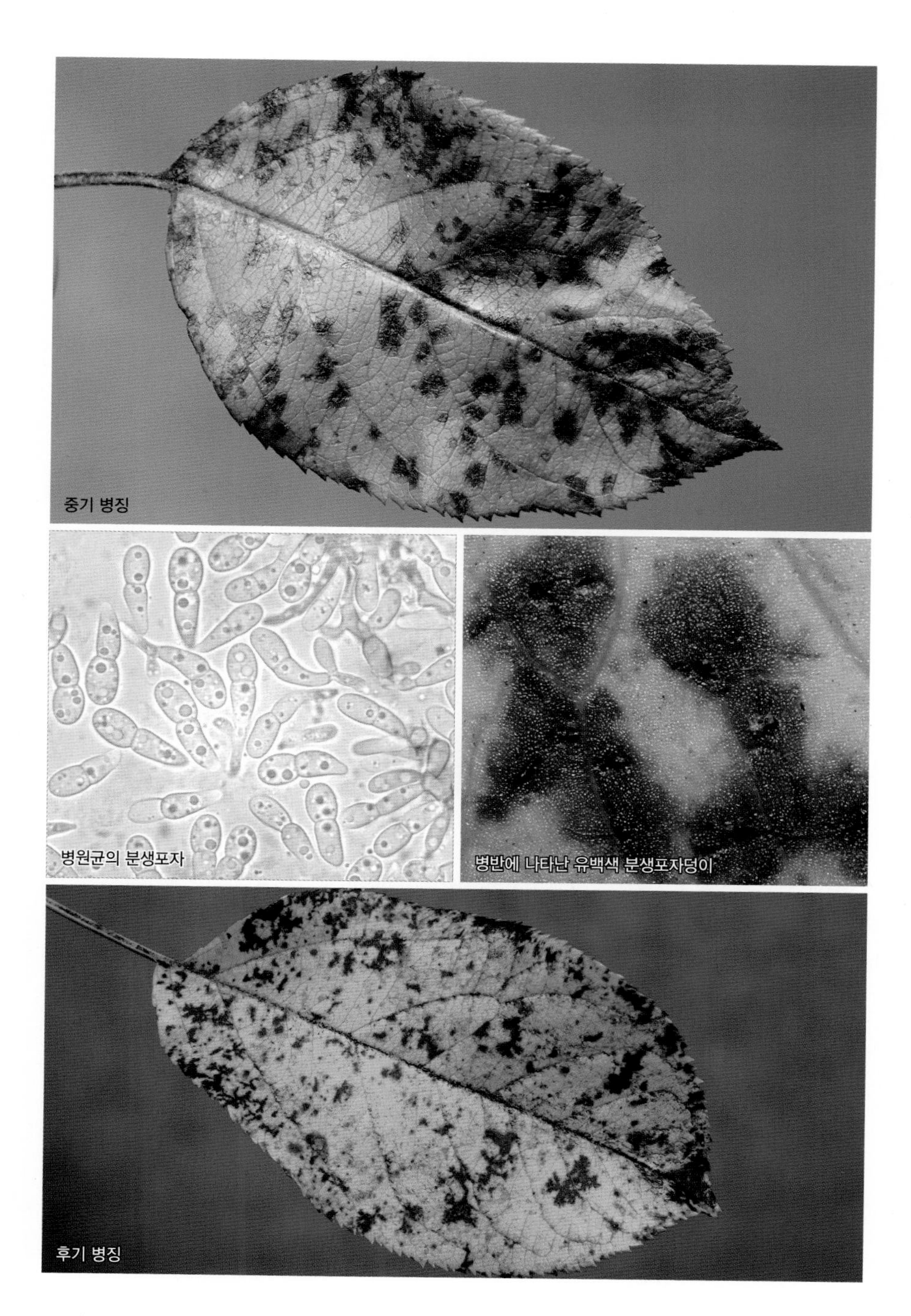

중기 병징

병원균의 분생포자

병반에 나타난 유백색 분생포자덩이

후기 병징

잎마름병(가칭)의 병징

잎마름병(가칭) Pestalotia leaf spot

피해 특징 국내외에서 보고된 Pestalotia 균에 의한 피해와 다르게 갈색 병반이 확대되지 않고 잎이 일찍 떨어지는 특징이 있다. 피해가 심한 나무는 8월경 수관에 잎이 거의 없다.

병징 및 표징 잎에 1~3㎜ 크기의 갈색 점무늬 병반이 나타난다. 이 병반은 더 이상 확대되지 않고 병반 외곽의 잎 조직이 노랗게 변하면서 일찍 떨어진다. 잎 앞면 병반 위에 작고 검은 점(분생포자층)이 나타나고, 다습하면 검은색 뿔 모양의 분생포자덩이가 솟아오른다.

병원균 *Pestalotiopsis* sp.

방제 방법 병든 잎은 제거하고, 6월 상순~7월 하순에 메트코나졸 액상수화제 3,000배액 또는 프로피네브 수화제 500배액을 10일 간격으로 2~3회 살포한다.

잎 앞면의 병징
병원균의 분생포자
잎 앞면 병반에 솟아오른 검은색 뿔 모양의 분생포자덩이
잎이 일찍 떨어진 수관

잎 앞면의 병징

잎 뒷면의 병징

둥근 알갱이 모양의 자낭구

흰가루병 Powdery mildew

피해 특징 잎, 열매, 가지 등을 침해하며, 주로 새잎에 심하게 발생한다.

병징 및 표징 잎에 작고 흰 반점 모양의 균총이 나타나고, 점차 진전되면서 잎 전체에 밀가루를 뿌려 놓은 것처럼 보인다. 가을이 되면 잎의 하얀 병반에 둥글고 노란 알갱이(자낭구)가 다수 나타나기 시작하고 성숙하면 검은색으로 변한다.

병원균 *Podosphaera leucotricha*

방제 방법 병든 낙엽을 모아 제거하고, 통풍, 채광, 배수가 잘 되도록 관리한다. 발병 초기에 마이클로뷰타닐 수화제 1,500배액 등 흰가루병 적용 약제를 10일 간격으로 2회 이상 살포한다.

줄기의 병징

움푹 들어간 병반

병반 위의 작고 검은 돌기(분생포자각)

부란병 Valsa canker

피해 특징 가지나 굵은 줄기를 가해하는 병으로 병원균의 침입력이 약해서 상처를 통해 침입하지만, 피해가 확산되어 가지 또는 나무 전체를 죽이기도 한다. 주로 봄과 가을에 발병이 심하며 여름에는 병이 거의 진전되지 않는다.

병징 및 표징 줄기나 가지에 작은 갈색 반점이 나타나고 점차 부풀어 올라 쉽게 벗겨지며, 알콜 냄새가 난다. 오래된 병반은 건조해져서 움푹 들어가고 건전부위와 균열이 생긴다. 병반에는 작고 검은 돌기(분생포자각)가 나타나고, 다습하면 실 모양의 노란색 분생포자덩이가 솟아오른다.

병원균 *Valsa mali*

방제 방법 병든 가지는 발견 즉시 제거하고, 줄기에 발생한 경우 병환부를 제거한 후 테부코나졸 도포제 등을 처리한다. 매년 발생하는 지역은 발아 전까지 폴리옥신디 · 티오파네이트메틸 수화제 500배액을 2~3회 살포한다.

성충

잎의 황화현상

잎 뒷면의 성충과 알

차응애 *Tetranychus kanzawai*

피해 수목 차나무의 중요 해충이며 과수류, 화훼식물과 원예작물 등 식물 60여 종에 기생해서 피해를 준다.

피해 증상 성충과 약충이 잎 뒷면에서 수액을 빨아 먹어 엽록소가 파괴되면서 잎 앞면에 황화현상이 나타난다.

형태 성충은 몸길이가 0.4~0.5㎜이며 적갈색으로 몸 가장자리에 암색 무늬가 있다. 여름형 암컷은 붉은색 바탕에 앞다리 선단부가 연한 황적색을 띠고 휴면 암컷은 붉은색을 띤다. 약충은 연한 노란색이다.

생활사 연 수회 발생하고 암컷 성충으로 월동한다. 월동 성충은 3월부터 산란하고, 5월 이후에는 각 세대가 중첩되어 동시에 나타난다.

방제 방법 발생 초기에 피리다벤 수화제 1,000배액 또는 사이에노피라펜 액상수화제 2,000배액을 10일 간격으로 2회 이상 살포한다.

두점박이애매미충 *Arboridia apicalis*

피해 수목 사과나무, 배나무, 벚나무, 양딸기나무, 포도나무

피해 증상 성충과 약충이 주로 잎 뒷면에서 수액을 빨아 먹어 잎 앞면이 퇴색하고, 피해가 심하면 잎이 일찍 떨어진다.

형태 성충은 몸길이가 약 3㎜로 연한 황백색이고 갈색 얼룩무늬가 있으며, 머리 정수리부분에 둥글고 검은 무늬가 2개 있다. 약충은 몸길이가 약 2㎜로 담황색 또는 흰색이다.

생활사 연 3회 발생하며, 성충으로 낙엽 등에서 월동한다. 월동 성충은 4월 중순에 잎 뒷면의 잎맥 안에 1개씩 산란한다. 5월부터 약충의 밀도가 높아지며 5월 중순~9월 하순에 각 충태가 동시에 나타난다.

방제 방법 5월 중순부터 아세타미프리드 수화제 2,000배액 또는 디노테퓨란 수화제 1,000배액을 10일 간격으로 2~3회 살포한다.

유시충

복숭아가루진딧물 *Hyalopterus pruni*

피해 수목 매실, 복숭아, 살구, 자두 등 벚나무속 나무와 갈대, 억새

피해 증상 성충과 약충이 잎 뒷면에서 집단으로 기생하며 수액을 빨아 먹는다. 피해가 심하면 감로에 의해 부생성 그을음병이 발생한다.

형태 유시충은 몸길이가 약 1.5㎜로 녹황색이다. 유시충과 무시충은 흰색 밀랍가루가 얇게 덮여 있다. 약충은 양 끝이 자주색을 띠고 중간 부분은 연녹색을 띠는 개체와 자주색 혹은 담녹색을 띠는 개체가 있다.

생활사 1차기주인 벚나무속 식물에서 월동한 후 봄부터 가해하다가 6월 중순에 2세대 유시충이 2차기주인 억새나 갈대로 기주이동을 한다. 가을에 2차기주에서 유시형 암컷과 수컷이 월동기주인 벚나무류로 다시 이주한다.

방제 방법 발생 초기에 아세타미프리드 수화제 2,000배액 또는 디노테퓨란 수화제 1,000배액을 10일 간격으로 2~3회 살포한다.

몸 색깔이 담녹색인 약충

몸 색깔이 담녹색과 자주색인 약충

유시충의 옆면

잎 뒷면의 유시충과 약충

기타 해충

어리클로버잎응애(벚나무류 참조)

귤응애(꽃복숭아 참조)

점박이응애(대추나무 참조)

벚나무응애(벚나무류 참조)

배나무방패벌레(벚나무류 참조)

미국선녀벌레(아까시나무 참조)

조팝나무진딧물(조팝나무 참조)

복숭아혹진딧물(꽃복숭아 참조)

꽃사과

솜털가루깍지벌레(산사나무 참조)

거북밀깍지벌레(상록활엽수 공통 해충 참조)

뿔밀깍지벌레(상록활엽수 공통 해충 참조)

공깍지벌레(매화나무 참조)

루비깍지벌레(상록활엽수 공통 해충 참조)

줄솜깍지벌레(팽나무 참조)

단풍공깍지벌레(단풍나무 참조)

뽕나무깍지벌레(벚나무류 참조)

꽃사과

주둥무늬차색풍뎅이(배롱나무 참조)

알락하늘소(자작나무 참조)

버들하늘소(산사나무 참조)

암브로시아나무좀(산사나무 참조)

오리나무좀(느티나무 참조)

사과무늬잎말이나방(느릅나무 참조)

귀룽큰애기잎말이나방(벚나무류 참조)

매실애기잎말이나방(쥐똥나무 참조)

꽃사과

차주머니나방(상록활엽수 공통 해충 참조)
복숭아명나방(잣나무 참조)
벚나무모시나방(벚나무류 참조)
꼬마쐐기나방(단풍나무 참조)
노랑쐐기나방(단풍나무 참조)
가시가지나방(벚나무류 참조)
잠자리가지나방(벚나무류 참조)
니도베가지나방(벚나무류 참조)

꽃사과

사과겨울가지나방(벚나무류 참조)

참나무겨울가지나방(벚나무류 참조)

사과독나방(느티나무 참조)

무늬독나방(단풍나무 참조)

흰독나방(단풍나무 참조)

독나방(단풍나무 참조)

매미나방(느티나무 참조)

미국흰불나방(버즘나무 참조)

꽃사과

사과저녁나방(벚나무류 참조)

왕뿔무늬저녁나방(벚나무류 참조)

배저녁나방(벚나무류 참조)

한일무늬밤나방(벚나무류 참조)

주홍띠밤나방(벚나무류 참조)

가흰밤나방(벚나무류 참조)

얼룩무늬밤나방(벚나무류 참조)

고동색밤나방(벚나무류 참조)

잎 앞면의 병징

검은무늬병 Black spot

피해 특징 이른 봄부터 늦가을까지 피해를 주는 느릅나무속 나무의 대표적인 병으로 나무를 죽이지는 않으나 잎이 지저분하게 되고 일찍 떨어져서 미관을 해친다.

병징 및 표징 5~6월부터 잎 앞면에 담황색~갈색 작은 반점이 다수 나타난다. 변색된 병반에는 광택이 나는 검은색 부스럼딱지 모양의 점(분생자층의 각피)이 동심원 형태로 형성되고, 다습하면 분생포자층이 갈라지면서 흰색 분생포자덩이가 올라온다. 9월 이후에는 잎 앞면 병반에 작고 검은 돌기(자낭각)도 나타난다.

병원균 *Stegophora oharana* (무성세대: *Asteroma oharanum*)

방제 방법 병든 잎은 제거하고, 5월부터 이미녹타딘트리스알베실레이트 수화제 1,000배액 또는 프로피네브 수화제 500배액을 2주 간격으로 2~3회 살포한다.

잎 뒷면의 병징

병원균의 자낭포자

잎 앞면에 나타난 검은색 부스럼딱지 모양 분생포자층과 자낭각

초기 병징

느릅나무

흰가루병의 병징

흰색 균총과 둥근 알갱이 모양의 자낭구

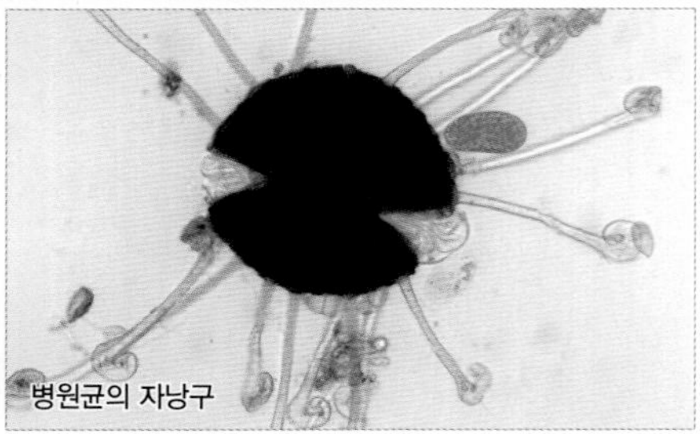
병원균의 자낭구

흰가루병 Powdery mildew

피해 특징 어린 나무와 묘목에서 많이 발생하는 병으로 밀식되어 통풍이 불량한 곳, 습하고 그늘진 곳에서 잘 발생한다.

병징 및 표징 8월 이후부터 잎에 작고 흰 반점 모양 균총(균사와 분생포자의 무리)이 나타나고, 점차 진전되면서 잎 전체에 밀가루를 뿌려 놓은 것처럼 보인다. 가을이 되면 잎의 균총 위에 작고 둥근 노란 알갱이(자낭구)가 다수 나타나기 시작하고 성숙하면 검은색으로 변한다.

병원균 *Uncinula clandestina*

방제 방법 병든 낙엽을 모아 제거하고 통풍, 채광, 배수가 잘 되도록 관리한다. 발병 초기에 마이클로뷰타닐 수화제 1,500배액 등 흰가루병 적용 약제를 10일 간격으로 2회 이상 살포한다.

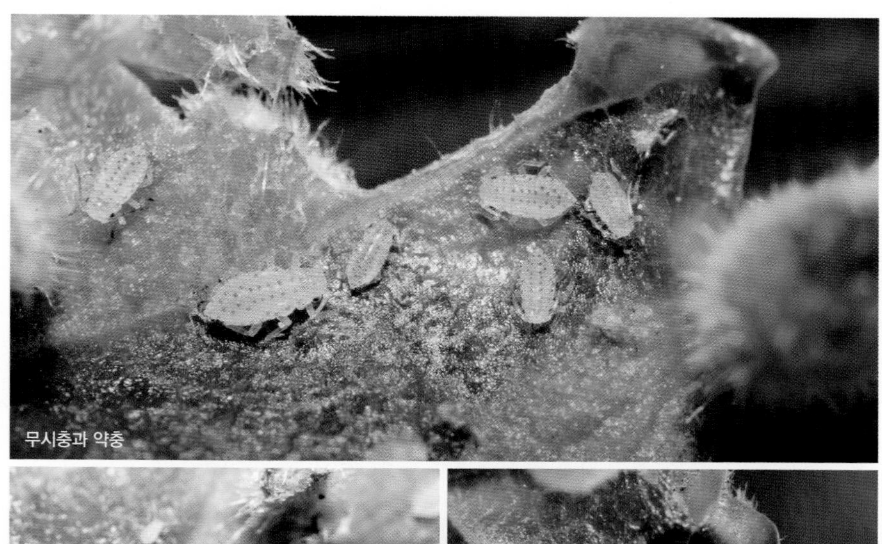
무시충과 약충

유시충

유시충

비술나무알락진딧물 *Tinocallis* sp.

피해 수목 비술나무, 참느릅나무

피해 증상 성충과 약충이 이른 봄에 잎에서 집단으로 기생하며 수액을 빨아 먹는다. 피해가 심하면 감로에 의해 부생성 그을음병이 유발된다.

형태 유시충은 몸길이가 약 2.1㎜로 머리와 가슴은 흑갈색 또는 갈색이고 배는 황갈색 바탕에 검은 점무늬가 있다. 약충은 몸길이가 약 1.2㎜로 황백색 바탕에 검은 점무늬가 있다.

생활사 정확한 생태는 밝혀지지 않았다. 이른 봄 느릅나무 등에서 기생하고 6월 이후 다른 식물로 기주이동하는 것으로 추정된다.

방제 방법 밀도가 높을 경우에 아세타미프리드 수화제 2,000배액 또는 디노테퓨란 수화제 1,000배액을 10일 간격으로 2～3회 살포한다.

잎 앞면의 벌레혹

검은배네줄면충 *Tetraneura nigriabdominalis*

피해 수목 느릅나무, 참느릅나무, 벼과식물

피해 증상 부화 약충이 4월 상순에 잎 뒷면에서 수액을 빨아 먹어 잎 앞면에 붉은색 벌레혹이 형성되며, 5월 중순 이후에 벌레혹은 갈색으로 변하면서 마른다.

형태 산성형 성충은 크기 2~2.3㎜로 광택이 나는 검은색이며, 2령기 이후에는 담갈색으로 변하며 흰 가루로 덮인다.

생활사 연 수회 발생하며, 느릅나무의 수피 틈에서 알로 월동한다. 4월 상순~중순에 부화한 약충이 새잎을 가해하고, 5월 중순~하순에 유시충이 벌레혹에서 탈출해 벼과식물의 뿌리로 이동한 후 9월 하순에 느릅나무로 다시 돌아온다.

방제 방법 4월 상순~5월 상순에 아세타미프리드 수화제 2,000배액 또는 디노테퓨란 수화제 1,000배액을 10일 간격으로 2~3회 살포한다.

잎 뒷면의 변색

벌레혹 속의 산성형 성충

어리벌레혹

유시충이 탈출한 후에 갈색으로 변한 벌레혹

유충

띠띤수염잎벌레 *Pyrrhalta maculicollis*

피해 수목 느티나무, 느릅나무, 오리나무

피해 증상 유충이 6~7월에 잎맥만 남기고 잎을 갉아 먹으며, 성충은 7~9월 하순에 나타나서 유충과 동시에 가해한다.

형태 성충은 몸길이가 약 6.8㎜로 담갈색이며 검은 반점이 머리에 1개, 가슴에 3개 있고, 더듬이 기부 사이에 검은 점이 있다. 노숙 유충은 몸길이가 약 10㎜로 노란색이며 각 마디에 검은색 반점이 있다.

생활사 연 1회 발생하며 수피 밑이나 낙엽 속에서 성충으로 월동한다. 유충은 6~7월에 나타나고, 노숙하면 토양 속에서 번데기가 된다. 성충은 여름~가을에 나타나서 잎을 갉아 먹다가 월동처로 이동한다.

방제 방법 피해 초기에 노발루론 액상수화제 2,000배액 또는 에마멕틴벤조에이트 유제 2,000배액을 10일 간격으로 2~3회 살포한다.

가해 양상

참긴더듬이잎벌레 성충. 더듬이 기부사이에 검은 점이 없다.

띠띤수염잎벌레 성충. 더듬이 기부사이에 검은 점이 있다.

성충

성충

가해 양상

잎 뒷면에 붙어 있는 배설물

애느릅나무벼룩바구미 *Orchestes harunire*

피해 수목 느릅나무

피해 증상 성충이 5~6월에 잎 뒷면에서 잎살을 갉아 먹는다.

형태 성충은 몸길이가 약 2.5㎜로 검은색이며 더듬이와 다리의 끝은 황갈색이다. 몸과 딱지날개에는 황갈색 털이 나 있다.

생활사 정확한 생태는 밝혀지지 않았으며, 연 1회 발생하는 것으로 추정된다. 성충은 5~6월에 느릅나무의 잎을 가해하고, 7월 이후에는 수피 밑이나 말아 놓은 잎 속에서 활동을 하지 않는 모습이 관찰된다.

방제 방법 피해 초기에 노발루론 액상수화제 2,000배액 또는 에마멕틴벤조에이트 유제 2,000배액을 10일 간격으로 1~2회 살포한다.

유충

가해 양상

잎을 말고 그 속에서 가해하는 유충

사과무늬잎말이나방 *Archips breviplicanus*

피해 수목 느릅나무, 벚나무, 버드나무, 산사나무 등 많은 활엽수

피해 증상 유충이 잎을 여러 개 묶거나 잎 하나를 말고 갉아 먹는다.

형태 노숙 유충은 몸길이가 약 20㎜로 머리와 가슴은 흑갈색, 몸은 녹회색이고 가슴다리는 연두색이며 다리의 끝부분이 갈색이다. 성충은 날개길이가 20~28㎜로 암갈색을 띠며, 암수 날개의 무늬가 달라서 수컷은 중횡대에 검은 무늬가 뚜렷하다.

생활사 연 2~3회 발생하며 유충으로 월동한다. 성충은 5월, 7월에 나타나고, 유충은 4월, 8월에 나타나지만 지역에 따라 다르다.

방제 방법 밀도가 높을 경우에 한해 비티쿠르스타키 수화제 1,000배액 또는 디플루벤주론 수화제 2,500배액을 10일 간격으로 1~2회 살포한다.

잎 뒷면의 벌레혹

잎 앞면의 벌레혹

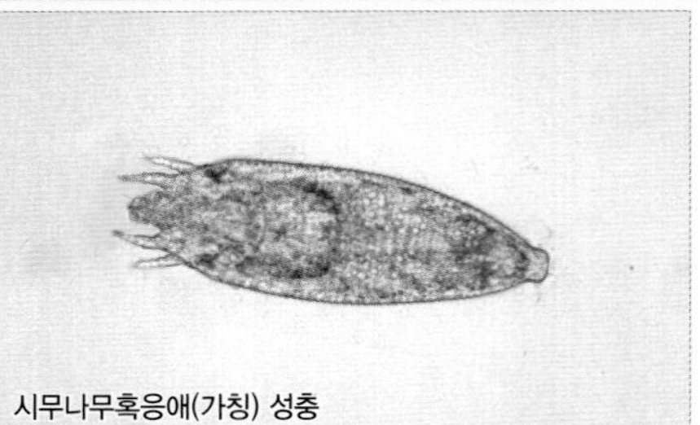
시무나무혹응애(가칭) 성충

시무나무혹응애(가칭) unknown

피해 수목 시무나무

피해 증상 성충과 약충이 피해 잎 조직 속에서 가해해 잎 양면에 약간 부풀어 오른 둥근 모양의 혹이 생긴다.

형태 성충의 몸은 구더기형으로 황갈색이다.

생활사 정확한 생태는 밝혀지지 않았다.

방제 방법 새잎이 나온 직후 피리다펜티온 유제 1,000배액을 10일 간격으로 3회 이상 살포한다.

기타 해충

버들하늘소(산사나무 참조)

오리나무좀(느티나무 참조)

홍가슴루리등에잎벌

노랑쐐기나방(단풍나무 참조)

꼬마버들재주나방(버드나무류 참조)

버들재주나방(버드나무류 참조)

매미나방(느티나무 참조)

미국흰불나방(버즘나무 참조)

느티나무

흰무늬병(갈색무늬병) Brown leaf spot

피해 특징 초여름부터 가을까지 발생하는 느티나무의 대표적인 병으로 늦여름부터 잎이 갈색으로 변하면서 일찍 떨어져 미관을 해친다.

병징 및 표징 잎에 부정형 갈색 반점이 나타나며, 점차 확산되어 주변 병반과 종종 합쳐지기도 하고 건전부와 병반의 경계는 퇴색해서 황록색을 띤다. 잎 앞면 병반에는 솜털 같은 흑갈색 분생포자덩이로 뒤덮인 작은 점(분생포자좌)이 나타난다.

병원균 *Pseudocercospora zelkowae*

방제 방법 피해 초기인 6월부터 아족시스트로빈 수화제 1,000배액 또는 이미녹타딘트리스알베실레이트 수화제 1,000배액을 10일 간격으로 2~3회 살포한다.

잎 뒷면의 병징

병원균의 분생포자

잎 앞면에 나타난 솜털 모양의 분생포자덩이

후기 병징

잎 앞면의 병징

흰별무늬병 Septoria leaf spot

피해 특징 장마 이후부터 가을에 걸쳐 발생하는 병으로 주로 어린 나무에서 발생하며, 큰 나무에서는 지면 가까운 잎이나 맹아지에서 발생하는 경우가 많다.

병징 및 표징 5~6월부터 잎에 작은 갈색 반점이 다수 나타나며 점차 확대되어 잎맥에 둘러싸인 흑갈색 불규칙한 다각형 병반이 되고, 병반 중앙부는 회백색이 된다. 병반 앞뒷면에는 작은 흑갈색 점(분생포자각)이 나타나며, 다습하면 유백색 분생포자덩이가 솟아오른다.

병원균 *Septoria abeliceae*

방제 방법 병든 잎은 모아서 제거하고, 5월 하순~9월 중순에 이미녹타딘트리스알베실레이트 수화제 1,000배액 또는 디페노코나졸 입상수화제 2,000배액을 3~4회 살포한다.

잎 뒷면의 병징

병원균의 분생포자

흑갈색 분생포자각

유백색 분생포자덩이

잎 앞면의 가해 양상

느티나무혹응애 *Aceria zelkoviana*

피해 수목 느티나무

피해 증상 성충과 약충이 피해 잎 조직 속에서 가해해 잎 앞면에 약간 부풀어 오른 원통형 벌레혹이 생긴다.

형태 성충의 몸은 구더기형으로 담황백색이다.

생활사 정확한 생태는 밝혀지지 않았다.

방제 방법 새잎이 나온 직후 피리다펜티온 유제 1,000배액을 10일 간격으로 3회 이상 살포한다.

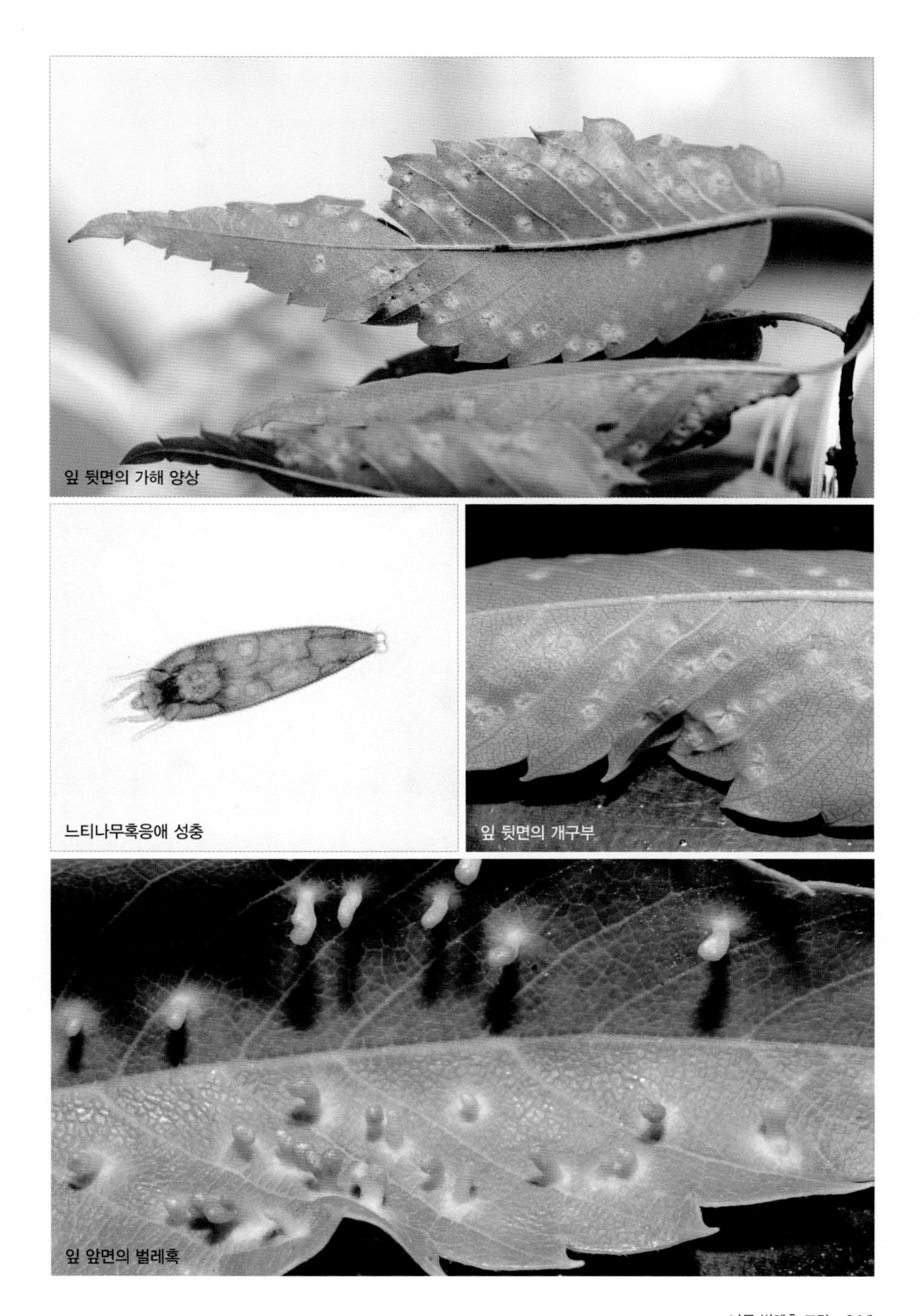
잎 뒷면의 가해 양상

느티나무혹응애 성충

잎 뒷면의 개구부

잎 앞면의 벌레혹

유시충이 탈출한 후에 갈색으로 변한 벌레혹

외줄면충(느티나무외줄진딧물) *Paracolopha morrisoni*

피해 수목 느티나무, 대나무류

피해 증상 성충과 약충이 잎에 형성된 표주박 모양의 벌레혹 속에서 수액을 빨아 먹는다. 벌레혹은 초기에는 녹색이지만 여름 이후 유시충이 탈출하면 갈색으로 변한다.

형태 간모는 소형으로 암녹색을 띠며 흰색 밀랍으로 덮여 있다. 유시충은 머리와 가슴은 검은색이고 배는 암갈색이다.

생활사 연 수회 발생하며, 느티나무의 수피 틈에서 알로 월동한다. 4월 중순에 부화한 간모가 잎에 벌레혹을 만들고 그 속에서 산란하며 5월 하순~6월 상순부터 유시충이 출현해 벌레혹을 뚫고 나와 대나무로 기주이동해 여름을 난다. 가을철 다시 느티나무로 기주이동해 교미 후 산란한다.

방제 방법 4월 상순부터 아세타미프리드 수화제 2,000배액 또는 디노테퓨란 수화제 1,000배액을 10일 간격으로 3회 이상 살포한다.

가해 양상

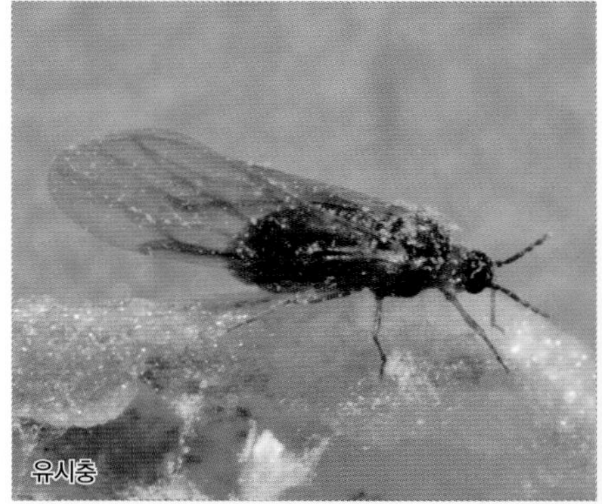
유시충

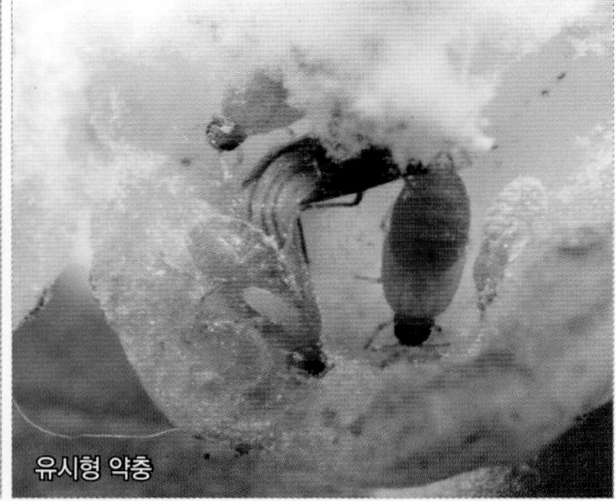
유시형 약충

벌레혹 내부의 유시충과 유시형 약충

잎 뒷면의 유시충, 약충

느티나무알락진딧물 *Tinocallis zelkovae*

피해 수목 느티나무, 오리나무, 개암나무

피해 증상 성충과 약충이 잎 뒷면에 기생하며 수액을 빨아 먹어 잎이 노랗게 변하고 일찍 떨어져서 수세가 약화되며, 부생성 그을음병을 유발한다.

형태 유시충은 몸길이가 약 1.6㎜로 담황색을 띠며, 더듬이는 담황색이지만 제3마디의 끝부와 제4, 5, 6마디의 밑부가 검다. 무시충은 몸길이가 약 1.4㎜로 담황색이다.

생활사 연 4~5회 발생하며 겨울눈에서 알로 월동한다. 월동난은 4월경에 부화해 잎 뒷면에 기생하며 봄부터 가을까지 유시충과 약충이 나타난다. 10월에 산란성 무시암컷이 나타나서 산란한다.

방제 방법 4월 하순부터 아세타미프리드 수화제 2,000배액 또는 디노테퓨란 수화제 1,000배액을 10일 간격으로 3회 이상 살포한다.

감로로 인한 부생성 그을음병 발생

약충

우화한 직후의 유시충

유시충

유시충
감로로 인한 부생성 그을음병 발생
약충

머리혹알락진딧물 *Tinocallis ulmiparvifoliae*

피해 수목 느티나무, 느릅나무

피해 증상 성충과 약충이 잎 양면에 기생하며 수액을 빨아 먹어 잎이 노랗게 변하고 일찍 떨어져서 수세가 약화되며, 감로로 인해 부생성 그을음병이 유발된다.

형태 유시충은 몸길이가 약 2.7㎜로 담녹색을 띠며, 돌기가 많아서 머리에 3쌍, 앞가슴 등에 2쌍, 가운데 가슴에 1쌍, 배에 5쌍이 있고, 돌기 기부에는 흰색 밀랍가루가 얇게 덮여 있다. 약충은 몸길이가 약 1.4㎜로 담녹색이다.

생활사 자세한 생태는 밝혀지지 않았으며, 5월 하순~9월 상순에 유시충과 무시충이 발견된다.

방제 방법 4월 하순부터 아세타미프리드 수화제 2,000배액 또는 디노테퓨란 수화제 1,000배액을 10일 간격으로 3회 이상 살포한다.

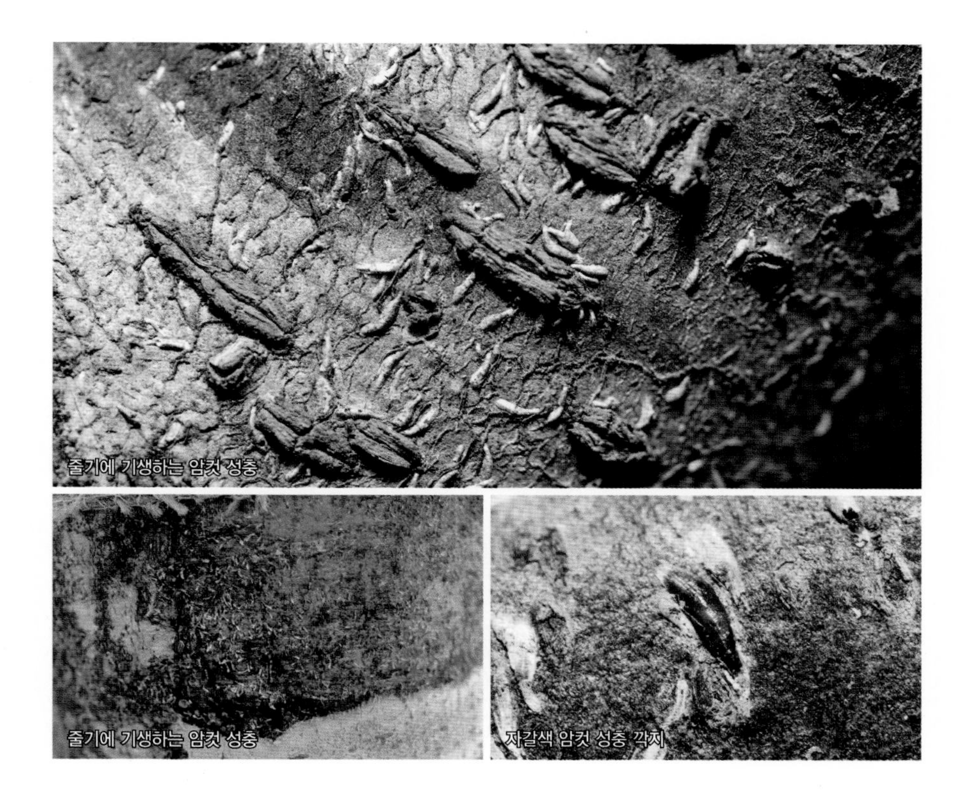

줄기에 기생하는 암컷 성충

줄기에 기생하는 암컷 성충

자갈색 암컷 성충 깍지

느티나무굴깍지벌레(가칭) *Lepidosaphes zelkovae*

피해 수목 느티나무, 느릅나무

피해 증상 성충과 약충이 줄기와 가지에서 집단으로 기생하며 수액을 빨아 먹는다.

형태 암컷 성충의 깍지 크기는 2.0~2.5㎜이며, 자갈색 또는 회자갈색으로 굴 모양이다. 몸 빛깔은 밝은 자색으로 머리에 돌기가 없다.

생활사 정확한 생태는 밝혀지지 않았으며, 성충으로 월동하고 5월 이후 산란해 부화 약충이 발생하는 것으로 추정된다.

방제 방법 5월 하순부터 디노테퓨란 액제 1,000배액 또는 클로티아니딘 입상수용제 2,000배액을 10일 간격으로 2~3회 살포한다.

중령 유충

종령 유충

산란중인 성충

매미나방 *Lymantria dispar*

피해 수목 벚나무, 매화나무, 참나무류, 버드나무 등 각종 활엽수와 소나무

피해 증상 유충이 낮에는 줄기에 잠복해 있다가 야간에 활동해 잎을 갉아 먹으며, 지역에 따라 돌발적으로 대발생하는 경우가 있다.

형태 노숙 유충은 몸길이가 약 60㎜로 등에 암청색과 암적색 돌기가 있다. 암컷 성충은 날개 편 길이가 62~93㎜로 회백색이다. 수컷 성충은 날개 편 길이가 45~60㎜로 흑갈색이다.

생활사 연 1회 발생하고 줄기나 가지에서 알덩어리로 월동한다. 유충은 3~4월에 부화해 잎을 갉아 먹다가 6월 중순~7월 상순에 나뭇잎을 말고 번데기가 된다. 성충은 7~8월에 나타나서 수백 개씩 알덩어리를 낳는다.

방제 방법 유충의 밀도가 높을 경우 비티쿠르스타키 수화제 1,000배액 또는 디플루벤주론 수화제 2,500배액을 살포한다.

종령 유충

사과독나방 *Calliteara pseudabietis*

피해 수목 사과나무, 벚나무, 느티나무, 자작나무 등 각종 활엽수

피해 증상 유충이 잎을 갉아 먹으며, 지역에 따라 돌발적으로 대발생하는 경우가 있다.

형태 노숙 유충은 몸길이가 약 30㎜로 노란색 털로 덮여 있고 배 끝에는 붉은색 긴 털무더기가 있다. 암컷 성충은 날개길이가 25~34㎜로 회백색이며, 앞날개는 회색 바탕에 검은 무늬가 산재한다. 수컷 성충은 날개길이가 15~23㎜로 암컷보다 작다.

생활사 연 2회 발생하고 낙엽 등에서 번데기로 월동한다. 성충은 4~5월, 7~8월에 나타나고, 유충은 5~7월, 9월에 나타나서 잎을 갉아 먹는다.

방제 방법 유충의 밀도가 높을 경우 비티쿠르스타키 수화제 1,000배액 또는 디플루벤주론 수화제 2,500배액을 살포한다.

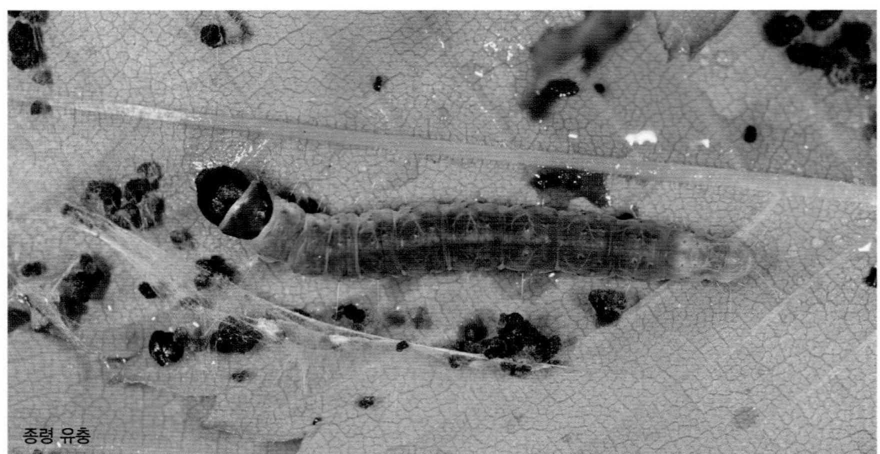

종령 유충

가해 양상

성충

번개무늬잎말이나방 *Archips viola*

피해 수목 느티나무, 벚나무, 참나무류, 버드나무 등 각종 활엽수

피해 증상 유충이 잎을 여러 개 묶어 놓고 그 속에서 갉아 먹는다.

형태 노숙 유충의 몸길이는 20~25㎜로 녹회색이며, 머리와 앞가슴은 검은색이나 자라면서 앞가슴은 갈색을 띠고, 가슴다리는 검은색이다. 성충은 날개길이가 18~27㎜로 암갈색을 띠며, 개체마다 앞날개의 무늬 및 색상에서 변이가 나타난다.

생활사 연 1회 발생하고, 유충과 성충이 5~6월에 나타난다. 정확한 생태는 밝혀지지 않았다.

방제 방법 유충의 밀도가 높을 경우 비티쿠르스타키 수화제 1,000배액 또는 디플루벤주론 수화제 2,500배액을 살포한다.

느릅밤나방 *Cosmia affinis*

피해 수목 느티나무, 팽나무

피해 증상 유충이 잎을 대강 말거나 잎 2장을 붙이고 갉아 먹으나 밀도가 높게 발생하는 경우는 드물다.

형태 노숙 유충의 몸길이는 약 30㎜이며, 녹색으로 등에 흰 세로줄이 있으며, 기문 주위에 독특한 검은 무늬가 있다. 성충은 날개길이가 약 15㎜로 갈색을 띠며, 앞날개는 다갈색으로 흰 물결무늬와 검은 무늬가 있다.

생활사 정확한 생태는 밝혀지지 않았다. 유충은 주로 5월에 나타나며, 성충은 6~7월에 나타난다.

방제 방법 유충의 밀도가 높을 경우 비티아이자와이 입상수화제 2,000배액 또는 디플루벤주론 수화제 2,500배액을 살포한다.

성충

느티나무벼룩바구미 *Rhynchaenus sanguinipes*

피해 수목 느티나무, 비술나무

피해 증상 유충이 잎 끝부분을 중심으로 잎 속에서 잎살만 먹고 표피를 남기고, 성충은 잎에 주둥이를 꽂아 잎살을 먹어 바늘로 뚫은 것 같은 자그마한 구멍이 생긴다. 피해가 심하면 잎이 갈색으로 변하면서 일찍 떨어진다.

형태 성충은 몸길이가 2~3㎜로 황적갈색이며, 뒷다리가 잘 발달되어 벼룩처럼 잘 뛴다. 유충은 몸길이가 4~5㎜로 황갈색이다.

생활사 연 1회 발생하며 수피에서 성충으로 월동한 후 4월 하순에 잎에 산란한다. 유충은 4월 하순~5월 상순에 잎 속에서 가해하다가 번데기가 된다. 신성충은 5월 상순부터 나타나서 10월 중순에 월동처로 이동한다.

방제 방법 4월 하순에 이미다클로프리드 분산성액제를 나무주사하거나 5월 상순부터 페니트로티온 유제 1,000배액을 2~3회 살포한다.

성충의 가해흔

잎을 가해하는 성충

유충

유충의 가해흔

성충

등빨간거위벌레 *Tomapoderus ruficollis*

피해 수목 느티나무, 느릅나무

피해 증상 성충이 잎 뒷면에서 구멍을 내며 갉아 먹고, 잎을 L자형으로 자른 후 원통 모양으로 말아서 그 안에 알을 낳는 특징이 있다.

형태 성충은 몸길이가 약 6.5㎜이고 머리, 가슴, 다리는 밝은 황갈색이며, 딱지날개는 광택이 있는 군청색이다. 유충은 몸길이가 약 11.0㎜로 노란색을 띠고, 알은 지름 약 0.8㎜의 타원형으로 노란색을 띤다.

생활사 자세한 생태는 밝혀지지 않았으며, 연 1회 발생하는 것으로 추정된다. 성충이 5~9월에 나타나며, 유충은 원통 모양으로 말아 놓은 잎에서 생활한다.

방제 방법 5~6월에 에마멕틴벤조에이트 유제 2,000배액 또는 노발루론 액상수화제 2,000배액을 10일 간격으로 2~3회 살포한다.

성충이 잎을 만 뒤에 산란한 잎

성충의 옆면

말아 놓은 잎 속에 낳은 알

성충의 가해 양상

성충

잎가장자리부터 안쪽으로 갉아 먹는 성충

느티나무비단벌레 *Trachys griseofasciata*

피해 수목 느티나무

피해 증상 성충은 잎을 가장자리부터 안쪽으로 불규칙하게 갉아 먹으며, 유충은 잎 속에서 잎살을 갉아 먹는다.

형태 성충은 몸길이 3.4~4.1㎜로 광택이 나는 황적색 달걀모양이며, 딱지날개에는 흰색 물결무늬가 있다.

생활사 연 1회 발생하며 성충으로 수피 밑에서 집단으로 월동한다. 월동 성충은 5월경에 월동 장소에서 나와 잎살 속에 1개씩 산란한다. 신성충은 주로 5~7월에 관찰된다.

방제 방법 5~6월에 에마멕틴벤조에이트 유제 2,000배액 또는 노발루론 액상수화제 2,000배액을 10일 간격으로 2~3회 살포한다.

느티나무

가해 양상

가지의 산란흔

가지 속에 낳은 알

매미류 *Cicada*

피해 수목 느티나무, 단풍나무, 이팝나무, 팥배나무 등

피해 증상 성충이 가지에 산란해 가지와 잎이 말라 죽는다. 줄기에 탈피각이 있거나 나무 주변의 지표면에 구멍이 뚫려 있는 경우도 있다.

형태 작은 가지의 목질부 속에 지름 약 3㎜인 유백색 알이 있다.

생활사 성충이 7월 하순~8월 상순에 나타나서 가지에 산란하고, 산란된 가지는 8월경부터 말라 죽는다.

방제 방법 죽은 가지는 목질부에 알이 있으므로 제거한다.

성충

앞털뭉뚝나무좀 *Scolytus frontalis*

피해 수목 느티나무

피해 증상 유백색 또는 담갈색 수액이 5~8월에 줄기에서 흘러나오며, 수세가 매우 쇠약한 나무에서는 수액이 흘러나오지 않는 경우도 있다. 모갱은 지면과 직각 방향이고, 유충갱은 모갱의 양쪽으로 방사형태를 이루며 내부는 배설물과 톱밥으로 채워져 있다. 탈출공은 직경 18~22㎜로 침입공을 중심으로 수피 표면에서 다수 관찰되며, 지상에서 약 13m 높이의 작은 가지에서도 피해가 발견된다.

형태 성충은 몸길이가 4~5㎜이며 원통형에 가까운 긴 난형으로 암갈색 또는 흑갈색이다. 이마 부분에 연갈색 털이 무수히 많은 것이 특징이다.

생활사 정확한 생태는 밝혀지지 않았다.

방제 방법 줄기 보호용 약제(솔향기솔솔 등)를 줄기에 살포한다.

앞털뭉뚝나무좀의 피해를 받아 잎이 노랗게 변한 나무

나무에 구멍을 뚫고 산란을 준비하는 암컷 성충과 수컷 성충

수액이 흘러내리는 줄기

인피부의 모갱과 유충갱

수컷 성충

오리나무좀의 피해를 받아 말라 죽은 나무

수피 밖으로 배출된 배설물과 톱밥

오리나무좀 *Xylosandrus germanus*

피해 수목 느티나무, 벚나무, 밤나무 등 각종 활엽수와 소나무, 삼나무 등 침엽수

피해 증상 성충이 줄기와 굵은 가지에 침입해 외부로 배설물과 톱밥을 배출하며, 암브로시아균을 배양해 수세를 저하시키고 심하면 고사에 이르게 한다.

형태 암컷 성충은 몸길이 약 2.2㎜인 짧은 원통형이며 광택이 있는 흑갈색 또는 검은색이다. 수컷은 몸길이가 약 1.2㎜이고 약간 납작한 장타원형이며 광택이 있는 황갈색이다.

생활사 연 2~3회 발생하며 성충으로 월동한다. 월동 성충은 4~5월에 나타나서 줄기의 목질부에 구멍을 뚫고 들어가 산란한다. 부화 유충은 암브로시아균을 먹고 자라며, 신성충은 7~8월에 나타난다.

방제 방법 피해목과 고사목을 제거해 소각하거나 훈증처리하고 피해가 경미한 나무는 줄기 보호용 약제(솔향기솔솔 등)를 줄기에 살포한다.

기타 해충

느티가루깍지벌레(단풍나무 참조)

줄솜깍지벌레(팽나무 참조)

뽕나무깍지벌레(벚나무류 참조)

주둥무늬차색풍뎅이(배롱나무 참조)

띠띤수염잎벌레(느릅나무 참조)

느티나무

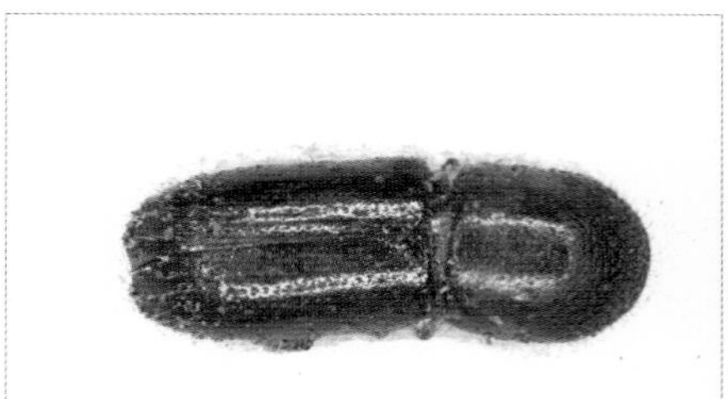
암브로시아나무좀(산사나무 참조)

차주머니나방(상록활엽수 공통 해충 참조)

남방차주머니나방(상록활엽수 공통 해충 참조)

검은푸른쐐기나방(단풍나무 참조)

느티나무

극동쐐기나방(단풍나무 참조)
노랑쐐기나방(단풍나무 참조)
흰독나방(단풍나무 참조)
독나방(단풍나무 참조)
미국흰불나방(버즘나무 참조)
왕뿔무늬저녁나방(벚나무류 참조)

능소화

잎 앞면의 병징

점무늬병 Cercospora leaf spot

피해 특징 능소화의 주요 병으로 나무가 말라 죽지는 않으나, 잎이 노랗게 변하면서 일찍 떨어진다.
병징 및 표징 초여름부터 잎에 갈색 원형 또는 다각형 병반이 나타나고, 이 병반은 확대되어 병반 중앙부는 회갈색~회백색이 되며, 병반 주변의 건전부는 노랗게 변한다. 회갈색 병반에는 솜털 같은 흑회색 분생포자덩이로 뒤덮인 작은 점(분생포자좌)이 나타난다.
병원균 *Pseudocercospora pallida*
방제 방법 피해 초기인 6월부터 아족시스트로빈 수화제 1,000배액 또는 이미녹타딘트리스알베실레이트 수화제 1,000배액을 10일 간격으로 2~3회 살포한다.

잎 뒷면의 병징
병원균의 분생포자
솜털 모양 분생포자덩이
점무늬병의 병징

초기 병징

흰가루병 Powdery mildew

피해 특징 잎 앞면과 뒷면 모두에서 발생하며, 밀식되어 통풍이 불량한 곳이나 습하고 그늘진 곳에서 잘 발생한다.

병징 및 표징 8월 이후부터 잎에 작고 흰 반점 모양 균총(균사와 분생포자의 무리)이 나타나고, 종종 점차 진전되면서 잎 전체가 밀가루를 뿌려 놓은 것처럼 보일 때도 있다. 가을이 되면 잎의 균총 위에 작고 둥근 노란 알갱이(자낭구)가 다수 나타나기 시작하고 성숙하면 검은색으로 변하면서 흰색 부속사로 둘러싸인다.

병원균 *Sawadaea polyfida*

방제 방법 병든 낙엽을 모아 제거하고, 통풍, 채광, 배수가 잘 되도록 관리한다. 발병 초기에 마이클로뷰타닐 수화제 1,500배액 등 흰가루병 적용 약제를 10일 간격으로 2회 이상 살포한다.

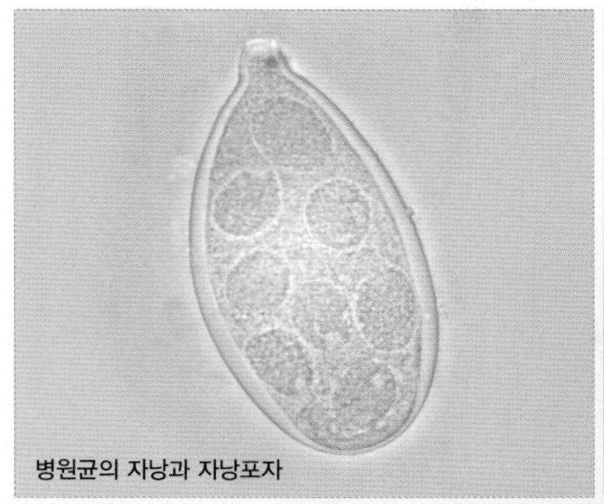
병원균의 자낭과 자낭포자

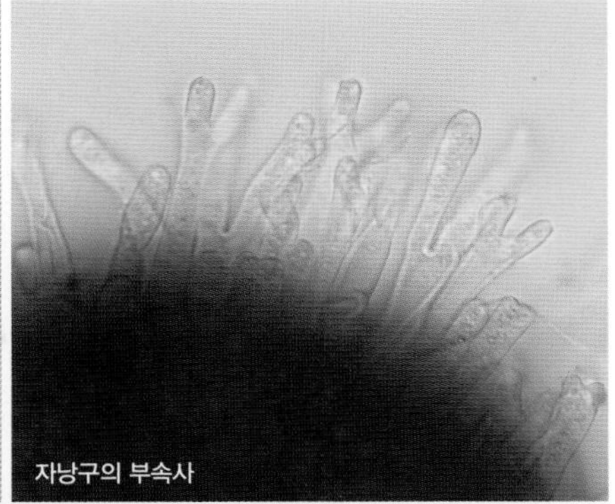
자낭구의 부속사

후기 병징

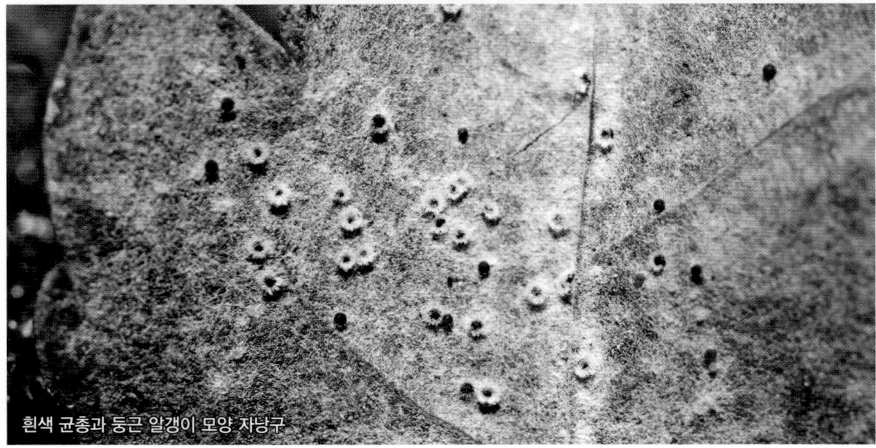
흰색 균총과 둥근 알갱이 모양 자낭구

잎 앞면의 병징

잎 뒷면의 병징

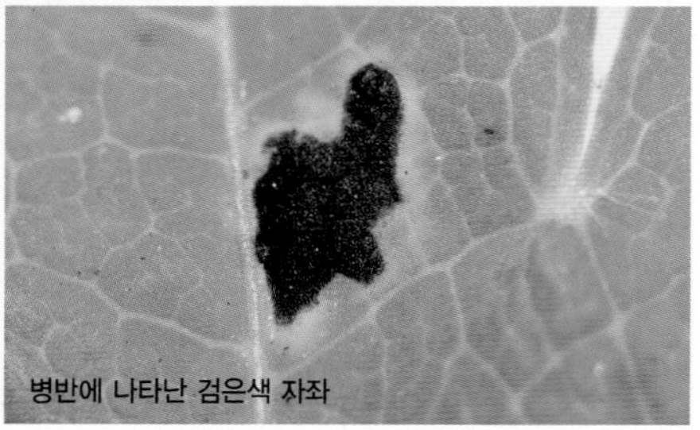
병반에 나타난 검은색 자좌

작은타르점무늬병 Small tar spot

피해 특징 아황산가스에 민감해 도시에서는 거의 발생하지 않으며, 나무를 죽이지는 않으나 미관을 해친다.

병징 및 표징 8월경부터 잎에 담황색 반점들이 생기며 그 중심에 지름 1~2㎜의 약간 광택이 있는 검은 반점(자좌)들이 무리지어 나타나, 마치 타르를 점점이 떨어뜨린 것처럼 보인다. 이듬해 5월경 월동한 병든 낙엽의 자좌에서 유백색 자실층이 노출된다. 작은타르점무늬병에 비해 타르점무늬병은 병반의 지름이 10㎜ 정도로 크다.

병원균 *Rhytisma punctatum*

방제 방법 병든 잎은 제거하고 6월부터 이미녹타딘트리스알베실레이트 수화제 1,000배액 또는 프로피네브 수화제 500배액을 10일 간격으로 2~3회 살포한다.

점무늬병의 병징

담갈색 둥근 병반

병원균의 분생포자

점무늬병 Leaf spot

피해 특징 잎에 담갈색 둥근 병반을 형성하는 병으로 국내외에서 *Phyllosticta*속의 병원균에 의한 점무늬병이 보고되었으나, 병원균의 동정 및 생태에 대해 추가적인 연구가 필요하다.

병징 및 표징 잎에 4~8㎜ 크기의 둥근 병반을 형성한다. 병반은 담갈색이고, 건전부와 병반의 경계는 흑갈색으로 명확하게 구분된다. 잎 양면 병반 위에 작고 검은 점(분생포자각)이 나타난다.

병원균 밝혀지지 않았다.

방제 방법 병든 잎은 제거하고, 매년 피해가 발생하는 지역의 경우 태풍 이후 이미녹타딘트리스알베실레이트 수화제 1,000배액 또는 프로피네브 수화제 500배액을 10일 간격으로 2~3회 살포한다.

유시형 약충

진사진딧물 *Periphyllus californiensis*

피해 수목 단풍나무류

피해 증상 성충과 약충이 봄에 새잎 뒷면이나 어린 가지에 집단으로 기생하며 수액을 빨아 먹어 잎이 오그라들고 변색된다.

형태 유시충은 몸길이가 약 3㎜로 광택이 있는 흑갈색이다. 무시충은 몸길이가 약 2.6㎜로 광택이 있는 흑갈색이며 타원형이다. 약충의 크기는 2.5~3㎜로 흑갈색이며, 여름형은 담황색이다.

생활사 연 수회 발생하며 잎눈 기부에서 알로 월동한다. 봄에 2~3회 발생하고 5월 하순이 되면 여름형 약충이 나타나서 잎 뒷면에서 움직이지 않고 붙어서 기생하며, 10~11월에 성충이 나타나서 잎눈 기부에 산란한다.

방제 방법 4~5월에 아세타미프리드 수화제 2,000배액 또는 디노테퓨란 수화제 1,000배액을 10일 간격으로 2회 이상 살포한다.

유시충
유시형 약충
가해 양상
여름형 약충(월하형 약충)

암컷 성충

개미에 의해 만들어진 흙덩어리

개미에 의해 운반되는 성충

느티가루깍지벌레 *Crisicoccus seruratus*

피해 수목 느티나무, 단풍나무

피해 증상 성충과 약충이 줄기의 밑동이나 지하부의 목질부에 기생해 수액을 빨아 먹으며, 기생 부위는 개미에 의해 만들어진 흙덩어리로 덮여 있는 경우가 많다.

형태 암컷 성충은 길쭉한 달걀 모양으로 몸길이가 약 2.5㎜이며, 몸 색깔은 자갈색이며, 흰색 밀랍으로 덮여 있다. 약충은 자갈색이며 타원형이다.

생활사 연 수회 발생하고, 대부분 성충으로 월동한다. 1세대 약충은 5월 중하순에 나타나며 발생 상태가 불규칙하다. 이동은 주로 개미에 의해 이루어진다.

방제 방법 흙덩어리를 제거한 후 디노테퓨란 액제 1,000배액 또는 클로티아니딘 입상수용제 2,000배액을 10일 간격으로 2~3회 살포한다.

단풍공깍지벌레 *Pulvinaria horii*

피해 수목 느티나무, 단풍나무, 멀구슬나무, 참나무류

피해 증상 성충과 약충이 줄기나 가지에서 단독으로 또는 집단으로 기생하며 수액을 빨아 먹는다.

형태 암컷 성충은 원형으로 몸길이가 8~10㎜이며 담갈색이고 기다란 알주머니가 있다. 약충의 크기는 약 0.7㎜로 타원형이다.

생활사 연 1회 발생하고 성충으로 월동한다. 월동 성충은 5월 중순에 알주머니를 형성하며, 부화 약충은 5월 하순~6월에 나타나서 8월 하순에 성충이 된다.

방제 방법 5월 하순~8월 하순에 디노테퓨란 액제 1,000배액 또는 클로티아니딘 입상수용제 2,000배액을 10일 간격으로 2~3회 살포한다.

성충

갈색날개매미충 *Ricania* sp.

피해 수목 산수유, 감나무, 밤나무, 때죽나무, 단풍나무 등 다수

피해 증상 성충이 가지에 산란해 가지가 말라 죽으며, 성충과 약충이 잎과 어린 가지, 과실에서 수액을 빨아 먹고, 부생성 그을음병을 유발한다.

형태 성충은 암갈색으로 몸길이가 8.2~8.7㎜이다. 약충은 몸길이가 약 4.5㎜로 항문을 중심으로 흰색 또는 노란색 밀랍물질을 형성한다.

생활사 연 1회 발생하고 가지 속에서 알로 월동한다. 약충은 5월 중순~8월 중순에 나타나며, 성충은 7월 중순~11월 중순에 나타나서 주로 1년생 가지에 2줄로 산란한 후 톱밥과 흰색 밀납물질을 혼합해 덮는다.

방제 방법 피해 초기에 아세타미프리드 수화제 2,000배액 또는 디노테퓨란 수화제 1,000배액을 10일 간격으로 2~3회 살포한다.

약충

톱밥과 흰색 밀랍물질로 덮인 산란된 가지

가지의 산란흔

가지에 산란하는 성충

암컷 성충

담황색 약충

회갈색 약충

투명날개단풍뾰족매미충 *Japananus hyalinus*

피해 수목 단풍나무류

피해 증상 성충과 약충이 잎에 기생하며 수액을 빨아 먹어서 잎 앞면에 자그마한 흰 점무늬가 생긴다.

형태 암컷 성충은 담황록색으로 몸길이가 약 6.1㎜이며, 머리가 앞쪽으로 돌출되었다. 날개는 회백색으로 반투명하고 접었을 때 불규칙한 암갈색 무늬가 있다. 약충은 몸길이가 약 7㎜로 어릴 때는 회갈색을 띠나 성숙하면서 담황색을 띤다.

생활사 정확한 생태는 밝혀지지 않았다.

방제 방법 피해 초기에 아세타미프리드 수화제 2,000배액 또는 디노테퓨란 수화제 1,000배액을 10일 간격으로 2~3회 살포한다.

무늬독나방 *Euproctis piperita*

피해 수목 참나무류, 버드나무, 국수나무, 단풍나무, 벚나무 등

피해 증상 유충이 잎을 갉아 먹는다.

형태 노숙 유충은 몸길이가 약 25㎜로 노란색 바탕에 검은 무늬가 있으며, 앞가슴 양 옆으로 붉은색 돌기와 길고 검은 털 뭉치가 있다. 성충은 날개길이가 14~20㎜로 몸과 날개는 노란색이며 앞날개에 큰 갈색 무늬가 있다.

생활사 자세한 생태는 밝혀지지 않았다. 연 2회 발생하고 성충이 6~8월에 나타나며, 유충은 주로 9월 이후에 관찰된다.

방제 방법 유충의 밀도가 높을 경우에 비티쿠르스타키 수화제 1,000배액 또는 디플루벤주론 수화제 2,500배액을 10일 간격으로 2회 이상 살포한다.

종령 유충

독나방 *Euproctis subflava*

피해 수목 감나무, 느티나무, 단풍나무, 버드나무, 자두나무, 참나무류 등

피해 증상 유충이 어릴 때는 잎 뒷면에서 집단으로 모여 잎을 갉아 먹고 자라면서 분산해 가해한다.

형태 노숙 유충은 몸길이가 약 35㎜로 갈색 또는 등황색을 띠며 제1, 2, 8배마디 등면에 갈색 털뭉치가 있다. 성충은 날개 편 길이가 30~44㎜로 몸과 날개는 노란색이며 앞날개 중앙부에 자색 무늬가 있다.

생활사 연 1회 발생하고 지피물 틈에서 유충으로 월동한다. 유충은 4월 상순~6월 중순, 7~11월에 잎을 가해하고, 성충은 6월 하순~8월 상순에 나타나서 지면 가까운 잎 뒷면이나 줄기에 무더기로 산란한다.

방제 방법 유충 가해시기에 비티쿠르스타키 수화제 1,000배액 또는 디플루벤주론 수화제 2,500배액을 10일 간격으로 2회 이상 살포한다.

중령 유충
가해 양상
종령 유충
성충

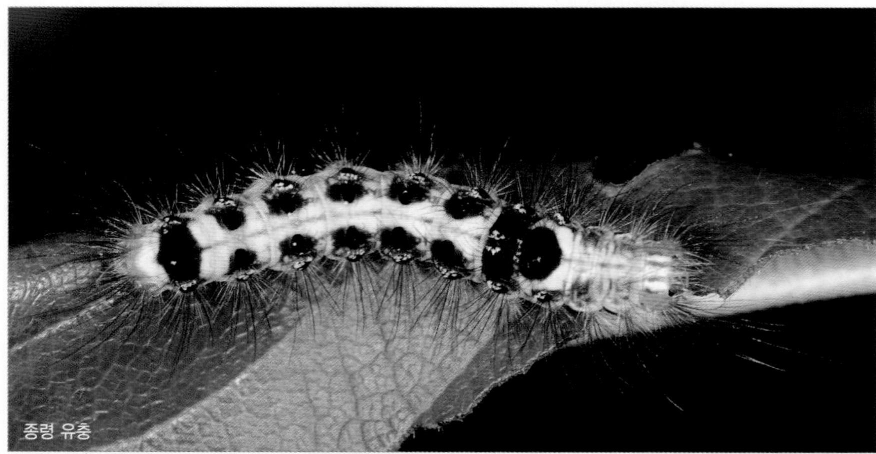
종령 유충

중령 유충

중령 유충

흰독나방 *Euproctis similis*

피해 수목 느티나무, 단풍나무, 버드나무, 벚나무, 참나무류 등 각종 활엽수

피해 증상 유충이 어릴 때는 잎 뒷면에 집단으로 모여 잎을 갉아 먹고 자라면서 분산해 가해한다.

형태 노숙 유충은 몸길이가 약 30㎜로 무늬독나방과 달리 가슴의 노란색 무늬가 V자형이다. 성충은 날개길이가 12~22㎜로 몸과 날개는 흰색이며 앞날개 뒷부분에 검은 무늬가 2개 있다.

생활사 연 2회 발생하고 유충으로 가지 또는 줄기에서 고치를 만들어 월동한다. 유충은 5~7월, 8~10월에 잎을 가해하고, 성충은 6~7월, 8~9월에 나타나서 잎 뒷면에 무더기로 산란한다.

방제 방법 유충 가해시기에 비티쿠르스타키 수화제 1,000배액 또는 디플루벤주론 수화제 2,500배액을 10일 간격으로 2회 이상 살포한다.

종령 유충

종령 유충

잎 뒷면에서 집단으로 가해하는 유충

검은쐐기나방 *Scopelodes contracta*

피해 수목 감나무, 단풍나무, 버즘나무, 벚나무, 소귀나무 등

피해 증상 유충이 어릴 때는 잎 뒷면에서 머리를 나란히 하고 잎살만 갉아 먹으며, 자라면서 주맥만 남기고 전부 먹어치운다.

형태 노숙 유충은 몸길이가 약 25㎜로 흑갈색을 띠고 각 마디에 검은색 가시돌기가 있다. 성충은 날개 편 길이가 약 40㎜이며 담황갈색이다.

생활사 연 2회 발생하고 토양 속의 고치 안에서 유충으로 월동한다. 성충은 5월 하순~6월, 8월 중순~하순에 나타나며, 유충은 6~7월, 8월 하순~9월 하순에 나타난다.

방제 방법 유충 가해시기에 비티쿠르스타키 수화제 1,000배액 또는 디플루벤주론 수화제 2,500배액을 10일 간격으로 2회 이상 살포한다.

종령 유충

검은푸른쐐기나방 *Latoia hilarata*

피해 수목 단풍나무, 느릅나무, 버드나무류, 버즘나무, 벚나무, 참나무류 등

피해 증상 유충이 어릴 때는 잎 뒷면에서 잎살만 갉아 먹고, 자라면서 주맥만 남기고 전부 갉아 먹는다.

형태 노숙 유충은 몸길이가 약 20㎜로 노란색을 띠고, 등에 푸른색 무늬와 검은색 가시돌기가 있다. 성충은 날개길이가 21~25㎜로 머리와 가슴은 담녹색이고 배는 황갈색이며, 앞날개는 녹색 바탕에 기부와 외연부가 암갈색이다.

생활사 연 2회 발생하고 고치 속에서 유충으로 월동한다. 성충은 5월, 7~8월에 나타나고 유충은 6~7월, 9~10월에 나타난다.

방제 방법 유충 가해시기에 비티쿠르스타키 수화제 1,000배액 또는 디플루벤주론 수화제 2,500배액을 10일 간격으로 2회 이상 살포한다.

가해 양상

잎 뒷면에서 집단으로 가해하는 유충

중령 유충

부화 유충

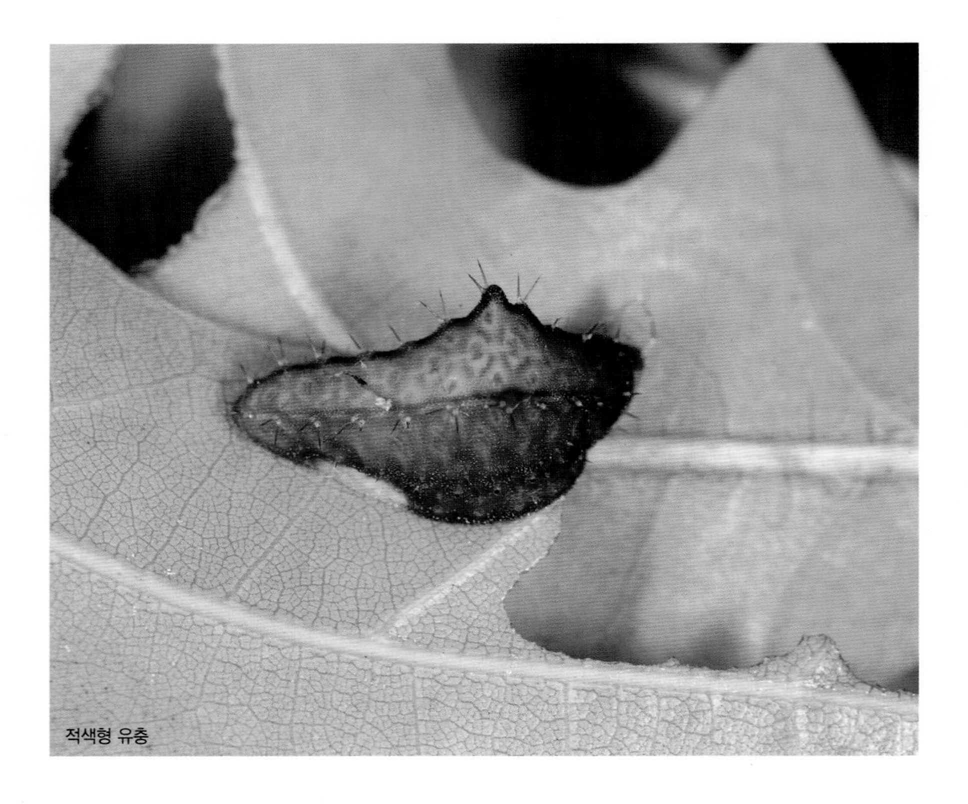

적색형 유충

꼬마쐐기나방 *Microleon longipalpis*

피해 수목 단풍나무, 버드나무류, 벚나무류, 참나무류 등

피해 증상 유충이 잎 뒷면에서 잎을 갉아 먹는다.

형태 노숙 유충은 몸길이가 약 10㎜로 녹색 또는 적자색을 띠며, 배 윗면에 붉은색 돌기가 있다. 성충은 날개길이가 수컷이 12~15㎜, 암컷이 16~18㎜이며, 몸과 날개는 황갈색을 띠고 앞날개 중앙부에 암색 무늬가 있다.

생활사 연 2회 발생하고 고치 속에서 유충으로 월동한다. 성충은 5~6월, 8~9월에 나타나서 잎 뒷면에 1개씩 산란한다. 유충은 7~8월, 9~10월에 나타나서 잎을 갉아 먹다가 가지나 잎에 고치를 짓는다.

방제 방법 유충 가해시기에 비티쿠르스타키 수화제 1,000배액 또는 디플루벤주론 수화제 2,500배액을 10일 간격으로 2회 이상 살포한다.

고치
부화 유충
녹색형 유충
성충

종령 유충
가해 양상
종령 유충

극동쐐기나방 *Thosea sinensis*

피해 수목 단풍나무, 버드나무류, 벚나무류, 참나무류, 층층나무 등

피해 증상 유충이 어릴 때는 잎 뒷면에서 잎살만 갉아 먹고, 자라면서 주맥만 남기고 전부 갉아 먹는다.

형태 노숙 유충은 몸길이가 약 25㎜로 녹색이며, 윗면 가운데에 흰색 줄무늬가 있다. 성충은 날개 길이가 23~25㎜로 머리, 가슴, 배의 등면이 담회갈색을 띠며, 앞날개는 담회갈색 바탕에 외횡선이 암갈색이다.

생활사 연 1회 발생하고 토양 속의 고치 안에서 유충 또는 번데기로 월동한다. 성충은 5월에 나타나고, 유충은 8~9월에 나타난다.

방제 방법 유충 가해시기에 비티쿠르스타키 수화제 1,000배액 또는 디플루벤주론 수화제 2,500배액을 10일 간격으로 2회 이상 살포한다.

종령 유충

가해 양상

종령 유충

남방쐐기나방 *Iragoides conjuncta*

피해 수목 단풍나무, 참나무류, 꽃창포 등

피해 증상 유충이 어릴 때는 잎 뒷면에서 잎살만 갉아 먹고, 자라면서 주맥만 남기고 전부 갉아 먹는다.

형태 노숙 유충은 몸길이가 약 23㎜로 녹색이고 배 윗면에 푸른색 무늬가 있으며, 녹색 또는 붉은색 가시돌기가 있다. 성충은 날개길이가 27~32㎜로 몸과 날개는 흑갈색이며 앞날개 중앙 부분에 검은 무늬가 있다.

생활사 연 1회 발생하고 고치 속에서 유충으로 월동한다. 성충은 5월에 나타나고, 유충은 7~8월에 나타나서 다 자라면 흙 속에서 고치를 만든다.

방제 방법 유충 가해시기에 비티쿠르스타키 수화제 1,000배액 또는 디플루벤주론 수화제 2,500배액을 10일 간격으로 2회 이상 살포한다.

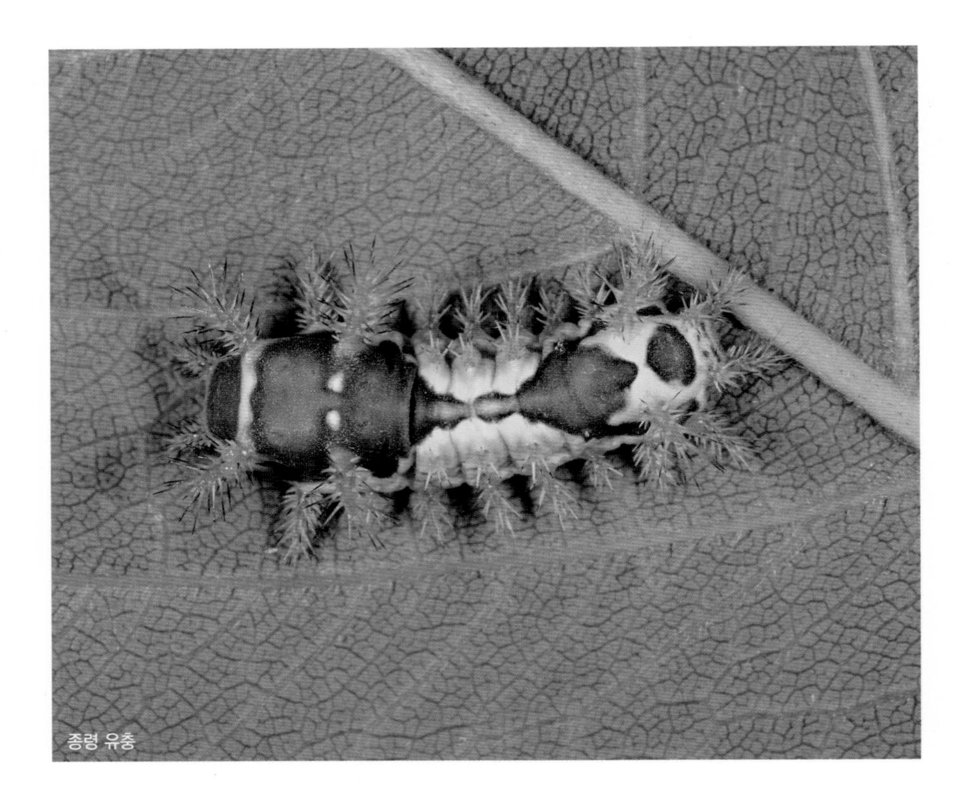
종령 유충

노랑쐐기나방 *Monema flavescens*

피해 수목 단풍나무, 느릅나무, 뽕나무, 버드나무류, 참나무류, 벚나무 등

피해 증상 유충이 어릴 때는 잎 뒷면에서 잎살만 갉아 먹고, 자라면서 주맥만 남기고 전부 갉아 먹는다.

형태 노숙 유충은 몸길이가 약 25㎜로 머리는 담갈색이고 몸의 앞뒤 부분에 암자색 무늬가 있다. 고치는 회백색에 갈색 무늬가 있으며 달걀형이다. 성충의 날개길이는 수컷이 12~13㎜, 암컷이 14~15㎜이고, 몸과 날개는 노란색이며 앞날개 외연이 적갈색이다.

생활사 연 1회 발생하고 고치 속에서 유충으로 월동한다. 월동 유충은 5월에 번데기가 되고 6월에 우화한다. 새로운 유충은 6~8월에 나타난다.

방제 방법 유충 가해시기에 비티쿠르스타키 수화제 1,000배액 또는 디플루벤주론 수화제 2,500배액을 10일 간격으로 2회 이상 살포한다.

가해 양상
고치
중령 유충
성충

종령 유충

네눈가지나방 *Hypomecis punctinalis*

피해 수목 단풍나무, 밤나무, 벚나무류, 사과나무, 참나무류 등

피해 증상 유충이 잎을 갉아 먹는다.

형태 노숙 유충은 몸길이가 약 40㎜로 담황색~자갈색이며, 2배마디에 옹이 모양 돌기 1쌍과 배 끝에 작은 돌기가 1쌍 있다. 성충은 날개 편 길이가 35~45㎜로 몸과 날개는 회색이며, 앞뒤날개에 눈 모양 무늬가 있다.

생활사 연 2회 발생하고 토양 속에서 번데기로 월동한다. 성충은 4월, 7~8월에 나타나고 유충은 6~7월, 8~9월에 나타난다.

방제 방법 유충 가해시기에 비티쿠르스타키 수화제 1,000배액 또는 디플루벤주론 수화제 2,500배액을 10일 간격으로 2회 이상 살포한다.

가해 양상
중령 유충
배 끝에 돌출된 돌기 1쌍
성충

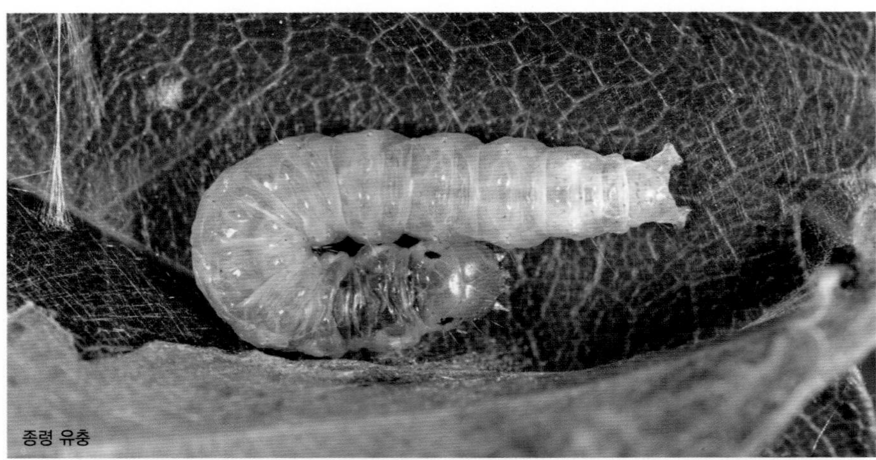
종령 유충

가해 양상

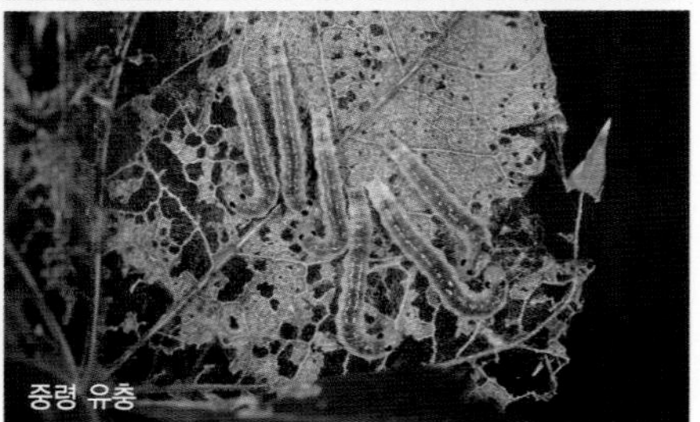
중령 유충

흰얼룩들명나방 *Pseudebulea fentoni*

피해 수목 단풍나무류

피해 증상 유충이 어릴 때는 잎 뒷면에서 집단으로 모여서 잎살만 갉아 먹고, 자라면서 잎을 여러 장 묶고 그 속에서 1~3마리가 잎을 갉아 먹는다.

형태 노숙 유충은 몸길이가 약 25㎜로 머리는 살구색, 가슴과 배는 녹색이고 가슴 제1마디 양쪽에 검은 점이 있다. 성충은 날개 편 길이가 25~35㎜로 몸과 날개는 흑갈색이며 앞날개 중앙 부분에 사각형 흰 무늬가 있다.

생활사 연 2회 발생하며 유충으로 월동한다. 성충은 5~6월, 9월에 나타나며 유충은 7~8월, 9~10월에 나타난다.

방제 방법 유충 가해시기에 비티쿠르스타키 수화제 1,000배액 또는 디플루벤주론 수화제 2,500배액을 10일 간격으로 2회 이상 살포한다.

종령 유충

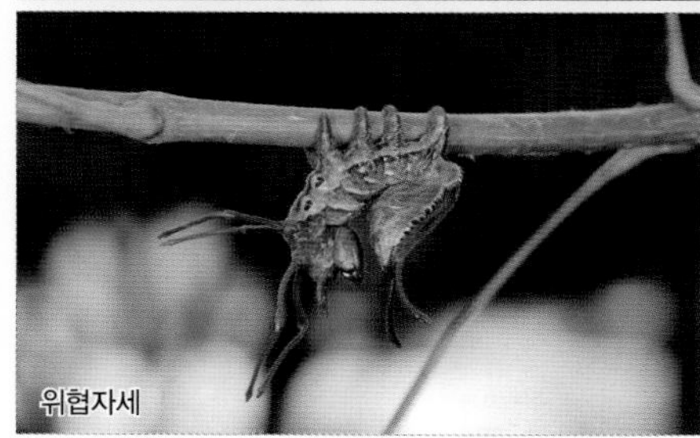
위협자세

위협자세

재주나방 *Stauropus fagi persimilis*

피해 수목 단풍나무, 버드나무류, 벚나무류, 사과나무, 참나무류 등

피해 증상 유충이 잎의 주맥만 남기고 갉아 먹는다.

형태 노숙 유충은 몸길이가 약 45㎜로 암갈색이며, 쉬고 있을 때 가슴다리는 접고 머리와 가슴, 배 끝 부분을 아래로 늘어뜨린다. 성충의 날개길이는 수컷이 25㎜, 암컷이 30㎜이고, 몸과 날개는 암갈색이다.

생활사 연 2회 발생하고 토양 속의 고치 안에서 번데기로 월동한다. 성충은 4월, 8월에 나타나고 유충은 5~7월, 9~10월에 나타난다.

방제 방법 유충 가해시기에 비티쿠르스타키 수화제 1,000배액 또는 디플루벤주론 수화제 2,500배액을 10일 간격으로 2회 이상 살포한다.

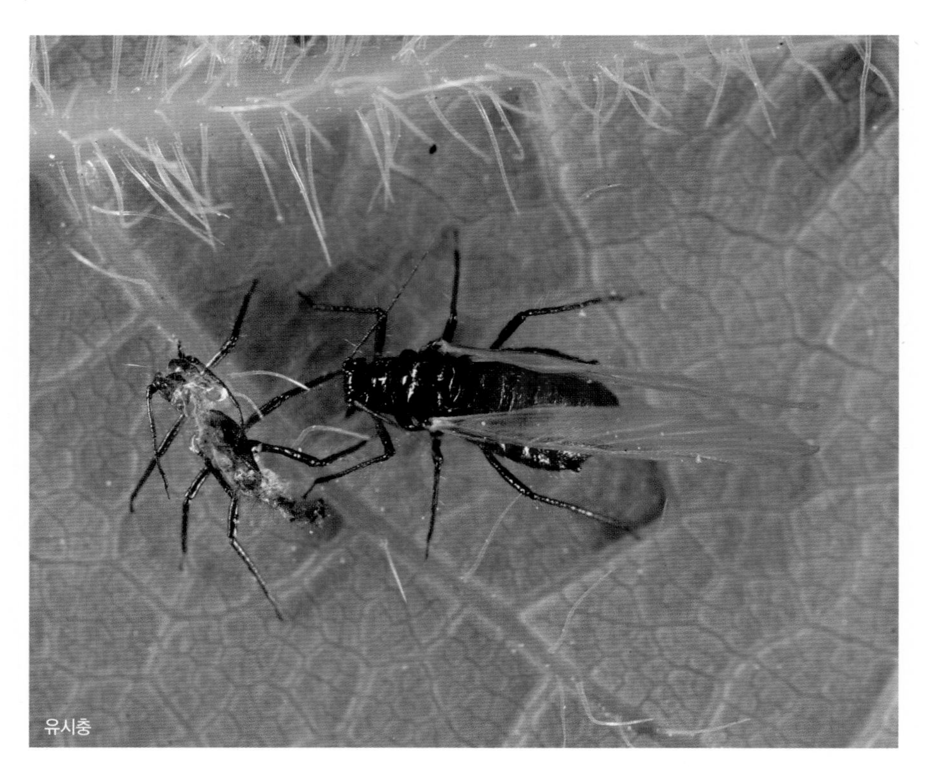
유시충

개성진사진딧물 *Periphyllus allogenes*

피해 수목 복자기

피해 증상 성충과 약충이 봄에 잎 뒷면이나 잎자루에서 집단으로 기생하며 수액을 빨아 먹어 잎이 오그라들거나 변색되면서 일찍 떨어진다. 기주특이성이 강해 단풍나무류 중 복자기만 가해한다.

형태 유시충은 몸길이가 약 2.8㎜이며, 광택이 있는 흑갈색으로 배는 갈색이다. 약충의 크기는 1.5~2.5㎜로 부화 초기에는 담황색이고 점차 황갈색을 띤다.

생활사 자세한 생태는 밝혀지지 않았으며, 4월 하순~5월 중순까지 유시충과 약충의 밀도가 높고 6월 상순이 되면 기주식물에서 발견되지 않는다.

방제 방법 4~5월에 밀도가 높으면 아세타미프리드 수화제 2,000배액 또는 디노테퓨란 수화제 1,000배액을 10일 간격으로 2회 이상 살포한다.

잎 뒷면의 가해 양상

잎 뒷면의 유시충, 무시충, 약충

잎 뒷면의 주맥을 중심으로 가해하는 약충

약충

흰색 균총으로 인해 기형화된 잎
잎과 어린 가지의 병징
흰가루병의 병징

흰가루병 Powdery mildew

피해 특징 국내외 미기록 병으로 피해 받은 잎과 어린 가지는 초가을부터 말라 죽는다.

병징 및 표징 6월부터 새잎과 어린 가지에 작고 흰 점이 생기며 점차 확대되어 잎과 어린 가지를 하얗게 덮는다. 보통 흰가루병은 가을에 흰색 균총에 완전세대를 형성하지만, 자낭구세대가 발견되지 않았다.

병원균 밝혀지지 않았다.

방제 방법 병든 낙엽을 모아 제거하고, 통풍, 채광, 배수가 잘 되도록 관리한다. 발병 초기에 마이클로뷰타닐 수화제 1,500배액 등 흰가루병 적용 약제를 10일 간격으로 2회 살포한다.

기타 해충

두점박이애매미충(꽃사과 참조)

선녀벌레(돈나무 참조)

이세리아깍지벌레(돈나무 참조)

뿔밀깍지벌레(상록활엽수 공통 해충 참조)

거북밀깍지벌레(상록활엽수 공통 해충 참조)

루비깍지벌레(상록활엽수 공통 해충 참조)

말채나무공깍지벌레

단풍나무

줄솜깍지벌레(팽나무 참조)

알락하늘소(자작나무 참조)

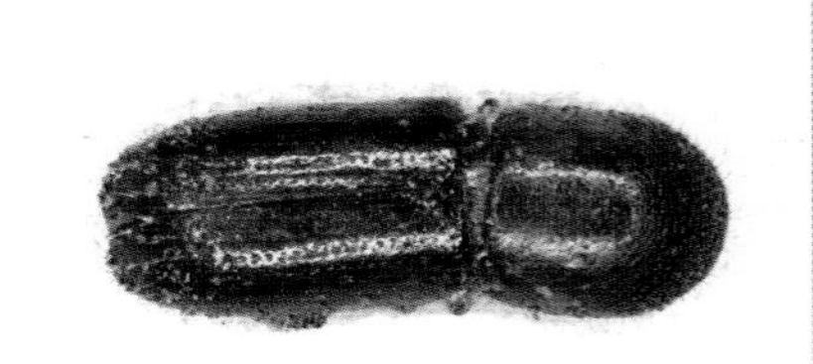
암브로시아나무좀(산사나무 참조)

오리나무좀(느티나무 참조)

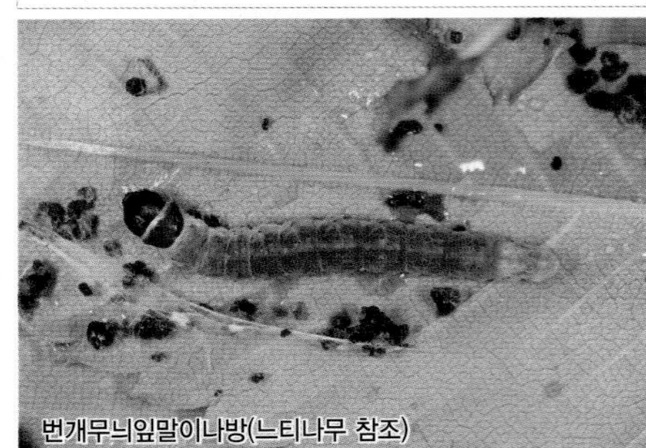
번개무늬잎말이나방(느티나무 참조)

남방차주머니나방(상록활엽수 공통 해충 참조)

차주머니나방(상록활엽수 공통 해충 참조)

단풍나무

사과독나방(느티나무 참조)

매미나방(느티나무 참조)

미국흰불나방(버즘나무 참조)

왕뿔무늬저녁나방(벚나무류 참조)

점박이응애(대추나무 참조)

둥근무늬병의 병징

잎 앞면 병반에 나타난 분생포자각

병원균의 분생포자

둥근무늬병 Phyllosticta leaf spot

피해 특징 담쟁이덩굴의 잎에 흔히 발생하는 병으로 병반 부위가 찢어지거나 위축되기도 하며, 심하게 발생하면 잎이 노랗게 변하면서 일찍 떨어진다.

병징 및 표징 5월 중하순부터 잎에 갈색 점무늬 병반이 나타난다. 병반은 점점 확대되어 5㎜ 크기의 둥근 모양이 되고 중심부는 담갈색을 띠며 건전부와 뚜렷한 경계를 이룬다. 둥근 병반은 종종 서로 합쳐져서 부정형 병반으로 확대되기도 하며 개엽 초기에 감염된 잎은 뒤틀리거나 위축되기도 한다. 병반 앞면에는 작고 검은 점(분생포자각)이 다수 나타난다.

병원균 *Phyllosticta ampelicida*

방제 방법 5월 중순부터 이미녹타딘트리스알베실레이트 수화제 1,000배액 또는 프로피네브 수화제 500배액을 10일 간격으로 2~3회 살포한다.

종령 유충

가해 양상

집단으로 잎을 가해하는 유충

실줄알락나방 *Illiberis consimilis*

피해 수목 담쟁이덩굴, 개머루

피해 증상 유충이 4~5월에 잎을 갉아 먹으며 종종 대발생하는 경우가 있다.

형태 노숙 유충은 몸길이가 약 20㎜로 황백색과 검은색 독특한 무늬가 있으며, 짧고 검은 털과 길고 흰 털이 나 있다. 성충은 날개 편 길이가 25~30㎜로 머리와 가슴은 암회갈색이고, 앞날개는 흑갈색으로 기부와 뒤쪽으로 갈수록 암갈색을 띤다.

생활사 연 1회 발생하며 토양 속에서 번데기로 월동한다. 성충은 3~4월에 나타나며, 유충은 4~5월에 잎을 갉아 먹다가 5월 하순에 월동처로 이동한다.

방제 방법 유충 가해시기에 비티쿠르스타키 수화제 1,000배액 또는 디플루벤주론 수화제 2,500배액을 10일 간격으로 2회 이상 살포한다.

잎의 빗자루 증상

잎과 가지의 빗자루 증상

모무늬매미충 성충

빗자루병 Witches broom

피해 특징 1950년대부터 크게 퍼지기 시작해 전국의 대추 산지를 황폐화시킨 대추나무의 대표적인 병이다. 매개충(모무늬매미충)과 영양번식체(접수, 분주묘)를 통해 전염되는 전신성병이다.

병징 및 표징 가지 끝부분에 작은 잎과 가는 가지가 빗자루 형태로 나면서 꽃이 피지 않는다. 빗자루 증상은 1~2년 내에 나무 전체로 퍼지면서 병든 가지에 열매가 열리지 않으며 수년간 병이 지속되다가 말라 죽는다.

병원균 *Candidatus* Phytoplasma ziziphi

방제 방법 매개충 발생시기인 6~9월에 아세타미프리드 수화제 2,000배액를 2주 간격으로 살포한다. 피해가 심한 나무는 제거하고, 피해가 심하지 않은 나무는 4월 하순과 대추 수확 후에 옥시테트라사이클린 수화제 200배액을 나무주사한다.

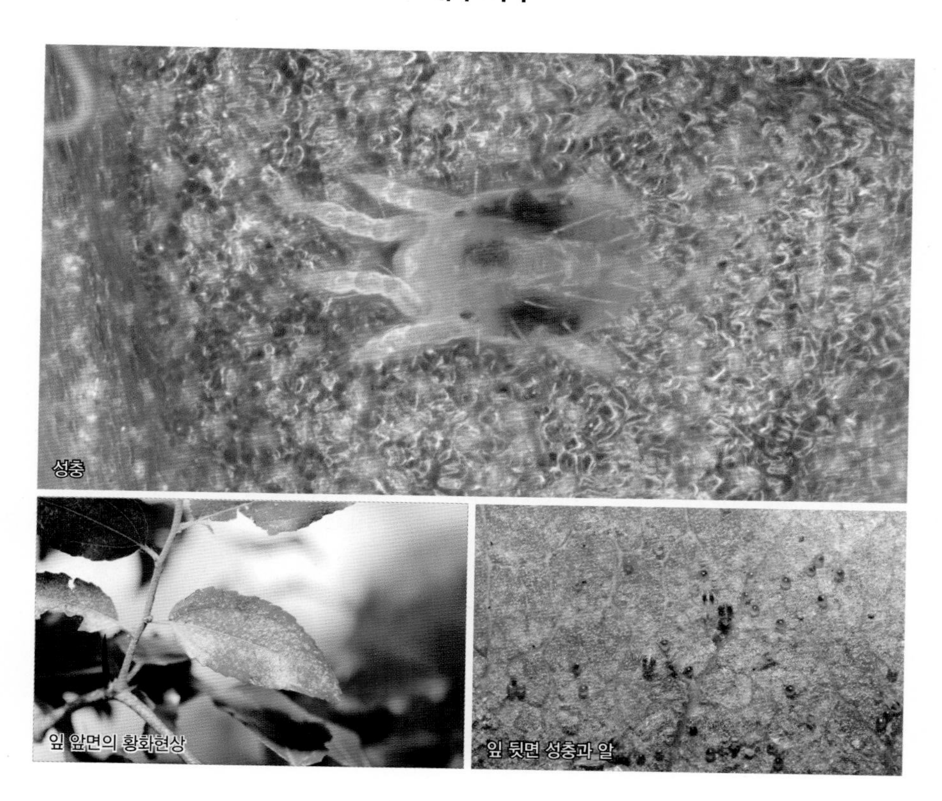
성충
잎 앞면의 황화현상
잎 뒷면 성충과 알

점박이응애 *Tetranychus urticae*

피해 수목 밤나무, 배나무, 사과나무, 뽕나무, 장미, 벚나무류 등 대부분의 활엽수

피해 증상 성충과 약충이 주로 잎 뒷면에서 수액을 빨아 먹어 엽록소가 파괴되면서 황화현상이 나타난다.

형태 암컷 성충은 몸길이가 0.4~0.5㎜로 황록색형과 귤색형이 있다. 여름형은 황록색 바탕에 몸통 좌우에 검은색 반점이 있고, 겨울형은 귤색으로 검은색 반점이 없다. 수컷의 몸길이는 약 0.3㎜이고 담황록색이다.

생활사 연 9~10회 발생하며 수피나 낙엽에서 암컷 성충으로 월동한다. 4~5월에 주로 초본류에서 증식하고 7월경부터 나무로 이동해 8~9월에 밀도가 가장 높다.

방제 방법 7~9월에 피리다벤 수화제 1,000배액 또는 사이에노피라펜 액상수화제 2,000배액을 10일 간격으로 2회 이상 살포한다.

종령 유충

대추애기잎말이나방 *Ancylis hylaea*

피해 수목 대추나무

피해 증상 유충이 잎을 여러 장 묶고 그 속에서 잎을 갉아 먹는다. 또한 과실의 겉면도 갉아 먹으며, 주로 과실에 잎 1~2장을 붙여 놓는다.

형태 노숙 유충은 몸길이가 약 15㎜로 머리와 앞가슴은 흑갈색이고, 몸은 황갈색이다. 성충은 날개 길이가 12~14㎜로 갈색을 띠며, 날개를 접고 있을 때 날개 양쪽 끝이 뾰족해 뿔처럼 보인다.

생활사 연 3회 발생하는 것으로 추정되며 번데기 또는 성충으로 월동한다. 성충은 4~8월, 유충은 5~9월에 나타난다.

방제 방법 밀도가 높을 경우에 한해 비티쿠르스타키 수화제 1,000배액 또는 디플루벤주론 수화제 2,500배액을 10일 간격으로 1~2회 살포한다.

유충에 의한 잎의 가해 양상

번데기

성충

유충에 의한 과실의 가해 양상

줄기의 암종

혹병 Bacterial gall

피해 특징 세균에 의한 병으로 병원세균의 연속적인 자극에 의해 줄기에 모양이나 크기가 일정하지 않은 혹이 발생한다.

병징 및 표징 발병 초기에는 줄기에 회백색 작은 돌기가 나타나고, 이 돌기가 점차 커져서 표면이 거친 5~10㎝ 크기의 구형 또는 반구형인 황갈색 암종(혹)을 형성한다. 암종은 종종 서로 합쳐져서 부정형이 되고, 터져서 목질부가 노출되는 경우가 많으며, 이 부위를 중심으로 목재부후가 확산된다.

병원균 *Pantoea agglomerans* pv. *milletiae*

방제 방법 암종을 목질부까지 완전히 제거하고 알코올 등으로 소독한 후 테부코나졸 도포제를 바른다.

가지의 암종

암종 발생 부위로부터의 부후 확산

피해 줄기의 작은 돌기와 암종

줄기 아랫부분부터 발생하는 피해 양상

후기 병징

점무늬병 Cercospora leaf spot

피해 특징 때죽나무에서 자주 발생하는 병으로 잎이 노랗게 변하면서 일찍 떨어진다.

병징 및 표징 7월부터 잎에 갈색 점무늬 병반이 나타나고, 이 병반은 점차 확대되어 중앙부가 회갈색~회백색인 약 5㎜ 크기의 갈색 병반이 되며, 종종 서로 합쳐져서 부정형의 대형 병반을 형성하기도 한다. 잎 앞면의 회백색 병반에는 솜털 같은 회갈색 분생포자덩이로 뒤덮인 작은 점(분생포자좌)이 나타난다.

병원균 *Pseudocercospora fukuokaensis*

방제 방법 피해 초기인 6월부터 아족시스트로빈 수화제 1,000배액 또는 이미녹타딘트리스알베실레이트 수화제 1,000배액을 10일 간격으로 2~3회 살포한다.

중기 병징
병원균의 분생포자
잎 앞면 병반에 나타난 솜털 모양 분생포자덩이
점무늬병의 병징

녹병의 병징

녹병 Rust

피해 특징 잎 앞면이 노랗게 변하면서 일찍 떨어지는 병으로 *Abies*속 수목과 기주이동하는 이종기생균으로 알려졌으며, 정확한 생태는 밝혀지지 않았다.

병징 및 표징 여름철부터 잎 뒷면에 황갈색 반점이 나타나고 점차 표피가 터져서 노란색 가루덩이(여름포자퇴)로 뒤덮인다. 가을이 되면 잎 뒷면의 표피 조직 내에 갈색~흑갈색 겨울포자퇴가 형성된다.

병원균 *Pucciniastrum styracinum*

방제 방법 5월부터 트리아디메폰 수화제 800배액 또는 페나리몰 수화제 3,300배액을 10일 간격으로 2~3회 살포한다.

잎 앞면의 병징
병원균의 여름포자
잎 뒷면에 나타난 노란색 여름포자퇴
잎 뒷면의 병징

겹둥근무늬병(가칭)의 병징

겹둥근무늬병(가칭) Leaf blight

피해 특징 국내외 미기록 병으로 추가적인 연구가 필요하다.

병징 및 표징 초여름~가을에 잎 앞면에 회백색~회갈색 부정형 병반이 나타난다. 병반은 20~30㎜ 크기로 확대되고 건전부와의 경계는 갈색으로 명확하게 구분된다. 회백색 병반에는 자그마한 흑갈색 자실체가 나타나며, 다습하면 오렌지색 분생포자덩이가 솟아오른다.

병원균 밝혀지지 않았다.

방제 방법 피해 초기인 7월부터 아족시스트로빈 수화제 1,000배액 또는 이미녹타딘트리스알베실레이트 수화제 1,000배액을 10일 간격으로 2~3회 살포한다.

잎 앞면의 병징

병원균의 분생포자

오렌지색 분생포자덩이

잎 뒷면의 병징

때죽나무

황록색 벌레혹

때죽납작진딧물 *Ceratovacuna nekoashi*

피해 수목 때죽나무, 쪽동백나무

피해 증상 어린 가지의 끝에 바나나 모양의 벌레혹을 형성한다. 벌레혹은 처음에는 황록색이며 8월 이후에는 갈색~흑갈색으로 변한다.

형태 간모는 몸길이가 약 2.0㎜이며 담황색이고, 흰색 밀랍 물질로 덮여 있다. 유시충은 몸길이가 약 1.9㎜로 흑갈색이며 배는 홍적색이다. 무시충은 몸길이가 약 1.8㎜로 황갈색이며, 흰색 밀랍물질로 덮여 있다.

생활사 자세한 생태는 밝혀지지 않았다. 6월 상순부터 벌레혹이 형성되기 시작하며, 7월 하순에 유시충이 벌레혹 끝의 구멍으로 탈출해 여름기주인 나도바랭이로 이동하고 가을에 다시 때죽나무로 돌아온다.

방제 방법 5월 하순~6월 상순에 아세타미프리드 수화제 2,000배액 또는 디노테퓨란 수화제 1,000배액을 2~3회 살포한다.

흑갈색으로 변한 벌레혹

벌레혹 내부의 무시충과 밀랍물질

무시충과 약충

간모

끝짤룩노랑가지나방 *Pareclipsis gracilis*

피해 수목 때죽나무

피해 증상 유충이 잎을 갉아 먹으며, 종종 대발생하는 경우가 있다.

형태 노숙 유충은 몸길이가 약 30㎜로 갈색과 황갈색 긴 줄무늬가 많고 기문은 황색으로 검은색 띠로 둘러싸여 있다. 성충은 날개 편 길이가 30~38㎜로 몸과 날개는 담황갈색이며 담회색 점이 산재한다.

생활사 정확한 생태는 밝혀지지 않았으며, 연 2회 발생하는 것으로 추정된다. 성충은 5월, 7~8월에 나타나고 유충은 6월, 8~9월에 나타난다.

방제 방법 유충 가해시기에 비티쿠르스타키 수화제 1,000배액 또는 디플루벤주론 수화제 2,500배액을 10일 간격으로 2회 이상 살포한다.

때죽나무

기타 해충

알락하늘소(자작나무 참조)

암브로시아나무좀(산사나무 참조)

오리나무좀(느티나무 참조)

잠자리가지나방(벚나무류 참조)

미국흰불나방(버즘나무 참조)

잎 앞면의 병징

잎 뒷면의 병징

병원균의 분생포자좌

점무늬병 Mycovellosiella leaf spot

피해 특징 마가목에서 피해가 가장 많은 병으로 나무가 말라 죽지는 않으나, 잎이 노랗게 변하면서 일찍 떨어진다.

병징 및 표징 6월부터 잎에 갈색 점무늬 병반이 나타나고, 이 병반은 5~10㎜ 크기로 확대되어 병반 중앙부는 회갈색, 가장자리는 적갈색인 원형 병반이 된다. 회백색 병반에는 솜털 같은 흑갈색 분생포자덩이로 뒤덮인 작은 점(분생포자좌)이 나타난다.

병원균 *Mycovellosiella ariae*

방제 방법 피해 초기인 6월부터 아족시스트로빈 수화제 1,000배액 또는 이미녹타딘트리스알베실레이트 수화제 1,000배액을 10일 간격으로 2~3회 살포한다.

마가목

기타 해충

배나무방패벌레(벚나무류 참조)

배나무방패벌레(벚나무류 참조)

배나무방패벌레(벚나무류 참조)

오리나무좀(느티나무 참조)

미국흰불나방(버즘나무 참조)

점무늬병의 병징

점무늬병 Septoria leaf spot

피해 특징 초여름부터 나타나기 시작해 8월 하순 이후에 증상이 심해지며, 병든 잎이 떨어지지 않고 수관에 붙어 있어 미관을 해친다.

병징 및 표징 잎에 4~8㎜ 크기의 잎맥에 둘러싸인 적갈색 다각형 병반이 다수 나타난다. 병반 내부는 점차 회갈색으로 변하고, 잎 앞뒷면의 회갈색 병반에는 작은 흑갈색 점(분생포자각)이 나타나며, 다습하면 유백색 분생포자덩이가 솟아오른다.

병원균 *Septoria cornina*

방제 방법 7월부터 이미녹타딘트리스알베실레이트 수화제 1,000배액 또는 디페노코나졸 입상수화제 2,000배액을 2주 간격으로 2~3회 살포한다.

잎 뒷면의 병징

병원균의 분생포자

분생포자각에서 솟아오른 유백색 분생포자덩이

병반에 나타난 검은색 분생포자각

가지마름병(가칭)의 병징

가지마름병(가칭) Twig blight

피해 특징 4월에 수관 가장자리의 잎과 어린 가지가 말라 죽고, 5월 중순 이후에는 병이 더 이상 확산되지 않는다.

병징 및 표징 주로 1~2년생 가지에 약간 함몰된 수침상 담갈색 병반이 나타나고, 그 위쪽의 가지와 잎은 말라 죽는다. 가지의 수침상 병반에는 자그마한 흑갈색 돌기(분생포자각)가 수피를 뚫고 나타나며, 다습하면 유백색을 띤 덩굴손 모양 분생포자덩이가 솟아오른다.

병원균 *Phomopsis* sp.

방제 방법 4월 상순부터 이미녹타딘트리스알베실레이트 수화제 1,000배액 또는 디페노코나졸 입상수화제 2,000배액 3~4회 살포한다.

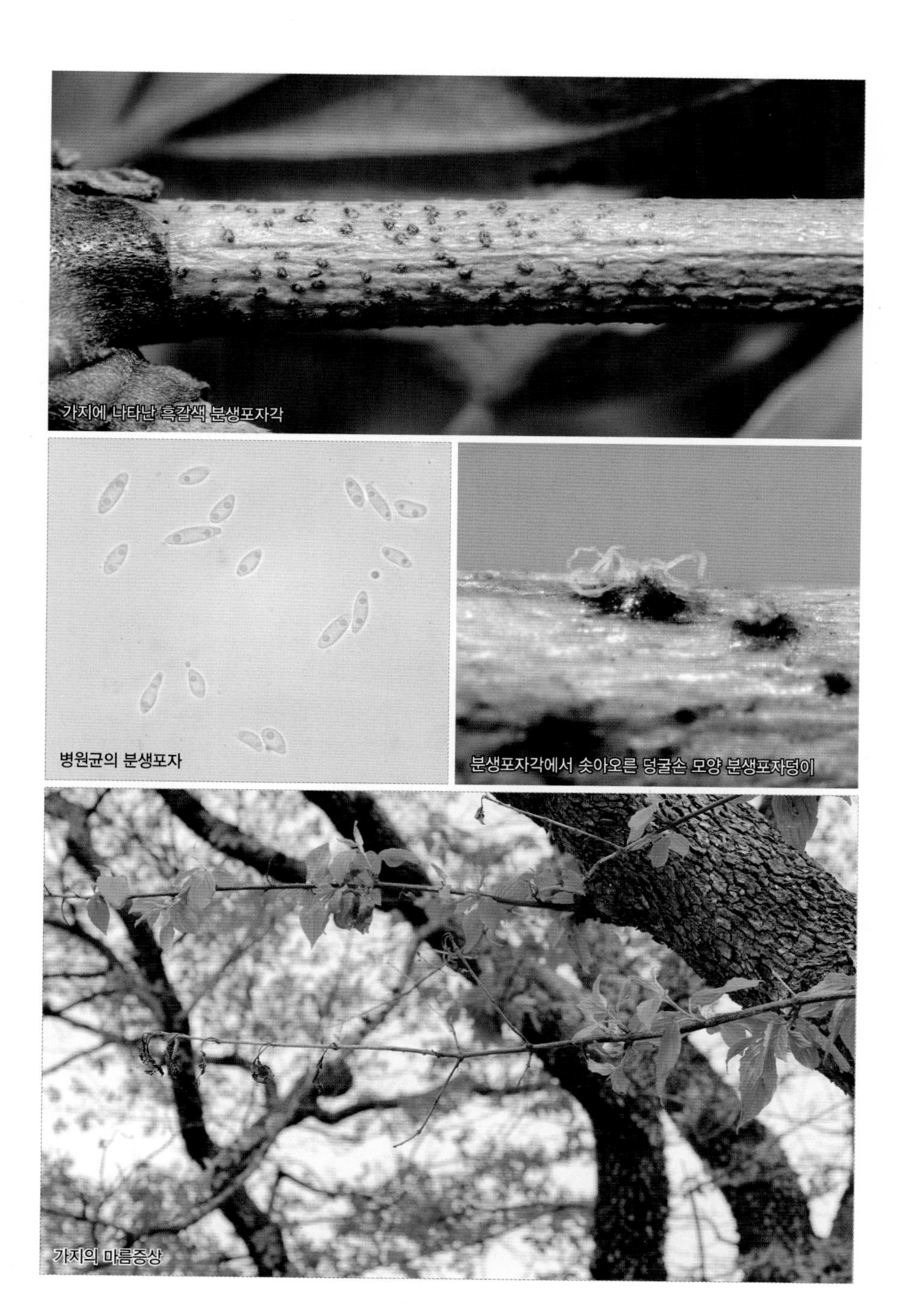
가지에 나타난 흑갈색 분생포자각
병원균의 분생포자
분생포자각에서 솟아오른 덩굴손 모양 분생포자덩이
가지의 마름증상

흰가루병의 병징

흰가루병 Powdery mildew

피해 특징 초여름부터 가을에 걸쳐 흔히 볼 수 있으며, 밀식되었거나 습하고 그늘진 곳에서 잘 발생한다.

병징 및 표징 잎에 작고 흰 반점 모양 균총(균사와 분생포자의 무리)이 나타나며, 점차 진전되면서 잎 전체에 밀가루를 뿌려 놓은 것처럼 보인다. 초겨울에 잎의 균총 위에 매우 작고 둥근 검은 알갱이(자낭구)가 다수 나타난다.

병원균 *Microsphaera berberidis*

방제 방법 발병 초기에 마이클로뷰타닐 수화제 1,500배액 등 흰가루병 적용 약제를 10일 간격으로 2회 이상 살포한다.

당매자나무의 흰가루병

병원균의 분생포자

흰가루 모양 균층

매자나무의 흰가루병

매자나무등에잎벌(가칭) *Arge berberidis*

피해 수목 당매자나무

피해 증상 6월 상순~7월 상순에 유충이 무리지어 잎을 갉아 먹는다. 피해가 심하면 잎을 모두 갉아 먹어 가지만 남는다.

형태 노숙 유충은 몸길이가 약 25㎜로 머리와 가슴다리는 검은색이고, 가슴과 배는 노란색이지만 배 제3~6마디는 흰색을 띠며, 각 마디에 검은색 반점이 있다.

생활사 연 1회 발생하며, 고치 안 유충으로 토양 속에서 월동한다. 성충은 4월 중순에 나타나서 잎 조직 속에 산란한다. 유충은 6월 상순부터 잎을 갉아 먹다가 7월 상순부터 월동처인 토양 속으로 이동해 고치를 짓는다.

방제 방법 유충 발생 초기인 5월 중순에 에토펜프록스 수화제 1,000배액 또는 페니트로티온 유제 2,000배액을 10일 간격으로 2~3회 살포한다.

가해 양상

탈피 중인 유충

어린 유충

가해 부위에 지저분하게 붙어 있는 배설물

회색고약병의 병징

회색고약병 Gray felt

피해 특징 많은 활엽수에 발생하는 병으로 수피에 기생하는 벚나무깍지벌레와 공생하며 번식하기 때문에 나무 조직 내로 균사가 침입하지 않는다. 하지만 미관을 해치고 수세가 쇠약해지며, 심하게 감염된 가지는 말라 죽는다.

병징 및 표징 줄기와 가지에 고약을 붙인 것처럼 회백색 내지 회색 균사층이 융단처럼 붙어 있다. 균사층은 오래되면 균열이 생기고 벗겨져 떨어져 나갈 때도 있으며, 균사층 아래의 수피에는 벚나무깍지벌레가 기생한다.

병원균 *Septobasidium bogoriense*

방제 방법 균사층이 이미 발생한 가지는 제거하고, 줄기에 발생한 경우 굵은 솔로 수피가 상하지 않게 긁어준 후 테부코나졸 도포제를 바른다. 예방을 위해서는 겨울에 석회유황합제를 살포한다.

벚나무깍지벌레 약충

벚나무깍지벌레 암컷 성충

갈색고약병(*Septobasidium tanakae*)의 병징

오래되어 균열이 생긴 균사층

지의류병의 병징

가지의 지의류

줄기의 지의류

지의류병 Lichen disease

피해 특징 지의류가 가지에 부착해 직접 기생하거나 병원성을 발현시키지는 않지만, 가지의 수피를 완전히 덮어 가지가 말라 죽는다.

병징 및 표징 줄기와 가지에 흰색 엽상체 지의류가 발생한다. 지의류는 수목에 대한 기생성은 없으나 가지의 수피에 물리적 압박을 가하게 되고, 왕성하게 생장을 거듭한 지의류가 가지 위에서 잎까지 덮어버려서 광합성을 방해하며 조기낙엽 및 가지마름증상을 유발한다.

병원체 *Parmotrema autrosinense*

방제 방법 지의류를 가지에서 제거한 후 이미녹타딘트리아세테이트 액제 1,000배액을 1~2회 살포한다.

잎 앞면의 병징

잎 앞면에 나타난 검은색 분상포자층

병원균의 분생포자

탄저병 Anthracnose

피해 특징 8~9월에 비가 자주 올 경우 발생이 심하며, 특히 태풍이나 강풍 후에 발생이 크게 증가한다. *Glomerella cingulata*에 의한 탄저병과 달리 과실에 큰 피해가 없고 잎에 피해가 발생해 잎 탄저병이라고도 불린다.

병징 및 표징 잎에 회백색 또는 회갈색 점무늬 병반이 나타난다. 병이 진전되면 병반 내부는 회백색으로 변하고 건전부와의 경계는 갈색 띠로 명확히 구분된다. 회백색 병반에는 동심원상으로 작고 검은 점(분생포자층)이 나타나고, 종종 병반이 떨어져 나가서 구멍이 생긴다.

병원균 *Glomerella mume* (무성세대: *Colletotrichum mume*)

방제 방법 8월 이후 비가 자주 올 경우에 메트코나졸 액상수화제 3,000배액 또는 프로피네브 수화제 600배액을 2주 간격으로 2~3회 살포한다.

겹둥근무늬낙엽병(가칭) 병징

겹둥근무늬낙엽병(가칭) Zonate leaf spot

피해 특징 국내 미기록 병으로 매실나무와 살구나무 잎에 발생해 초여름에 수관의 잎이 거의 떨어질 정도의 피해가 나타나기도 한다.

병징 및 표징 잎에 수침상 암녹색 병반이 나타나고, 이 병반은 점차 확대되어 1~3㎝ 크기의 원형 병반이 된다. 원형 병반은 건전부와의 경계가 자흑색을 띠고 내부는 회갈색으로 겹둥근무늬를 형성한다. 잎 뒷면의 회갈색 병반에는 유백색 실 보푸라기 모양의 균체(번식체)가 나타나고, 병반과 건전부 사이에는 이층이 생겨 병든 부위는 떨어져 나가 구멍이 뚫린다.

병원균 *Grovesinia sp.* (무성세대: *Cristulariella* sp.)

방제 방법 떨어진 병든 잎은 제거하고, 5월 상순부터 이미녹타딘트리스알베실레이트 수화제 1,000배액 또는 프로피네브 수화제 500배액을 3~4회 살포한다.

겹둥근무늬의 병반과 병반이 탈락되어 구멍이 생긴 잎

병원균의 번식체

초여름에 일찍 떨어지는 병든 잎

잎 뒷면의 유백색을 띤 실 보푸라기 모양의 번식체

잎의 병징

병반이 서로 합쳐진 뒤 떨어진 잎

병반의 확대

세균성구멍병 Bacterial shot hole

피해 특징 잎, 열매, 가지에 발생하는 살구나무의 대표적인 병으로 5~7월에 가장 많이 발생한다.

병징 및 표징 잎에 수침상 작은 병반이 생기고, 이 병반은 약간 확대되어 1~2㎜ 크기의 갈색 병반으로 변하면서 마른다. 갈색 병반과 건전부 사이에는 이층이 생겨 병든 부위는 떨어져 나가 구멍이 뚫린다. 가지는 담갈색 수침상 반점이 생기며 점차 병든 부위가 움푹 들어가고 궤양 모양이 된다. 열매는 작은 갈색 반점이 점차 커져 흑갈색으로 약간 움푹한 부정형 병반이 된다.

병원균 *Xanthomonas campestris* pv. *pruni*

방제 방법 병든 잎과 가지는 제거하고, 휴면기에 석회유황합제를 살포한다. 생육기에는 스트렙토마이신 수화제 800배액 또는 아시벤졸라에스메틸 수화제 2,000배액 등 세균성구멍병 적용 약제를 번갈아 2~3회 살포한다.

살구나무

흰가루병의 병징

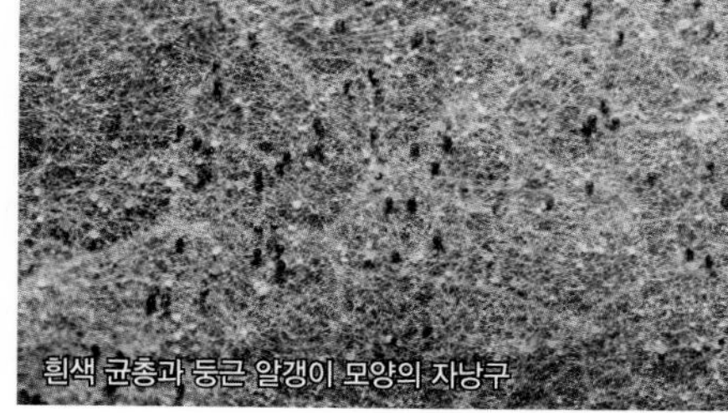
흰색 균총과 둥근 알갱이 모양의 자낭구

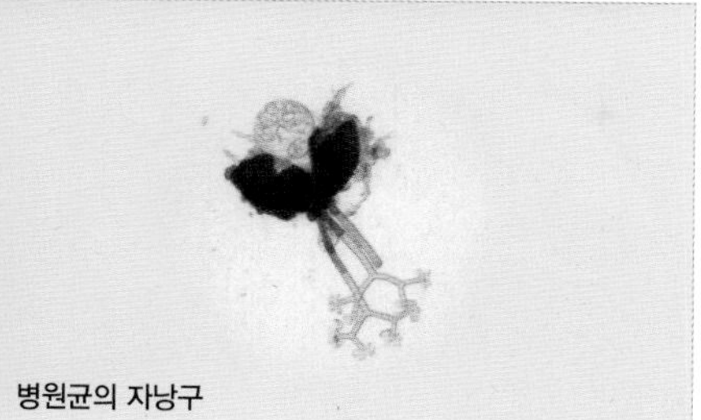
병원균의 자낭구

흰가루병 Powdery mildew

피해 특징 잎 양면에 발생하며, 피해가 심하면 잎이 노랗게 변하면서 일찍 떨어진다.

병징 및 표징 잎에 작고 흰 반점 모양의 균총이 나타나며, 점차 진전되면서 잎 전체에 밀가루를 뿌려 놓은 것처럼 보인다. 가을이 되면 잎의 하얀 병반에 둥글고 노란 알갱이(자낭구)가 다수 나타나기 시작하고 성숙하면 검은색으로 변한다.

병원균 *Podosphaera tridactyla*

방제 방법 병든 낙엽을 모아 제거하고 통풍, 채광, 배수가 잘 되도록 관리한다. 발병 초기에 마이클로뷰타닐 수화제 1,500배액 등 흰가루병 적용 약제를 10일 간격으로 2회 이상 살포한다.

성충

잎 앞면의 황화현상

일찍 떨어지는 피해 잎

벚나무응애 *Amphitetranychus viennensis*

피해 수목 벚나무류, 매화나무, 살구나무, 복숭아나무, 배나무, 사과나무, 참나무류

피해 증상 성충과 약충이 잎 뒷면에서 집단으로 수액을 빨아 먹어 엽록소가 파괴되면서 황화현상이 나타난다. 피해가 심하면 잎이 갈색으로 변하면서 일찍 떨어진다.

형태 암컷 성충의 크기는 약 0.5㎜이며, 밝은 적색을 띠고 휴면형 암컷은 담홍색을 띤다. 수컷 성충의 크기는 약 0.4㎜이며 적색이다. 알은 둥근형이며 등황색이다.

생활사 연 5~6회 발생하며 수피 틈에서 암컷으로 월동하고 7~8월에 밀도가 가장 높은 편이다.

방제 방법 발생 초기에 피리다벤 수화제 1,000배액 또는 사이에노피라펜 액상수화제 2,000배액을 10일 간격으로 2회 이상 살포한다. 약제에 대한 내성이 생기므로 동일 계통의 약제 연용은 피한다.

암컷 성충의 깍지

어린 가지에 기생하는 암컷 성충

천적인 홍점박이무당벌레 유충

공깍지벌레 *Eulecanium kunoensis*

피해 수목 매화나무, 밤나무, 벚나무류, 사과나무, 사철나무, 살구나무 등

피해 증상 약충이 처음에는 잎 뒷면에 기생하며 수액을 빨아 먹으나 월동 전에 줄기나 가지로 이동해 가해한다. 종종 대발생해 수세를 약화시키고 나무를 말라 죽게 한다.

형태 암컷 성충은 깍지 길이가 4~5㎜로 둥근형이며 적갈색 또는 암갈색으로 광택이 있다. 약충은 타원형 또는 달걀 모양이며 적갈색이다.

생활사 연 1회 발생하며 약충으로 월동한다. 성충은 5월 상순~중순에 나타나서 몸 아래에 산란한다. 부화 약충은 5월 하순~6월 중순에 나타나서 잎 뒷면에서 기생하다가 가을에 가지로 이동해 월동한다.

방제 방법 5월 하순에 디노테퓨란 액제 1,000배액 또는 클로티아니딘 입상수용제 2,000배액을 10일 간격으로 2~3회 살포한다.

흰띠거품벌레 *Aphrophora intermedia*

피해 수목 매화나무, 버드나무류, 뽕나무류, 배나무, 사과나무, 복숭아나무, 벚나무류 등

피해 증상 약충이 어린 줄기와 잎 뒷면에서 거품을 분비하고 그 속에서 수액을 빨아 먹는다. 성충도 수액을 빨아 먹지만 거품을 형성하지 않는다.

형태 성충은 몸길이가 약 12㎜로 앞날개에 폭이 넓은 흰색 띠가 있다. 약충은 몸길이가 약 7㎜로 머리와 가슴은 검은색이고, 배마디는 붉은색 또는 암갈색이며 전체적으로 광택이 난다.

생활사 연 1회 발생하며 알로 월동한다. 약충은 5월 상순~6월 하순에 나타나며, 성충은 6월 하순~10월에 나타나고 7월에 가장 많이 발생한다.

방제 방법 5월 중순부터 아세타미프리드 수화제 2,000배액 또는 디노테퓨란 수화제 1,000배액을 10일 간격으로 2~3회 살포한다.

종령 유충

잎에 모여서 가해하는 유충

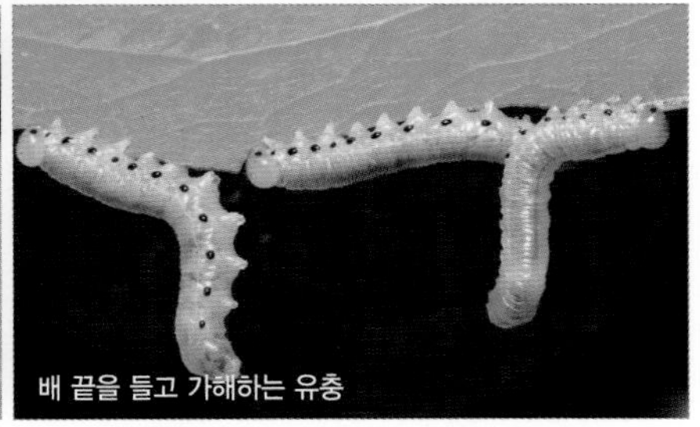

배 끝을 들고 가해하는 유충

검정날개잎벌류 *Allantus* sp.

피해 수목 살구나무

피해 증상 유충이 7월에 무리지어 잎을 갉아 먹는다. 피해가 심하면 잎을 다 먹어치워 가지만 남는다.

형태 노숙 유충은 몸길이가 약 20㎜로 머리는 노란색, 가슴과 배는 회녹색이고, 배의 끝부분은 담황색을 띤다. 기문에는 둥글고 검은 무늬가 있다. 형태적 특징은 검정날개잎벌(*Allantus luctifer*)과 매우 비슷하지만, 먹이식물이 다르다.

생활사 연 1~2회 발생하는 것으로 추정되며, 유충은 주로 7월에 나타나고 종종 10월에도 나타나지만, 7월에 비해 발생개체수가 적다.

방제 방법 유충 발생 초기에 에토펜프록스 수화제 1,000배액 또는 페니트로티온 유제 1,000배액을 10일 간격으로 2~3회 살포한다.

기타 해충

갈색날개매미충(단풍나무 참조)

꽃매미(가중나무 참조)

배나무방패벌레(벚나무류 참조)

외점애매미충(꽃복숭아 참조)

조팝나무진딧물(조팝나무 참조)

자두둥글밑진딧물(앵두나무 참조)

복숭아가루진딧물(꽃사과 참조)

매화나무 · 살구나무

복숭아혹진딧물(꽃복숭아 참조)

벚나무깍지벌레(벚나무류 참조)

사과무늬잎말이나방(느릅나무 참조)

매실애기잎말이나방(쥐똥나무 참조)

남방차주머니나방(상록활엽수 공통 해충 참조)

차주머니나방(상록활엽수 공통 해충 참조)

복숭아유리나방(벚나무류 참조)

매화나무 · 살구나무

갈색뿔나방(벚나무류 참조)

벚나무모시나방(벚나무류 참조)

꼬마쐐기나방(단풍나무 참조)

노랑쐐기나방(단풍나무 참조)

가시가지나방(벚나무류 참조)

매미나방(느티나무 참조)

재주나방(단풍나무 참조)

매화나무 · 살구나무

미국흰불나방(버즘나무 참조)

흰독나방(단풍나무 참조)

독나방(단풍나무 참조)

무늬독나방(단풍나무 참조)

사과저녁나방(벚나무류 참조)

배저녁나방(벚나무류 참조)

오리나무좀(느티나무 참조)

잎 앞면의 병징

갈색무늬병(가칭) Cercospora leaf spot

피해 특징 국내 미기록 병으로 나무가 말라 죽지는 않으나, 잎이 노랗게 변하면서 일찍 떨어진다.

병징 및 표징 잎에 갈색 점무늬 병반이 나타나고, 점차 확대되어 중앙부가 회갈색~회백색인 5~10㎜ 크기의 부정형 병반이 된다. 회갈색 병반에는 솜털 같은 흑회색 분생포자덩이로 뒤덮인 작은 점(분생포자좌)이 나타난다.

병원균 *Pseudocercospora* sp.

방제 방법 피해 초기인 6월부터 아족시스트로빈 수화제 1,000배액 또는 이미녹타딘트리스알베실레이트 수화제 1,000배액을 10일 간격으로 2~3회 살포한다.

갈색무늬병(가칭)의 병징

병원균의 분생포자

검은색 분생포자좌와 솜털 같은 흑회색 분생포자덩이

잎 뒷면의 병징

모감주나무

잎 뒷면의 병징

녹병(가칭) Rust

피해 특징 국내 미기록 병으로 모감주나무가 여러 주 식재되어 있는 곳에서 피해가 몇 주에 걸쳐 집중적으로 나타나는 경향이 있으며, 병든 잎은 노랗게 변하면서 일찍 떨어진다.

병징 및 표징 잎 뒷면에 노란색 가루덩이(여름포자퇴)가 나타나고, 잎 앞면에는 노란색 반점이 형성된다. 가을에 되면 여름포자퇴는 점점 사라지고 다갈색~흑갈색 가루덩이(겨울포자퇴)가 나타난다. 심하게 발병한 잎은 황갈색~등황색이 되면서 일찍 떨어진다.

병원균 *Nyssopsora* sp.

방제 방법 장마 이후부터 트리아디메폰 수화제 800배액 또는 페나리몰 수화제 3,300배액을 10일 간격으로 2~3회 살포한다.

잎 앞면의 병징

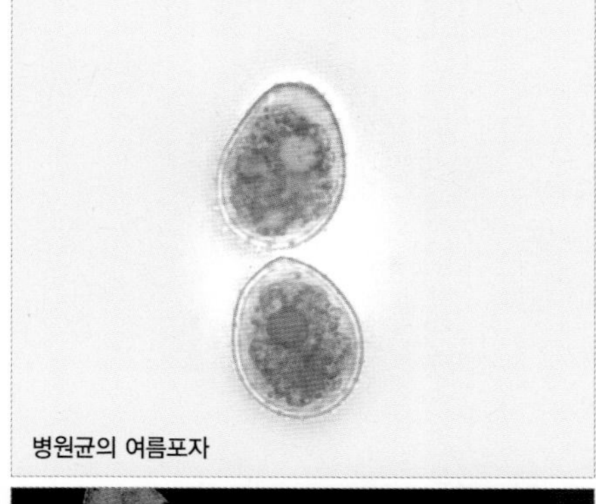
병원균의 여름포자

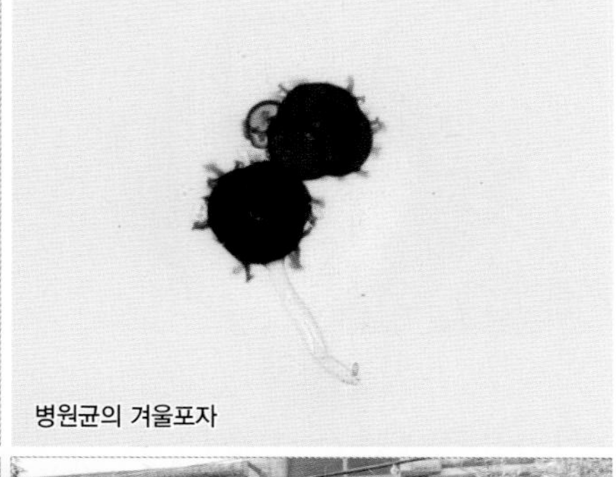
병원균의 겨울포자

잎 뒷면에 나타난 흑갈색 겨울포자퇴

잎이 노란색으로 변한 수관

모감주나무

잎 뒷면의 병징

흰가루병(가칭) Powdery mildew

피해 특징 국내 미기록 병으로 잎 앞면과 뒷면 모두에서 발생하며, 밀식되어 통풍이 불량한 곳이나 습하고 그늘진 곳에서 잘 발생한다.

병징 및 표징 8월 이후부터 잎에 작고 흰 반점 모양 균총(균사와 분생포자의 무리)이 나타나고, 점차 진전되면서 잎 전체에 밀가루를 뿌려 놓은 것처럼 보인다. 가을이 되면 잎의 균총 위에 작고 둥근 노란 알갱이(자낭구)가 다수 나타나기 시작하고 성숙하면 검은색으로 변한다.

병원균 *Sawadaea* sp.

방제 방법 병든 낙엽을 모아 제거하고, 통풍, 채광, 배수가 잘 되도록 관리한다. 발병 초기에 마이클로뷰타닐 수화제 1,500배액 등 흰가루병 적용 약제를 10일 간격으로 2회 이상 살포한다.

병원균의 자낭구

병원균의 자낭포자

잎 앞면의 병징

둥근 알갱이 모양 자낭구

잎 뒷면의 유시충, 무시충, 약충

모감주진사진딧물 *Periphyllus koelreuteriae*

피해 수목 모감주나무

피해 증상 성충과 약충이 잎 뒷면에서 집단으로 기생하며 수액을 빨아 먹는다. 잎이 오그라들면서 변색되어 일찍 떨어지고, 부생성 그을음병이 유발된다.

형태 유시충은 몸길이가 약 3㎜로 머리와 가슴은 광택이 있는 흑갈색이며, 배마디는 노란색 바탕에 검은 줄무늬가 있다. 무시충은 몸길이가 약 2.8㎜로 광택이 있는 등황색 바탕에 검은 무늬가 있다.

생활사 자세한 생활사는 밝혀지지 않았으며, 연 수회 발생하며 잎눈 기부에서 알로 월동하는 것으로 추정된다. 주로 봄에 유시충, 무시충, 약충이 발견되고 6월 상순이 되면 기주식물에서 거의 발견되지 않는다.

방제 방법 4~5월에 아세타미프리드 수화제 2,000배액 또는 디노테퓨란 수화제 1,000배액을 10일 간격으로 2회 이상 살포한다.

가해 양상
모감주진사진딧물 약충과 천적인 꽃등에 유충
유시충
무시충과 약충

피해 초기의 병징

녹병(붉은별무늬병) Cedar apple rust

피해 특징 향나무와 기주교대하는 이종기생성병으로 5~6월에 흔히 볼 수 있으며 잎 뒷면에 털 같은 돌기가 무리지어 돋아나고 심하면 일찍 떨어진다.

병징 및 표징 5월 상순부터 잎 앞면에 2~5㎜ 크기의 노란색 원형 병반이 나타나고, 병반 위에 작은 흑갈색 점(녹병정자기)이 형성되며, 이 녹병정자기에서 끈적덩이(녹병정자)가 흘러나온다. 5월 중순~6월 하순에 병반 뒷면에 약 5㎜ 크기의 털 모양 돌기(녹포자기)가 무리지어 나타나고, 이 녹포자기에서 노란색 가루(녹포자)가 터져 나온다.

병원균 *Gymnosporangium asiaticum*

방제 방법 4~5월에 트리아디메폰 수화제 800배액 또는 페나리몰 수화제 3,300배액을 10일 간격으로 3~4회 살포한다. 또한, 주변의 향나무에도 동일 약제를 4월 상순부터 10일 간격으로 2~3회 살포한다.

피해 중기의 잎 앞면 병징

피해 중기의 잎 뒷면 병징

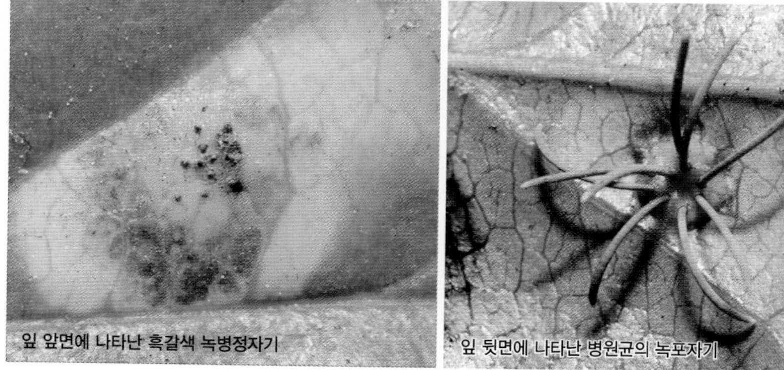
잎 앞면에 나타난 흑갈색 녹병정자기

잎 뒷면에 나타난 병원균의 녹포자기

피해 중기의 병징

점무늬병 Cercospora leaf spot

피해 특징 녹병과 더불어 명자나무에서 흔히 발생하는 병으로 잎이 노랗게 변하면서 일찍 떨어져서 미관을 해친다.

병징 및 표징 6월 하순부터 잎에 약 1㎜ 크기의 갈색 반점이 나타나고 점차 확대되어 약 5㎜ 크기의 다각형 또는 부정형 병반이 된다. 갈색 병반에는 솜털 같은 회색 분생포자덩이로 뒤덮인 작은 점(분생포자좌)이 나타난다.

병원균 *Pseudocercospora cydoniae*

방제 방법 피해 초기인 6월부터 아족시스트로빈 수화제 1,000배액 또는 이미녹타딘트리스알베실레이트 수화제 1,000배액을 10일 간격으로 2~3회 살포한다.

점무늬병의 병징

피해 후기의 병징

병원균의 분생포자

갈색 병반에 나타난 솜털 모양 분생포자덩이

기타 해충

차응애(꽃사과 참조)
어리클로버응애(벚나무류 참조)
배나무방패벌레(벚나무류 참조)
배나무방패벌레(벚나무류 참조)
미국선녀벌레(아까시나무 참조)
미국선녀벌레(아까시나무 참조)
갈색날개매미충(단풍나무 참조)
갈색날개매미충(단풍나무 참조)

명자나무

외점애매미충(꽃복숭아 참조)

외점애매미충(꽃복숭아 참조)

조팝나무진딧물(조팝나무 참조)

조팝나무진딧물(조팝나무 참조)

목화진딧물(무궁화 참조)

미국흰불나방(버즘나무 참조)

목화진딧물(무궁화 참조)

피해 초기의 병징

붉은별무늬병 Cedar apple rust

피해 특징 향나무와 기주교대하는 이종기생성병으로 5~6월에 흔히 볼 수 있으며 잎 뒷면에 털 같은 돌기가 무리지어 돋아나고 심하면 일찍 떨어진다.

병징 및 표징 5월 상순부터 잎 앞면에 2~5㎜ 크기의 노란색 원형 병반이 나타나고, 병반 위에 작은 흑갈색 점(녹병정자기)이 형성되며, 이 녹병정자기에서 끈적덩이(녹병정자)가 흘러나온다. 5월 중순~6월 하순에 병반 뒷면에 약 5㎜ 크기의 털 모양 돌기(녹포자기)가 무리지어 나타나고, 이 녹포자기에서 노란색 가루(녹포자)가 터져 나온다.

병원균 *Gymnosporangium asiaticum*

방제 방법 4~5월에 트리아디메폰 수화제 800배액 또는 페나리몰 수화제 3,300배액을 10일 간격으로 3~4회 살포한다. 또한, 주변의 향나무에도 동일 약제를 4월 상순부터 10일 간격으로 2~3회 살포한다.

피해 후기의 잎 앞면 병징

피해 후기의 잎 뒷면 병징

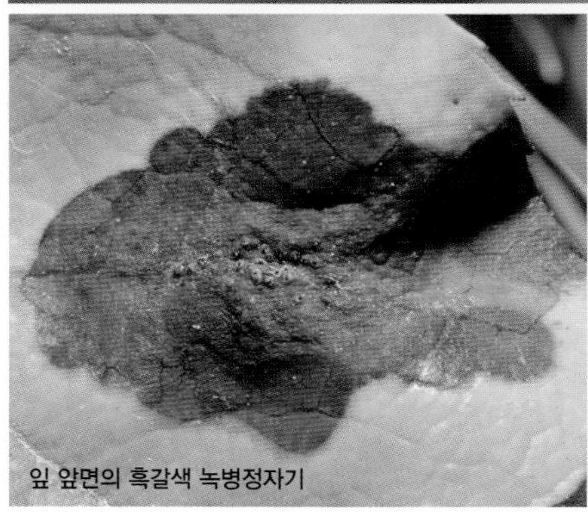
잎 앞면의 흑갈색 녹병정자기

잎 뒷면의 녹포자기

초기의 병징

점무늬병 Cercospora leaf spot

피해 특징 붉은별무늬병과 함께 모과나무에서 흔히 발생하는 병으로 잎이 노랗게 변하면서 일찍 떨어져서 미관을 해친다.

병징 및 표징 7월 상순부터 잎에 1㎜ 크기의 갈색 반점이 나타나고 점차 확대되어 5~10㎜ 크기의 다각형 또는 부정형 병반이 된다. 잎 앞면의 갈색 병반에는 솜털 같은 흰색 분생포자덩이로 뒤덮인 작은 점(분생포자좌)이 나타난다.

병원균 *Pseudocercospora cydoniae*

방제 방법 피해 초기인 7월부터 아족시스트로빈 수화제 1,000배액 또는 이미녹타딘트리스알베실레이트 수화제 1,000배액을 10일 간격으로 2~3회 살포한다.

후기의 병징

병원균의 분생포자

잎 앞면에 나타난 흰색 분생포자덩이

갈색 반점이 크게 확대되면서 겹둥근무늬를 나타내는 병반

잎마름병(가칭)의 병징

잎마름병(가칭) Pestalotia leaf blight

피해 특징 잎이 갈색으로 마르면서 일찍 떨어지는 병으로 바람이 많이 부는 지역에서 피해가 자주 나타나고, 태풍이 지나간 이후에는 피해가 만연되는 특징이 있다.

병징 및 표징 주로 잎가장자리부터 갈색으로 변하고 건전부와 병반의 경계는 진한 갈색으로 명확하게 구분된다. 잎 양면 병반 위에 작고 검은 점(분생포자층)이 나타난다.

병원균 *Pestalotiopsis* spp.

방제 방법 병든 잎은 제거하고, 매년 피해가 발생하는 지역의 경우 태풍 이후 이미녹타딘트리스알베실레이트 수화제 1,000배액 또는 프로피네브 수화제 500배액을 10일 간격으로 2~3회 살포한다.

잎 뒷면의 병징

병원균의 분생포자

잎 뒷면에 나타난 검은색 분생포자층

잎 앞면에 나타난 검은색 분생포자층

나무이류 unknown

피해 수목 모과나무

피해 증상 성충과 약충이 4월 하순부터 잎 뒷면 또는 어린 가지에서 집단으로 기생하며 수액을 빨아 먹어서 잎이 말리거나 노란색으로 변색되어 일찍 떨어진다.

형태 성충과 약충이 하얀 밀가루와 같은 밀랍을 뒤집어쓰고 있다.

생활사 정확한 생태는 밝혀지지 않았으며, 성충과 약충이 4월 하순~6월 중순에 기주식물을 가해하고 그 이후에는 발견되지 않는다.

방제 방법 피해 초기에 아세타미프리드 수화제 2,000배액 또는 디노테퓨란 수화제 1,000배액을 10일 간격으로 2회 이상 살포한다.

모과나무

기타 해충

배나무방패벌레(벚나무류 참조)

배나무방패벌레(벚나무류 참조)

복숭아혹진딧물(꽃복숭아 참조)

복숭아혹진딧물(꽃복숭아 참조)

조팝나무진딧물(조팝나무 참조)

긴솜깍지벌레붙이(이팝나무 참조)

뿔밀깍지벌레(상록활엽수 공통 해충 참조)

거북밀깍지벌레(상록활엽수 공통 해충 참조)

새잎의 병징

탄저병(가칭) Anthracnose

피해 특징 국내외 미기록 병으로 이른 봄부터 잎, 암술대 등에 발생한다.

병징 및 표징 이른 봄에 잎가장자리부터 갈색으로 변하면서 불규칙한 대형 병반을 형성하고, 피해가 심할 경우 일찍 떨어진다. 갈색 병반에는 작고 검은 점(분생포자층)이 나타나고, 다습하면 오렌지색 분생포자덩이가 솟아오른다. 암술대는 끝에서부터 흑갈색으로 변한다.

병원균 *Colletotrichum* sp.

방제 방법 4월 하순부터 메트코나졸 액상수화제 3,000배액 또는 프로피네브 수화제 600배액을 10일 간격으로 2~3회 살포한다.

탄저병의 병징

오래된 잎의 병징

흑갈색으로 변하는 암술대

흑갈색으로 완전히 변한 암술대

병원균의 분생포자

갈색 병반에 나타난 오렌지색 분생포자덩이

차응애 성충

응애류 Mite

피해 수목 목련

피해 증상 성충과 약충이 주로 잎 뒷면에서 수액을 빨아 먹어 엽록소가 파괴되면서 황화현상이 나타난다.

형태 성충은 몸길이가 0.4~0.5㎜로 적갈색이고 다리가 유백색인 개체(차응애)와 등황색 바탕에 몸 가장자리에 암색 무늬가 있는 개체(점박이응애)가 있다.

생활사 연 수회 발생하고, 성충으로 월동해 봄철 고온 건조한 기후가 지속되면 밀도가 높게 나타나며, 주로 차응애는 봄부터 밀도가 높고 점박이응애는 장마 이후 밀도가 높은 경향이 있다.

방제 방법 발생 초기에 피리다벤 수화제 1,000배액 또는 사이에노피라펜 액상수화제 2,000배액을 10일 간격으로 2회 이상 살포한다.

피해 양상
점박이응애 성충
잎 앞면의 황화현상
잎 뒷면의 탈피각과 성충

유시충

목련알락진딧물 *Calaphis magnoliae*

피해 수목 목련, 백목련

피해 증상 성충과 약충이 잎 뒷면에서 집단으로 기생하며 수액을 빨아 먹고, 감로로 인해 부생성 그을음병이 유발된다.

형태 무시충과 유시충은 몸길이가 약 2㎜로 담황색을 띠며 날개, 더듬이, 다리 등에 뚜렷한 검은 무늬가 있다. 약충은 몸길이가 약 1.2㎜로 유백색~담황색으로 더듬이에 검은 무늬가 있다.

생활사 자세한 생태는 밝혀지지 않았으며, 성충과 약충이 6~10월에 목련 잎 뒷면에서 기생한다.

방제 방법 피해 초기에 아세타미프리드 수화제 2,000배액 또는 디노테퓨란 수화제 1,000배액을 10일 간격으로 2회 이상 살포한다.

유시충과 무시충

약충

잎 앞면의 부생성 그을음병 발생

잎 뒷면의 성충과 약충

기타 해충

거북밀깍지벌레(상록활엽수 공통 해충 참조)

거북밀깍지벌레(상록활엽수 공통 해충 참조)

뿔밀깍지벌레(상록활엽수 공통 해충 참조)

말채나무공깍지벌레

줄솜깍지벌레(팽나무 참조)

암브로시아나무좀(산사나무 참조)

오리나무좀(느티나무 참조)

미국흰불나방(버즘나무 참조)

무궁화

검은무늬병의 병징

병반에 나타난 검은색 분생포자경

병원균의 분생포자

검은무늬병 Black leaf spot

피해 특징 무궁화 잎에 발생하는 대표적인 병으로 이른 봄부터 가을까지 피해가 나타나서 미관을 해친다.

병징 및 표징 잎에 약 5㎜ 크기의 내부는 회색이고 건전부와 경계가 검은색으로 명확한 부정형 병반이 나타나고, 종종 병반이 합쳐져서 대형 병반이 되기도 한다. 병반 내부에는 검은 점들이 나타나며 그 위로 갈색~흑갈색 미세한 털(분생포자경, 분생포자)들이 올라온다.

병원균 *Alternaria alternata*

방제 방법 피해 초기에 메트코나졸 액상수화제 3,000배액 또는 프로피네브 수화제 600배액을 10일 간격으로 2~3회 살포한다.

유시충, 무시충, 약충

목화진딧물 *Aphis gossypii*

피해 수목 무궁화, 뽕나무, 벚나무, 매실나무, 사철나무, 살구나무 등 각종 활엽수

피해 증상 성충과 약충이 이른 봄에 잎 뒷면과 어린 가지에서 집단으로 기생하며 수액을 빨아 먹어 신초의 생장이 저하되고 수세가 약화된다.

형태 유시충은 몸길이가 약 1.4㎜로 머리와 가슴이 검고 배는 녹색~황록색이다. 무시충은 몸길이가 1.1~1.9㎜이고 황색, 녹색, 검은색 등 계절과 기주에 따라 몸 색깔이 다양하다.

생활사 연 7~8회 발생하며 무궁화의 가지에서 알로 월동한다. 4월부터 무시충과 약충이 집단으로 가해하고, 5월 중순에 유시충이 나타나서 중간기주로 이동한 후 10월 중순~하순에 다시 무궁화로 돌아온다.

방제 방법 5월 상순에 아세타미프리드 수화제 2,000배액 또는 디노테퓨란 수화제 1,000배액을 10일 간격으로 2회 이상 살포한다.

가해 양상
약충
유시충
무시충

종령 유충

목화명나방 *Haritalodes derogata*

피해 수목 무궁화, 부용, 벽오동나무, 참오동나무, 아왜나무 등

피해 증상 유충이 잎을 둥글게 말거나 잎 여러 장을 묶고 그 속에서 잎을 갉아 먹는다. 피해 받은 잎은 잎맥만 남으며, 배설물로 인해 지저분하다.

형태 노숙 유충은 몸길이가 약 22㎜로 머리와 앞가슴은 흑갈색이며, 몸은 광택이 있는 담녹색으로 흑갈색 작은 무늬가 있다. 성충은 날개길이가 22~34㎜이고, 앞날개는 다갈색이며 불규칙적인 암갈색 띠무늬가 있다.

생활사 연 2~3회 발생하고 유충으로 월동한다. 성충은 5~6월, 7월, 8~9월에 나타나서 잎 뒷면에 1개씩 산란한다. 유충은 6~10월에 불규칙적으로 나타나서 가해하며, 7~9월에 피해가 가장 심하다.

방제 방법 유충 가해 초기에 비티쿠르스타키 수화제 1,000배액 또는 디플루벤주론 수화제 2,500배액을 10일 간격으로 2회 이상 살포한다.

가해 양상
초령 유충
중령 유충
성충

종령 유충

큰붉은잎밤나방 *Anomis privata*

피해 수목 무궁화, 부용

피해 증상 유충이 주맥만 남기고 잎을 전부 갉아 먹으며, 특히 8~9월에 피해가 심하게 나타난다.

형태 노숙 유충은 몸길이가 약 40㎜로 어릴 때는 녹색 바탕에 가늘고 노란 선이 있고, 다 자라면 회색을 띤다. 성충은 날개길이가 약 20㎜로 몸 색깔은 암컷이 등갈색, 수컷은 등적색을 띠며 갈색 횡선이 있다.

생활사 연 2회 발생하며 번데기로 월동하는 것으로 추정된다. 성충은 5월, 7~9월에 나타나고 유충은 6~9월에 나타나며 자세한 생활사는 밝혀지지 않았다.

방제 방법 유충 발생 초기에 비티아이자와이 입상수화제 2,000배액 또는 디플루벤주론 수화제 2,500배액을 10일 간격으로 2~3회 살포한다.

가해 양상
가지에 붙어 있어 발견하기 어려운 종령 유충
번데기
중령 유충
중령 유충
성충

종령 유충

가해 양상

성충

점노랑들명나방 *Rehimena surusalis*

피해 수목 무궁화

피해 증상 유충이 무궁화의 꽃봉오리과 씨방을 가해해 개화와 종실 형성을 저해한다. 주로 꽃봉오리와 잎 또는 꽃봉오리 사이를 실로 붙이고 꽃봉오리 내부를 갉아 먹으며 배설물을 붙여 놓는다.

형태 노숙 유충은 몸길이가 약 30㎜로 머리와 앞가슴은 옅은 적갈색이고, 배마디는 광택이 있는 담황색으로 흑갈색 점무늬가 있다. 성충은 날개길이가 약 16㎜로 앞날개는 황갈색 바탕에 중앙과 끝에 노란색 무늬가 있다.

생활사 자세한 생태는 밝혀지지 않았으며, 연 1회 발생하고 유충으로 월동하는 것으로 추정된다. 성충과 유충은 7~9월에 나타난다.

방제 방법 유충 발생 초기에 비티쿠르스타키 수화제 1,000배액 또는 디플루벤주론 수화제 2,500배액을 10일 간격으로 2회 이상 살포한다.

콩풍뎅이

가해 양상

녹색콩풍뎅이

콩풍뎅이 *Popillia mutans*

피해 수목 무궁화, 장미, 콩과 식물 등

피해 증상 성충이 기주식물의 꽃에 모여 꽃가루 등을 먹는다.

형태 성충은 몸길이가 9~12㎜으로 광택이 있는 어두운 초록색 또는 어두운 남색을 띤다. 무궁화에서 동시에 볼 수 있는 참콩풍뎅이(*Popillia flavosellata*), 녹색콩풍뎅이(*Popillia quadriguttata*)와 매우 비슷하지만, 배마디 끝부분에 흰색 반점이 없는 점이 다르다.

생활사 연 1회 발생하며 토양에서 유충으로 월동한다. 성충은 6~10월에 나타나서 가해한다.

방제 방법 성충 발생시기에 에마멕틴벤조에이트 유제 2,000배액 또는 노발루론 액상수화제 2,000배액을 10일 간격으로 2~3회 살포한다.

무궁화

기타 해충

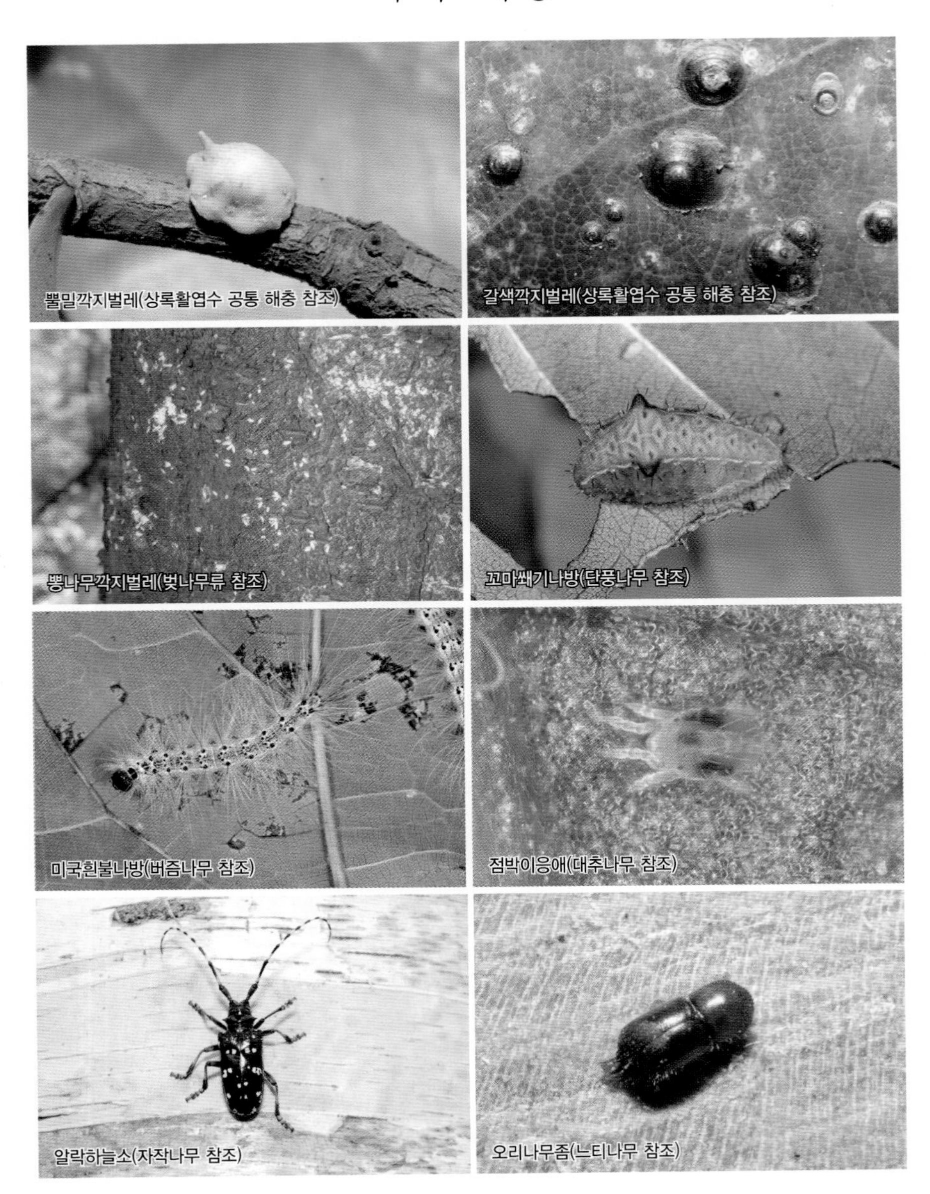

뽈밀깍지벌레(상록활엽수 공통 해충 참조)

갈색깍지벌레(상록활엽수 공통 해충 참조)

뽕나무깍지벌레(벚나무류 참조)

꼬마쐐기나방(단풍나무 참조)

미국흰불나방(버즘나무 참조)

점박이응애(대추나무 참조)

알락하늘소(자작나무 참조)

오리나무좀(느티나무 참조)

흰가루병의 병징

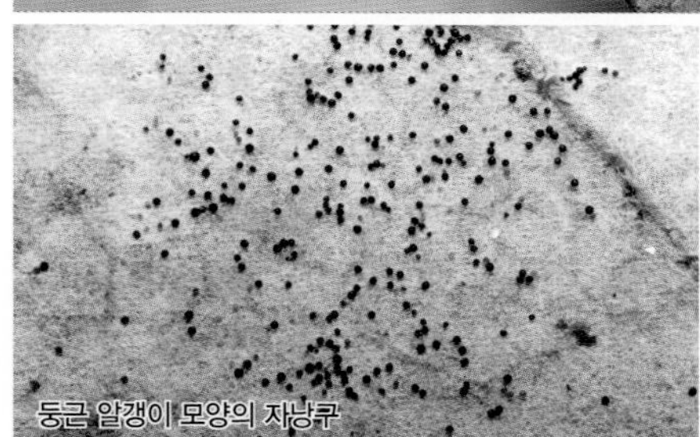
둥근 알갱이 모양의 자낭구

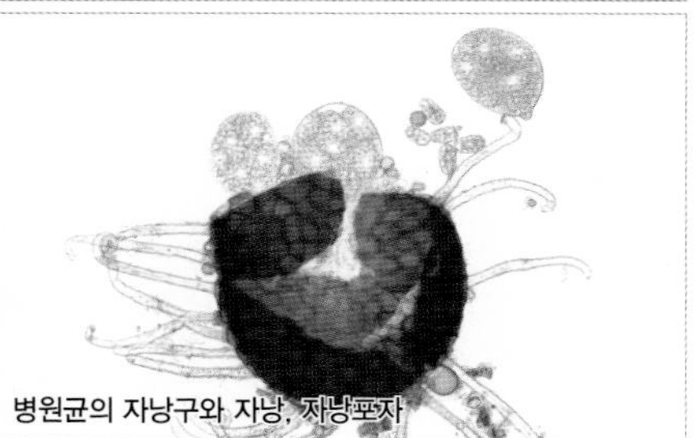
병원균의 자낭구와 자낭, 자낭포자

흰가루병 Powdery mildew

피해 특징 잎 앞면과 뒷면 모두에서 발생하며, 밀식되어 통풍이 불량한 곳이나 습하고 그늘진 곳에서 잘 발생한다.

병징 및 표징 7월 하순부터 잎에 작고 흰 반점 모양의 균총(균사와 분생포자의 무리)이 나타나고, 점차 진전되면서 잎 전체에 밀가루를 뿌려 놓은 듯이 된다. 가을이 되면 잎의 균총 위에 작고 둥근 노란 알갱이(자낭구)가 다수 나타나고 성숙하면 검은색으로 변한다.

병원균 *Uncinula fraxini, Phyllactinia fraxini*

방제 방법 병든 낙엽을 모아 제거하고, 통풍, 채광, 배수가 잘 되도록 관리한다. 발병 초기에 마이클로뷰타닐 수화제 1,500배액 등 흰가루병 적용 약제를 10일 간격으로 2회 이상 살포한다.

갈색무늬병(가칭)

갈색무늬병(가칭) Brown leaf spot

피해 특징 국내 미기록 병으로 나무가 말라 죽지는 않으나, 종종 흰가루병과 동시에 발생해 잎이 일찍 떨어진다.

병징 및 표징 초여름부터 잎에 갈색 원형 또는 부정형 병반이 나타나고, 이 병반은 점차 확대되어 병반 중앙부는 회갈색~회백색이 된다. 피해가 심하면 잎가장자리부터 마르면서 잎이 말리고 일찍 떨어진다. 회갈색 병반에는 솜털 같은 회색 분생포자덩이로 뒤덮인 작은 점(분생포자좌)이 나타난다.

병원균 *Pseudocercospora* sp.

방제 방법 피해 초기인 6월부터 아족시스트로빈 수화제 1,000배액 또는 이미녹타딘트리스알베실레이트 수화제 1,000배액을 10일 간격으로 2~3회 살포한다.

피해 초기의 잎 앞면의 병징

피해 초기의 잎 뒷면의 병징

피해 후기의 병징

피해 후기에 잎이 가장자리부터 말리는 병징

병반에 나타난 솜털 모양 분생포자덩이

병원균의 분생포자

어린 가지의 간모와 무시충

물푸레면충 *Prociphilus oriens*

피해 수목 물푸레나무, 목서류

피해 증상 성충과 약충이 이른 봄에 잎과 어린 가지에서 집단으로 수액을 빨아 먹어 잎이 오그라드는 증상이 나타난다.

형태 유시충, 무시충은 적갈색이며 하얀 밀랍으로 덮여 있다. 간모는 황갈색으로 등에 거무스름한 띠가 여러 개 있다.

생활사 이른 봄에 물푸레나무, 목서류 등의 잎과 어린 가지를 가해하다가 7월 이후 전나무 등의 기주로 이동한다.

방제 방법 가해 초기인 4~5월에 아세타미프리드 수화제 2,000배액 또는 디노테퓨란 수화제 1,000배액을 10일 간격으로 2회 이상 살포한다.

가해 양상
흰색 밀랍물질을 분비하기 전의 무시충
흰색 밀랍을 뒤집어쓴 무시충
간모

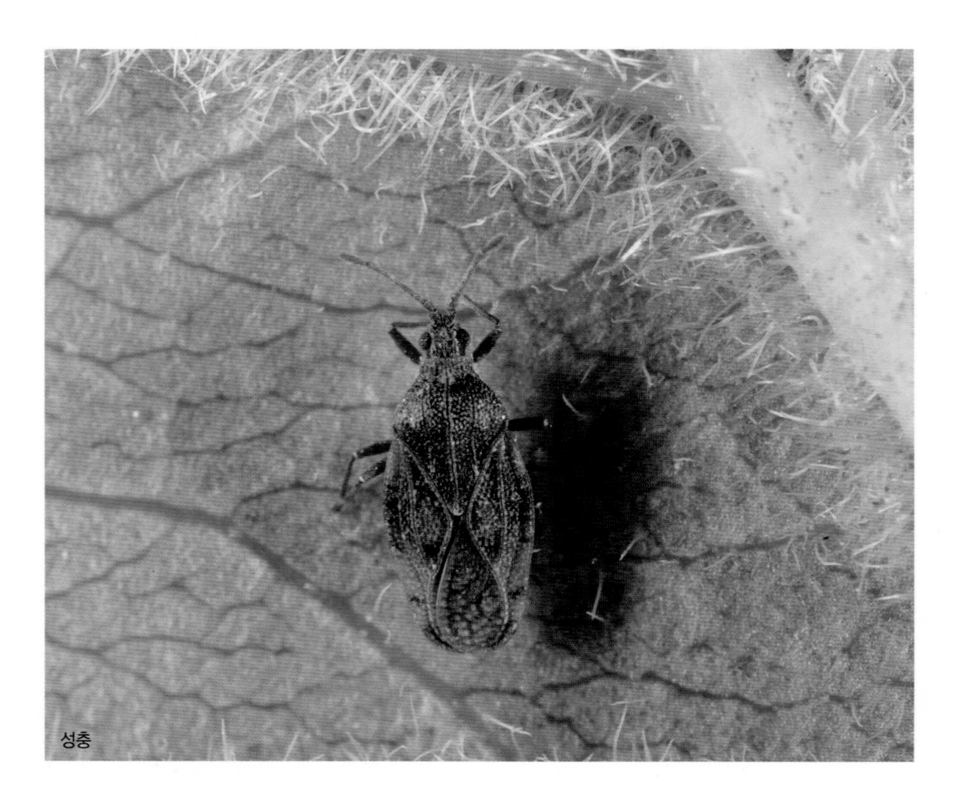
성충

물푸레방패벌레 *Leptoypha wuorentausi*

피해 수목 물푸레나무, 들메나무

피해 증상 성충과 약충이 잎 뒷면에서 수액을 빨아 먹어 잎이 탈색되며, 탈피각과 배설물이 잎 뒷면에 남아 있어 응애류의 피해와 구분된다. 봄과 여름에 기온이 높고 건조한 해에 피해가 심한 경향이 있다.

형태 성충은 몸길이가 3~4㎜로 몸과 날개가 흑갈색이다. 약충은 몸길이가 0.4~1.7㎜로 검은색 또는 담홍색이며 등에 유백색 짧은 털이 있다.

생활사 자세한 생활사는 밝혀지지 않았으며 성충과 약충이 6~9월에 혼재해 가해한다.

방제 방법 5월 상순에 이미다클로프리드 분산성액제를 나무주사하거나 6월 상순부터 아세타미프리드 수화제 2,000배액 또는 에토펜프록스 유제 2,000배액을 2주 간격으로 2~3회 살포한다.

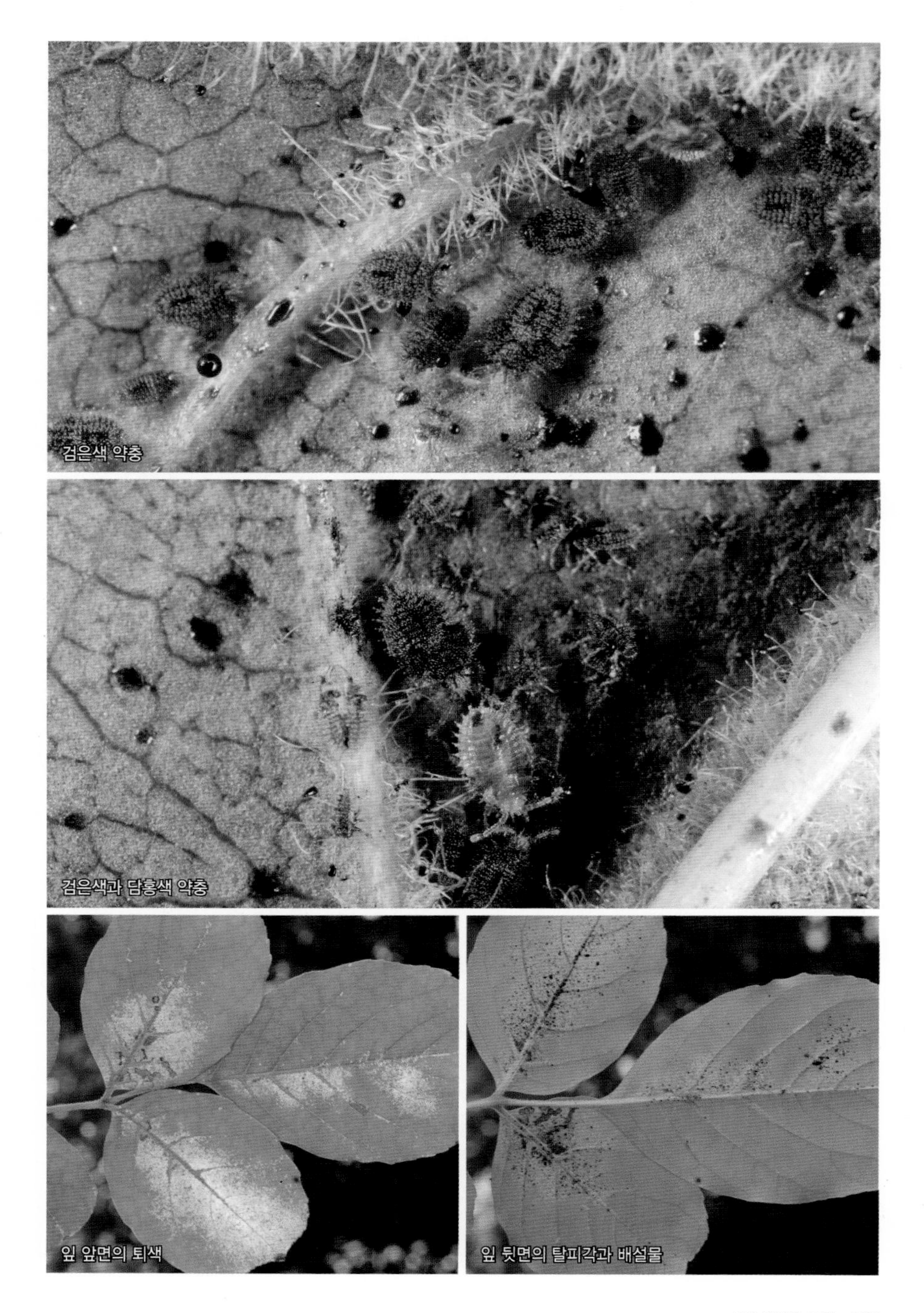
검은색 약충

검은색과 담홍색 약충

잎 앞면의 퇴색

잎 뒷면의 탈피각과 배설물

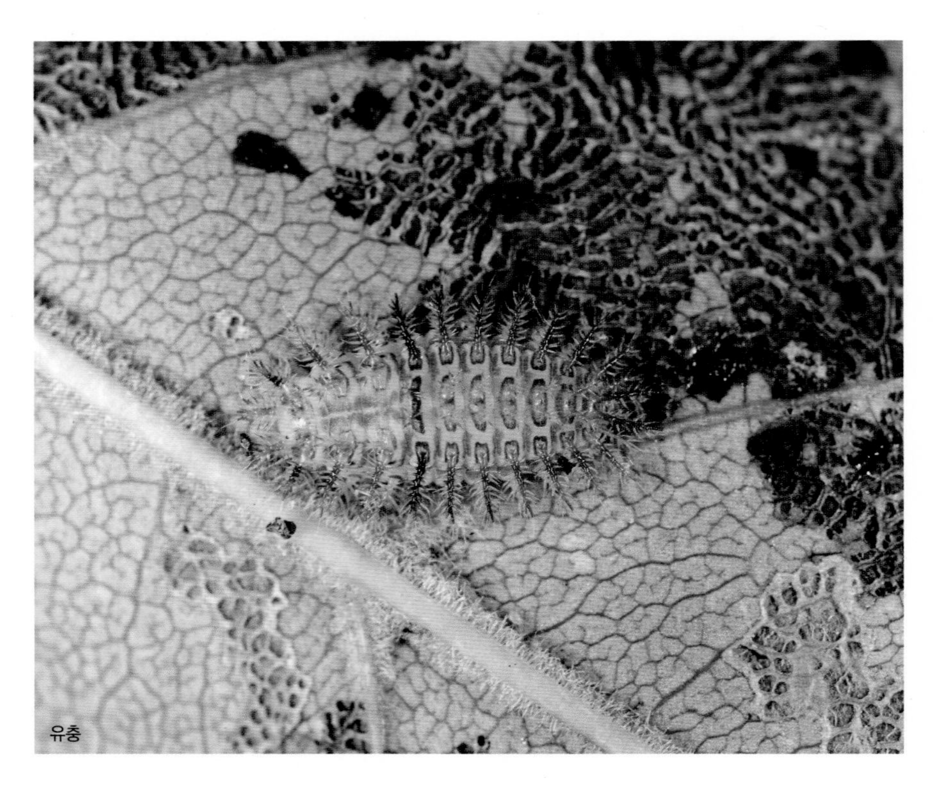
유충

곱추무당벌레 *Epilachna quadricollis*

피해 수목 물푸레나무, 쥐똥나무

피해 증상 성충과 유충이 5월 하순~9월에 잎 뒷면에서 잎살만 갉아 먹어 그물 모양의 회백색 가해흔을 만든다. 가해 부위는 회백색에서 점차 갈색으로 변해 미관을 크게 해친다.

형태 성충은 몸길이가 4~5.5㎜로 반구형의 적갈색이고, 딱지날개의 바탕은 적갈색이며, 검은 무늬가 10개 있다. 노숙 유충은 몸길이가 약 10㎜로 담갈색이며 각 마디에 가시와 같이 억센 검은 털이 있다.

생활사 연 1회 발생하며 유충으로 월동한다. 성충은 5월 하순~6월 하순에 나타나고, 유충은 7~8월에 나타난다.

방제 방법 피해 초기에 노발루론 액상수화제 2,000배액 또는 에마멕틴벤조에이트 유제 2,000배액을 10일 간격으로 2~3회 살포한다.

가해 양상

잎 앞면의 가해 양상

잎 뒷면에서 가해하는 유충

잎 뒷면의 가해 양상

피해 중기의 병징

모무늬병 Angular leaf spot

피해 특징 박태기나무의 주요 병으로 나무가 말라 죽지는 않으나, 잎이 노랗게 변하면서 일찍 떨어진다.

병징 및 표징 초여름부터 잎에 잎맥으로 둘러싸인 갈색 다각형 병반이 나타난다. 이 병반은 점차 확대되어 병반 중앙부는 회갈색~회백색이 되며, 종종 주변 병반과 합쳐져서 대형 병반이 되기도 한다. 회갈색 병반에는 솜털 같은 흑회색 분생포자덩이로 뒤덮인 작은 점(분생포자좌)이 나타난다.

병원균 *Pseudocercospora cercidis-chinensis*

방제 방법 피해 초기인 5월 하순부터 아족시스트로빈 수화제 1,000배액 또는 이미녹타딘트리스알베실레이트 수화제 1,000배액을 10일 간격으로 2~3회 살포한다.

모무늬병의 병징

피해 후기의 병징

병원균의 분생포자

병반에 나타난 검은색 분생포자좌와 솜털 모양의 분생포자덩이

잎마름병(가칭)의 병징

잎마름병(가칭) Pestalotia leaf blight

피해 특징 국내외 미기록 병으로 추가적인 연구가 필요하다.

병징 및 표징 주로 잎가장자리부터 갈색으로 변하고 건전부와 병반의 경계는 진한 갈색으로 명확하게 구분된다. 잎 양면 병반 위에 작고 검은 점(분생포자층)이 나타나고, 다습하면 검은색 뿔 모양의 분생포자덩이가 솟아오른다.

병원균 *Pestalotiopsis* sp.

방제 방법 병든 잎은 제거하고, 매년 피해가 발생하는 지역의 경우 태풍 이후 이미녹타딘트리스알베실레이트 수화제 1,000배액 또는 프로피네브 수화제 500배액을 10일 간격으로 2~3회 살포한다.

초기의 병징

병원균의 분생포자

병반 위의 검은 점(분생포자층)

분생포자층에서 솟아오른 검은색 분생포자덩이

갈색무늬병(가칭)의 병징

갈색무늬병(가칭) Brown leaf blight

피해 특징 국내외 미기록 병으로 병원균 및 병원성에 대한 추가적인 연구가 필요하다.

병징 및 표징 늦여름부터 잎에 5~10㎜ 크기의 갈색 병반이 나타나고, 점차 확대되어 불규칙한 대형 병반이 된다. 건전부와의 경계는 흑갈색 띠로 명확하게 구분되며, 잎 뒷면 병반에 작고 검은 점이 나타난다.

병원균 밝혀지지 않았다.

방제 방법 피해 초기에 메트코나졸 액상수화제 3,000배액 또는 프로피네브 수화제 600배액을 10일 간격으로 2~3회 살포한다.

잎 앞면의 병징

잎 뒷면의 병징

병원균의 분생포자

잎 뒷면에 나타난 검은색 자실체

밤나무혹응애의 가해 양상

밤나무혹응애 *Aceria japonica*

피해 수목 밤나무

피해 증상 성충이 잎 양면에 약 2m 크기로 벌레혹을 만들고 그 안에서 기생한다. 잎 앞면의 벌레혹은 반구형이고 뒷면의 벌레혹은 원통형으로 뒷면에 개구부가 있다.

형태 암컷 성충은 몸길이가 약 0.18㎜로 원통형으로 여름형은 등황색을 띤다.

생활사 연 수회 발생하며, 1~2년생 가지 틈이나 눈의 인편 밑, 낙엽의 벌레혹에서 암컷 성충으로 월동한다. 월동 성충은 이른 봄에 새잎으로 이동해 벌레혹을 형성하고 그 속에서 증식한다.

방제 방법 새잎이 나오는 4월부터 피리다펜티온 유제 1,000배액을 10일 간격으로 2회 이상 살포한다.

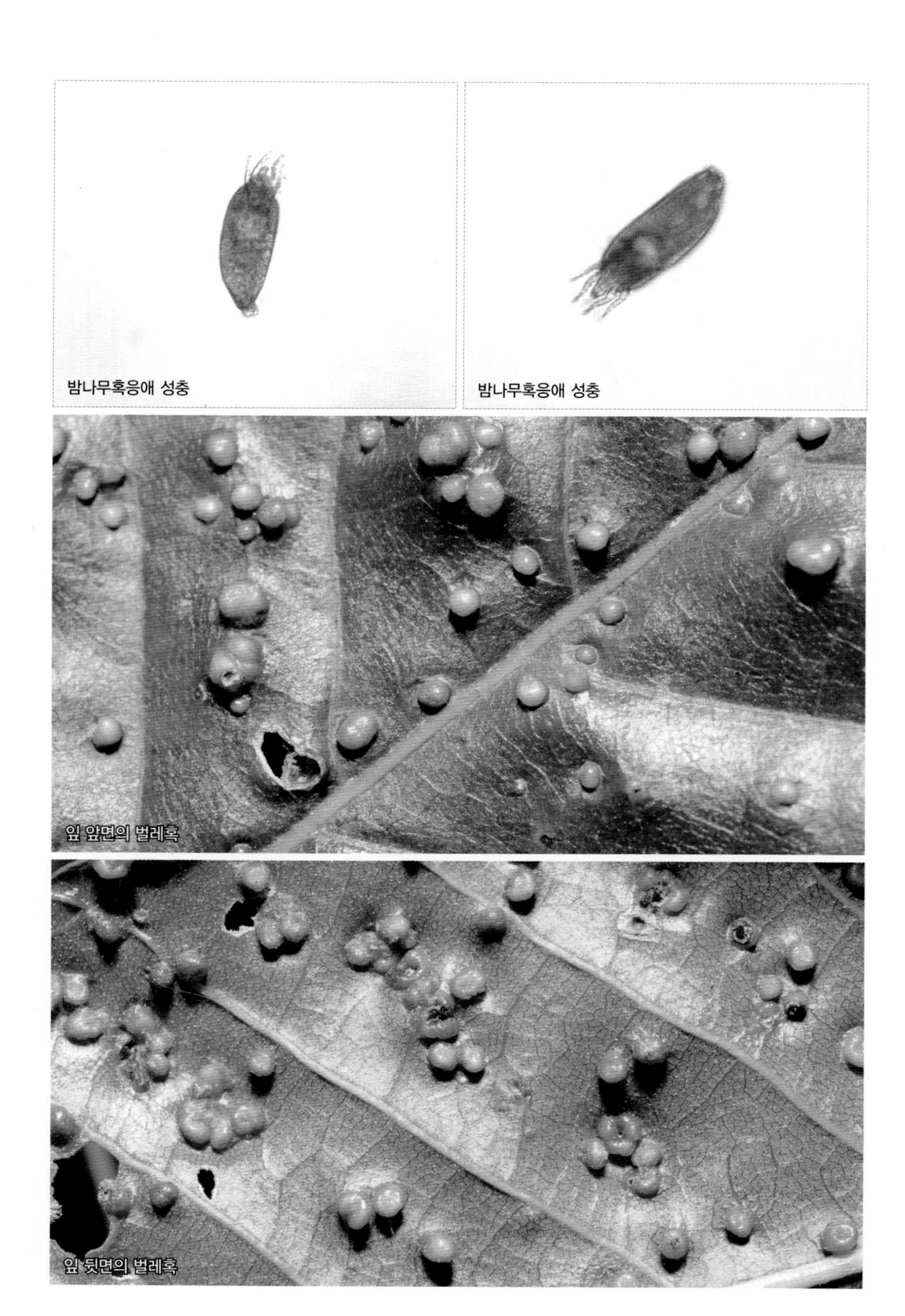

밤나무혹응애 성충

밤나무혹응애 성충

잎 앞면의 벌레혹

잎 뒷면의 벌레혹

성충이 탈출한 벌레혹

이른 봄의 붉은색을 띠는 벌레혹

벌레혹 내부 유충

밤나무혹벌 *Dryocosmus kuriphilus*

피해 수목 밤나무

피해 증상 유충이 이른 봄부터 눈에 기생해 10~15㎜ 크기의 붉은색 벌레혹을 형성한다. 벌레혹이 형성된 부위에 작은 잎이 무리지어 생기고 가지가 정상적으로 자라지 못해 개화와 결실이 되지 않는다.

형태 성충은 몸길이가 약 3㎜로 광택이 있는 흑갈색이고 날개는 투명하다. 유충은 몸길이가 약 2.5㎜로 유백색 또는 반투명한 회백색이다.

생활사 연 1회 발생하며, 눈의 조직 안에서 유충으로 월동한다. 유충이 3~5월에 급속히 자라면서 벌레혹도 커지게 된다. 성충은 6월 하순~7월 상순에 벌레혹에서 탈출해 새눈에 3~6개씩 산란하고, 새로운 유충은 8월 상순~하순에 부화해 눈의 조직을 가해하지만 충영은 형성하지 않는다.

방제 방법 산목률, 순역 등 내충성 품종을 식재한다.

유충

열매 속 유충과 탈출구멍

열매에서 탈출하는 유충

밤바구미 *Curculio sikkimensis*

피해 수목 밤나무, 참나무류

피해 증상 유충이 열매살을 먹으며, 배설물을 배출하지 않아서 피해 확인이 어렵다.

형태 노숙 유충은 몸길이가 약 12㎜로 머리는 갈색이며 몸은 유백색이다. 성충은 몸길이가 6~10㎜로 몸과 딱지날개의 바탕은 흑갈색이며, 회황색 비늘털이 빽빽하게 나 있다.

생활사 연 1회 발생하며, 토양 속에서 흙집을 짓고 유충으로 월동한다. 성충은 8월 중순~10월 상순(최성기는 9월 상순)에 나타나서 씨껍질과 열매살 사이에 1~2개씩 산란한다. 유충은 산란 후 약 12일 이후에 부화해 가해하고 9월 중순~11월 상순에 탈출해 월동처로 이동한다.

방제 방법 8월 하순~10월 상순에 클로티아니딘 액상수화제 1,000배액을 7일 간격으로 수확 14일 이내로 3회 살포한다.

배롱나무

성숙한 잎의 병징

흰가루병 Powdery mildew

피해 특징 배롱나무에서 흔히 발생하는 병으로 꽃은 피지 못하거나 일찍 시들어버리고, 잎은 뒤틀리거나 말리면서 일찍 떨어진다. 주로 밀식되어 통풍이 불량한 곳이나 습하고 그늘진 곳에서 잘 발생한다.

병징 및 표징 5월 중순 이후부터 잎에 작고 흰 반점 모양의 균총(균사와 분생포자의 무리)이 나타나고, 여름 이후에는 꽃봉오리, 열매 등으로 확산되어 전체에 밀가루를 뿌려 놓은 것처럼 보인다. 가을이 되면 잎의 균총 위에 작고 둥근 검은 알갱이(자낭구)가 다수 나타난다.

병원균 *Uncinula australiana*

방제 방법 발병 초기에 마이클로뷰타닐 수화제 1,500배액 등 흰가루병 적용 약제를 10일 간격으로 2회 이상 살포한다.

병원균의 자낭구
병원균의 부속사
새잎이 뒤틀리거나 말리는 증상
꽃봉오리가 감염되어 꽃이 피지 못하는 증상
꽃이 감염되어 일찍 시들어버리는 증상
둥근 알갱이 모양의 자낭구

갈색점무늬병의 병징

갈색점무늬병 Cercospora leaf spot

피해 특징 배롱나무에서 종종 발생하는 병으로 나무가 말라 죽지는 않으나, 잎이 노랗게 변하면서 일찍 떨어진다.

병징 및 표징 처음에는 잎에 작은 갈색~흑갈색 점이 나타나며 점차 확대되어 5~10㎜ 크기의 부정형 병반이 된다. 병반과 건전부의 경계는 뚜렷하지 않으며, 병반 주변의 건전부는 밝은 적색, 황적색, 노란색 등으로 변하면서 서서히 떨어진다. 갈색 병반에는 솜털 같은 회색 분생포자덩이로 뒤덮인 작은 점(분생포자좌)이 나타난다.

병원균 *Psudocercospora lythracearum*

방제 방법 피해 초기인 6월부터 아족시스트로빈 수화제 1,000배액 또는 이미녹타딘트리스알베실레이트 수화제 1,000배액을 10일 간격으로 2~3회 살포한다.

잎 앞면의 병징

잎 뒷면의 병징

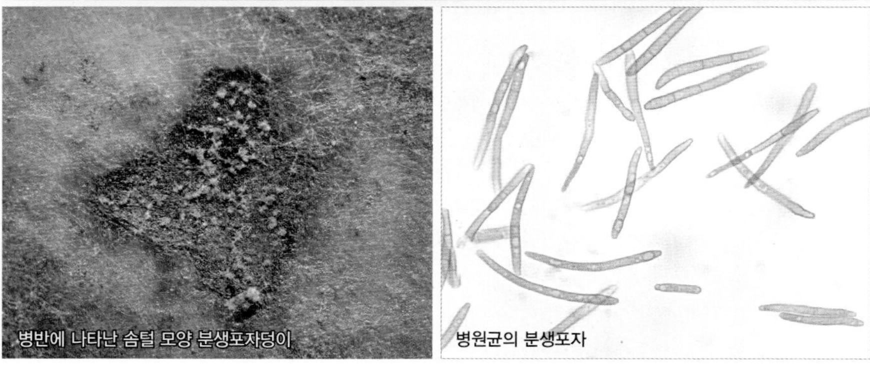
병반에 나타난 솜털 모양 분생포자덩이

병원균의 분생포자

점무늬병(가칭)의 병징

병반에 나타난 뿔 모양의 분생포자덩이

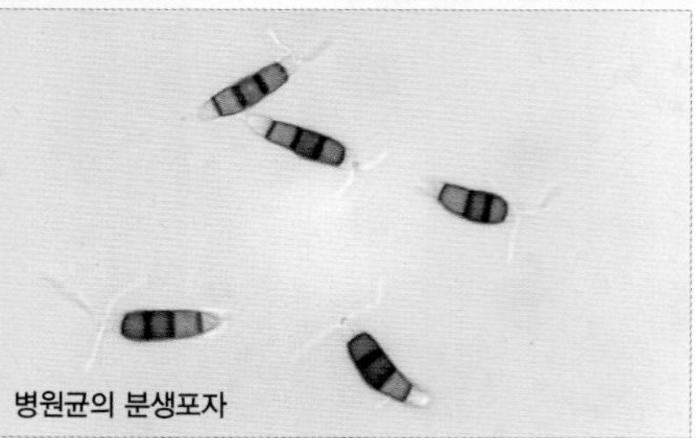
병원균의 분생포자

점무늬병(가칭) Pestalotia leaf spot

피해 특징 국내외 미기록 병으로 병원균 및 병원성에 대한 추가적인 연구가 필요하다. 병반이 나타난 잎에서 병반의 수가 비교적 적은 것으로 보아 병원성은 약한 것으로 판단된다.

병징 및 표징 잎에 4~10㎜ 크기의 담갈색 원형 병반이 나타나고, 건전부와 병반의 경계는 진한 갈색으로 명확하게 구분된다. 잎 양면 병반 위에 작고 검은 점(분생포자층)이 나타나고, 다습하면 검은색 뿔 모양의 분생포자덩이가 솟아오른다.

병원균 *Pestalotiopsis* sp.

방제 방법 매년 피해가 발생하는 지역의 경우 태풍 이후 이미녹타딘트리스알베실레이트 수화제 1,000배액 또는 프로피네브 수화제 500배액을 10일 간격으로 1~2회 살포한다.

성충

가해 양상

꽃을 가해하는 콩풍뎅이

주둥무늬차색풍뎅이 *Adoretus tenuimaculatus*

피해 수목 참나무류, 배롱나무 등 각종 활엽수

피해 증상 기주식물의 잎을 가해하며 피해가 심하면 잎맥만 남기고 전부 갉아 먹는다.

형태 성충은 몸길이가 9.7~12㎜로 몸과 딱지날개는 적갈색 또는 흑갈색이며, 황백색 짧은 털로 덮여 있다. 유충은 굼벵이 모양이며 유백색이다.

생활사 연 1회 발생하고 성충으로 월동한다. 월동 성충은 5~6월에 나타나서 잎을 갉아 먹다가 토양 속에 산란하고, 유충은 토양에서 부식물이나 뿌리 등을 가해한다.

방제 방법 성충 발생 초기에 에마멕틴벤조에이트 유제 2,000배액 또는 노발루론 액상수화제 2,000배액을 10일 간격으로 2~3회 살포한다. 7월 하순 이후 에토프로포스 입제를 토양과 혼합처리한다.

잎 뒷면의 유시충과 약충

배롱나무알락진딧물 *Sarucallis kahawaluokalani*

피해 수목 배롱나무

피해 증상 성충과 약충이 봄부터 잎 뒷면에서 집단으로 수액을 빨아먹어 잎이 황록색으로 변하면서 일찍 떨어지며, 새싹이나 꽃줄기에도 기생해 개화에도 영향을 미친다. 또한 감로에 의해 부생성 그을음병이 유발된다.

형태 유시충은 몸길이가 약 1.9㎜로 담황색을 띠며, 투명한 날개에 독특한 암흑색 무늬가 있다. 약충은 몸길이가 약 1.5㎜로 담황색이다.

생활사 연 수회 발생하며 가지에서 알로 월동한다. 유시충과 약충은 봄부터 가을까지 잎 뒷면이나 꽃줄기에서 가해하며 7월 이후에 발생량이 급격히 많아지고, 무시충은 가을에 나타난다.

방제 방법 피해 초기에 아세타미프리드 수화제 2,000배액 또는 디노테퓨란 수화제 1,000배액을 10일 간격으로 2회 이상 살포한다.

유시충
약충
봄~가을에 나타나는 유시충과 약충
가을에 나타나는 잎 뒷면의 무시충

암컷 성충

주머니깍지벌레 *Eriococcus lagerstroemiae*

피해 수목 석류나무, 배롱나무, 팽나무, 예덕나무, 회양목 등

피해 증상 성충과 약충이 가지나 줄기, 잎에서 집단으로 기생하며 수액을 빨아 먹고, 감로에 의해 부생성 그을음병이 유발된다.

형태 암컷 성충은 몸길이가 약 3㎜로 타원형이며, 암자색을 띠지만 흰색 주머니가 몸을 둘러싸고 있다. 약충은 적자색으로 몸이 길쭉하고 양끝이 가늘다.

생활사 연 2회 발생하며 주로 알로 월동한다. 부화 약충은 6월 중순, 8월 하순에 나타나며, 성충은 8월 하순과 10월 하순에 나타나기 시작한다.

방제 방법 6월 중순과 8월 하순에 디노테퓨란 액제 1,000배액 또는 클로티아니딘 입상수용제 2,000배액을 10일 간격으로 2~3회 살포한다. 겨울에는 기계유 유제 25배액을 줄기에 살포한다.

가해 양상
감로에 의한 부생성 그을음병 발생
약충
주머니 속의 알

기타 해충

갈색날개매미충(단풍나무 참조)

거북밀깍지벌레(상록활엽수 공통 해충 참조)

뿔밀깍지벌레(상록활엽수 공통 해충 참조)

남방차주머니나방(상록활엽수 공통 해충 참조)

꼬마쐐기나방(단풍나무 참조)

노랑쐐기나방(단풍나무 참조)

흰독나방(단풍나무 참조)

매미나방(느티나무 참조)

백당나무

흰가루병의 병징

둥근 알갱이 모양의 자낭구

병원균의 자낭구, 자낭, 자낭포자

흰가루병 Powdery mildew

피해 특징 잎 앞면과 뒷면 모두에서 발생하며, 밀식되어 통풍이 불량한 곳이나 습하고 그늘진 곳에서 잘 발생한다.

병징 및 표징 8월 이후부터 잎에 작고 흰 반점 모양의 균총(균사와 분생포자의 무리)이 나타나고, 종종 점차 진전되면서 잎 전체가 밀가루를 뿌려 놓은 것처럼 보일 때도 있다. 가을이 되면 잎의 균총 위에 작고 둥근 노란 알갱이(자낭구)가 다수 나타나기 시작하고 성숙하면 검은색으로 변한다.

병원균 *Microsphaera sparsa*

방제 방법 병든 낙엽을 모아 제거하고, 통풍, 채광, 배수가 잘 되도록 관리한다. 발병 초기에 마이클로뷰타닐 수화제 1,500배액 등 흰가루병 적용 약제를 10일 간격으로 2회 이상 살포한다.

밀랍을 제거한 유충

가해 양상

하얀 밀랍을 뒤집어쓴 유충

백당나무밀잎벌(가칭) *Eriocampa babai*

피해 수목 백당나무, 불두화

피해 증상 유충이 무리지어 잎을 갉아 먹는다. 피해가 심하면 잎을 다 먹어치워 가지만 남는다.

형태 노숙 유충은 몸길이가 약 12㎜로 녹황색이지만, 몸 전체에 돌기 모양의 하얀 밀랍을 뒤집어 쓰고 있다.

생활사 정확한 생태는 밝혀지지 않았으며, 연 1회 발생하고 토양 속에서 유충으로 월동하는 것으로 추정된다. 유충은 주로 6월 상순~8월 상순에 나타난다.

방제 방법 유충 발생 초기인 6월 상순에 에토펜프록스 수화제 1,000배액 또는 페니트로티온 유제 1,000배액을 10일 간격으로 2~3회 살포한다.

백당나무

유충

가해 양상

유충

잎벌류 unknown

피해 수목 백당나무, 불두화

피해 증상 유충이 무리지어 잎을 갉아 먹는다. 피해가 심하면 잎을 전부 갉아 먹어 가지만 남는다.

형태 노숙 유충은 몸길이가 약 20㎜로 머리와 가슴다리는 검은색이고, 가슴과 배는 연한 노란색이다.

생활사 자세한 생태는 밝혀지지 않았으며, 연 1회 발생하고 토양 속에서 유충으로 월동하는 것으로 추정된다. 유충은 5월 상순~6월 상순에 나타나서 잎을 갉아 먹다가 6월 중순 이후에는 기주식물에서 보이지 않는다.

방제 방법 유충 발생 초기에 에토펜프록스 수화제 1,000배액 또는 페니트로티온 유제 1,000배액을 10일 간격으로 2~3회 살포한다.

무시충

털관동글밑진딧물 *Sappahis* sp.

피해 수목 백당나무, 불두화

피해 증상 성충과 약충이 어린 가지와 새잎에 집단으로 기생하며 수액을 빨아 먹고, 잎이 불규칙하게 뒤쪽으로 말리면서 어리벌레혹을 만든다.

형태 유시충은 몸길이가 약 2.5㎜로 머리와 가슴은 검은색이고, 배마디는 담황색 바탕에 검은색 큰 무늬가 있다.

생활사 자세한 생태는 밝혀지지 않았으며, 이른 봄에 무시충, 유시충, 약충이 집단으로 나타나서 가해하다가 7월 이후에는 기주식물에서 보이지 않고, 늦가을에 유시충이 다시 나타나기 시작한다.

방제 방법 피해 초기에 아세타미프리드 수화제 2,000배액 또는 디노테퓨란 수화제 1,000배액을 10일 간격으로 2회 이상 살포한다.

잎의 어리벌레혹 증상

어린 가지에 기생하는 유시충과 무시충

유시충

유시충

잎 앞면의 병징

잎녹병 Leaf rust

피해 특징 많은 종류의 버드나무에서 흔히 발생하는 병으로 나무의 생육에 큰 피해를 주지는 않지만, 잎이 노랗게 변해 미관을 해친다. 중간기주로 낙엽송, 전나무 등이 있으나 때로는 중간기주 없이 감염되기도 한다.

병징 및 표징 6월부터 잎과 어린 가지에 황갈색 반점들이 형성되며 얼마 후 반점 위로 노란색 가루덩이(여름포자퇴)가 나타나서 건전한 잎으로 반복전염된다. 초가을이 되면 노란색 가루덩이는 점차 없어지고 그 자리에 암적갈색을 띤 부스럼딱지 모양 겨울포자퇴가 나타난다.

병원균 *Melampsora* spp.

방제 방법 6~9월에 트리아디메폰 수화제 800배액 또는 페나리몰 수화제 3,300배액을 10일 간격으로 2~3회 살포한다.

병원균의 여름포자

잎 뒷면의 병징

병반에 나타난 노란색 여름포자퇴

잎녹병의 병징

무시충과 약충

잎 뒷면의 가해 양상

감로에 의한 부생성 그을음병 발생

대륙털진딧물 *Chaitophorus saliniger*

피해 수목 버드나무류

피해 증상 무시충과 약충이 잎 뒷면의 주맥을 따라 집단으로 기생하며 수액을 빨아 먹고, 부생성 그을음병을 유발해 피해 받은 잎은 일찍 떨어진다.

형태 유시충은 몸길이가 약 1.9㎜로 노란색을 띠나 검은 무늬가 있어 검게 보인다. 무시충은 몸길이가 약 1.6㎜이고 흑갈색을 띠며 검은색 털로 덮여 있다.

생활사 연 수회 발생하며 수피 틈에서 알로 월동하고 4월경에 부화한다. 5~10월에 유시충, 무시충, 약충이 동시에 가해하며, 10월 하순 무시태생 암컷 성충이 나타나서 수피 틈에 산란한다.

방제 방법 5월 상순부터 아세타미프리드 수화제 2,000배액 또는 디노테퓨란 수화제 1,000배액을 10일 간격으로 2회 이상 살포한다.

무시충과 약충

무시충과 약충

버들진딧물 *Aphis farinosa*

피해 수목 버드나무류

피해 증상 성충과 약충이 어린 가지 또는 잎 뒷면의 하단부 주맥에 집단으로 기생하며 수액을 빨아 먹어, 선단부가 위축되며 생장을 저해한다.

형태 유시충은 몸길이가 약 1.9㎜로 머리와 가슴은 검고 배마디는 암녹색 바탕에 검은 무늬가 있다. 무시충은 몸길이가 약 2㎜이며, 암녹색으로 뿔관이 담황색이다.

생활사 자세한 생태는 밝혀지지 않았다.

방제 방법 피해 초기에 아세타미프리드 수화제 2,000배액 또는 디노테퓨란 수화제 1,000배액을 10일 간격으로 2회 이상 살포한다.

성충

포플라방패벌레 *Metasalis populi*

피해 수목 버드나무류

피해 증상 성충과 약충이 잎 뒷면에서 수액을 빨아 먹어 잎이 탈색되며, 탈피각과 배설물이 잎 뒷면에 남아 있어 응애류의 피해와 구분된다. 봄과 여름에 기온이 높고 건조한 해에 피해가 심한 경향이 있다.

형태 성충은 몸길이가 약 3.0㎜로 갈색을 띠며 앞가슴 등에 융기선이 3개 있고, 날개에는 ㅈ자 모양의 검은색 또는 암갈색 무늬가 있다. 약충은 몸길이가 약 2.0㎜로 유백색이며 배에 검은 무늬가 있다.

생활사 자세한 생활사는 밝혀지지 않았으며 성충과 약충이 6~9월에 혼재해 가해한다.

방제 방법 5월 상순에 이미다클로프리드 분산성액제를 나무주사하거나 6월 상순부터 에토펜프록스 유제 2,000배액 등을 2주일 간격으로 2~3회 살포한다.

잎 앞면의 탈색

잎 뒷면의 탈피각과 배설물

약충

가해 양상

노랑얼룩거품벌레 성충

노랑얼룩거품벌레 *Cnemidanomia lugubris*

피해 수목 버드나무류, 초본류

피해 증상 약충이 어린 줄기에서 거품을 분비하고 그 속에서 수액을 빨아 먹는다. 성충도 수액을 빨아 먹지만 거품을 형성하지 않는다. 그 밖에 노랑무늬거품벌레, 거품벌레, 쥐머리거품벌레 등도 버드나무류에 기생한다.

형태 성충은 몸길이가 10.5~12.5㎜로 머리, 가슴, 앞날개는 검고, 앞날개에 노란색 무늬가 있다.

생활사 연 1회 발생하며 알로 월동하는 것으로 추정된다. 약충은 5~6월에 나타나고, 성충은 6월 하순~10월까지 나타나며 7월에 가장 많이 발생한다.

방제 방법 관리가 요구되는 나무에 한해 5월 중순부터 아세타미프리드 수화제 2,000배액 또는 디노테퓨란 수화제 1,000배액을 10일 간격으로 2~3회 살포한다.

가해 양상

거품벌레류 약충

거품벌레류 약충

거품벌레류 약충

가해 양상

잎 앞면의 벌레혹

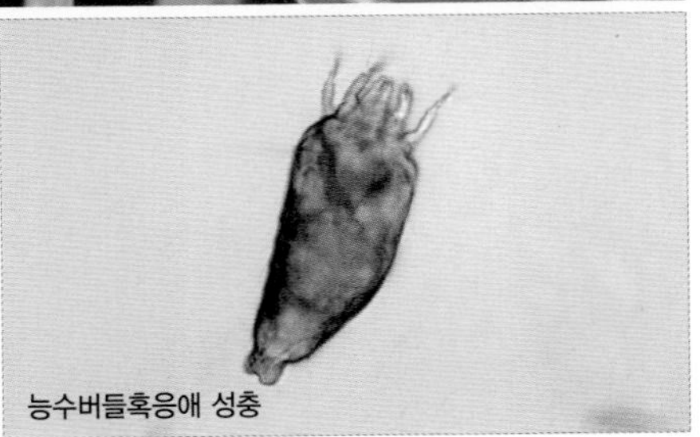
능수버들혹응애 성충

능수버들혹응애(버드나무혹응애) *Aculops niphocladae*

피해 수목 능수버들, 수양버들

피해 증상 잎 앞면에 자그마한 벌레혹이 생기며, 처음에는 황록색이나 점차 붉은색으로 변한다. 발생밀도가 높으면 잎이 일찍 떨어진다.

형태 암컷 성충은 몸길이가 약 0.2㎜로 방추형이며 등황색이다. 수컷 성충은 암컷보다 작아 몸길이가 약 0.15㎜이다.

생활사 연 수회 발생하며, 새순이나 1~2년생 가지의 틈에서 암컷 성충으로 월동한다. 봄에 월동 성충이 새잎으로 이동해 벌레혹을 만들고 그 안에서 세대를 반복한다.

방제 방법 매년 피해가 발생하는 지역은 4월 하순부터 피리다펜티온 유제 1,000배액을 10일 간격으로 2~3회 살포한다.

버드나무류

작은 가지의 벌레혹

가해 양상

벌레혹 속 유충

수양버들혹파리(버들가지혹파리) *Dasineura rigidae*

피해 수목 버드나무류

피해 증상 작은 가지의 조직 속에 기생하는 유충의 침샘에 의해 조직이 이상비대해 벌레혹이 형성된다. 주로 가을부터 작은 가지에 회녹색 벌레혹이 생기며 점차 변색되어 갈색을 띤다.

형태 벌레혹의 크기는 약 15㎜로 둥근 모양이며 회녹색이다. 유충은 몸길이가 약 5㎜로 등적색을 띤다.

생활사 연 1회 발생하며 유충으로 벌레혹 안에서 월동한다. 성충은 3월 하순~4월 하순에 우화해 벌레혹에서 탈출하고 어린 가지의 조직에 산란한다. 부화 유충은 조직의 안에서 가해하며 10~11월에 벌레혹이 만들어진다.

방제 방법 대발생하는 경우가 많지 않으므로 겨울철에 벌레혹을 제거한다.

녹색 벌레혹

버들순혹파리 *Dasineura rosaria*

피해 수목 내버들, 선버들, 키버들

피해 증상 유충이 새눈에 기생해 눈이 정상적으로 자라지 못하고 잎도 기형적으로 자라서 장미꽃 모양인 녹색 벌레혹을 만든다. 벌레혹은 늦여름부터 갈색으로 변하고 겨울에도 가지에 붙어 있어 눈에 잘 띈다.

형태 유충은 몸길이가 약 4㎜로 방추형이며 유백색 또는 등황색을 띤다. 성충은 몸길이가 3~4㎜로 암자색이고 날개는 반투명하다.

생활사 연 1회 발생하며 벌레혹에서 유충으로 월동한다. 성충은 4~5월에 나타나서 새눈에 산란하고, 부화 유충은 새눈의 중심부로 들어가서 가해한다.

방제 방법 겨울철에 벌레혹을 제거한다.

겨울에도 가지에 붙어 있는 벌레혹

잎을 제거한 벌레혹

갈색으로 변한 벌레혹

벌레혹 속 유충

잎 뒷면의 벌레혹

잎 뒷면의 벌레혹

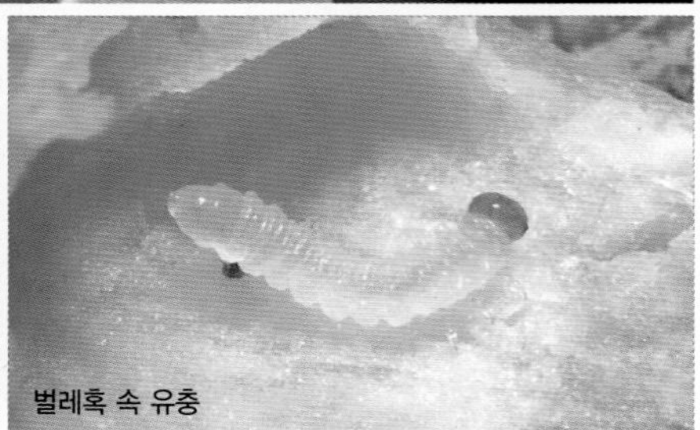
벌레혹 속 유충

수양버들잎혹벌(가칭) *Pontania* sp.

피해 수목 버드나무류

피해 증상 잎 뒷면에 동그란 벌레혹을 형성한다. 잎 하나에 벌레혹을 여러 개 형성하는 경우도 있어 미관을 해친다.

형태 노숙 유충은 몸길이가 약 5㎜로 머리는 담갈색이고 몸은 유백색이다. 벌레혹의 크기는 6~9㎜로 담황록색~녹색을 띤다.

생활사 연 1회 발생하며 토양 속에서 유충으로 월동한다. 성충은 4~5월에 나타나서 잎에 산란하고, 부화 유충은 10월경까지 벌레혹에서 가해하다가 낙엽이 된 후 토양 속으로 이동해 고치를 형성한다.

방제 방법 벌레혹을 제거하고, 매년 피해가 발생하는 지역은 4~5월에 에토펜프록스 수화제 1,000배액 또는 페니트로티온 유제 1,000배액을 10일 간격으로 2~3회 살포한다.

유충

집단으로 가해하는 유충

잎가장자리에 산란된 잎

끝루리등에잎벌 *Arge coeruleipennis*

피해 수목 버드나무류

피해 증상 유충이 6월 중순~7월 하순에 무리지어 잎가장자리부터 갉아 먹는다. 피해가 심하면 잎을 전부 갉아 먹어 가지만 남는다.

형태 노숙 유충은 몸길이가 약 15㎜로 머리는 검은색이고, 몸은 담녹색에 검은 점무늬가 있다. 유충은 자극을 받으면 배 끝을 쳐든다.

생활사 연 1회 발생하며, 토양 속에서 유충으로 월동한다. 성충은 봄에 나타나서 잎가장자리의 조직 속에 산란한다. 유충은 6월 중순부터 잎을 갉아 먹다가 7월 하순부터 월동처인 토양 속으로 이동해 고치를 짓는다.

방제 방법 유충 발생 초기인 6월 중순에 에토펜프록스 수화제 1,000배액 또는 페니트로티온 유제 1,000배액을 10일 간격으로 2~3회 살포한다.

성충

버들잎벌레 *Chrysomela vigintipunctata*

피해 수목 버드나무류, 황철나무, 사시나무, 오리나무

피해 증상 성충과 유충이 잎을 갉아 먹고, 피해가 심하면 잎맥만 남는다.

형태 성충은 몸길이가 7~9㎜이며 머리와 몸은 검은색이고 딱지날개의 바탕은 황갈색이며 검은 무늬가 있다. 노숙 유충은 몸길이가 약 11㎜로 머리는 검은색이고 몸의 바탕은 황록색이며 검은 점이 있다.

생활사 연 1회 발생하며 토양 속에서 성충으로 월동한다. 월동 성충은 4월경에 나타나서 잎을 갉아 먹고 잎 뒷면에 무더기로 산란한다. 유충은 4월 하순~5월 하순에 잎을 갉아 먹다가 잎 뒷면에 꼬리를 붙이고 번데기가 된다. 신성충은 5~6월에 나타나서 잎을 잠시 동안 가해하다가 월동처로 이동한다.

방제 방법 4월 중순 이후에 노발루론 액상수화제 2,000배액 또는 에마멕틴벤조에이트 유제 2,000배액을 10일 간격으로 2~3회 살포한다.

잎을 갉아 먹고 있는 유충

탈피중인 유충

유충

번데기

중령 유충

버들꼬마잎벌레 *Plagiodera versicolora*

피해 수목 버드나무류, 포플러류, 오리나무

피해 증상 성충과 유충이 잎을 갉아 먹는다. 유충은 어릴 때는 잎 뒷면에서 모여서 잎살만 갉아 먹지만, 자라면서 분산해 주맥만 남기고 모두 갉아 먹는다.

형태 성충은 몸길이가 약 4㎜로 몸과 딱지날개는 광택이 있는 청남색이다. 유충은 어릴 때는 검게 보이며, 다 자라면 황백색 바탕에 검은 줄 모양 돌기가 있고 몸길이가 4~5㎜에 이른다.

생활사 연 5~6회 발생하며 낙엽이나 마른풀 밑에서 무리지어 성충으로 월동한다. 월동 성충은 4월 중순에 나타나서 어린 가지의 끝에 있는 잎 뒷면에 산란하고 신성충은 5월 하순에 나타난다.

방제 방법 4월 중순 이후에 노발루론 액상수화제 2,000배액 또는 에마멕틴벤조에이트 유제 2,000배액을 10일 간격으로 2~3회 살포한다.

성충과 종령 유충의 가해흔

어린 유충의 가해흔

종령 유충

성충

종령 유충

꼬마버들재주나방 *Clostera anachoreta*

피해 수목 버드나무류, 포플러류

피해 증상 유충이 잎을 말거나 여러 장을 붙여서 그 속에서 잎을 갉아 먹으며, 어릴 때는 집단으로 잎살만 갉아 먹고, 자라면서 분산해 주맥을 제외한 잎의 전부를 갉아 먹는다.

형태 노숙 유충은 몸길이가 약 30㎜로 회갈색이고, 배의 첫째 마디 윗면에 빨간 혹 같은 돌기가 있다. 성충은 날개 편 길이가 30~40㎜로 회갈색이며, 앞날개 끝에 갈색 무늬가 있다.

생활사 연 2~3회 발생하고 토양 속에서 번데기로 월동한다. 성충은 6월과 8~9월, 유충은 7월과 9~10월에 나타나며, 발생시기가 매우 불규칙하다.

방제 방법 피해 초기에 비티쿠르스타키 수화제 1,000배액 또는 디플루벤주론 수화제 2,500배액을 살포한다.

가해 양상

종령 유충

번데기

성충

종령 유충

버들재주나방 *Clostera anastomosis*

피해 수목 버드나무류, 포플러류, 참나무류

피해 증상 유충이 어릴 때는 잎 뒷면에서 잎살만 갉아 먹지만 자라면서 주맥을 제외한 잎의 전부를 갉아 먹으며, 돌발적으로 대발생하는 경우가 있다.

형태 노숙 유충은 몸길이가 약 35㎜로 암갈색 바탕에 특징적인 붉은색, 검은색, 노란색 돌기가 있다. 성충은 날개 편 길이가 30～40㎜로 회갈색이며, 앞날개에 회백색 선이 3개 있다.

생활사 연 3～4회 발생하며, 줄기 등에 고치를 만들고 그 속에서 유충으로 월동한다. 성충과 유충의 발생시기는 불규칙하고, 유충은 10월 상순까지 기주에서 볼 수 있다.

방제 방법 피해 초기에 비티쿠르스타키 수화제 1,000배액 또는 디플루벤주론 수화제 2,500배액을 살포한다.

가해 양상
번데기
중령 유충
성충

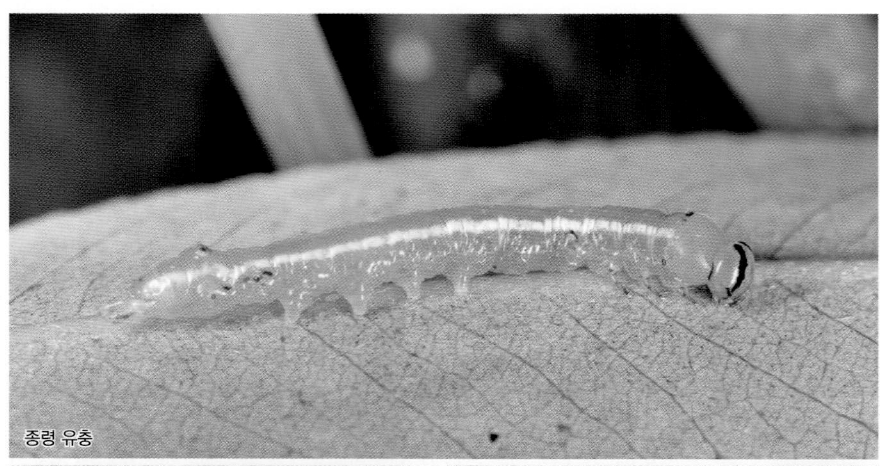
종령 유충

가해 양상

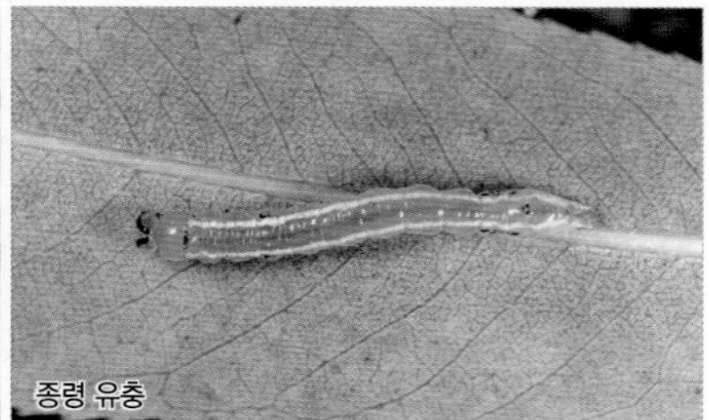
종령 유충

작은점재주나방 *Micromelalopha sieversi*

피해 수목 버드나무류

피해 증상 유충이 잎을 갉아 먹는다.

형태 노숙 유충은 머리의 八자 모양 무늬와 8번째 배마디의 사마귀 모양 돌기가 1쌍 있는 것이 특징으로 어릴 때는 연두색 바탕에 배마디 등면 양쪽에 흰 선이 뚜렷하고, 자라면서 몸이 회백색을 띤다. 성충은 날개길이가 약 23㎜로 갈색이며, 앞날개 가운데에 검은 점무늬가 있다.

생활사 자세한 생태는 밝혀지지 않았으며, 연 1회 발생하는 것으로 추정된다. 유충은 6~7월, 성충은 8월에 나타난다.

방제 방법 발생량이 많지 않으므로 유충을 잡아 없앤다.

종령 유충

종령 유충

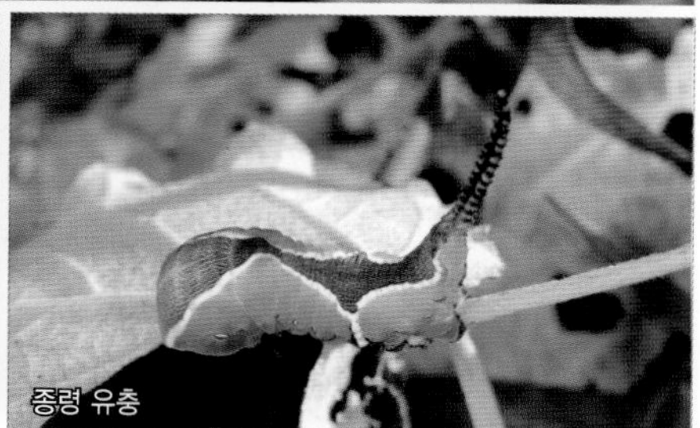
종령 유충

큰나무결재주나방 *Cerura menciana*

피해 수목 버드나무류

피해 증상 유충이 잎을 갉아 먹는다.

형태 노숙 유충은 몸길이가 약 30㎜로 몸의 바탕은 담녹색이며, 흰색 띠무늬로 둘러싸인 갈색 무늬가 있고 꼬리 끝에 긴 홍자색 돌기가 있다. 성충은 날개길이가 54~65㎜로 회백색이며, 앞날개에 검은색 물결무늬가 있고 중횡선은 이중으로 가늘다.

생활사 연 2회 발생하며 번데기로 월동한다. 성충은 4~5월, 7~8월에 나타나며 유충은 6월, 9월에 나타난다.

방제 방법 발생량이 많지 않으므로 유충을 잡아 없앤다.

말아 놓은 잎 속 유충

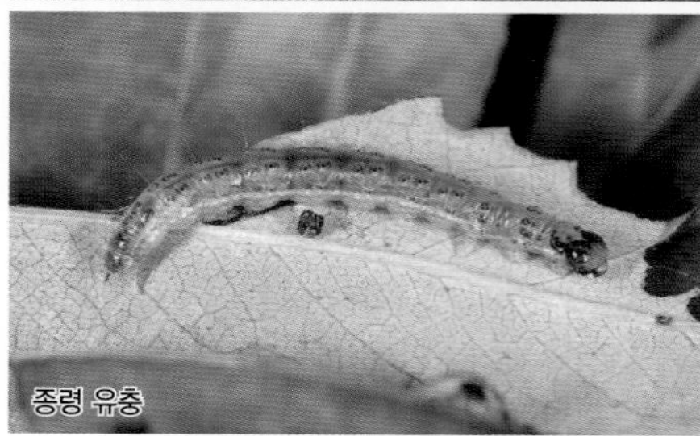
종령 유충

성충

큰점노랑들명나방 *Botyodes principalis*

피해 수목 버드나무류

피해 증상 유충이 잎을 말거나 여러 장 붙여서 그 속에서 잎을 갉아 먹는다.

형태 노숙 유충은 몸길이가 약 30㎜로 머리는 검고 앞가슴등판과 배마디의 바탕은 녹색이며 검은 점무늬가 산재한다. 성충은 날개길이가 약 45㎜로 노란색이며, 앞날개 외연부에 흑갈색 점무늬와 띠무늬가 있다.

생활사 자세한 생태는 밝혀지지 않았으며, 성충은 6~10월에 나타나고, 유충은 주로 9~10월에 나타나서 잎을 갉아 먹는다.

방제 방법 피해 초기에 비티쿠르스타키 수화제 1,000배액 또는 디플루벤주론 수화제 2,500배액을 살포한다.

버드나무류

기타 해충

줄솜깍지벌레(팽나무 참조)

식나무깍지벌레(은행나무, 주목 참조)

뽕나무깍지벌레(벚나무류 참조)

벚나무깍지벌레(벚나무류 참조)

주둥무늬차색풍뎅이(배롱나무 참조)

알락하늘소(자작나무 참조)

버들하늘소(산사나무 참조)

버드나무류

오리나무잎벌레(오리나무 참조)

복숭아유리나방(벚나무류 참조)

꼬마쐐기나방(단풍나무 참조)

노랑쐐기나방(단풍나무 참조)

재주나방(단풍나무 참조)

사과독나방(느티나무 참조)

잠자리가지나방(벚나무류 참조)

버드나무류

흰독나방(단풍나무 참조)
독나방(단풍나무 참조)
미국흰불나방(버즘나무 참조)
사과저녁나방(벚나무류 참조)
배저녁나방(벚나무류 참조)
한일무늬밤나방(벚나무류 참조)
쌍줄푸른밤나방(참나무류 참조)

피해 후기의 병징

점무늬잎떨림병 Marssonina leaf spot

피해 특징 잎에 발생해 8월 상순부터 거의 모든 잎이 떨어진다. 봄부터 여름 사이에 비가 많이 내릴 경우 피해가 심하고, 품종 간에 병에 대한 감수성에 차이가 있어 이태리포플러가 감수성 품종이다.

병징 및 표징 6월 하순부터 잎에 약 1㎜ 크기의 갈색 반점이 다수 나타나고, 이 병반은 종종 서로 합쳐져서 부정형 병반으로 확대되는 경우가 많다. 갈색 병반에는 작고 검은 점(분생포자층)이 나타나며, 다습하면 유백색 분생포자덩이가 솟아오른다.

병원균 *Drepanopeziza tremulae* (무성세대: *Marssonina brunnea*)

방제 방법 5월 중순부터 아족시스트로빈 수화제 1,000배액 또는 이미녹타딘트리스알베실레이트 수화제 1,000배액을 2주 간격으로 3~4회 살포한다.

피해 초기의 병징

매우 작은 갈색 병반

병원균의 분생포자

분생포자층에서 솟아오른 유백색 분생포자덩이

잎녹병의 병징

노란색 가루덩이 모양의 여름포자퇴

병원균의 여름포자

잎녹병 Leaf rust

피해 특징 포플러류에서 흔히 발생하는 병으로 나무의 생육에 큰 피해를 주지는 않지만, 잎이 노랗게 변하면서 일찍 떨어진다. 중간기주로 낙엽송 등이 있으나 때로는 중간기주 없이 감염되기도 한다.

병징 및 표징 6월부터 잎과 어린 가지에 황갈색 반점들이 형성되며 얼마 후 반점 위로 노란색 가루덩이(여름포자퇴)가 나타나서 건전한 잎으로 반복전염된다. 초가을이 되면 노란색 가루덩이는 점차 없어지고 그 자리에 암적갈색을 띤 부스럼딱지 모양 겨울포자퇴가 나타난다.

병원균 *Melampsora* spp.

방제 방법 6~9월에 트리아디메폰 수화제 800배액 또는 페나리몰 수화제 3,300배액을 10일 간격으로 2~3회 살포한다.

포플러류

기타 해충

포플라방패벌레(버드나무류 참조)

포플라방패벌레(버드나무류 참조)

갈색깍지벌레(상록활엽수 공통 해충 참조)

뿔밀깍지벌레(상록활엽수 공통 해충 참조)

뽕나무깍지벌레(벚나무류 참조)

초록애매미충류(이팝나무 참조)

암브로시아나무좀(산사나무 참조)

알락하늘소(자작나무 참조)

포플러류

버들하늘소(산사나무 참조)

오리나무잎벌레(오리나무 참조)

버들잎벌레(버드나무류 참조)

버들꼬마잎벌레(버드나무류 참조)

버들꼬마잎벌레(버드나무류 참조)

포플러류

큰점노랑들명나방(버드나무류 참조)

꼬마쐐기나방(단풍나무 참조)

번개무늬잎말이나방(느티나무 참조)

버들재주나방(버드나무류 참조)

사과무늬잎말이나방(느릅나무 참조)

잠자리가지나방(벚나무류 참조)

노랑쐐기나방(단풍나무 참조)

포플러류

큰나무결재주나방(버드나무류 참조)

꼬마버들재주나방(버드나무류 참조)

사과독나방(느티나무 참조)

흰독나방(단풍나무 참조)

매미나방(느티나무 참조)

포플러류

미국흰불나방(버즘나무 참조)

배저녁나방(벚나무류 참조)

한일무늬밤나방(벚나무류 참조)

쌍줄푸른밤나방(참나무류 참조)

재주나방(단풍나방 참조)

버즘나무

잎 앞면의 병징

탄저병 Anthracnose

피해 특징 버즘나무의 대표적인 병으로 이른 봄에 잎이 나온 후 기온이 12~13℃ 이하로 낮고 비가 자주 오면 많이 발생한다.

병징 및 표징 봄에 새잎과 어린 가지가 갈색으로 말라 죽어 수관이 엉성하게 된다. 다 자란 잎은 잎맥을 따라 번개 모양의 죽은 조직이 나타나고, 가지는 수피가 거칠게 터지는 궤양증상이 나타나면서 말라 죽는다. 잎 뒷면의 갈색 병반과 가지의 병반에는 작은 흑갈색 점(분생포자층)이 다수 나타나고, 다습하면 크림색 분생포자덩이가 솟아오른다.

병원균 *Apiognomonia veneta*

방제 방법 봄에 잎이 나올 때부터 메트코나졸 액상수화제 3,000배액 또는 프로피네브 수화제 600배액을 10일 간격으로 3~4회 살포한다.

잎 뒷면의 병징

병원균의 분생포자

잎맥 주변의 분생포자층에서 솟아오른 크림색 분생포자덩이

잎맥 주변의 분생포자층

새잎과 어린 가지가 말라 죽은 증상

이른 봄에 수관이 엉성한 감염목

버즘나무방패벌레 *Corythucha ciliata*

피해 수목 버즘나무, 닥나무

피해 증상 성충과 약충이 잎 뒷면에서 수액을 빨아 먹어 잎이 탈색되며, 탈피각과 배설물이 잎 뒷면에 남아 있어 응애류의 피해와 구분된다.

형태 성충은 몸길이가 3.0~3.2㎜로 배는 흑갈색이고 가슴과 날개는 반투명한 유백색이다. 약충은 몸길이가 0.45~2.25㎜로 1~2령은 갈색, 3령 이후는 암갈색을 띤다.

생활사 1년에 3회 발생하며 수피 틈에서 성충으로 월동한다. 월동 성충은 4월 하순부터 잎 뒷면의 잎맥 사이에 산란한다. 약충은 5월 중순부터 나타나고, 6월 중순~9월 하순에는 모든 충태가 혼재해 가해한다.

방제 방법 5월 상순에 이미다클로프리드 분산성액제 등을 나무주사한다.

잎 뒷면의 탈피각과 배설물
잎 앞면의 탈색
약충
집단으로 가해하는 약충

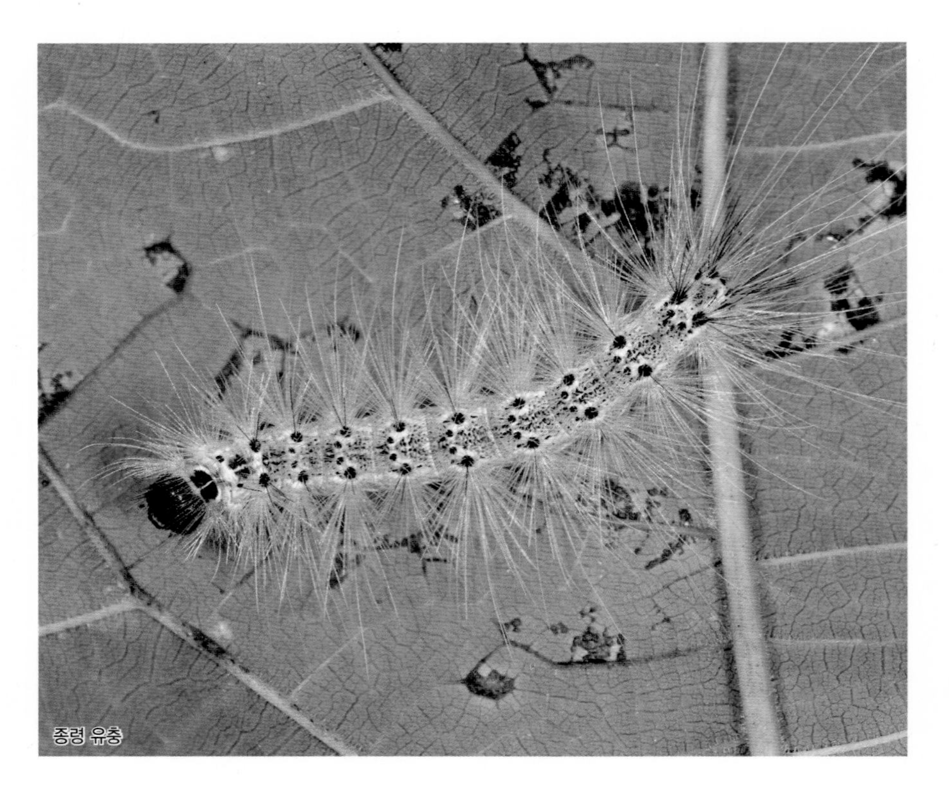
종령 유충

미국흰불나방 *Hyphantria cunea*

피해 수목 감나무, 단풍나무, 버즘나무, 벚나무류 등 활엽수 200여 종

피해 증상 유충이 어릴 때는 실을 토해 잎을 싸고 집단으로 모여서 갉아 먹다가 5령기 이후에는 분산해 잎맥을 제외한 잎 전체를 갉아 먹는다.

형태 노숙 유충은 몸길이가 약 30㎜로 몸에 검은 점과 흰 털이 많다. 성충은 날개 편 길이가 28~37㎜이며, 몸과 날개는 흰색이고 1화기 성충의 날개에만 검은 점들이 있다.

생활사 보통 연 2회 발생하며 수피 틈이나 지피물 밑에서 번데기로 월동한다. 성충은 5월 중순~6월 상순, 7월 하순~8월 중순에 나타나고, 유충은 5월 하순~6월 상순, 8월 상순~10월 상순에 나타나서 가해한다.

방제 방법 피해 초기에 비티쿠르스타키 수화제 1,000배액 또는 디플루벤주론 수화제 2,500배액을 10일 간격으로 2회 이상 살포한다.

어린 유충의 가해 양상
중령 유충
잎 뒷면에 낳은 알덩어리
산란하는 성충

갈색무늬구멍병의 병징

갈색무늬구멍병 Brown shot-hole

피해 특징 잎에 자그마한 구멍이 뚫리고 노랗게 변하면서 일찍 떨어져 나무의 수세를 약화시킨다. 봄에 비가 자주 오거나 나무가 쇠약할 때 많이 발생한다.

병징 및 표징 5~6월부터 잎에 자그마한 자갈색 반점이 나타나고, 점차 확대되어 1~5㎜ 크기의 둥근 갈색 반점이 된다. 병반은 더 이상 확대되지 않으며 병반과 건전부의 경계에 이층이 생겨 병반이 떨어져 나가 작은 구멍이 생긴다. 갈색 병반 위에는 솜털 같은 회갈색 분생포자덩이로 뒤덮인 작은 점(분생포자좌)이 나타난다.

병원균 *Pseudocercospora cerasella* (유성세대: *Mycosphaerella cerasella*)

방제 방법 5월부터 아족시스트로빈 수화제 1,000배액 또는 이미녹타딘트리스알베실레이트 수화제 1,000배액을 10일 간격으로 2~3회 살포한다.

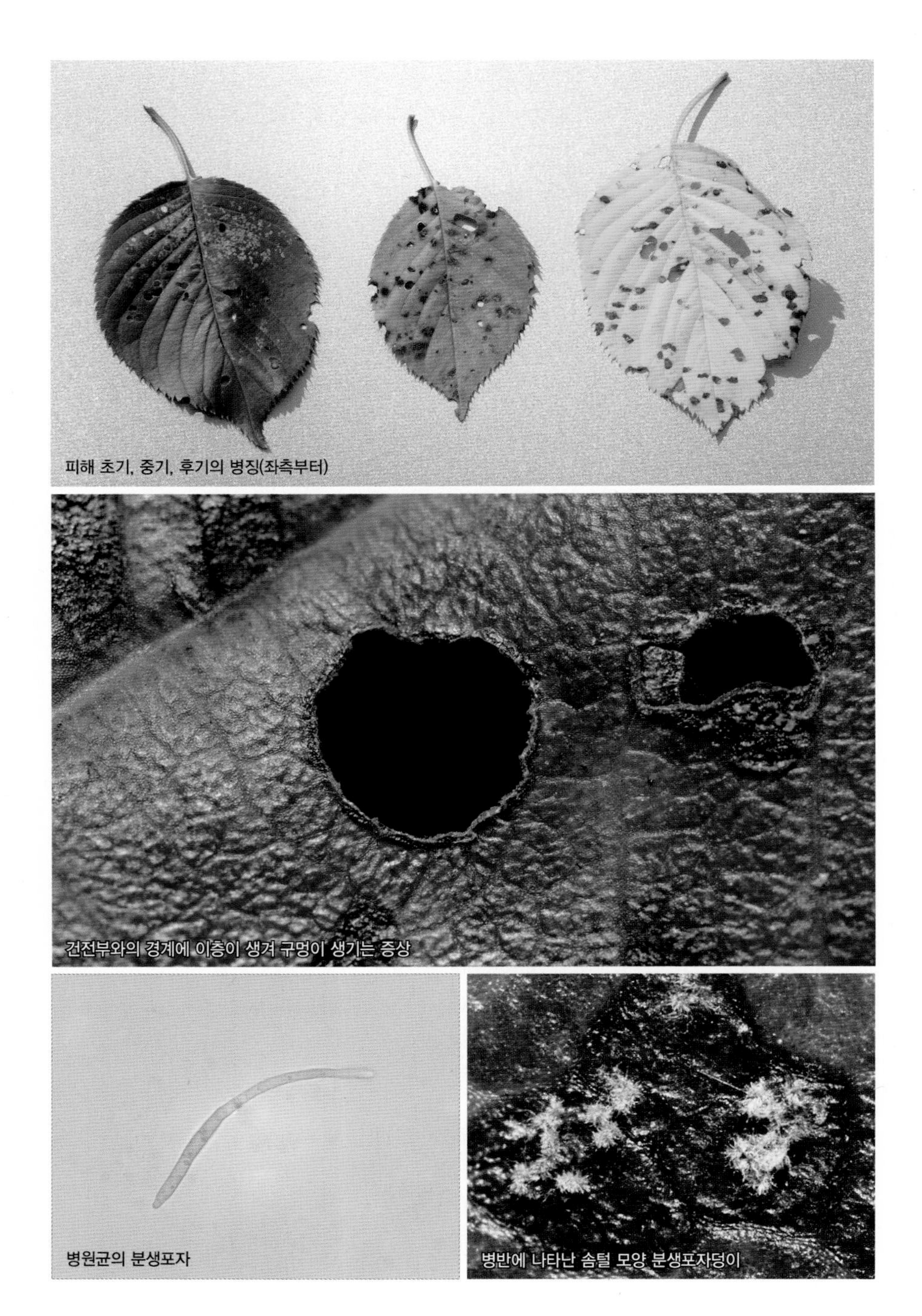

피해 초기, 중기, 후기의 병징(좌측부터)

건전부와의 경계에 이층이 생겨 구멍이 생기는 증상

병원균의 분생포자

병반에 나타난 솜털 모양 분생포자덩이

꽃이 피지 않고 작은 잎이 나오는 감염된 가지

빗자루병 Witches' broom

피해 특징 전국 각지에 발생하며 특히 왕벚나무에서 피해가 크다.

병징 및 표징 가지의 비대해진 부위에서 잔가지가 무더기로 나와 마치 빗자루 형태를 띠며, 병든 가지에서는 꽃이 피지 않고 담녹색 작은 잎만 빽빽하게 나온다. 4월 하순부터 병든 가지의 일부 잎이 갈색으로 말라 죽으며, 갈색으로 변한 잎 뒷면에 회백색 가루(자낭층)가 나타난다. 이와 같은 피해가 4~5년 반복되면 결국에는 가지가 말라 죽는다.

병원균 *Taphrina wiesneri*

방제 방법 이병지는 비대해진 부분을 포함해서 잘라 제거하고 테부코나졸 도포제를 발라준다. 매년 피해가 발생하는 지역은 꽃이 떨어진 후부터 이미녹타딘트리스알베실레이트 수화제 1,000배액 또는 디페노코나졸 입상수화제 2,000배액을 10일 간격으로 2~3회 살포한다.

지속적인 피해로 말라 죽은 가지

겨울철에도 눈에 띄는 감염된 가지

잔가지에 무더기로 나온 작은 잎

병든 가지의 일부 잎이 말라 죽는 증상

균핵병의 병징

균핵병(유과균핵병) Brown rot

피해 특징 봄에 새잎, 어린 가지, 열매가 말라 죽어 일찍 떨어지는 병으로 비가 자주 올 때 많이 발생한다. 균핵병으로 기록되었으나, 최근에 기주, 형태, 배양적 특징 등이 다른 것으로 밝혀져서 유과균핵병으로 지칭되고 있다.

병징 및 표징 이른 봄에 새잎, 어린 가지, 열매가 서리를 맞은 것처럼 갈색으로 변하면서 말라 죽는다. 변색된 잎 뒷면의 주맥 주변과 잎자루, 어린 가지는 흰색~연분홍색 분생포자덩이로 뒤덮인다. 열매는 흑갈색으로 완전히 마른 형태가 되고 얼마 지나지 않아 전체가 균핵이 되어 땅에 떨어진다.

병원균 *Monilinia kusanoi*

방제 방법 잎이 나오기 시작할 때 이미녹타딘트리스알베실레이트 수화제 1,000배액 또는 디페노코나졸 입상수화제 2,000배액을 2주 간격으로 2~3회 살포한다.

피해 후기의 병징
병원균의 분생포자
피해 초기의 병징
피해 중기의 병징
잎자루에 나타난 흰색 분생포자덩이
열매의 병징

작은 가지의 병징

혹병(가칭) unknown

피해 특징 국내 미기록 병으로 병원세균에 의한 피해로 추정된다. 일본에서는 산벚나무에서 발생하는 것으로 보고되었으나 국내에서는 왕벚나무에서도 발견된다.

병징 및 표징 가지와 작은 줄기에 표면이 매끈한 아주 작은 혹이 생기며, 점차 커져서 표면이 거칠고 균열이 있는 혹이 된다. 혹이 생긴 상층부는 서서히 말라 죽거나 생장이 부진하다.

병원균 밝혀지지 않았다.

방제 방법 피해 가지는 제거하고 테부코나졸 도포제를 발라준다.

어린 가지의 초기 병징

굵은 가지의 병징

작은 가지의 병징

작은 가지의 병징

오래되어 갈라지는 균총

갈색고약병의 병징

자실층형성기에 회백색으로 된 균총

갈색고약병 Brown felt

피해 특징 많은 활엽수에 발생하는 병으로 수피에 기생하는 벚나무깍지벌레와 공생하며 번식하기 때문에 나무조직 내로 균사가 침입하지 않는다. 하지만, 미관을 해치고 수세가 쇠약해지며 심하게 감염된 가지는 말라 죽는다.

병징 및 표징 줄기와 가지에 고약을 붙인 것처럼 균총이 융단처럼 붙어 있다. 균총 중심부는 갈색~암갈색을 띠고 가장자리의 확장 부위는 흰색~회백색을 띠지만, 자실층형성기에는 전체가 회백색이 된다.

병원균 *Septobasidium tanakae*

방제 방법 균사층이 이미 발생한 가지는 제거하고, 줄기에 발생한 경우 굵은 솔로 수피가 상하지 않게 긁어준 후 테부코나졸 도포제를 바른다. 예방을 위해서는 겨울에 석회유황합제를 살포한다.

흰가루병의 병징

둥근 알갱이 모양 자낭구

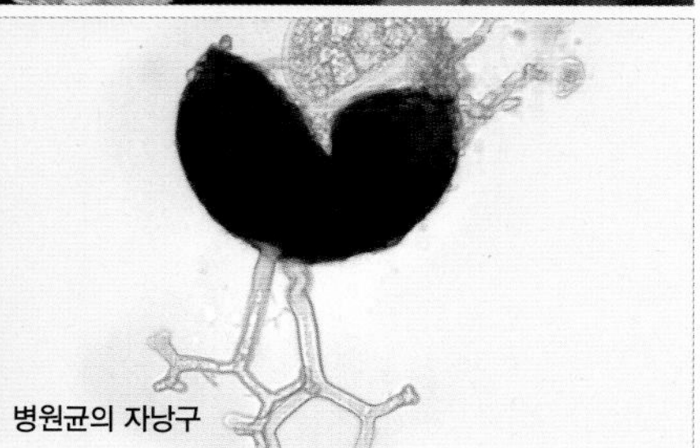
병원균의 자낭구

흰가루병 Powdery mildew

피해 특징 주로 맹아지 또는 움돋이에서 나온 수관 하부의 잎과 어린 가지에 발생하며, 밀식되어 통풍이 불량한 곳이나 습하고 그늘진 곳에서 잘 발생한다.

병징 및 표징 초여름부터 잎에 작고 흰 반점 모양 균총(균사와 분생포자의 무리)이 나타나고, 점차 진전되어 잎 전체가 밀가루를 뿌려 놓은 것처럼 보일 때도 있다. 가을이 되면 잎의 균총 위에 작고 둥근 노란 알갱이(자낭구)가 다수 나타나기 시작하고 성숙하면 검은색으로 변한다.

병원균 *Podosphaera tridactyla*

방제 방법 병든 낙엽을 모아 제거하고, 통풍, 채광, 배수가 잘 되도록 관리한다. 발병 초기에 마이클로뷰타닐 수화제 1,500배액 등 흰가루병 적용 약제를 10일 간격으로 2회 이상 살포한다.

벚나무응애(*Tetranychus viennensis*) 성충

응애류 Mite

피해 수목 매화나무, 벚나무류, 복숭아나무, 배나무, 사과나무, 살구나무 등

피해 증상 벚나무응애는 잎 뒷면, 어리클로버응애는 잎 앞면에서 성충과 약충이 집단으로 기생하며 수액을 빨아 먹어 엽록소가 파괴되면서 황화현상이 나타난다.

형태 어리클로버응애의 암컷 성충은 크기가 약 0.6㎜이며 적갈색이다. 클로버응애와 비슷하지만, 크기가 작고 사과, 배, 벚나무류 등에 기생한다. 벚나무응애는 적갈색으로 자세한 내용은 살구나무에서 언급했다.

생활사 어리클로버응애는 연 2~6회 발생하며 알로 월동한다. 이른 봄부터 성충과 약충이 잎 앞면에 기생하고 알은 잎 뒷면에 많다.

방제 방법 발생 초기에 피리다벤 수화제 1,000배액 또는 사이에노피라펜 액상수화제 2,000배액을 10일 간격으로 2회 이상 살포한다.

잎 뒷면에서 가해하는 벚나무응애 성충

잎 뒷면에 산란한 노란색 알

어리클로버응애(*Bryobia rubrioculus*) 성충

잎 앞면에서 가해하는 어리클로버응애 성충

잎 뒷면을 안쪽으로 해 세로 방향으로 말리는 증상

벚나무노랑혹진딧물 *Myzus siegesbeckiae*

피해 수목 벚나무류 중에서 왕벚나무에 주로 발생한다.

피해 증상 성충과 약충이 잎 뒷면에서 집단으로 기생하며 수액을 빨아 먹어 피해 받은 잎은 잎 뒷면을 안쪽으로 해 세로 방향으로 말린다.

형태 간모는 몸길이가 약 2.1㎜로 암갈색이다. 유시충은 몸길이가 약 1.5㎜로 머리와 가슴은 검고 배마디는 암갈색이다. 무시충은 몸길이가 약 1.6㎜로 암갈색이고 뿔관은 검은색이다.

생활사 연 수회 발생하며 겨울눈 기부에서 알로 월동한다. 간모가 4월 중순에 나타나서 잎을 말고 증식해 무시충과 약충이 나타난다. 5월 하순부터 유시충이 나타나서 방아풀 등으로 이동하고, 10월 중순에 다시 왕벚나무로 이동한다.

방제 방법 4월 하순부터 아세타미프리드 수화제 2,000배액 또는 디노테퓨란 수화제 1,000배액을 10일 간격으로 2~3회 살포한다.

잎 뒷면을 안쪽으로 해 세로 방향으로 말리는 증상

잎자루에 기생하는 무시충

잎 뒷면에 기생하는 무시충과 약충

무시충

잎 앞면을 안쪽으로 해 세로 방향으로 말리는 증상

왕벚나무혹진딧물 *Myzus mushaensis*

피해 수목 벚나무류

피해 증상 성충과 약충이 4~5월에 잎 앞면에서 집단으로 기생하며 수액을 빨아 먹어 피해 받은 잎은 잎 앞면을 안쪽으로 해 세로 방향으로 말린다.

형태 유시충은 몸길이가 약 1.5㎜로 머리와 가슴은 검고 배마디는 황록색이다. 무시충은 몸길이가 약 1.5㎜로 담황색이며 뿔관의 끝부분이 검은색이다.

생활사 연 수회 발생하며 겨울눈 기부에서 알로 월동한다. 간모가 4월 중순에 나타나서 잎을 말고 증식해 무시충과 약충이 나타난다. 5월 하순부터 유시충이 나타나서 중간기주인 산박하 등으로 이동하고, 가을에 유시충이 다시 벚나무류로 이동해 산란한다.

방제 방법 4월 중순부터 아세타미프리드 수화제 2,000배액 또는 디노테퓨란 수화제 1,000배액을 10일 간격으로 2~3회 살포한다.

유시충이 기주이동한 후에 적갈색으로 변한 피해 잎

잎 앞면의 무시충과 약충

무시충과 약충

무시충

가로 방향으로 말리면서 붉은색으로 변하는 증상

벚잎혹진딧물 *Tuberocephalus sakurae*

피해 수목 벚나무류 중에서 산벚나무에 주로 발생한다.

피해 증상 성충과 약충이 5~6월에 잎 뒷면에서 수액을 빨아 먹어 피해 받은 잎은 가로 방향으로 말리면서 붉은색으로 변한다.

형태 간모는 몸길이가 약 1.9㎜로 암녹색이다. 유시충은 몸길이가 약 1.5㎜로 담황색을 띤다. 무시충은 몸길이가 약 1.6㎜로 담황록색이다.

생활사 연 수회 발생하며 벚나무류에서 알로 월동한다. 간모가 4월 중순에 나타나서 잎을 말고 증식해 무시충과 약충이 나타난다. 6월 중순부터 유시충이 나타나서 중간기주인 쑥으로 이동하고, 가을에 유시충이 다시 벚나무류로 이동해 산란한다.

방제 방법 4월 중순부터 아세타미프리드 수화제 2,000배액 또는 디노테퓨란 수화제 1,000배액을 10일 간격으로 2~3회 살포한다.

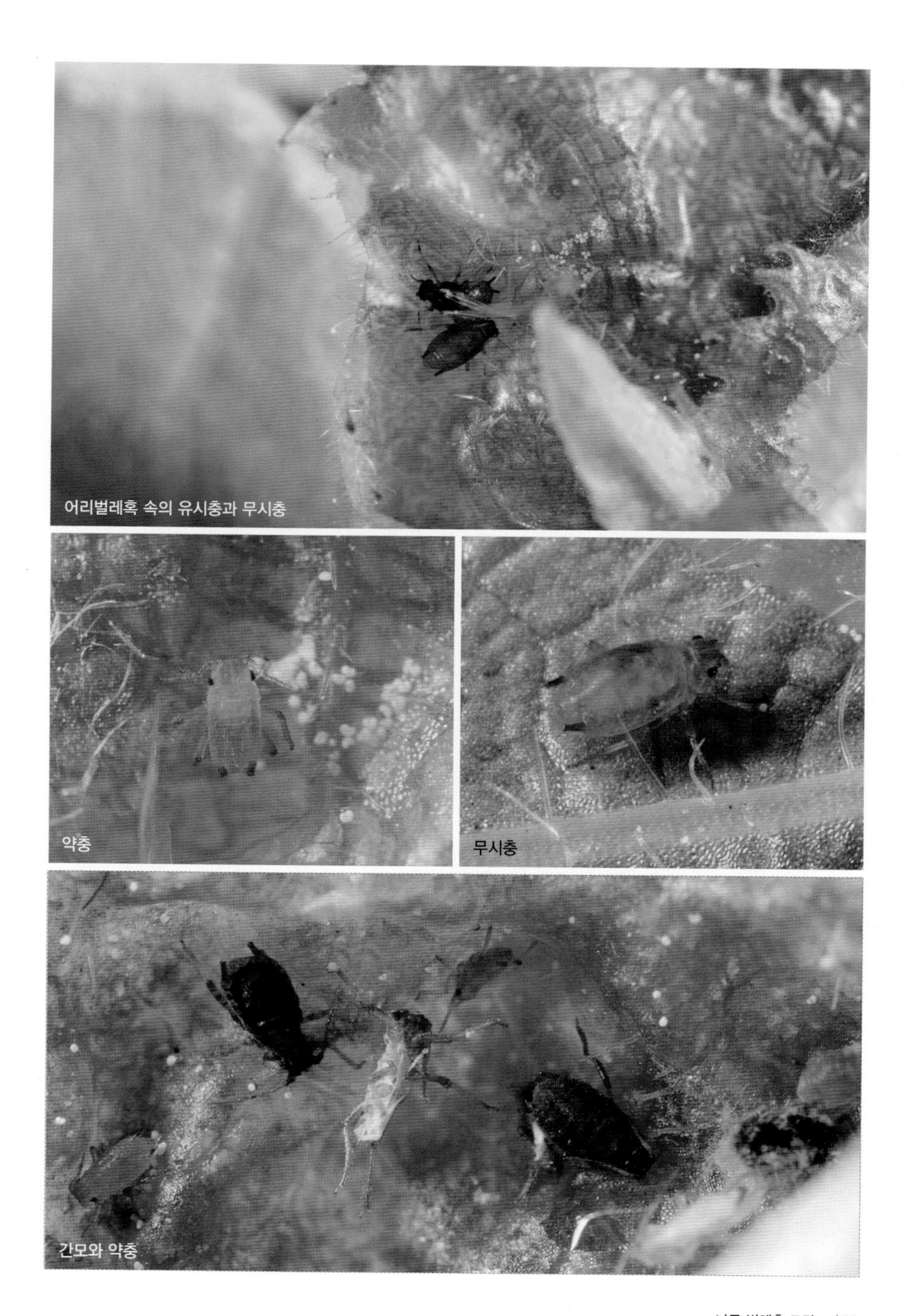

어리벌레혹 속의 유시충과 무시충

약충

무시충

간모와 약충

잎맥을 따라 형성된 황백색 벌레혹

사사끼잎혹진딧물 *Tuberocephalus sasakii*

피해 수목 벚나무류

피해 증상 성충과 약충이 잎 앞면에 잎맥을 따라 형성된 주머니 모양 벌레혹 속에서 가해한다. 벌레혹의 길이는 약 20㎜로 황백색, 황록색, 붉은색 순으로 변한다.

형태 무시충은 몸길이가 약 1.6㎜이고 전체적으로 담황색이다. 유시충은 몸길이가 약 1.7㎜로 담황색을 띠며, 머리와 가슴은 검은색이다.

생활사 연 수회 발생하며 벚나무류의 가지에서 알로 월동한다. 간모가 4월 상순에 나타나서 벌레혹을 만들고 증식해 무시충과 약충이 나타난다. 5월 중순부터 유시충이 나타나서 중간기주인 쑥으로 이동하고, 10월 하순에 유시충이 다시 벚나무류로 이동해 산란한다.

방제 방법 4월 중순부터 아세타미프리드 수화제 2,000배액 또는 디노테퓨란 수화제 1,000배액을 10일 간격으로 2~3회 살포한다.

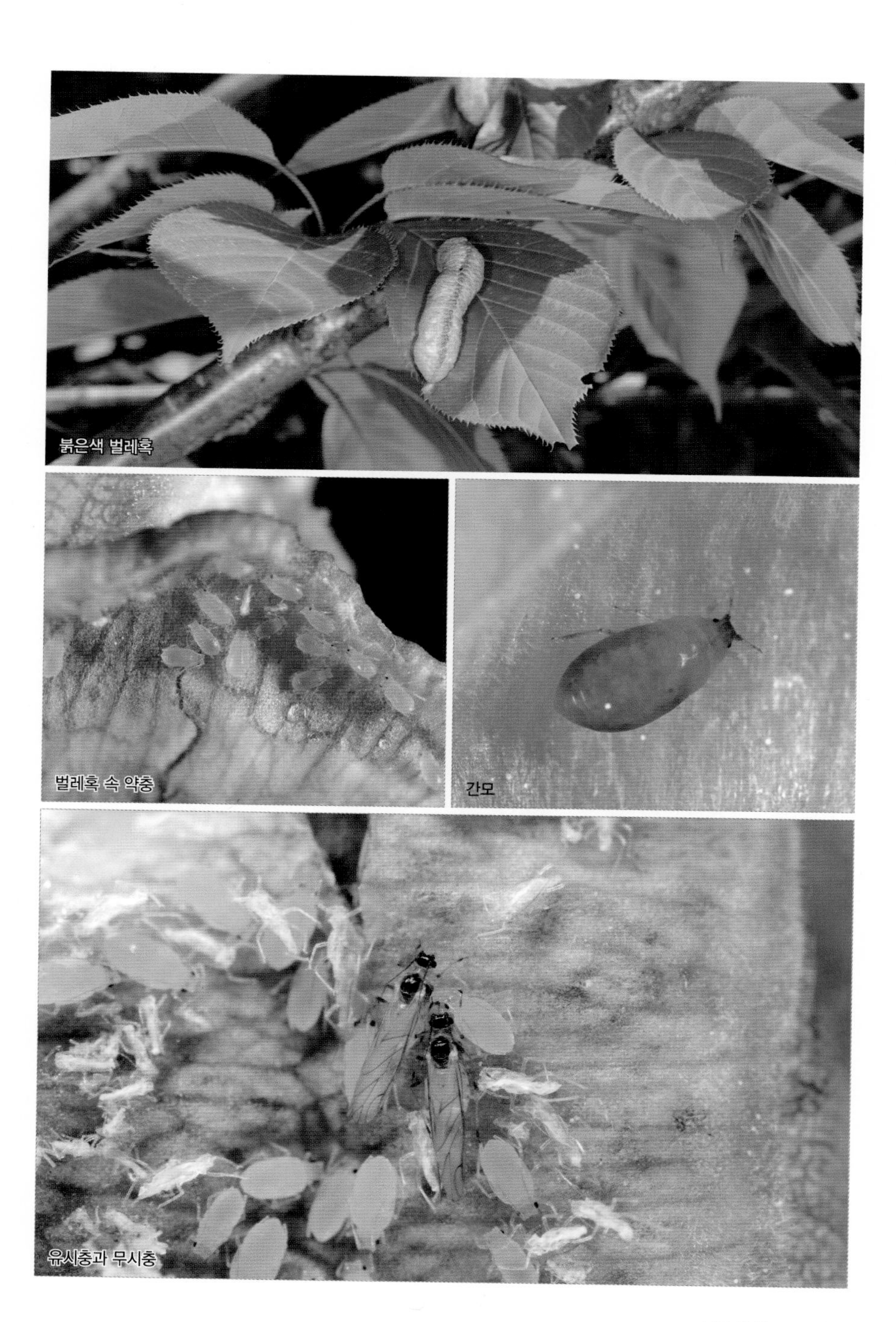
붉은색 벌레혹
벌레혹 속 약충
간모
유시충과 무시충

잎 가장자리를 따라 형성된 벌레혹

모리츠잎혹진딧물 *Tuberocephalus misakure*

피해 수목 수양벚나무

피해 증상 성충과 약충이 잎가장자리를 따라 형성된 주머니 모양 벌레혹 속에서 가해한다. 벌레혹은 담녹색, 황록색, 담적색을 띤다.

형태 간모는 몸길이가 약 1.9㎜로 암녹색이다. 유시충은 몸길이가 약 1.4㎜로 암갈색을 띤다. 무시충은 몸길이가 약 1.5㎜로 담황색이다.

생활사 연 수회 발생하며 수양벚나무의 가지에서 알로 월동한다. 간모가 4월 중순에 나타나서 벌레혹을 만들고 증식해 무시충과 약충이 나타난다. 5월 중순부터 유시충이 나타나서 중간기주인 국화로 이동하고, 10월 하순에 유시충이 다시 수양벚나무로 이동해 산란한다.

방제 방법 4월 하순부터 아세타미프리드 수화제 2,000배액 또는 디노테퓨란 수화제 1,000배액을 10일 간격으로 2~3회 살포한다.

벌레혹 속의 간모와 무시충
간모
간모와 약충
피해 초기의 벌레혹
피해 중기의 벌레혹
유시충이 기주이동한 후에 흑갈색으로 변한 벌레혹

수컷 성충

벚나무깍지벌레 *Pseudaulacaspis prunicola*

피해 수목 매실나무, 벚나무류, 복숭아나무, 살구나무, 자두나무 등

피해 증상 성충과 약충이 줄기나 가지에 집단으로 기생하며 수액을 빨아 먹고, 2차적으로 고약병을 유발한다. 피해가 심하면 줄기가 하얗게 덮인다.

형태 암컷 성충의 깍지는 2~2.5㎜ 크기의 납작한 원형으로 회백색이다. 수컷 성충의 깍지는 약 1㎜ 크기로 흰색이며 길쭉하다. 뽕나무깍지벌레와 비슷하지만 밑판의 샘가시가 갈라진 점이 다르고, 기주수목이 다른 경우가 많다.

생활사 연 2~3회 발생하며 암컷 성충으로 월동한다. 약충은 5월 중순, 7월 중순, 9월에 나타나지만, 발생이 매우 불규칙하다.

방제 방법 피해 초기에 디노테퓨란 액제 1,000배액 또는 클로티아니딘 입상수용제 2,000배액을 10일 간격으로 2~3회 살포한다.

가지의 수컷 성충

줄기의 수컷 성충과 암컷 성충

암컷 성충의 깍지

깍지 속의 암컷 성충

성충

배나무방패벌레 *Stephanitis nashi*

피해 수목 명자나무, 배나무, 벚나무류, 사과나무, 살구나무, 자두나무, 장미 등

피해 증상 성충과 약충이 잎 뒷면에서 집단으로 기생하며 수액을 빨아 먹어 잎 앞면이 탈색된다. 잎 뒷면에는 배설물과 탈피각이 붙어 있어 지저분하다.

형태 성충은 몸길이가 약 3㎜로 흑갈색이며 투명한 날개를 접으면 X자 모양의 검은 무늬가 나타난다. 약충은 몸길이가 약 0.4㎜로 유백색이며 흑색 무늬와 사마귀 모양 돌기가 있다.

생활사 연 3~4회 발생하며 성충으로 줄기 밑동, 잡초, 낙엽 밑에서 월동한다. 5월 상순~중순에 잎의 주맥 또는 제1지맥을 따라 조직 내에 산란하고 그 위를 암갈색 분비물로 덮는다. 여름 이후에는 각 충태가 동시에 나타난다.

방제 방법 5월 상순에 이미다클로프리드 분산성액제를 나무주사하거나 5월 중순부터 에토펜프록스 유제 2,000배액을 2주 간격으로 2~3회 살포한다.

잎 앞면의 탈색
잎 뒷면의 배설물과 탈피각
약충
산란흔

약충

잎을 뒤로 말고 가해하는 증상

거품 속 약충

설악거품벌레 *Aphilaenus nigripectus*

피해 수목 전나무, 가문비나무, 벚나무류

피해 증상 약충이 잎 뒷면에서 거품을 분비하고 그 속에서 수액을 빨아 먹는다. 성충도 어린 가지와 잎에서 수액을 빨아 먹지만 거품을 형성하지 않는다.

형태 성충은 몸길이가 약 7㎜로 노란색이고 날개에 갈색 무늬가 있다. 약충은 몸길이가 약 7㎜로 담녹색이다.

생활사 연 1회 발생하며 알로 월동한다. 약충이 5~6월에 나타난다.

방제 방법 밀도가 높을 경우에 한해 5월 중순부터 아세타미프리드 수화제 2,000배액 또는 디노테퓨란 수화제 1,000배액을 10일 간격으로 2~3회 살포한다.

종령 유충

가해 양상

성충

갈색뿔나방 *Dichomeris heriguronis*

피해 수목 매화나무, 벚나무류

피해 증상 유충이 잎을 가로로 반을 접거나 말고 그 속에서 잎을 갉아 먹는다.

형태 노숙 유충은 몸길이가 약 30㎜로 머리와 앞가슴은 검은색이고, 몸의 바탕은 백록색이며, 작고 검은 점들이 있다. 성충은 날개길이는 17~21㎜로 몸과 앞날개는 황갈색이며, 앞날개 외연선은 흑갈색이다.

생활사 연 1회 발생하며 유충은 5월, 성충은 6~8월에 나타난다. 자세한 생태는 밝혀지지 않았다.

방제 방법 유충의 밀도가 높은 경우에 한해 비티쿠르스타키 수화제 1,000배액 또는 디플루벤주론 수화제 2,500배액을 10일 간격으로 1~2회 살포한다.

종령 유충
가해 양상

귀룽큰애기잎말이나방 *Eudemis profundana*

피해 수목 개암나무, 벚나무류
피해 증상 유충이 잎 1~3장을 말아서 그 속에서 잎을 갉아 먹는다.
형태 노숙 유충은 몸길이가 약 14㎜로 머리와 앞가슴은 황갈색이며, 몸은 녹회색 바탕에 작고 검은 점들이 있다. 성충은 날개길이가 16~19㎜로 몸과 앞날개는 흑갈색이며, 앞날개에 검은 무늬가 있다.
생활사 연 1회 발생하며 유충은 4~5월, 성충은 5~6월에 나타난다. 자세한 생태는 밝혀지지 않았다.
방제 방법 유충의 밀도가 높은 경우에 한해 비티쿠르스타키 수화제 1,000배액 또는 디플루벤주론 수화제 2,500배액을 10일 간격으로 1~2회 살포한다.

종령 유충

가시가지나방 *Apochima juglansiaria*

피해 수목 느티나무, 버드나무류, 벚나무류, 붉나무 등

피해 증상 유충이 잎을 갉아 먹는다.

형태 노숙 유충은 몸길이가 약 35㎜로 검은색, 녹색 또는 흑갈색 바탕에 흰색 또는 분홍색 무늬가 섞여 있어 마치 새의 배설물처럼 보인다. 성충은 날개 편 길이가 35~40㎜로 몸과 앞날개는 회갈색이며, 앞날개에 갈색과 흰색 줄무늬가 있다.

생활사 연 1회 발생하며, 토양 속에서 번데기로 월동하는 것으로 추정된다. 성충은 3~4월, 유충은 5월에 나타난다. 자세한 생태는 밝혀지지 않았다.

방제 방법 유충의 밀도가 높은 경우에 한해 비티쿠르스타키 수화제 1,000배액 또는 디플루벤주론 수화제 2,500배액을 10일 간격으로 1~2회 살포한다.

종령 유충

니도베가지나방 *Wilemania nitobei*

피해 수목 단풍나무, 벚나무류, 사과나무 등 많은 활엽수

피해 증상 유충이 잎을 갉아 먹는다.

형태 노숙 유충은 몸길이가 약 35㎜로 머리는 등황색이고, 몸은 청백색으로 흰색 가루를 몸에 덮고 있다. 성충은 날개길이가 16~20㎜로 몸과 앞날개는 갈색이며, 앞날개 중앙부에 크고 흰 무늬가 있다.

생활사 연 1회 발생하며, 유충은 4~5월에 나타나서 잎을 갉아 먹다가 다 자라면 토양 속으로 들어가 번데기가 되고, 성충은 10~11월에 나타난다. 자세한 생태는 밝혀지지 않았다.

방제 방법 유충의 밀도가 높은 경우에 한해 비티쿠르스타키 수화제 1,000배액 또는 디플루벤주론 수화제 2,500배액을 10일 간격으로 1~2회 살포한다.

종령 유충

중령 유충

중령 유충

사과나무겨울가지나방 *Phigalia vercundarias*

피해 수목 느티나무, 벚나무류, 참나무류 등

피해 증상 유충이 잎을 갉아 먹는다.

형태 노숙 유충은 몸길이가 약 40㎜로 머리는 검고, 몸의 바탕은 검은색이며 노란색 줄무늬가 있고, 마디마다 검은 돌기가 있다. 성충은 날개 편 길이가 36~40㎜로 몸은 적갈색이고, 앞날개의 바탕은 회색이며, 검은색 줄무늬가 여러 개 있다.

생활사 연 1회 발생하며, 성충은 3~4월, 유충은 5월에 나타난다. 자세한 생태는 밝혀지지 않았다.

방제 방법 유충의 밀도가 높은 경우에 한해 비티쿠르스타키 수화제 1,000배액 또는 디플루벤주론 수화제 2,500배액을 10일 간격으로 1~2회 살포한다.

종령 유충

가해 양상

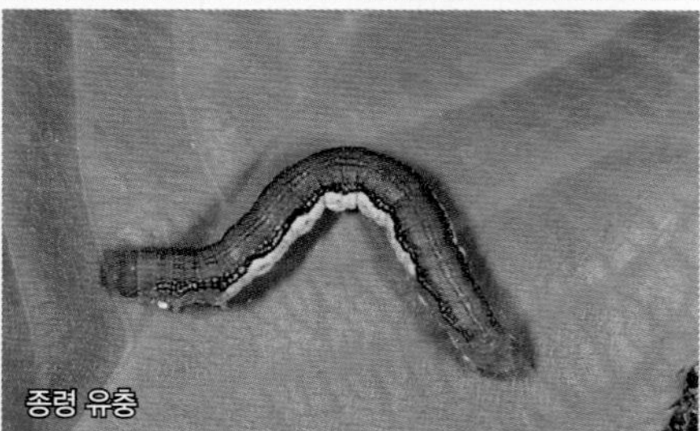
종령 유충

참나무겨울가지나방 *Erannis golda*

피해 수목 버드나무류, 벚나무류, 사과나무, 참나무류 등

피해 증상 유충이 잎을 갉아 먹는다.

형태 노숙 유충은 몸길이가 약 35㎜로 머리는 갈색이고 몸은 측면의 흰색이 섞인 검은색 줄무늬를 경계로 해 등 부위는 갈색이고, 아래쪽은 노란색이다. 성충은 날개 편 길이가 약 40㎜로 몸과 앞날개는 갈색이며, 앞날개에 흑갈색 줄무늬가 있다.

생활사 연 1회 발생하며, 유충은 4~5월에 나타나서 잎을 갉아 먹다가 5월 하순에 토양 속으로 들어가 번데기가 되고, 성충은 10~12월에 나타난다. 자세한 생태는 밝혀지지 않았다.

방제 방법 유충 가해 초기에 비티쿠르스타키 수화제 1,000배액 또는 디플루벤주론 수화제 2,500배액을 10일 간격으로 1~2회 살포한다.

종령 유충

잠자리가지나방 *Cystidia stratonice*

피해 수목 노박덩굴, 딸기나무류, 버드나무류, 벚나무류, 사과나무, 참나무류

피해 증상 유충이 잎을 갉아 먹는다.

형태 노숙 유충은 몸길이가 약 35㎜로 머리는 검은색이고 몸의 바탕은 흰색 또는 담황색이며, 검은색 사각형 무늬가 있다. 성충은 날개길이가 25~30㎜로 몸의 바탕은 검은색이며, 노란색 줄무늬가 있고, 검은색 앞날개에는 흰 무늬가 있다.

생활사 연 1회 발생하며 유충으로 월동하는 것으로 추정된다. 유충은 4~5월에 나타나서 잎을 갉아 먹다가 5월 하순에 잎을 여러 장 묶고 그 속에서 번데기가 된다. 성충은 6~7월에 나타나며, 자세한 생태는 밝혀지지 않았다.

방제 방법 유충 가해 초기에 비티쿠르스타키 수화제 1,000배액 또는 디플루벤주론 수화제 2,500배액을 10일 간격으로 1~2회 살포한다.

종령 유충

큰뾰족가지나방 *Acrodontis fumosa*

피해 수목 느티나무, 때죽나무, 벚나무류, 참나무류 등

피해 증상 유충이 잎을 갉아 먹는다.

형태 노숙 유충은 몸길이가 약 50㎜로 머리는 검고, 몸의 바탕은 흰색이며, 검은색 줄무늬가 있다. 성충은 날개 편 길이가 약 53㎜로 몸과 앞날개는 황갈색~적갈색이며, 앞날개 가장자리는 색이 짙다.

생활사 연 1회 발생하며, 성충은 9~10월, 유충은 5~6월에 나타난다. 자세한 생태는 밝혀지지 않았다.

방제 방법 유충의 밀도가 높은 경우에 한해 비티쿠르스타키 수화제 1,000배액 또는 디플루벤주론 수화제 2,500배액을 10일 간격으로 1~2회 살포한다.

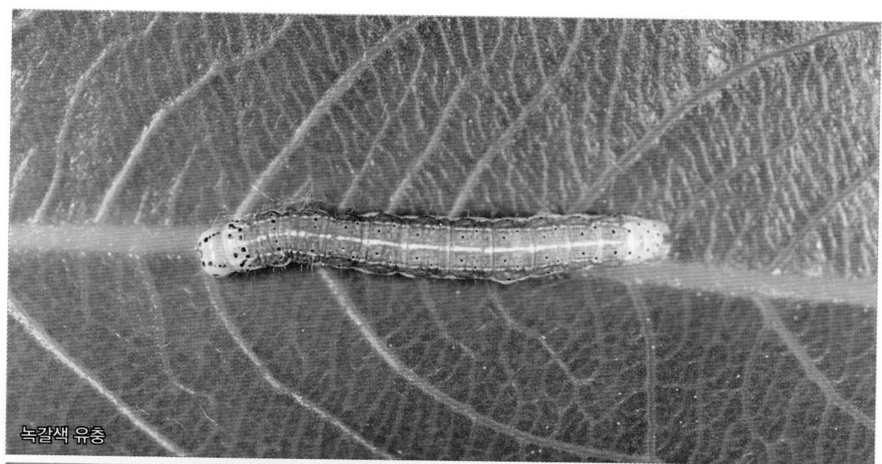
녹갈색 유충

가해 양상

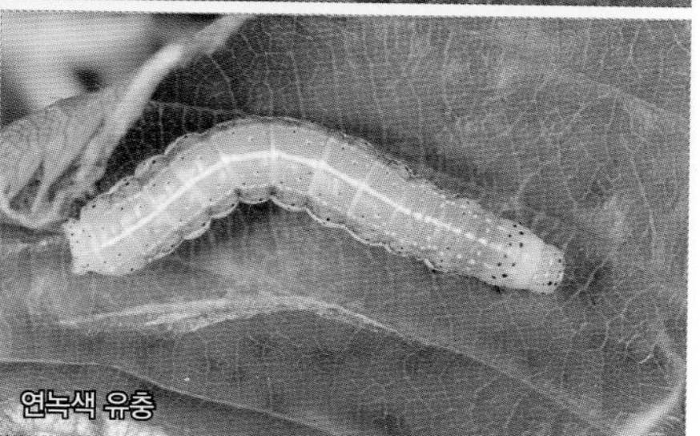
연녹색 유충

가는띠밤나방 *Orthosia angustipennis*

피해 수목 버드나무류, 벚나무류 참나무류 등

피해 증상 유충이 잎을 세로로 크게 말고 그 속에서 숨어 있다가 밖으로 나와 잎을 갉아 먹는다.

형태 노숙 유충은 몸길이가 약 35㎜로 머리는 유백색으로 점이 있는 경우가 많으며, 몸은 연녹색, 녹갈색, 황갈색으로 다양하고 등에 흰 선이 3개 있다. 성충은 날개 편 길이가 32~39㎜로 몸과 앞날개는 갈색이며, 앞날개 중실에 진갈색으로 약간 일그러진 콩팥 무늬가 있다.

생활사 연 1회 발생하며, 성충은 3~4월, 유충은 4~5월에 나타난다. 자세한 생태는 밝혀지지 않았다.

방제 방법 유충의 밀도가 높은 경우에 한해 비티아이자와이 입상수화제 2,000배액 또는 디플루벤주론 수화제 2,500배액을 살포한다.

종령 유충

종령 유충의 옆면

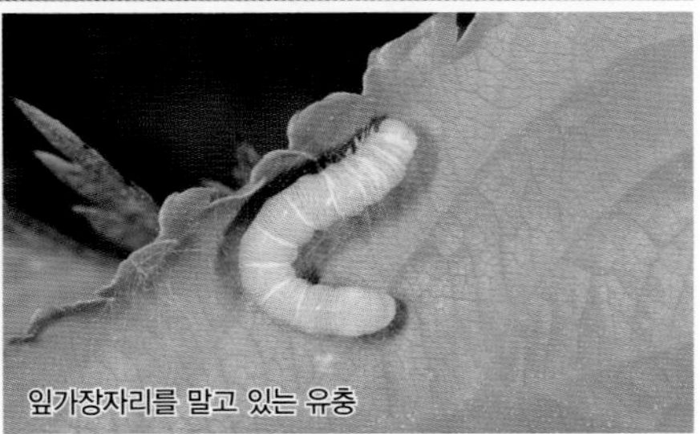

잎가장자리를 말고 있는 유충

고동색밤나방 *Orthosia odiosa*

피해 수목 벚나무류, 참나무류 등

피해 증상 유충이 잎가장자리를 말고 그 속에서 숨어 있다가 밖으로 나와 잎을 갉아 먹는다.

형태 노숙 유충은 몸길이가 30~40㎜로 녹회색 바탕에 흰색 가루로 덮여 있어 흰색으로 보인다. 성충은 날개 편 길이가 31~38㎜로 머리, 가슴, 앞날개는 암적색이며 앞날개 아외연부에 구부러진 흰 줄무늬가 있다.

생활사 연 1회 발생하며, 성충은 4~5월, 유충은 5월에 나타난다. 자세한 생태는 밝혀지지 않았다.

방제 방법 유충의 밀도가 높은 경우에 한해 비티아이자와이 입상수화제 2,000배액 또는 디플루벤주론 수화제 2,500배액을 살포한다.

얼룩무늬밤나방 *Clavipalpula aurariae*

피해 수목 벚나무류, 아까시나무, 참나무류 등

피해 증상 유충이 잎을 갉아 먹는다.

형태 노숙 유충은 몸길이가 35~40㎜로 머리는 유백색이고 몸은 녹색이다. 성충은 날개 편 길이가 약 42㎜로 몸과 앞날개는 황갈색이고, 앞날개 외연부는 물결 모양이다.

생활사 연 1회 발생하며 토양 속에서 번데기로 월동하는 것으로 추정된다. 성충은 4~5월, 유충은 6~8월에 나타난다. 자세한 생태는 밝혀지지 않았다.

방제 방법 유충의 밀도가 높은 경우에 한해 비티아이자와이 입상수화제 2,000배액 또는 디플루벤주론 수화제 2,500배액을 살포한다.

주홍띠밤나방 *Orthosia evanida*

피해 수목 벚나무류, 참나무류 등

피해 증상 유충이 잎을 갉아 먹는다.

형태 노숙 유충은 몸길이가 약 40㎜로 머리는 녹색이다. 몸의 바탕은 녹색이고, 자그마한 흰 점무늬가 산재하며 배의 끝부분에 흰 선이 있다. 성충은 날개 편 길이가 약 44㎜로 몸과 앞날개는 담갈색이고, 앞날개에 콩팥 무늬와 가락지 무늬가 있으며 아외연선이 주홍색이다.

생활사 연 1회 발생하며 토양 속에서 번데기로 월동하는 것으로 추정된다. 성충은 4월, 유충은 5월에 나타난다. 자세한 생태는 밝혀지지 않았다.

방제 방법 유충의 밀도가 높은 경우에 한해 비티아이자와이 입상수화제 2,000배액 또는 디플루벤주론 수화제 2,500배액을 살포한다.

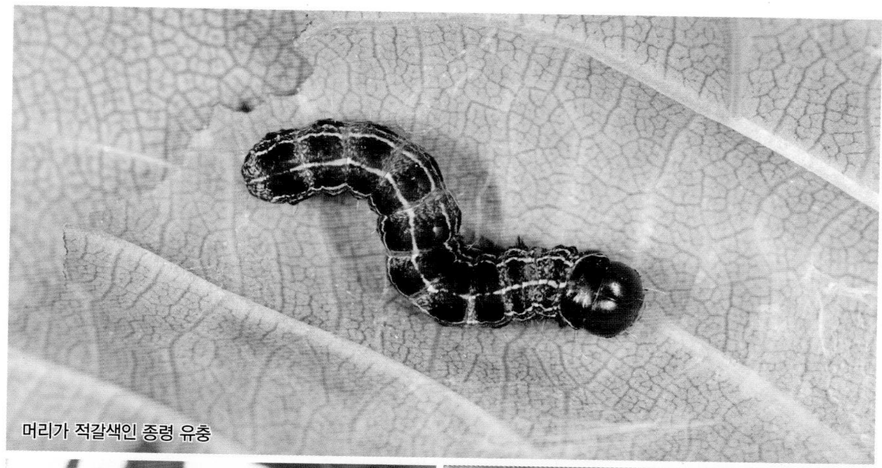
머리가 적갈색인 종령 유충

가해 양상

머리가 검은 중령 유충

한일무늬밤나방 *Orthosia carnipennis*

피해 수목 벚나무류, 산사나무, 참나무류 등

피해 증상 유충이 잎을 세로로 반을 접고 그 속에서 숨어 있다가 밖으로 나와 잎을 갉아 먹는다.

형태 유충이 어릴 때는 머리는 검고 몸의 바탕은 회색이며 검은 무늬가 있으나, 자라면서 머리와 몸의 무늬가 적갈색으로 변한다. 성충은 날개 편 길이가 46~48㎜로 몸과 앞날개는 갈색이고, 앞날개 중앙에 검은 무늬가 있다.

생활사 연 1회 발생하며 토양 속에서 번데기로 월동한다. 성충은 4월에 나타나고, 유충은 5~6월에 나타나서 6월 하순에 월동처로 이동한다.

방제 방법 유충의 밀도가 높은 경우에 한해 비티아이자와이 입상수화제 2,000배액 또는 디플루벤주론 수화제 2,500배액을 살포한다.

종령 유충

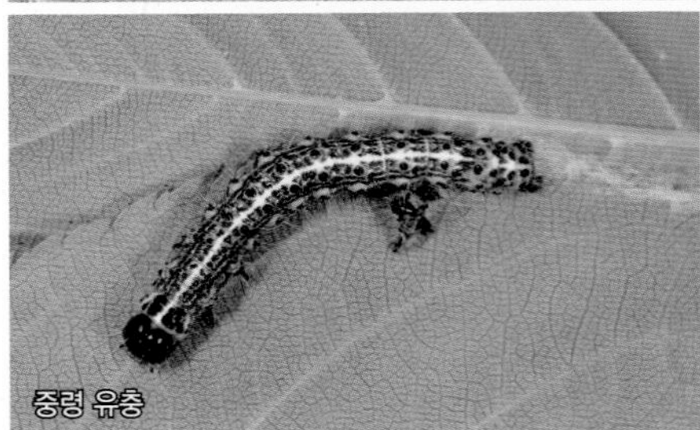
중령 유충

중령 유충

가흰밤나방 *Orthosia limbata*

피해 수목 벚나무류, 병꽃나무, 참나무류 등

피해 증상 유충이 잎을 접고 그 속에서 숨어 있다가 밖으로 나와 잎을 갉아 먹는다.

형태 노숙 유충은 몸길이가 약 45㎜로 머리는 검고, 몸의 등은 검은 보라색, 옆구리는 황적색이며 털받침 색은 검고 크다. 성충은 날개 편 길이가 32~35㎜로 몸과 앞날개는 흑갈색이고, 앞날개 아외연선의 바깥쪽은 담갈색이다.

생활사 연 1회 발생하며 토양 속에서 번데기로 월동하는 것으로 추정된다. 성충은 4월, 유충은 5월에 나타난다. 자세한 생태는 밝혀지지 않았다.

방제 방법 유충의 밀도가 높은 경우에 한해 비티아이자와이 입상수화제 2,000배액 또는 디플루벤주론 수화제 2,500배액을 살포한다.

사과저녁나방 *Acronicta intermedia*

피해 수목 매화나무, 버드나무류, 벚나무류, 사과나무 등

피해 증상 유충이 잎을 갉아 먹는다.

형태 노숙 유충은 몸길이가 약 45㎜로 머리는 검고, 몸은 자흑색으로 등에 등황색 띠가 있다. 유충이 흰독나방과 비슷하지만, 몸의 털이 길고 털끝이 흰색이다. 성충은 날개 편 길이가 41~42㎜로 머리와 가슴, 앞날개는 회백색이고, 앞날개에 칼 무늬가 있다.

생활사 연 2회 발생하며 수피 틈에서 번데기로 월동한다. 성충은 5~6월, 7월 하순~8월 상순에 나타나고, 유충은 6~7월, 8월 중순~9월에 나타난다.

방제 방법 유충의 밀도가 높은 경우에 한해 비티쿠르스타키 수화제 1,000배액 또는 디플루벤주론 수화제 2,500배액을 10일 간격으로 1~2회 살포한다.

갈색형 유충

배저녁나방 *Acronicta rumicis*

피해 수목 매화나무, 버드나무류, 벚나무류, 사과나무 등 각종 활엽수

피해 증상 유충이 어릴 때는 잎에 자그마한 구멍을 내면서 갉아 먹다가 자라면서 잎 전체를 갉아 먹는다.

형태 노숙 유충은 몸길이가 약 30㎜로 흑색형과 갈색형이 있으며, 털이 많다. 성충은 날개 편 길이가 약 31㎜로 머리와 가슴, 앞날개는 흑회색이며, 앞날개에 검은색 줄무늬가 있고 아외연선은 회백색이다.

생활사 연 2회 발생하며 토양 속에서 번데기로 월동한다. 성충은 5~6월, 7~8월에 나타나고, 유충은 6월, 8~9월에 나타난다.

방제 방법 유충의 밀도가 높은 경우에 한해 비티쿠르스타키 수화제 1,000배액 또는 디플루벤주론 수화제 2,500배액을 10일 간격으로 1~2회 살포한다.

갈색형 유충의 옆면

흑색형 유충의 옆면

흑색형 유충

성충

왕뿔무늬저녁나방 *Acronicta major*

피해 수목 단풍나무, 배나무, 벚나무류, 뽕나무, 사과나무 등

피해 증상 유충이 잎을 갉아 먹는다.

형태 노숙 유충은 몸길이가 약 50㎜로 머리는 검고, 몸에 짧고 검은 털과 길고 흰 털이 빽빽하게 나 있다. 성충은 날개 편 길이가 약 52㎜로 몸과 앞날개는 회갈색이고, 앞날개에 칼 무늬와 검은 줄무늬가 있다.

생활사 연 2회 발생하며 수피 틈에서 번데기로 월동한다. 성충은 5월, 7~8월에 나타나고, 유충은 6~7월, 8월 하순~9월에 나타난다.

방제 방법 유충의 밀도가 높은 경우에 한해 비티쿠르스타키 수화제 1,000배액 또는 디플루벤주론 수화제 2,500배액을 10일 간격으로 1~2회 살포한다.

벚나무류

종령 유충

벚나무모시나방 *Elcysma westwoodi*

피해 수목 벚나무류, 복숭아나무, 사과나무, 살구나무, 자두나무

피해 증상 유충이 어릴 때는 잎 뒷면에서 잎살만 갉아 먹고, 자라면서 잎 전체를 갉아 먹는다. 밀도가 높으면 잎을 전부 갉아 먹어 가지만 남는 경우도 있다.

형태 노숙 유충은 몸길이가 약 30㎜로 담황색을 띠며 가늘고 검은 선과 가는 털이 있다. 성충은 날개 편 길이가 약 56㎜로 날개는 반투명하며 시맥이 뚜렷하고 앞날개 기부에 황등색 무늬가 있다.

생활사 연 1회 발생하며, 낙엽 밑에서 유충으로 월동한다. 월동 유충은 4~6월에 잎을 갉아 먹다가 잎을 뒤로 말고 번데기가 된다. 성충은 8월 중순~10월에 나타나며, 새로운 유충은 9월부터 나타난다.

방제 방법 유충 가해 초기에 비티쿠르스타키 수화제 1,000배액 또는 디플루벤주론 수화제 2,500배액을 10일 간격으로 1~2회 살포한다.

줄기의 가해 부위에서 배출되는 수지

복숭아유리나방 *Synanthedon bicingulata*

피해 수목 매화나무, 벚나무류, 복숭아나무, 사과나무 등

피해 증상 유충이 줄기나 가지의 속에서 목질부를 갉아 먹어 외부에 배설물과 수지가 배출된다.

형태 성충은 몸길이가 약 15㎜로 흑자색이며 배마디에 노란 띠가 2개 있고 배 끝에 털 무더기가 있다. 노숙 유충은 몸길이가 약 23㎜로 머리는 황갈색이며 몸은 담갈색이다.

생활사 연 1회 발생하고 줄기나 가지에서 유충으로 월동한다. 우화 최성기는 8~9월이지만, 발생이 매우 불규칙해 5~10월에 걸쳐 오랜 기간 나타나고 줄기의 갈라진 틈이나 상처가 발생한 곳에 알을 한 개씩 낳는다.

방제 방법 우화 최성기인 8~9월에 줄기와 가지에 페니트로티온 유제 1,000배액을 살포하거나 9~11월에 유충방제를 위한 줄기 보호약제(솔향기솔솔 등)를 살포한다.

지속적인 피해로 고사한 나무

번데기

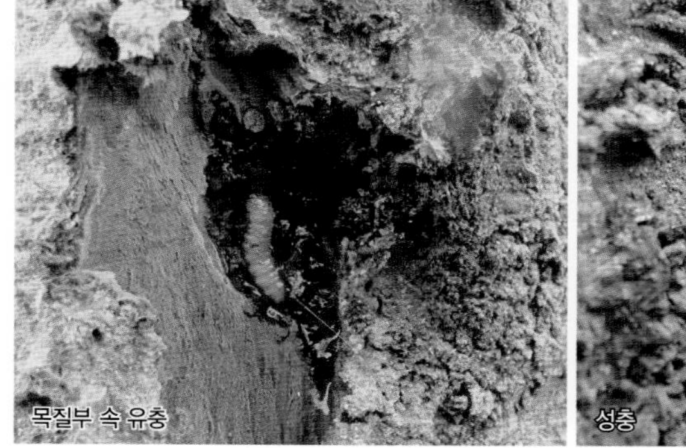
목질부 속 유충

성충

벚나무사향하늘소 *Aromia bungii*

피해 수목 벚나무류, 복숭아나무, 살구나무, 자두나무

피해 증상 유충이 줄기 속에서 목질부를 갉아 먹어 외부에 배설물과 수지가 배출된다.

형태 성충은 몸길이가 30~38㎜로 전체적으로 남색이 도는 검은색이며 앞가슴은 선홍색으로 울퉁불퉁하고 양 옆에 돌기가 있다. 노숙 유충은 몸길이가 약 35㎜로 머리는 갈색이며 몸은 유백색이다.

생활사 2년에 1회 발생하고 줄기나 가지에서 유충으로 월동한다. 우화 최성기는 6~8월이지만, 발생생태가 매우 불규칙해 5~10월까지 오랜 기간에 걸쳐 나타난다.

방제 방법 피해 고사목은 제거하고, 우화 최성기인 6~8월에 아세타미프리드 액제 1,000배액을 줄기에 살포한다.

줄기 밑동에 떨어져 있는 배설물과 톱밥

줄기의 가해 부위에서 배출되는 수지

목질부 속 유충

줄기의 가해 부위에서 배출되는 톱밥

기타 해충

흰띠거품벌레(매화나무 참조)

외점애매미충(꽃복숭아 참조)

두점박이애매미충(꽃사과 참조)

초록애매미충류(이팝나무 참조)

목화진딧물(무궁화 참조)

벚나무류

조팝나무진딧물(조팝나무 참조)

솜털가루깍지벌레(산사나무 참조)

공깍지벌레(매화나무 참조)

차주머니나방(상록활엽수 공통 해충 참조)

남방차주머니나방(상록활엽수 공통 해충 참조)

꼬마쐐기나방(단풍나무 참조)

노랑쐐기나방(단풍나무 참조)

벚나무류

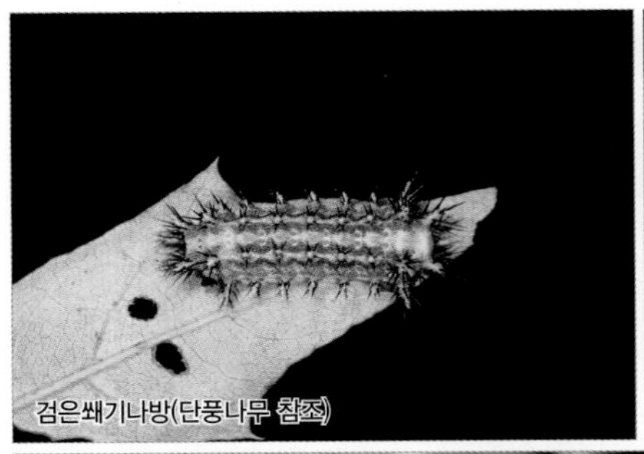
검은쐐기나방(단풍나무 참조)

재주나방(단풍나무 참조)

사과독나방(느티나무 참조)

독나방(단풍나무 참조)

벚나무류

흰독나방(단풍나무 참조)

무늬독나방(단풍나무 참조)

미국흰불나방(버즘나무 참조)

알락하늘소(자작나무 참조)

버들하늘소(산사나무 참조)

오리나무잎벌레(오리나무 참조)

암브로시아나무좀(산사나무 참조)

오리나무좀(느티나무 참조)

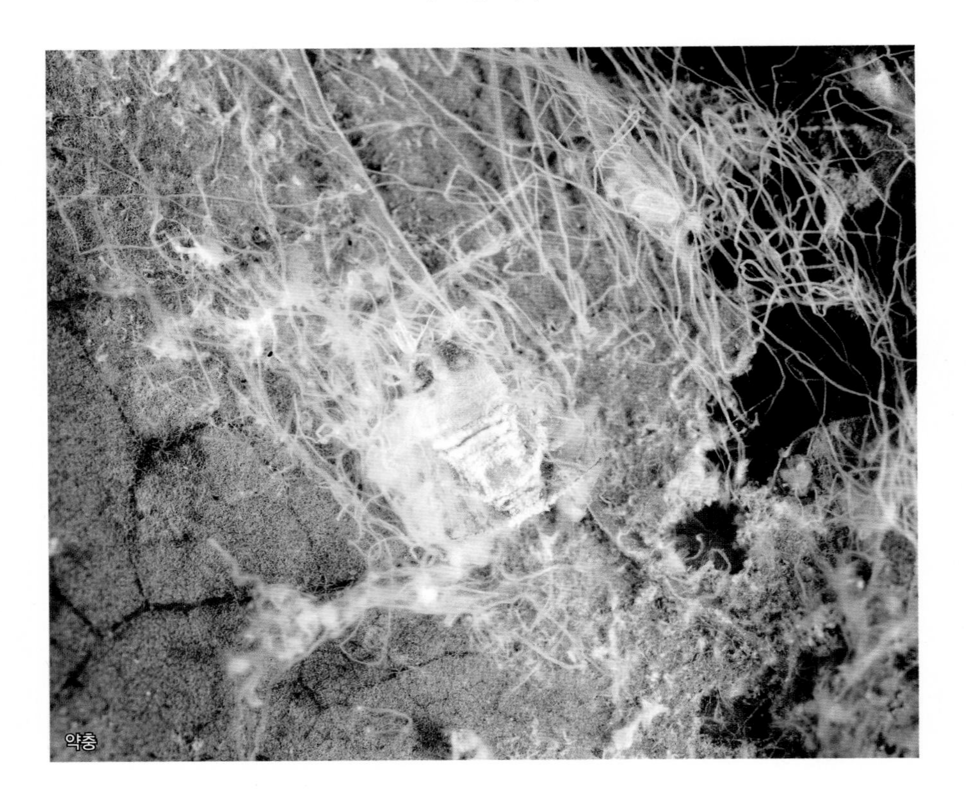

벽오동나무이(가칭) *Carsidara marginalis*

피해 수목 벽오동나무

피해 증상 약충이 어린 가지, 새잎, 잎자루에서 흰색 밀랍물질을 분비하고 집단으로 기생하면서 수액을 빨아 먹는다. 성충은 밀랍을 만들지 않고 수액을 빨아 먹으며, 감로로 인해 부생성 그을음병이 유발된다.

형태 암컷 성충은 몸길이가 약 4㎜로 배마디가 담녹색이고, 수컷 성충은 몸길이가 약 3.5㎜로 배마디가 담황색이다. 약충은 몸길이가 약 2.5㎜로 광택이 있는 담녹색이다.

생활사 정확한 생태는 밝혀지지 않았으며, 성충과 약충이 5~6월, 9~10월에 나타나는 것으로 보아 연 2~3회 발생하는 것으로 추정된다.

방제 방법 약충 발생 초기에 아세타미프리드 수화제 2,000배액 또는 디노테퓨란 수화제 1,000배액을 10일 간격으로 2회 이상 살포한다.

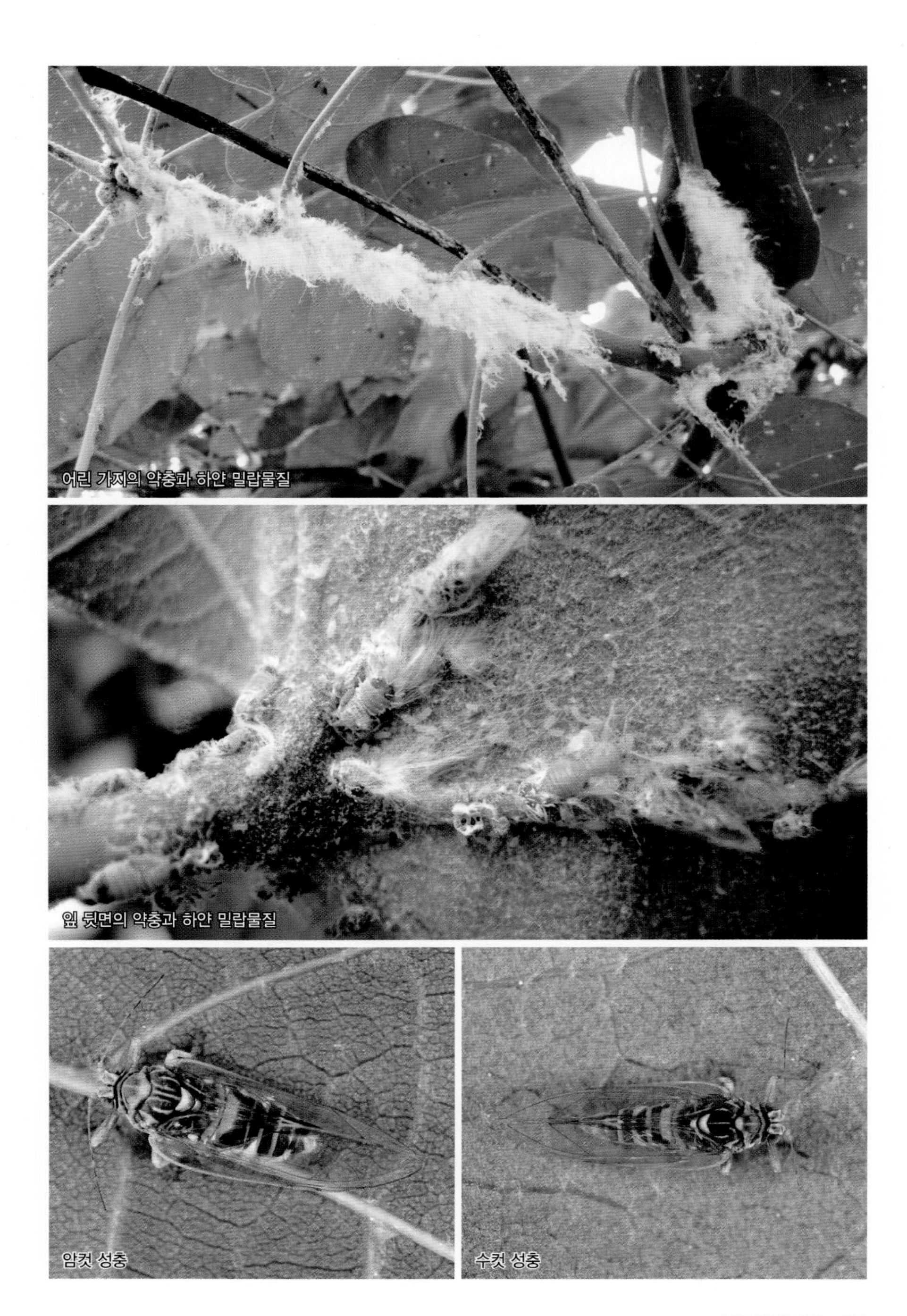

어린 가지의 약충과 하얀 밀랍물질

잎 뒷면의 약충과 하얀 밀랍물질

암컷 성충

수컷 성충

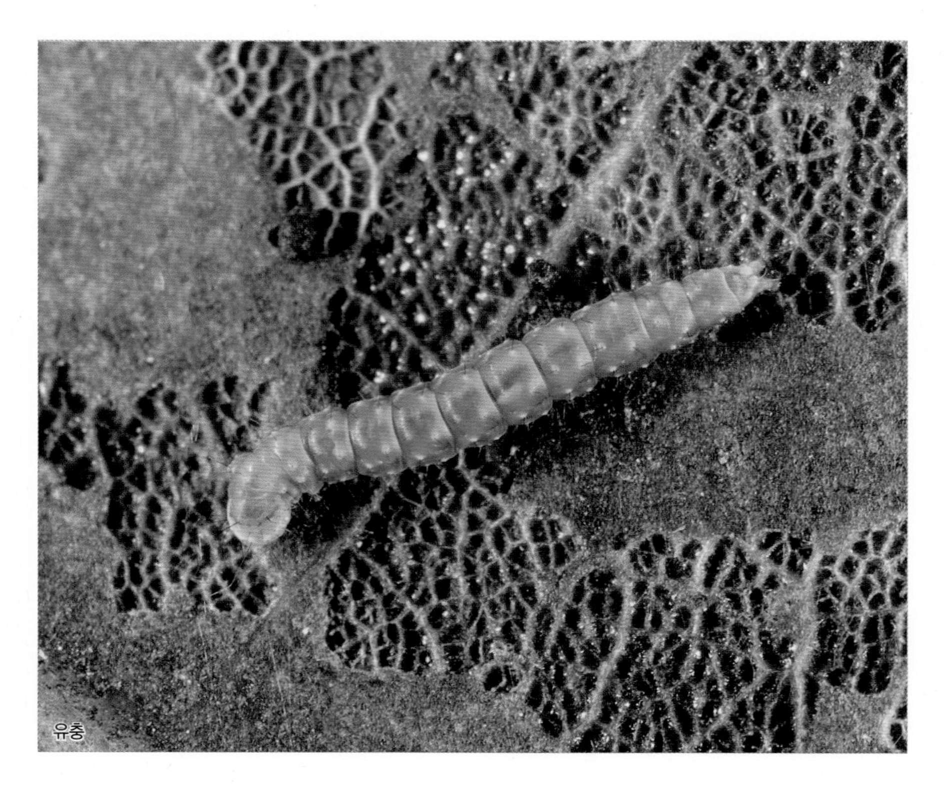
유충

벽오동선굴나방(가칭) *Bucculatrix firmianella*

피해 수목 벽오동나무

피해 증상 어린 유충(1~2령충)은 잎 조직 속에서 표피세포 밑을 실 모양으로 갉아 먹고, 3~4령충은 외부에서 잎을 그물망으로 갉아 먹는다.

형태 노숙 유충은 몸길이가 약 5㎜로 등황색이다. 고치는 길이가 약 6㎜로 황백색이다. 성충은 날개 편 길이가 6~8㎜로 황갈색이다.

생활사 연 5~6회 발생하며 수피 틈에서 고치 속의 번데기로 월동한다. 성충은 5월, 7~8월에 나타나고, 유충은 6~7월, 8월 하순~9월에 나타난다.

방제 방법 피해 초기에 비티쿠르스타키 수화제 1,000배액 또는 디플루벤주론 수화제 2,500배액을 10일 간격으로 2~3회 살포한다.

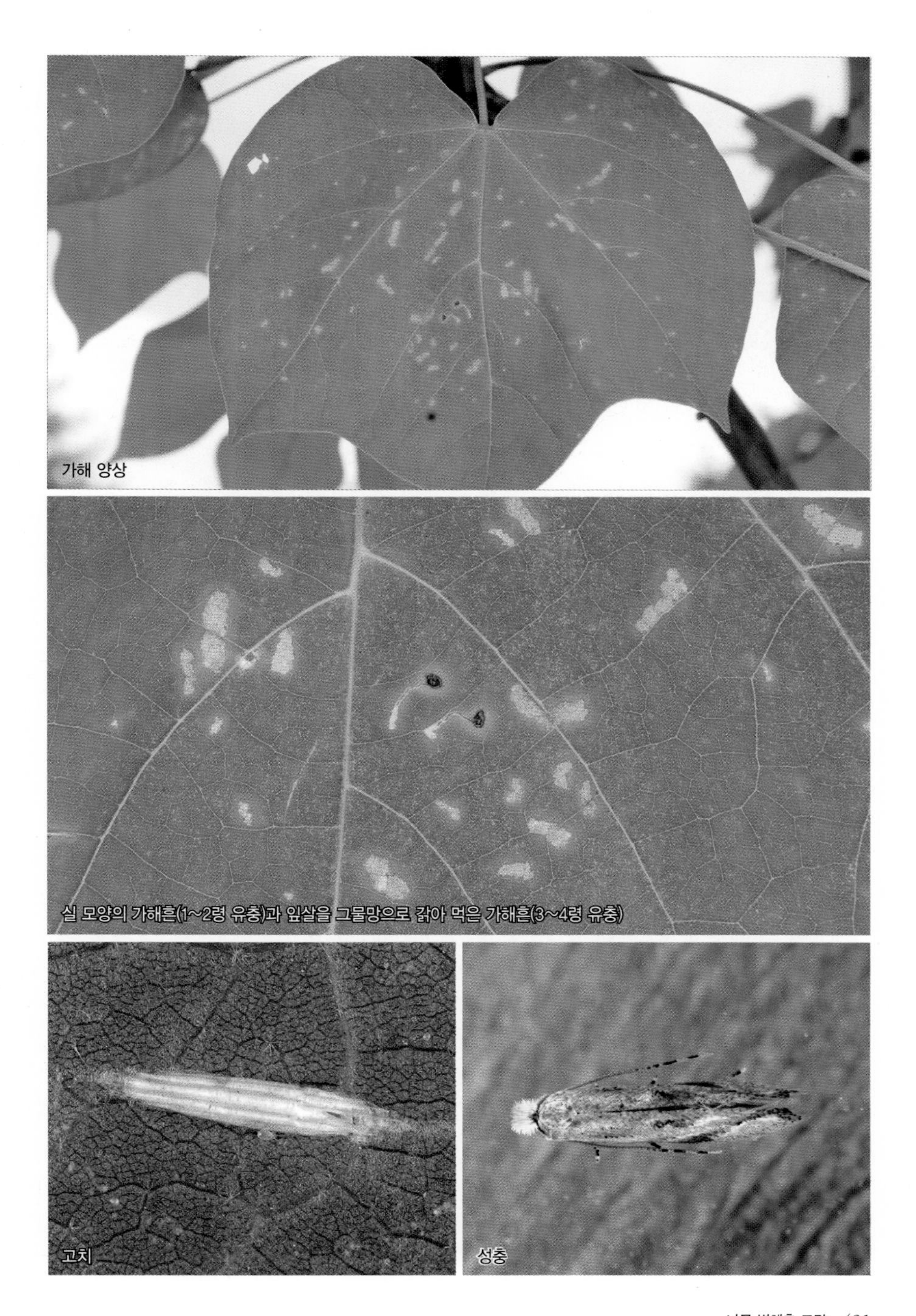

가해 양상

실 모양의 가해흔(1~2령 유충)과 잎살을 그물망으로 갉아 먹은 가해흔(3~4령 유충)

고치

성충

잎 앞면의 병징

점무늬병 Cercospora leaf spot

피해 특징 병꽃나무와 붉은병꽃나무의 주요 병으로 나무가 말라 죽지는 않으나, 잎이 노랗게 변하면서 일찍 떨어진다.

병징 및 표징 초여름부터 잎에 갈색 다각형 또는 부정형 병반이 나타나고, 이 병반은 확대되어 서로 합쳐지기도 하며, 병반 주변의 건전부는 노랗게 변한다. 갈색 병반에는 솜털 같은 흑회색 분생포자덩이로 뒤덮인 작은 점(분생포자좌)이 나타난다.

병원균 *Pseudocercospora* sp. (기존 병꽃나무 점무늬병의 병원균인 *Phaeoramularia weigelicola* 와 분생포자의 형태 등이 다르다.)

방제 방법 피해 초기인 7월부터 아족시트로빈 수화제 1,000배액 또는 이미녹타딘트리스알베실레이트 수화제 1,000배액을 10일 간격으로 2~3회 살포한다.

점무늬병의 병징

병원균의 분생포자

잎 앞면 병반에 나타난 솜털 모양 분생포자덩이

잎 뒷면의 병징

여뀌못털진딧물 *Capitophorus elaeagni*

피해 수목 보리수나무, 보리밥나무, 보리장나무

피해 증상 성충과 약충이 잎에 집단으로 기생하며 수액을 빨아 먹고, 감로로 인해 부생성 그을음병이 유발된다.

형태 유시충은 몸길이가 약 1.8㎜로 녹황색을 띠며, 머리와 가슴은 검고 배마디에 사각형 검은 무늬가 있다. 무시충은 몸길이가 약 1.6㎜로 담녹색 또는 황록색을 띠며, 등에 녹색 무늬가 있고 뿔관이 길다.

생활사 연 수회 발생하며 보리수나무에서 알로 월동한다. 간모가 이른 봄에 잎에서 번식해 무시충, 약충 등이 나타나고, 6월에 유시충이 나타나서 엉겅퀴 등 중간기주식물로 이동한 후 10월에 보리수나무로 돌아온다.

방제 방법 5월 상순부터 아세타미프리드 수화제 2,000배액 또는 디노테퓨란 수화제 1,000배액을 10일 간격으로 2~3회 살포한다.

잎 뒷면의 가해 양상

유시형 약충

약충

무시충(자바못털진딧물과 비슷하지만 무시충의 뿔관 길이로 구분할 수 있다.)

종령 유충

가해 양상

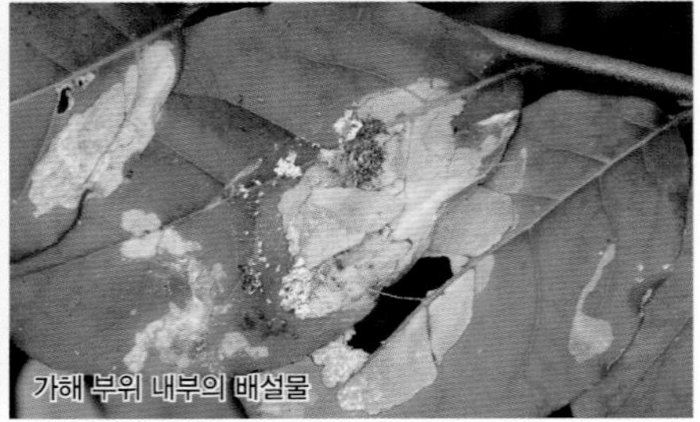
가해 부위 내부의 배설물

괴불왕애기잎말이나방 *Hedya auricristana*

피해 수목 보리수나무

피해 증상 유충이 잎을 2장 또는 여러 장 붙이고 안에서 표피를 제외한 잎살을 갉아 먹는다.

형태 노숙 유충은 몸길이가 약 15㎜로 머리는 검고, 몸의 바탕은 검은색이며, 흰 점들이 산재한다. 성충은 날개길이가 9~17㎜로 몸과 앞날개는 흑회색이고, 앞날개 외연부와 후연부에 흰 무늬가 있다.

생활사 연 2~3회 발생하며, 성충은 4~10월, 유충은 5~9월에 나타난다. 자세한 생태는 밝혀지지 않았다.

방제 방법 피해 초기에 비티쿠르스타키 수화제 1,000배액 또는 디플루벤주론 수화제 2,500배액을 10일 간격으로 1~2회 살포한다.

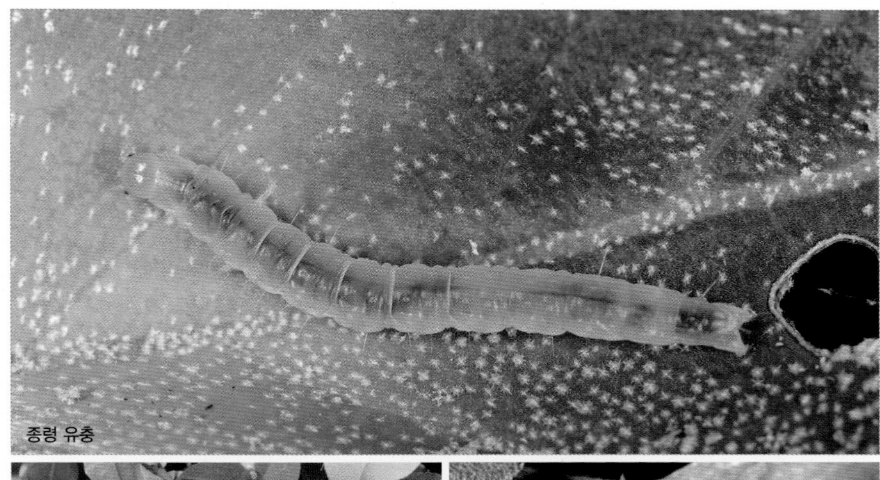
종령 유충

가해 양상

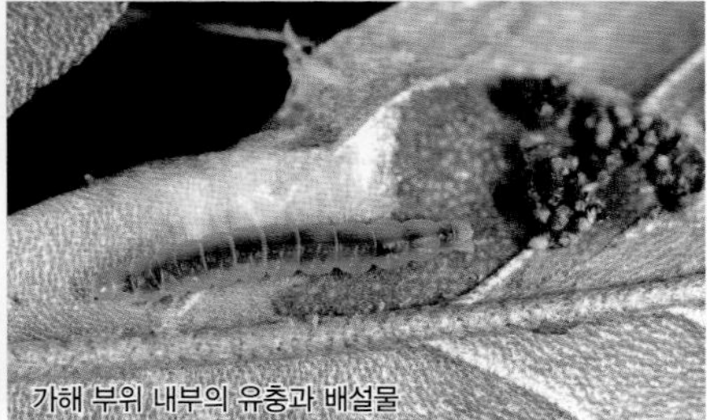
가해 부위 내부의 유충과 배설물

침돌기애기잎말이나방 *Apotomis biemina*

피해 수목 보리수나무

피해 증상 유충이 잎을 2장 또는 여러 장 붙이고 안에서 잎 표피를 제외한 잎살을 갉아 먹는다.

형태 노숙 유충은 몸길이가 약 9㎜로 머리는 담황색이고, 몸은 미색이다. 성충은 날개길이가 약 14㎜로 머리는 황갈색이고, 앞날개는 담황토색 바탕에 흑갈색 무늬가 있다.

생활사 연 1~2회 발생하며, 성충은 5~10월, 유충은 7~9월에 나타난다. 자세한 생태는 밝혀지지 않았다.

방제 방법 피해 초기에 비티쿠르스타키 수화제 1,000배액 또는 디플루벤주론 수화제 2,500배액을 10일 간격으로 1~2회 살포한다.

가해 양상

붉나무혹응애 *Aculops chinonei*

피해 수목 붉나무

피해 증상 전국 각지에서 발생하는 붉나무의 대표적인 해충으로 성충과 약충이 잎 뒷면에 기생해 잎 앞면에 사마귀 같은 둥근 벌레혹을 형성한다. 벌레혹은 봄에는 녹색이나 늦여름 이후 붉게 변한다.

형태 암컷 성충은 몸길이가 0.21~0.28㎜로 원통형이고, 몸 색깔은 등색이다. 수컷은 몸길이가 약 0.22㎜이다.

생활사 연 수회 발생하며 자세한 생태는 밝혀지지 않았다.

방제 방법 새잎이 나오는 4월부터 피리다펜티온 유제 1,000배액을 10일 간격으로 2회 이상 살포한다.

가해 초기에 나타나는 잎 뒷면의 하얀색 분비물질

붉나무혹응애 성충

잎 앞면의 벌레혹

잎 뒷면의 개구부

종령 유충

은무늬모진애기밤나방 *Gabala argentata*

피해 수목 붉나무

피해 증상 유충이 잎 뒷면의 주맥에 붙어서 주맥을 제외한 잎 전체를 갉아 먹는다.

형태 노숙 유충은 몸길이가 약 20㎜로 담녹색이다. 성충은 날개 편 길이가 약 28㎜로 앞날개는 회색, 황갈색 또는 등갈색 바탕에 은백색 그물 무늬가 기부에 있다.

생활사 연 1회 발생하며, 성충으로 월동한다. 성충은 5월, 7~8월에 나타나고 유충은 6~7월, 8~9월에 나타난다.

방제 방법 피해 초기에 비티아이자와이 입상수화제 2,000배액 또는 디플루벤주론 수화제 2,500배액을 10일 간격으로 1~2회 살포한다.

가해 양상
고치
종령 유충
성충

광택이 있는 검은색 유충

가해 양상

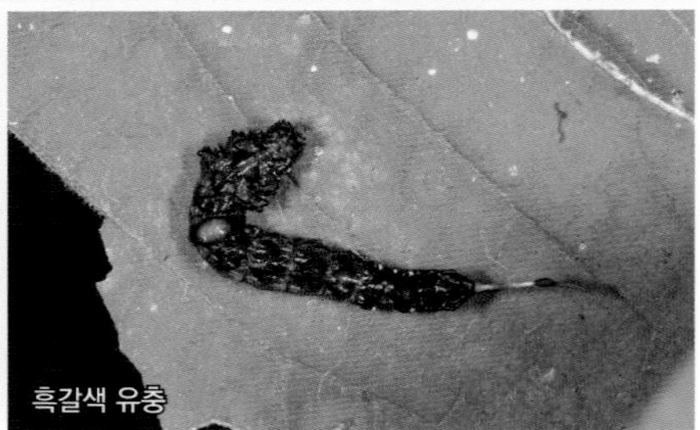
흑갈색 유충

금빛갈고리나방 *Ausaris patrana*

피해 수목 붉나무, 개옻나무

피해 증상 유충이 잎을 갉아 먹는다.

형태 노숙 유충은 몸길이가 약 20㎜로 황갈색 또는 검은색을 띠며, 배 끝에 꼬리가 있다. 성충은 날개 편 길이가 31~40㎜로 몸과 앞날개는 황갈색이며, 앞날개는 끝부분이 갈색이고 외횡선에 갈색 선이 2개 있다.

생활사 자세한 생태는 밝혀지지 않았으며, 성충은 5~10월에 나타나고, 유충은 6~10월에 나타난다.

방제 방법 유충의 밀도가 높은 경우에 한해 비티쿠르스타키 수화제 1,000배액 또는 디플루벤주론 수화제 2,500배액을 10일 간격으로 1~2회 살포한다.

점무늬큰창나방 *Sericophara guttata*

피해 수목 붉나무, 개옻나무

피해 증상 유충이 잎을 자른 후 말고 그 속에서 잎을 갉아 먹는다.

형태 노숙 유충은 몸길이가 약 18㎜로 머리는 검은색이고, 몸은 흑적색으로 광택이 있다. 성충은 날개 편 길이가 27~29㎜로 몸과 앞날개는 황갈색이며, 앞날개 중앙부에 담황색 큰 점무늬가 있다.

생활사 자세한 생태는 밝혀지지 않았으며, 성충은 7~8월에 나타나고, 유충은 6~10월에 나타난다.

방제 방법 유충의 밀도가 높은 경우에 한해 비티쿠르스타키 수화제 1,000배액 또는 디플루벤주론 수화제 2,500배액을 10일 간격으로 1~2회 살포한다.

종령 유충

뽕나무명나방 *Glyphodes pyloalis*

피해 수목 뽕나무

피해 증상 봄부터 가을까지 유충이 잎 1장 또는 여러 장을 묶고 그 속에서 잎을 갉아 먹으며, 주로 햇빛이 많이 비치는 나무에 피해가 많다.

형태 노숙 유충은 몸길이가 약 18㎜로 머리는 황갈색이고 몸은 바탕이 회녹색이며, 검은 점무늬가 있다. 성충은 날개길이가 20~23㎜이고 몸은 황갈색이며, 앞날개와 뒷날개 바탕은 흰색이며, 황갈색 무늬가 있다.

생활사 연 4회 발생하며 가지 틈 또는 낙엽 속에서 유충으로 월동한다. 성충은 5월 중순~10월에 나타나서 잎 뒷면의 잎맥에 산란하고, 유충은 6~10월에 잎을 갉아 먹는다.

방제 방법 6월부터 비티쿠르스타키 수화제 1,000배액 또는 디플루벤주론 수화제 2,500배액을 10일 간격으로 2회 이상 살포한다.

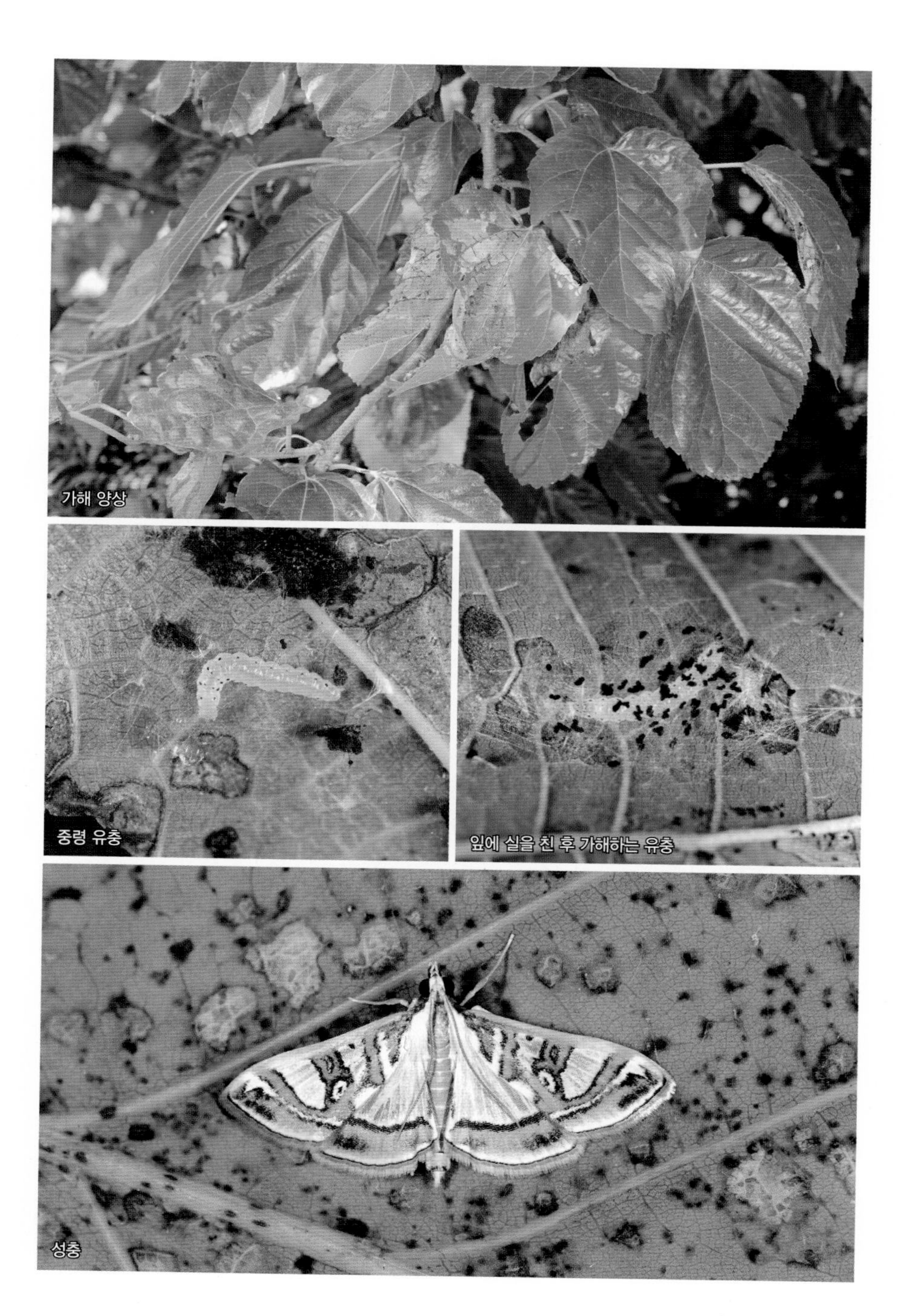
가해 양상
중령 유충
잎에 실을 친 후 가해하는 유충
성충

뽕나무이 *Anomoneura mori*

피해 수목 뽕나무류

피해 증상 성충과 약충이 잎 뒷면에서 집단으로 수액을 빨아 먹어 잎이 위축되면서 변색되며, 감로로 인해 부생성 그을음병이 유발된다.

형태 성충은 몸길이가 3~4㎜로 황록색이며 날개는 투명하지만, 월동 후에는 다갈색을 띤다. 약충은 몸길이가 약 3㎜로 담황색이고 실 모양으로 기다란 흰색 밀랍물질을 분비한다.

생활사 연 1회 발생하며 성충으로 월동한다. 월동 성충은 4~5월에 잎 뒷면의 잎맥을 따라 산란하고, 산란 후 약 2주일 후부터 약충이 나타나기 시작해 7월 하순에 성충이 된다.

방제 방법 약충 발생 초기에 아세타미프리드 수화제 2,000배액 또는 디노테퓨란 수화제 1,000배액을 10일 간격으로 2회 이상 살포한다.

기타 해충

미국선녀벌레(아까시나무 참조)

두점박이애매미충(꽃사과 참조)

선녀벌레(돈나무 참조)

목화진딧물(무궁화 참조)

거북밀깍지벌레(상록활엽수 공통 해충 참조)

뿔밀깍지벌레(상록활엽수 공통 해충 참조)

말채나무공깍지벌레

줄솜깍지벌레(팽나무 참조)

뽕나무

뽕나무깍지벌레(벚나무류 참조)

알락하늘소(자작나무 참조)

오리나무잎벌레(오리나무 참조)

오리나무좀(느티나무 참조)

사과무늬잎말이나방(느릅나무 참조)

노랑쐐기나방(단풍나무 참조)

니토베가지나방(벚나무류 참조)

차독나방(동백나무 참조)

뽕나무

흰독나방(단풍나무 참조)

독나방(단풍나무 참조)

미국흰불나방(버즘나무 참조)

왕뿔무늬저녁나방(벚나무류 참조)

배저녁나방(벚나무류 참조)

귤응애(꽃복숭아 참조)

차응애(꽃사과 참조)

점박이응애(대추나무 참조)

산사나무

잎자루의 녹포자기

붉은별무늬병 Cedar apple rust

피해 특징 향나무, 노간주나무와 기주교대하는 이종기생성병으로 5~6월에 흔히 볼 수 있으며, 잎 뒷면에 털 같은 것이 잔뜩 돋아나고 심하면 일찍 떨어진다.

병징 및 표징 5월 상순부터 잎 앞면에 2~5㎜ 크기의 오렌지색 원형 병반이 나타나고, 병반 위에 작은 흑갈색 점(녹병정자기)이 형성되며, 이 녹병정자기에서 끈적덩이(녹병정자)가 흘러나온다. 5월 중순~7월 상순에 병반 뒷면에 약 5㎜ 크기의 털 모양 돌기(녹포자기)가 무리지어 나타난다. 녹포자기가 성숙하면 그 안에서 엷은 오렌지색 가루(녹포자)가 터져 나온다.

병원균 *Gymnosporangium yamadae, G. clavariiforme, G. globosum*

방제 방법 4~5월에 트리아디메폰 수화제 800배액 또는 페나리몰 수화제 3,300배액을 10일 간격으로 3~4회 살포한다. 또한, 주변의 향나무에도 동일 약제를 4월 상순부터 10일 간격으로 2~3회 살포한다.

붉은별무늬병의 병징

잎 앞면의 녹병정자기

잎 뒷면의 녹포자기

피해 초기의 병징

암컷 성충

흰색 밀랍으로 덮여 있는 암컷 성충

흰색 밀랍으로 덮여 있는 암컷 성충

솜털가루깍지벌레 *Coccura suwakoensis*

피해 수목 감나무, 벚나무류, 배나무, 사과나무, 산사나무, 금목서 등

피해 증상 성충과 약충이 줄기와 어린 가지, 잎에서 기생하며 수액을 빨아 먹어 나무의 수세를 약화시킨다.

형태 암컷 성충은 몸길이가 5~8㎜로 원형 돔 모양이며, 등면은 약간 딱딱한 흑갈색으로 흰색 밀랍물질로 덮여 있다.

생활사 연 1회 발생하고 줄기나 가지에서 약충으로 월동한다. 암컷 성충은 3월 중순에 나타나서 가지로 이동해 자라다가 6월 하순~8월 상순에 산란한다. 약충은 산란 후 얼마 지나지 않아 나타나서 잎 뒷면으로 이동해 기생하고 11월에 월동처로 이동한다.

방제 방법 7월 하순~3월 상순에 디노테퓨란 액제 1,000배액 또는 클로티아니딘 입상수용제 2,000배액을 10일 간격으로 2~3회 살포한다.

버들하늘소 *Megopis sinica*

피해 수목 벚나무류, 사과나무, 오리나무 등

피해 증상 유충이 줄기의 수피 아래에서 목질부 속으로 파먹어 들어가고 외부로 톱밥 등이 배출된다. 피해가 나무 하나에 집중적으로 나타나는 경향이 있어 결국에 나무가 고사하는 경우가 많다.

형태 성충은 몸길이가 35~55㎜로 몸과 딱지날개는 암갈색이다. 노숙 유충은 몸길이가 60~80㎜로 머리는 담황색으로 가장자리가 검은색이고, 가슴과 배는 유백색이다.

생활사 연 1회 발생하며 지역에 따라 2년에 1회 발생하는 경우도 있다. 유충으로 월동하며 우화한 성충의 탈출 시기는 7~8월이다.

방제 방법 6~9월에 아세타미프리드 액제 1,000배액을 3회 이상 살포한다.

성충 윗면

암브로시아나무좀 *Xyleborinus saxeseni*

피해 수목 느티나무, 밤나무, 벚나무류, 산사나무 등 각종 활엽수와 침엽수

피해 증상 수세 쇠약목의 목질부에 침입해 외부로 배설물을 배출하며, 암브로시아균을 배양해 수세를 저하시키고 심하면 고사에 이르게 한다.

형태 암컷 성충은 몸길이가 약 2㎜로 긴 원통형이며 광택이 있는 흑갈색이다.

생활사 연 1~2회 발생하며 성충으로 월동한다. 성충은 주로 4~5월, 7월 중순~8월에 나타나 줄기의 목질부에 구멍을 뚫고 들어가서 산란한다. 부화 유충은 6~7월, 8~12월에 나타나서 암브로시아균을 먹고 자란다.

방제 방법 피해목과 고사목을 제거해 소각하거나 훈증처리하고 피해가 경미한 나무는 줄기 보호용 약제(솔바람솔솔 등)를 줄기에 살포한다.

성충의 옆면

외부로 배출된 톱밥과 배설물

외부로 배출된 톱밥

성충의 침입공

기타 해충

차응애(꽃사과 참조)

조팝나무진딧물(조팝나무 참조)

조팝나무진딧물(조팝나무 참조)

조팝나무진딧물(조팝나무 참조)

조팝나무진딧물(조팝나무 참조)

미국흰불나방(버즘나무 참조)

미국흰불나방(버즘나무 참조)

배나무방패벌레(벚나무류 참조)

산사나무

배나무방패벌레 피해흔(벚나무류 참조)

배나무방패벌레 피해흔(벚나무류 참조)

매실애기잎말이나방(쥐똥나무 참조)

매실애기잎말이나방(쥐똥나무 참조)

꼬마버들재주나방(버드나무류 참조)

꼬마버들재주나방(버드나무류 참조)

버들재주나방(버드나무류 참조)

버들재주나방(버드나무류 참조)

점무늬병의 병징

점무늬병 Cercospora leaf spot

피해 특징 층층나무속 나무의 주요 병으로 나무가 말라 죽지는 않으나, 잎이 노랗게 변하면서 일찍 떨어진다. 특히 여름에 비가 많이 오면 초가을에 거의 모든 잎이 떨어질 정도로 피해가 크다.

병징 및 표징 초여름부터 잎에 잎맥으로 둘러싸인 다각형 암갈색 병반이 나타나고, 잎 앞면의 암갈색 병반에는 솜털 같은 회색 분생포자덩이로 뒤덮인 작은 점(분생포자좌)이 나타난다.

병원균 *Pseudocercospora cornicola*

방제 방법 6월 하순부터 아족시트로빈 수화제 1,000배액 또는 이미녹타딘트리스알베실레이트 수화제 1,000배액을 2주 간격으로 2~3회 살포한다.

잎 앞면의 병징

잎 뒷면의 병징

병원균의 분생포자

잎 앞면 병반에 나타난 솜털 모양 분생포자덩이

두창병의 병징

잎 앞면 병반

잎 뒷면 병반

두창병 Spot anthracnose

피해 특징 봄에 비가 자주 오고 낮은 기온이 지속될 때 많이 발생한다.

병징 및 표징 어린 잎에 1~3㎜ 크기의 원형 적갈색 병반이 다수 나타나며, 병반 중앙부는 차츰 하얗게 변하고 결국에는 부서져서 구멍이 난다. 병반이 잎맥 주변에 다수 발생하면 잎이 오그라들면서 기형이 된다. 잎자루와 어린 가지에도 원형~타원형 적갈색 반점이 나타나고 점차 부풀어 올라 표면이 거칠어진다. 다습하면 잎자루와 어린 가지의 병반 위에 유백색 분생포자덩이가 솟아오른다.

병원균 *Elsinoe corni*

방제 방법 잎이 나온 직후부터 이미녹타딘트리스알베실레이트 수화제 1,000배액 또는 프로피네브 수화제 500배액을 10일 간격으로 2~3회 살포한다.

탄저병의 병징

잎 앞면 병반에 나타난 유백색 분생포자덩이

병원균의 분생포자

탄저병 Anthracnose

피해 특징 장마철 이후에 피해가 나타나며, 특히 밀식되어 채광과 통풍이 불량한 곳에서 피해가 많다.

병징 및 표징 잎은 가장자리를 중심으로 불규칙한 갈색 병반이 나타나며, 잎 앞면 병반에는 작고 검은 점(분생포자층)이 나타나고 다습하면 유백색 분생포자덩이가 솟아오른다. 열매에는 수침상 불규칙한 갈색 병반이 나타나고 점차 확대되어 전체가 흑갈색으로 말라 죽는다.

병원균 *Colletotrichum gloeosporioides*

방제 방법 피해 초기에 메트코나졸 액상수화제 3,000배액 또는 프로피네브 수화제 600배액을 10일 간격으로 2~3회 살포한다.

잎테두리마름병의 병징

잎 앞면 병반에 나타난 검은색 분생포자층

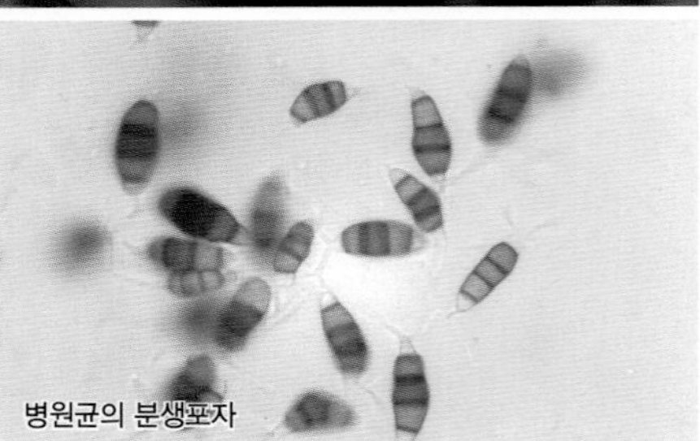
병원균의 분생포자

잎테두리마름병 Margin blight

피해 특징 여름 이후 발생하고, 태풍이 지나간 이후에 피해가 만연되는 특징이 있다.

병징 및 표징 주로 잎가장자리부터 담갈색으로 변하고 건전부와 병반의 경계는 자갈색으로 희미하게 구분된다. 잎 양면 병반 위에 작고 검은 점(분생포자층)이 나타나고 다습하면 검은색 뿔 모양 분생포자덩이가 솟아오른다.

병원균 *Pestalotiopsis guepinii*

방제 방법 병든 잎은 제거하고, 매년 피해가 발생하는 지역의 경우 태풍 이후 이미녹타딘트리스알베실레이트 수화제 1,000배액 또는 프로피네브 수화제 500배액을 10일 간격으로 2~3회 살포한다.

흰가루병의 병징

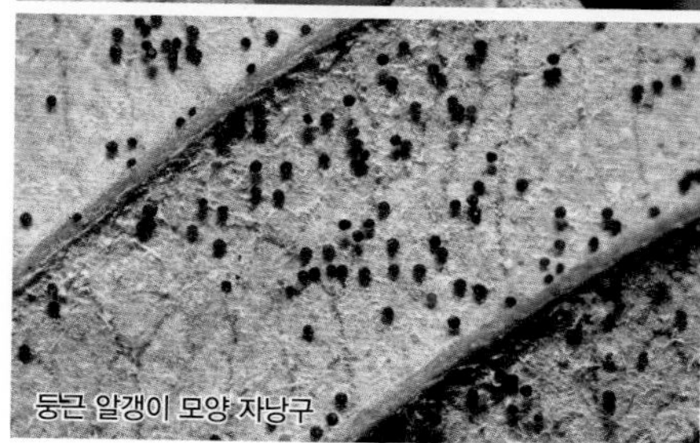
둥근 알갱이 모양 자낭구

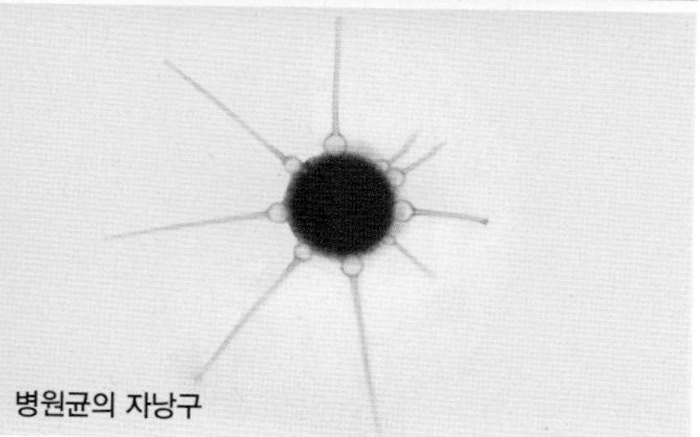
병원균의 자낭구

흰가루병 Powdery mildew

피해 특징 잎 뒷면에만 발생하며, 밀식되어 통풍이 불량한 곳이나 습하고 그늘진 곳에서 잘 발생한다.

병징 및 표징 8월 이후부터 잎에 작고 흰 반점 모양 균총(균사와 분생포자의 무리)이 나타나고, 종종 점차 진전되면서 잎 뒷면 전체가 밀가루를 뿌려 놓은 것처럼 보일 때도 있다. 가을이 되면 잎의 균총 위에 작고 둥근 노란 알갱이(자낭구)가 다수 나타나기 시작하고 성숙하면 검은색으로 변한다.

병원균 *Phyllactinia corni*

방제 방법 발병 초기에 마이클로뷰타닐 수화제 1,500배액 등 흰가루병 적용 약제를 10일 간격으로 2회 이상 살포한다.

간모, 무시충, 약충

진딧물류 unknown

피해 수목 산수유, 산딸나무

피해 증상 성충과 약충이 새로 나온 가지와 잎 뒷면의 주맥에서 집단으로 기생하며 수액을 빨아 먹는다.

형태 유시충은 몸길이가 약 1.8㎜로 머리와 가슴은 검고 배마디는 황갈색 바탕에 사각형 검은 무늬가 있다.

생활사 이른 봄에 산수유, 산딸나무의 녹색 가지와 잎 뒷면에서 유시충, 무시충, 약충이 가해하고, 6월 상순이 되면 발견되지 않는다.

방제 방법 4월 하순~5월 하순에 아세타미프리드 수화제 2,000배액 또는 디노테퓨란 수화제 1,000배액을 10일 간격으로 2~3회 살포한다.

어린 가지 가해

잎 뒷면의 가해

유시충, 간모, 무시충

유시충, 무시충

잎 앞면의 벌레혹

소사나무혹응애(가칭) unknown

피해 수목 소사나무

피해 증상 성충이 잎 뒷면으로 침입해 잎 앞면에 부정형 벌레혹을 만들고 그 안에서 가해한다.

형태 성충은 몸길이가 약 0.22㎜이고 항아리 모양이며 황적색을 띤다.

생활사 자세한 생태는 밝혀지지 않았다.

방제 방법 새잎이 나오는 4월부터 피리다펜티온 유제 1,000배액을 10일 간격으로 2회 이상 살포한다.

가해 양상
소사나무혹응애(가칭) 성충
벌레혹 속 성충
잎 뒷면의 개구부

잎 앞면의 병징

회색무늬병(가칭) Gray leaf spot

피해 특징 병든 잎이 초여름에 일찍 떨어져서 나무의 수세가 크게 떨어진다. 국내외 미기록 병으로 병원균의 동정과 생태에 대한 추가적인 연구가 필요하다.

병징 및 표징 처음에는 잎에 작은 갈색 반점이 나타나고 점차 확대되어 담갈색을 띤 둥근 병반이 된다. 병반과 건전부와의 경계는 불명확하며, 잎 뒷면 병반은 회갈색을 띤다. 잎 앞면의 담갈색 병반에는 자그마한 검은색 돌기가 잎 조직을 뚫고 솟아오른다.

병원균 *Stagonospora* sp.

방제 방법 봄부터 이미녹타딘트리스알베실레이트 수화제 1,000배액 또는 프로피네브 수화제 500배액을 2주 간격으로 2~3회 살포한다.

병원균의 분생포자

잎 앞면의 암갈색 돌기

잎 뒷면의 병징

갈색무늬병(가칭)의 병징

갈색무늬병(가칭) Brown leaf spot

피해 특징 잎과 꽃받침에 발생하는 병으로 나무가 말라 죽지는 않으나, 잎이 노랗게 변하면서 일찍 떨어진다.

병징 및 표징 7월 중순부터 잎에 작은 적자색 점무늬 병반이 나타나며, 점차 확대되어 2~3㎜ 크기의 병반이 되고 중앙부는 회색을 띤다. 종종 병반이 약 10㎜ 크기의 겹둥근무늬로 커질 때도 있다. 다습하면 병반에 회갈색 솜털 같은 균총이 나타난다.

병원균 *Corynespora* sp.

방제 방법 피해 초기인 6월부터 이미녹타딘트리스알베실레이트 수화제 1,000배액 또는 프로피네브 수화제 500배액을 10일 간격으로 2~3회 살포한다.

잎 앞면의 병징

잎 뒷면의 병징

병원균의 분생포자

잎 앞면 병반에 나타난 솜털 모양 균총

흰가루병의 병징

둥근 알갱이 모양 자낭구

병원균의 자낭구와 자낭, 자낭포자

흰가루병 Powdery mildew

피해 특징 잎 앞면에서 발생하며 밀식되어 통풍이 불량한 곳이나 습하고 그늘진 곳에서 잘 발생한다.

병징 및 표징 7월 이후부터 잎에 작고 흰 반점 모양 균총(균사와 분생포자의 무리)이 나타나고, 점차 진전되면서 잎 전체에 밀가루를 뿌려 놓은 것처럼 된다. 가을이 되면 잎의 균총 위에 작고 둥근 노란 알갱이(자낭구)가 다수 나타나기 시작하고 성숙하면 검은색으로 변한다.

병원균 *Microsphaera syringae-japonicae*

방제 방법 발병 초기에 마이클로뷰타닐 수화제 1,500배액 등 흰가루병 적용 약제를 10일 간격으로 2회 이상 살포한다.

기타 해충

물푸레면충(물푸레나무 참조)

귤가루이(광나무 참조)

쥐똥밀깍지벌레(쥐똥나무 참조)

뽕나무깍지벌레(벚나무류 참조)

두점알벼룩잎벌레(이팝나무 참조)

미국흰불나방(버즘나무 참조)

수수꽃다리명나방(광나무 참조)

수수꽃다리명나방(광나무 참조)

흰가루병의 병징

흰가루병 Powdery mildew

피해 특징 잎 앞면과 뒷면 모두에서 발생한다. 어린 잎에 발생하면 잎이 오그라들고, 피해가 심할 경우 잎이 일찍 떨어진다.

병징 및 표징 6월 이후부터 잎에 작고 흰 반점 모양 균총(균사와 분생포자의 무리)이 나타나고, 점차 진전되면서 잎 전체에 밀가루를 뿌려 놓은 것처럼 된다. 가을이 되면 잎의 균총 위에 작고 둥근 노란 알갱이(자낭구)가 다수 나타나기 시작하고 성숙하면 검은색으로 변한다.

병원균 *Microsphaera robiniae*

방제 방법 발병 초기에 마이클로뷰타닐 수화제 1,500배액 등 흰가루병 적용 약제를 10일 간격으로 2회 이상 살포한다.

잎 앞면의 균총

잎 뒷면의 균총

병원균의 자낭구와 자낭

둥근 알갱이 모양 자낭구

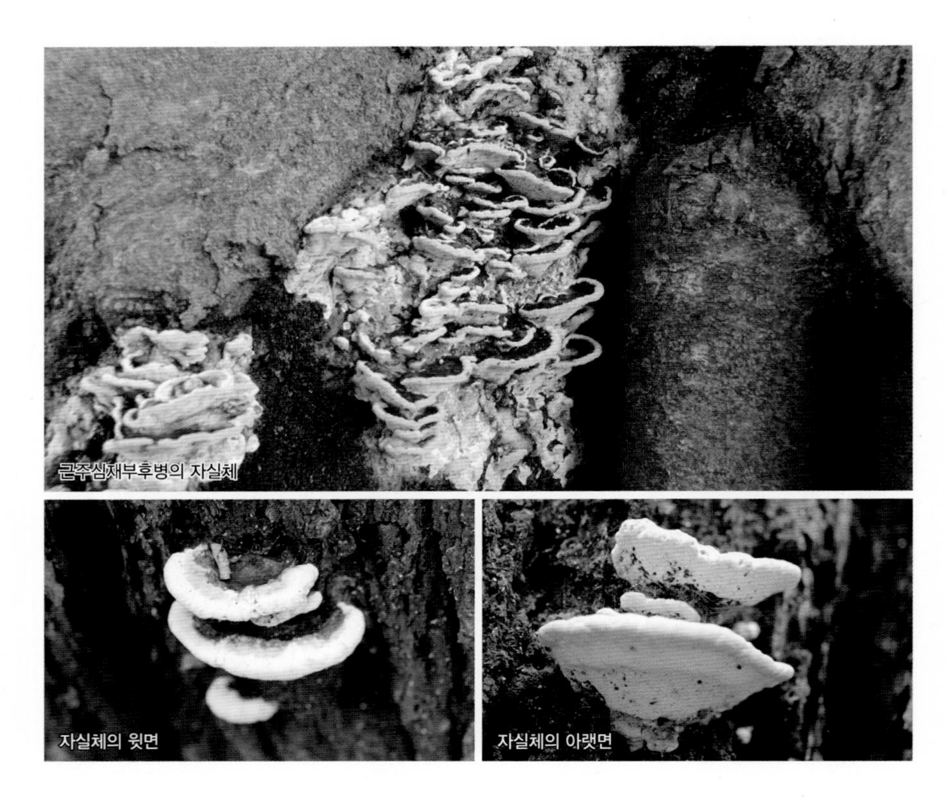

근주심재부후병의 자실체

자실체의 윗면

자실체의 아랫면

근주심재부후병 Butt rot

피해 특징 줄기 밑동과 뿌리의 심재와 변재에 백색부후가 발생해 수세쇠약 또는 나무의 고사를 초래하는 병으로 강풍 때 부러지거나 넘어질 위험도 높아진다.

병징 및 표징 초여름부터 줄기 밑동에 병원균의 자실체인 아까시재목버섯이 무리지어 발생한다. 자실체는 초기에는 담황색 반구형~반원형이고 가을이 되면 흑갈색으로 변한다.

병원균 *Perenniporia fraxinea*

방제 방법 부패한 목재조직을 제거하고 테부코나졸 도포제를 바르거나 외과수술을 실시한다.

어린 가지의 약충

어린 가지의 위축 증상

무시충

아카시아진딧물 *Aphis craccivora*

피해 수목 개나리, 대추나무, 등나무, 무궁화나무, 붉나무, 아까시나무 등

피해 증상 성충과 약충이 어린 가지에 모여 살면서 수액을 빨아 먹어 피해 받은 가지는 선단부가 위축되며 생장을 저해한다.

형태 무시충은 몸길이가 1.5~2㎜로 광택이 있는 검은색을 띠며, 약충은 적갈색이며 흰색 가루로 덮여 있다.

생활사 연 수회 발생하며 알로 월동한다. 약충은 5월부터 나타나고 성충과 약충이 여름까지 동시에 가해한다.

방제 방법 5월 상순부터 아세타미프리드 수화제 2,000배액 또는 디노테퓨란 수화제 1,000배액을 2주 간격으로 2~3회 살포한다.

가지의 가해 양상

미국선녀벌레 *Metcalfa pruinosa*

피해 수목 감나무, 명자나무, 배나무, 아까시나무, 참나무류 등 많은 활엽수

피해 증상 성충과 약충이 가지와 잎에서 집단으로 기생하며 수액을 빨아 먹어 나무를 말라 죽게 하고, 부생성 그을음병이 유발된다. 또한 왁스물질을 분비해 잎이 지저분하게 된다.

형태 성충은 몸길이가 7~8.5㎜로 회색을 띤다. 약충은 몸길이가 약 5㎜로 몸 색깔은 유백색이지만, 하얀 솜과 같은 왁스물질로 덮여 있다.

생활사 연 1회 발생하며 가지에서 알로 월동한다. 3~4월 중순에 부화한 약충은 잎과 가지로 이동해 가해한다. 성충은 6~10월에 나타나고, 9월경부터 가지나 줄기의 갈라진 틈에 산란한다.

방제 방법 5월 중순부터 디노테퓨란 입상수화제 2,000배액을 2주 간격으로 3회 이상 살포한다.

잎 뒷면의 가해 양상
우화 직후 성충
약충
성충

잎가장자리가 노랗게 변하는 증상

유충에 의해 잎가장자리가 뒷면으로 말린 증상

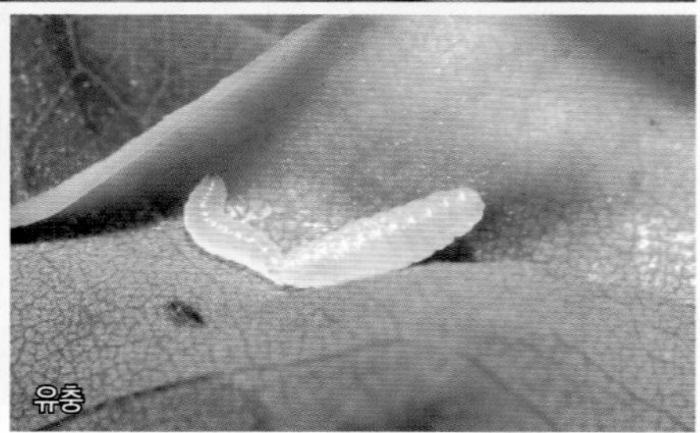
유충

아까시잎혹파리 *Obolodiplosis robiniae*

피해 수목 아까시나무

피해 증상 유충이 잎 뒷면의 가장자리에서 수액을 빨아 먹어 잎이 뒤로 말린다. 뒤로 말린 잎은 처음에는 녹색이지만 점차 갈색으로 마른다.

형태 노숙 유충은 몸길이가 4~5㎜로 유백색이다. 성충은 몸길이가 3~5㎜로 머리는 검은색이고, 날개는 투명하며 검은 털로 덮여 있다.

생활사 연 5~6회 발생하며, 토양 속에서 번데기로 월동한다. 성충은 4월 하순~5월 하순, 5월 하순~6월 하순, 6월 하순~7월 하순에 나타나서 잎가장자리에 산란한다. 부화 유충은 잎을 말면서 수액을 빨아 먹는다.

방제 방법 4월 하순~6월 하순에 티아클로프리드 액상수화제 2,000배액을 2주 간격으로 2~3회 살포한다.

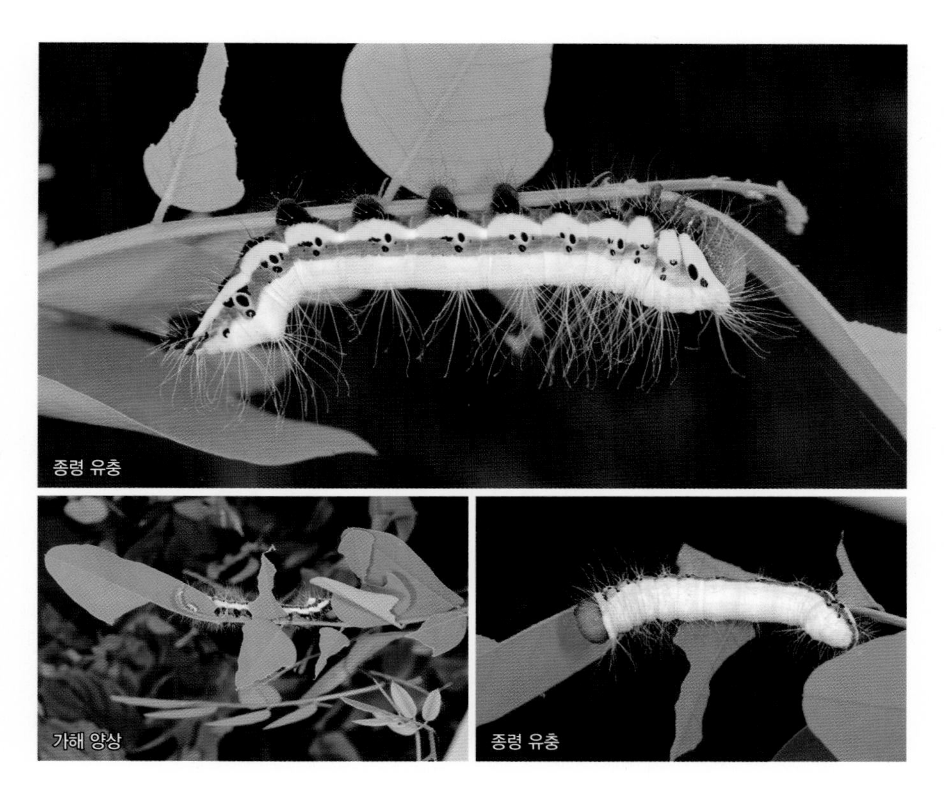

종령 유충

가해 양상

종령 유충

배얼룩재주나방 *Phalera grotei*

피해 수목 아까시나무, 싸리나무 등 콩과 식물

피해 증상 유충이 잎을 갉아 먹는다.

형태 노숙 유충은 몸길이가 약 60㎜로 머리는 적갈색이고, 몸 윗면은 흰색, 양 옆은 자갈색과 노란색 줄무늬가 있다. 성충은 날개 편 길이가 70~87㎜로 가슴과 앞날개는 흑회색이고, 배마디는 흑갈색 바탕에 담황색 고리 무늬가 있다.

생활사 연 1회 발생하며 성충은 6~8월에 나타나고, 유충은 8~9월에 나타난다. 자세한 생태는 밝혀지지 않았다.

방제 방법 유충의 밀도가 높은 경우에 한해 비티쿠르스타키 수화제 1,000배액 또는 디플루벤주론 수화제 2,500배액을 10일 간격으로 1~2회 살포한다.

앵두나무

세균성 구멍병의 병징

잎 앞면의 병징

병반과 건전부 사이의 이층

세균성구멍병 Bacterial shot hole

피해 특징 잎, 어린 가지에 발생하는 세균성 병으로 5~7월에 가장 많이 발생한다.

병징 및 표징 잎에 수침상 작은 담녹색 병반이 나타나고, 점차 확대되어 원형 갈색 병반이 된다. 갈색 병반과 건전부 사이에는 이층이 생겨 병든 부위는 떨어져 나가 구멍이 뚫린다. 가지에는 암녹색 수침상 반점이 나타나며 점차 병든 부위가 움푹 들어가고 궤양 모양이 된다.

병원균 *Xanthomonas arboricola* pv. *pruni*

방제 방법 병든 잎과 가지는 제거하고, 휴면기에 석회유황합제를 살포한다. 생육기에는 스트렙토마이신 수화제 800배액 또는 아시벤졸라에스메틸 수화제 2,000배액 등 약제를 번갈아 2~3회 살포한다.

무시충과 약충

가해 양상

약충

자두둥글밑진딧물 *Brachycaudus helichrysi*

피해 수목 매화나무, 살구나무, 앵두나무, 자두나무

피해 증상 성충과 약충이 어린 가지와 잎 뒷면에서 집단으로 기생하며 수액을 빨아 먹어 피해 받은 잎은 심하게 옆으로 돌돌 말리면서 위축된다.

형태 유시충은 몸길이가 약 1.6㎜로 머리와 가슴은 검고 배는 바탕이 녹색이며, 검은색 사각 무늬가 있다. 무시충은 몸길이가 약 1.5㎜로 녹색, 노란색, 갈색, 녹갈색, 녹황색 등 매우 다양하며 몸에 광택이 있다.

생활사 이른 봄에 앵두나무 등 잎을 가해하고 여름에 국화과 식물로 기주이동한다. 자세한 생태는 밝혀지지 않았다.

방제 방법 4월 하순부터 아세타미프리드 수화제 2,000배액 또는 디노테퓨란 수화제 1,000배액을 10일 간격으로 2~3회 살포한다.

빗자루병의 병징

지속적인 피해로 고사한 가지

빗자루병 Witches' broom

피해 특징 파이토플라스마에 의한 병으로 담배장님노린재, 썩덩나무노린재, 애매미충류 등이 매개충으로 밝혀져 있다. 전신성병이나 병징은 가지 몇 개에서 부분적으로 나타나는 특징이 있다.

병징 및 표징 6월부터 작은 잎을 가진 가지의 빗자루증상, 건전한 잎보다 작은 황록색 소형잎증상, 꽃대에서 열매가 형성되지 않고 잎으로 되면서 빗자루 형태가 되는 꽃대빗자루증상이 나타난다. 병든 가지는 1~2년 내에 말라 죽은 뒤 몇 년간 남아 있어 까치집 모양이 된다.

병원균 *Candidatus* Phytoplasma asteris

방제 방법 발병 초기에 옥시테트라싸이클린 수화제 200배액을 나무주사하고, 매개충 구제를 위해서 아세타미프리드 수화제 2,000배액 등을 7월 상순~9월 하순에 2주 간격으로 2~3회 살포한다.

종령 유충

가해 양상

성충

오리나무잎벌레 *Agelastica coerulea*

피해 수목 밤나무, 박달나무, 버드나무류, 벚나무류, 오리나무 등

피해 증상 성충과 유충이 주로 잎살만 갉아 먹어 잎이 그물 모양으로 되면서 적갈색으로 변한다. 주로 수관 하부부터 피해가 시작되어 점차 위로 올라간다.

형태 성충은 몸길이가 6~8㎜이며 광택이 있는 진한 남색이다. 노숙 유충은 몸길이가 약 10㎜로 광택이 있는 검은색이며, 몸 표면에 잔털이 나 있다.

생활사 연 1회 발생하고 낙엽 밑 또는 토양 속에서 성충으로 월동한다. 월동 성충은 4월 하순에 나타나서 잎 뒷면에 황백색 알을 낳고, 유충은 5~9월에 잎을 갉아 먹는다.

방제 방법 5~6월에 디플루벤주론 수화제 4,000배액 또는 트리플루뮤론 수화제 6,000배액을 10일 간격으로 2~3회 살포한다.

가해 양상
종령 유충

넓적다리잎벌 *Croesus japonicus*

피해 수목 오리나무, 사방오리나무

피해 증상 유충이 무리지어 잎가장자리부터 갉아 먹는다. 피해가 심하면 잎을 전부 갉아 먹어 가지만 남는다.

형태 노숙 유충은 몸길이가 약 24㎜로 머리와 배의 끝부분은 담황색이고, 몸은 황록색 바탕에 검은 무늬가 산재한다. 유충은 자극을 받으면 배 끝을 쳐든다. 성충은 몸길이가 약 9㎜로 검은색이며 뒷다리가 넓적하다.

생활사 연 1회 발생하며, 토양 속에서 유충으로 월동한다. 성충은 6~8월에 나타나서 잎 뒷면의 잎맥 속에 산란한다. 유충은 7~10월에 잎을 갉아 먹다가 10월경부터 월동처인 토양 속으로 이동해 고치를 짓는다.

방제 방법 유충 발생 초기인 7월에 에토펜프록스 수화제 1,000배액 또는 페니트로티온 유제 1,000배액을 10일 간격으로 2~3회 살포한다.

기타 해충

느티나무알락진딧물(느티나무 참조)

줄솜깍지벌레(팽나무 참조)

알락하늘소(자작나무 참조)

주둥무늬차색풍뎅이(배롱나무 참조)

버들잎벌레(버드나무류 참조)

오리나무

버들꼬마잎벌레(버드나무류 참조)

암브로시아나무좀(산사나무 참조)

오리나무좀(느티나무 참조)

사과무늬잎말이나방(느릅나무 참조)

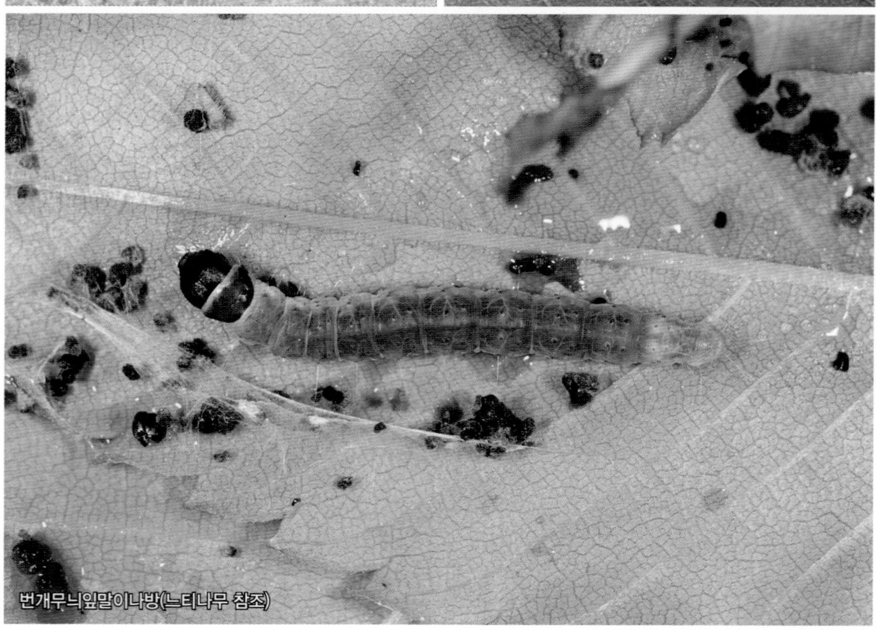
번개무늬잎말이나방(느티나무 참조)

오리나무

재주나방(단풍나무 참조)

매미나방(느티나무 참조)

미국흰불나방(버즘나무 참조)

쌍줄푸른밤나방(참나무류 참조)

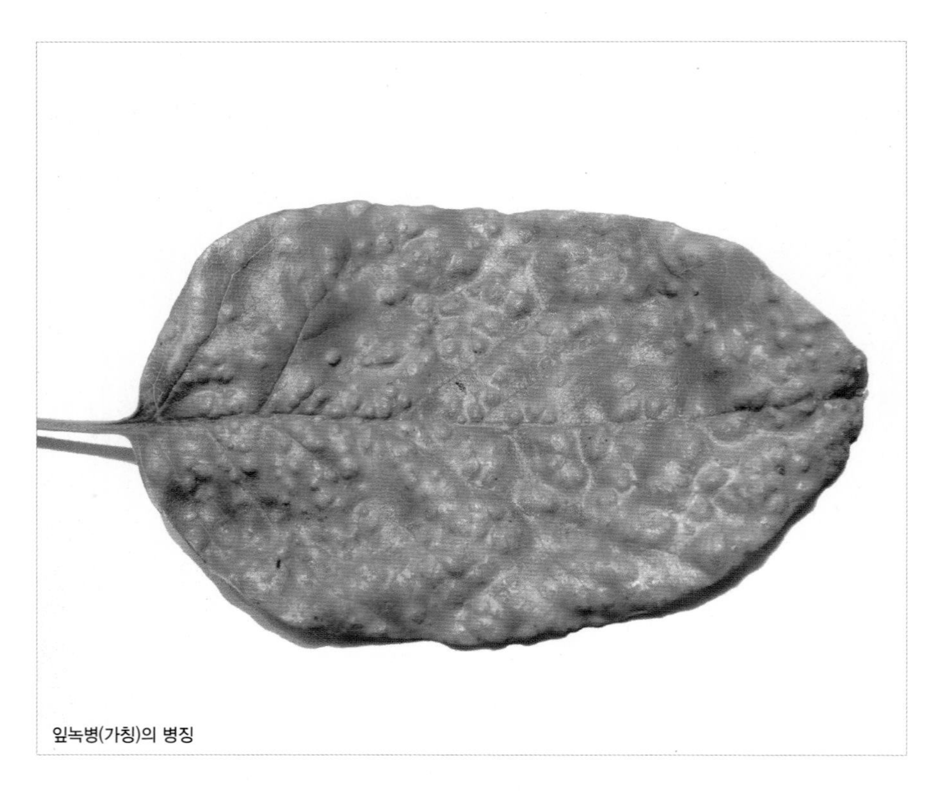

잎녹병(가칭)의 병징

잎녹병(가칭) Leaf rust

피해 특징 남부지방의 이팝나무에서 산발적으로 피해가 많이 발생하는 병으로 정확한 병원균의 동정 및 생태에 대해 연구가 진행 중이다.

병징 및 표징 5월 상순부터 잎 앞면에 2~5㎜ 크기의 오렌지색 원형 병반이 나타나며 종종 20㎜ 이상의 대형 병반이 되는 경우도 있다. 병반 위에는 작은 흑갈색 점(녹병정자기)이 형성되며, 이 녹병정자기에서 끈적덩이(녹병정자)가 흘러나온다. 5월 중순~6월 하순에 약 5㎜ 크기의 털 모양 돌기(녹포자기)가 병반 뒷면에 무리지어 나타나고, 녹포자기가 성숙하면 그 안에서 옅은 오렌지색 가루(녹포자)가 터져 나온다.

병원균 밝혀지지 않았다.

방제 방법 잎이 나온 직후부터 트리아디메폰 수화제 800배액 또는 페나리몰 수화제 3,300배액을 10일 간격으로 4~5회 살포한다.

5월에 잎이 거의 떨어진 감염목

병원균의 녹포자

잎 앞면에 나타난 흑갈색 녹병정자기

잎 뒷면에 나타난 돌기 모양 녹포자기

피해 초기의 병징

점무늬병(가칭) Cercospora leaf spot

피해 특징 최근에 전국의 이팝나무에서 피해가 가장 많은 국내 미기록 병으로 나무가 말라 죽지는 않으나, 잎이 노랗게 변하면서 일찍 떨어지며 피해가 심한 경우 초여름에 가지만 남는 경우도 있다.
병징 및 표징 6월부터 잎에 원형 갈색 병반이 나타나고, 이 병반은 10~30㎜ 크기로 확대되어 병반 중앙부는 회갈색~회백색, 가장자리는 갈색 띠로 둘러싸인 부정형 병반이 된다. 잎 앞면의 회백색 병반에는 솜털 같은 흑회색 분생포자덩이로 뒤덮인 작은 점(분생포자좌)이 나타난다.
병원균 *Pseudocercospora* sp.
방제 방법 6월 하순부터 아족시스트로빈 수화제 1,000배액 또는 이미녹타딘트리스알베실레이트 수화제 1,000배액을 10일 간격으로 2~3회 살포한다.

피해 중기의 병징
병원균의 분생포자
잎 앞면 병반에 나타난 솜털 모양 분생포자덩이
피해 후기의 병징

잎 앞면의 병징

탄저병(가칭) Anthracnose

피해 특징 국내 미기록 병으로 잎에만 발생하는 것이 확인되었으나, 가지에서의 발생 여부에 대한 추가적인 연구가 필요하다.

병징 및 표징 7월경부터 잎 앞면에 5~10㎜ 크기의 담갈색을 띤 불규칙한 병반이 나타난다. 병반은 점점 커지고 건전부와의 경계는 갈색 띠로 명확하게 구분된다. 잎 앞면 병반에는 작고 검은 점(분생포자층)이 나타나고, 다습하면 유백색 분생포자덩이가 솟아오른다.

병원균 *Colletotrichum* sp.

방제 방법 피해 초기에 메트코나졸 액상수화제 3,000배액 또는 프로피네브 수화제 600배액을 10일 간격으로 2~3회 살포한다.

잎 뒷면의 병징
병원균의 분생포자
잎 앞면 병반에 나타난 검은색 분생포자층
분생포자층에서 솟아오른 유백색 분생포자덩이

잎마름병(가칭)의 병징

갈색 병반에 나타난 검은색 분생포자층

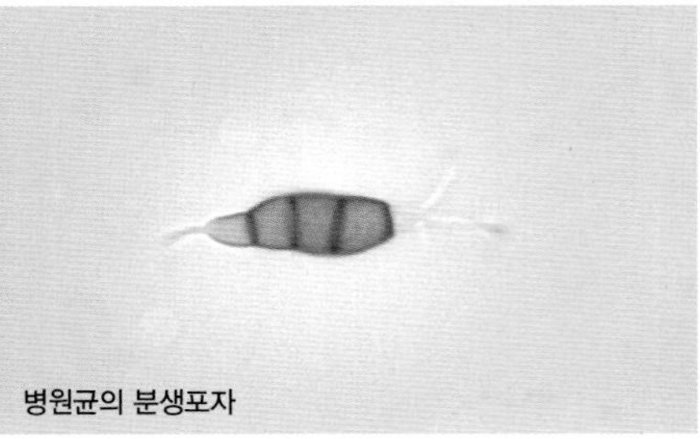
병원균의 분생포자

잎마름병(가칭) Pestalotia leaf blight

피해 특징 국내 미기록 병으로 바람이 많이 부는 지역에서 주로 나타나고, 태풍이 지나간 이후에는 피해가 만연되는 특징이 있다.

병징 및 표징 주로 잎가장자리부터 갈색으로 변하고 건전부와 병반의 경계는 흑갈색으로 명확하게 구분된다. 병반은 크게 확대되는 경우가 많으며, 잎 양면 병반 위에 작고 검은 점(분생포자층)이 나타나고 다습하면 검은색 뿔 모양 분생포자덩이가 솟아오른다.

병원균 *Pestalotiopsis* sp.

방제 방법 매년 피해가 발생하는 지역의 경우 태풍 이후 이미녹타딘트리스알베실레이트 수화제 1,000배액 또는 프로피네브 수화제 500배액을 10일 간격으로 2~3회 살포한다.

이팝나무

오갈병의 병징

매미충류 약충

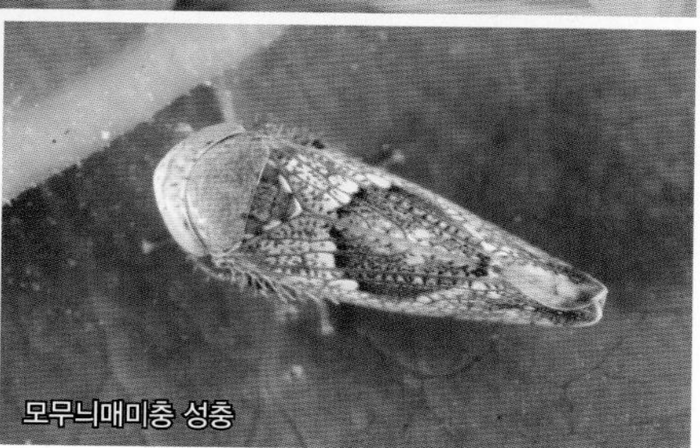
모무늬매미충 성충

오갈병 Dwarf

피해 특징 파이토플라스마에 의한 병으로 모무늬매미충, 황백매미충 등이 매개하는 것으로 추정되고 있다.

병징 및 표징 줄기의 마디 사이가 짧으며, 잎은 작고 오갈증상을 나타낸다.

병원균 *Candidatus* Phytoplasma asteris

방제 방법 발병 초기에 옥시테트라싸이클린 수화제 200배액을 나무주사한다.

잎눈 부근에 발생한 벌레혹

이팝나무혹응애(가칭) unknown

피해 수목 이팝나무

피해 증상 이팝나무의 가지에 자그마한 벌레혹이 생기며, 벌레혹 표면은 거칠고 녹색, 붉은색, 갈색 순으로 변색된다. 잎이 달리는 작은 가지에 벌레혹이 발생될 경우 잎은 오그라들면서 기형이 되고, 작은 가지에 많은 벌레혹이 발생하면 가지가 말라 죽는다.

형태 성충은 몸길이가 약 0.3㎜이고 구더기형이며 담황색을 띤다.

생활사 정확한 생태는 밝혀지지 않았으며, 4월 중순부터 녹색 벌레혹이 나타나기 시작한다.

방제 방법 4월부터 피리다펜티온 유제 1,000배액을 2주 간격으로 2회 이상 살포한다.

잎눈 부근에 발생한 벌레혹에 의한 잎의 기형화

이팝나무혹응애(가칭) 성충

가지에 발생한 녹색 벌레혹

1년 이상 된 벌레혹

초록애매미충류 *Empoasca* sp.

피해 수목 이팝나무 등

피해 증상 성충과 약충이 주로 잎 앞면에서 수액을 빨아 먹어 잎이 퇴색하고, 피해가 심하면 잎이 일찍 떨어진다. 성충은 활동성이 좋아 잎을 건드리면 다른 잎으로 신속하게 이동한다.

형태 성충은 몸길이가 약 3㎜로 전체적으로 초록색을 띤다. 약충은 몸길이가 약 1.2㎜로 초록색이고, 등에 희미한 담황색 무늬가 있다.

생활사 자세한 생활사는 밝혀지지 않았으며, 5월 중순~9월 하순에 각 충태가 동시에 나타난다.

방제 방법 5월 중순부터 아세타미프리드 수화제 2,000배액 또는 디노테퓨란 수화제 1,000배액을 10일 간격으로 2~3회 살포한다.

잎 앞면의 배설물
깨끗한 잎 뒷면
약충
잎 앞면의 배설물

하얀 밀랍을 분비하는 무시충

가해 양상

하얀 밀랍을 분비하기 전의 무시충

면충류 *Prociphilus* sp.

피해 수목 이팝나무

피해 증상 성충과 약충이 이른 봄에 잎과 어린 가지에서 집단으로 수액을 빨아 먹어 잎이 오그라드는 증상이 나타난다.

형태 무시충, 유성형은 적갈색이며 하얀 밀랍으로 덮여 있다.

생활사 이른 봄에 잎과 어린 가지를 가해하다가 6월 중순 이후에는 이팝나무에서 볼 수 없다.

방제 방법 가해 초기인 5~6월에 아세타미프리드 수화제 2,000배액 또는 디노테퓨란 수화제 1,000배액을 10일 간격으로 2회 이상 살포한다.

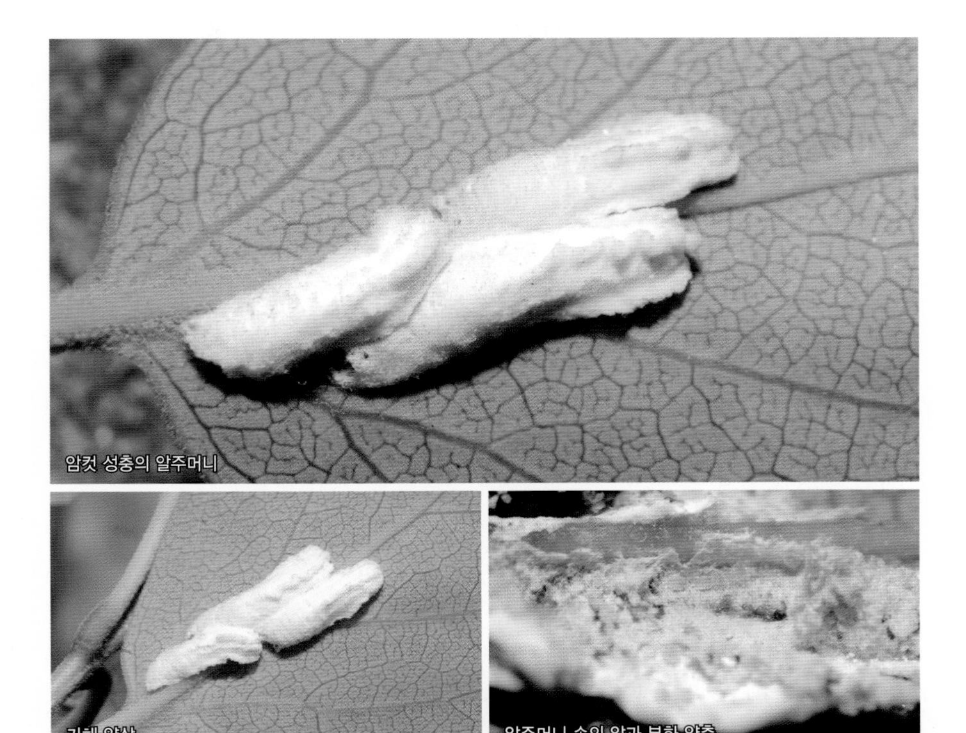

암컷 성충의 알주머니

가해 양상

알주머니 속의 알과 부화 약충

긴솜깍지벌레붙이 *Phenacoccus aceris*

피해 수목 감나무, 모과나무, 물푸레나무, 사과나무, 이팝나무, 팽나무

피해 증상 성충은 수간과 가지, 약충은 잎 뒷면에서 집단으로 수액을 빨아 먹어 수세를 떨어뜨리고 잎이 일찍 떨어지며, 부생성 그을음병을 유발한다.

형태 암컷 성충은 몸길이가 4~6㎜로 흰색 밀랍가루가 불규칙하게 덮여 있다. 알주머니는 흰색을 띠며 길이가 약 3㎝이다.

생활사 연 1회 발생하며 수피 틈에서 약충으로 월동한다. 성충은 3월 하순부터 나타나서 어린 가지에서 집단으로 가해하고, 5월 중순부터 산란한다. 약충은 5월 하순부터 나타나서 잎 뒷면의 잎맥을 따라 집단으로 기생하고 가을에 월동처로 이동한다.

방제 방법 6월 상순부터 디노테퓨란 액제 1,000배액 또는 클로티아니딘 입상수용제 2,000배액을 10일 간격으로 2~3회 살포한다.

성충

잎 앞면의 가해 양상

잎 뒷면의 가해 양상

두점알벼룩잎벌레 *Argopistes biplagiata*

피해 수목 개회나무, 딱총나무, 물푸레나무, 이팝나무, 금목서, 참가시나무 등

피해 증상 성충과 유충이 주로 잎살만 불규칙하게 갉아 먹어 잎이 암갈색으로 변하면서 일찍 떨어진다.

형태 성충은 몸길이가 3~4㎜이며 몸과 딱지날개는 광택이 있는 검은색이고, 딱지날개 중앙에 크고 붉은 무늬가 1개씩 있다.

생활사 연 1~2회 발생하며 낙엽 밑에서 성충으로 월동한다. 월동 성충은 5월경에 월동처에서 나와 잎을 갉아 먹고 5월 하순부터 잎 뒷면에 산란한다. 유충은 잎 조직 내로 들어가서 가해하고 7월에 토양 속으로 이동해 번데기가 된다. 신성충은 7~10월에 잎을 가해한다.

방제 방법 5월 상순부터 노발루론 액상수화제 2,000배액 또는 에마멕틴벤조에이트 유제 2,000배액을 10일 간격으로 2~3회 살포한다.

이팝나무

기타 해충

매미류(느티나무 참조)

매미류(느티나무 참조)

매미류(느티나무 참조)

미국흰불나방(버즘나무 참조)

미국흰불나방(버즘나무 참조)

미국흰불나방(버즘나무 참조)

쥐똥밀깍지벌레(쥐똥나무 참조)

쥐똥밀깍지벌레(쥐똥나무 참조)

자귀나무

자귀나무이 *Acizzia jamatonica*

피해 수목 자귀나무

피해 증상 성충과 약충이 잎에 집단으로 기생하며 수액을 빨아 먹어 잎이 위축되면서 변색되고, 분비물로 인해 부생성 그을음병이 유발된다.

형태 성충은 몸길이가 2.5~4㎜로 날개는 투명하며, 몸 색깔이 봄과 여름에는 담황색이고 가을에는 담녹색을 띤다. 약충은 몸길이가 약 2㎜로 담황색~담녹색이고 실 모양으로 기다란 흰색 밀랍물질을 분비한다.

생활사 자세한 생태는 밝혀지지 않았으며, 성충과 약충이 5~10월에 자귀나무만을 가해하는 것으로 추정된다.

방제 방법 5월에 아세타미프리드 수화제 2,000배액 또는 디노테퓨란 수화제 1,000배액을 10일 간격으로 2~3회 살포한다.

가을형인 담녹색 성충

약충과 가지에 산란한 담황색 알

봄, 여름형인 담황색 성충

흰색 밀랍물질을 분비하는 약충

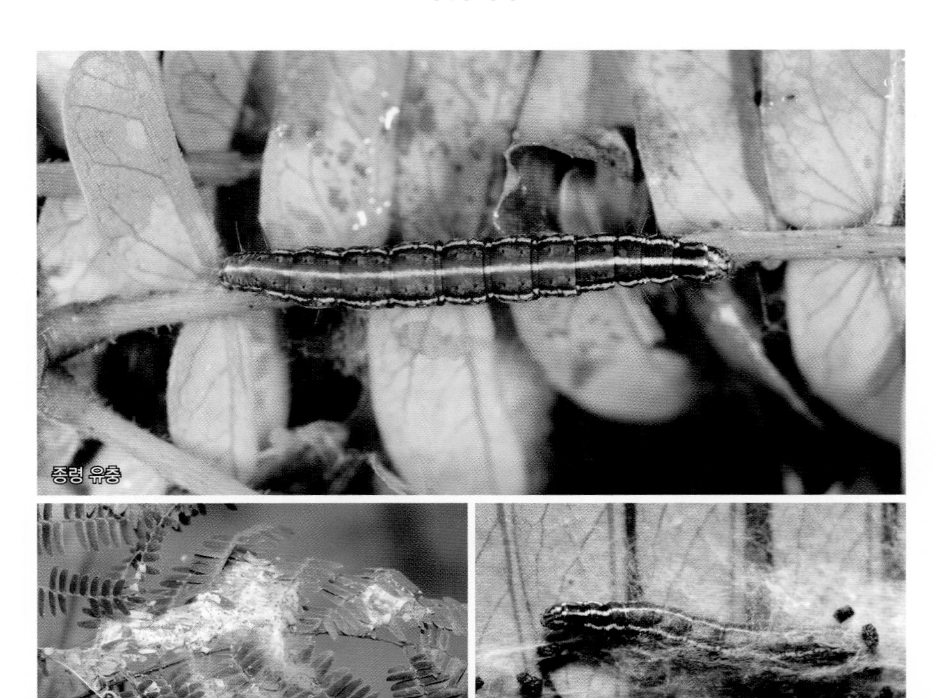
종령 유충

가해 양상

그물망 속 유충

자귀뭉뚝날개나방 *Homadaula anisocentra*

피해 수목 자귀나무

피해 증상 유충이 잎을 그물망처럼 여러 장 묶고 그 속에서 여러 마리가 집단으로 잎을 갉아 먹는다. 그물망에는 배설물이 남아 있어 미관을 해친다.

형태 노숙 유충은 몸길이가 약 15㎜로 담녹색 또는 흑갈색을 띠며 등 양쪽에 황백색 줄무늬가 있다. 성충은 날개 편 길이가 약 13㎜로 몸과 앞날개는 은회색을 띠며 앞날개에 검은 점이 산재한다.

생활사 연 2회 발생하며 낙엽 등에서 번데기로 월동한다. 성충은 6월, 8월에 나타나고 유충은 7~8월, 9~10월에 나타나서 잎을 가해한다.

방제 방법 피해 초기에 비티쿠르스타키 수화제 1,000배액 또는 디플루벤주론 수화제 2,500배액을 10일 간격으로 1~2회 살포한다.

종령 유충

가해 양상

나뭇잎과 몸 색깔이 비슷한 유충

두줄점가지나방 *Chiasmia defixaria*

피해 수목 자귀나무

피해 증상 유충이 잎 뒷면의 주맥에 붙어서 잎을 갉아 먹는다.

형태 노숙 유충은 몸길이가 약 30㎜로 머리는 담녹색, 몸은 황록색을 띠며, 기문 주변에 노란색 선이 있다. 성충은 날개 편 길이가 약 25㎜로 몸과 앞날개는 담회황색이고, 앞날개 횡선이 암갈색이다.

생활사 연 1~2회 발생하는 것으로 추정되며, 성충은 7~8월, 유충은 8~9월에 나타난다.

방제 방법 피해 초기에 비티쿠르스타키 수화제 1,000배액 또는 디플루벤주론 수화제 2,500배액을 10일 간격으로 1~2회 살포한다.

점무늬병의 병징

점무늬병(갈색무늬병) Septoria leaf spot

피해 특징 묘목과 어린 나무에서 주로 발생하는 병으로 피해가 심할 경우 여름철에 잎이 거의 떨어져 가지만 남는다.

병징 및 표징 6월부터 잎에 갈색~자갈색 자그마한 점이 나타나고 점차 확대되어 2~5㎜ 크기의 부정형 또는 다각형 병반이 된다. 병반은 종종 서로 합쳐져서 잎 전체가 노란색으로 변하며 일찍 떨어진다. 잎 뒷면 병반에는 작고 검은 점(분생포자각)이 나타나며, 다습하면 유백색 분생포자덩이가 솟아오른다.

병원균 *Septoria betulae*

방제 방법 6월부터 이미녹타딘트리스알베실레이트 수화제 1,000배액 또는 디페노코나졸 입상수화제 2,000배액을 10일 간격으로 2~3회 살포한다.

잎 앞면의 병징

병원균의 분생포자

잎 뒷면 병반에 나타난 유백색 분생포자덩이

잎 뒷면의 병징

성충

피해를 받아 고사한 나무

성충의 탈출공

알락하늘소 *Anoplophora malasiaca*

피해 수목 단풍나무, 때죽나무, 버드나무류, 버즘나무, 오리나무, 자작나무 등

피해 증상 유충이 줄기 아래쪽에서 목질부 속으로 파먹어 들어가며, 노숙 유충시기에는 줄기 밑동으로 이동해 형성층을 가해한다. 피해 받은 나무는 톱밥 등이 밖으로 배출되며, 나무가 고사하는 경우가 많다.

형태 성충은 몸길이가 30~35㎜로 광택이 있는 검은색이고, 딱지날개의 바탕은 광택이 있는 검은색이며, 흰 점이 15~16개 있다. 노숙 유충은 몸길이가 44~47㎜로 머리는 갈색이고, 가슴과 배는 유백색이다.

생활사 연 1회 발생하며 지역에 따라 2년에 1회 발생하는 경우도 있다. 노숙 유충으로 월동하며 우화한 성충의 탈출 시기는 5~7월이다.

방제 방법 5~8월에 아세타미프리드 액제 1,000배액을 3회 이상 살포한다.

자작나무

기타 해충

오리나무잎벌레(오리나무 참조)

오리나무잎벌레(오리나무 참조)

오리나무좀(느티나무 참조)

잠자리가지나방(벚나무류 참조)

사과독나방(느티나무 참조)

미국흰불나방(버즘나무 참조)

매미나방(느티나무 참조)

매미나방(느티나무 참조)

장구밥나무

피해 후기의 증상

장구밤혹응애 *Aceria grewiae*

피해 수목 장구밥나무

피해 증상 성충이 잎 뒷면으로 침입해 잎 앞면에 크기가 3~10㎜인 부정형 벌레혹을 만들고 그 안에서 가해한다.

형태 성충은 몸길이가 0.12~0.15㎜이고 원통형이며 황갈색 또는 연갈색을 띤다.

생활사 자세한 생태는 밝혀지지 않았다.

방제 방법 새잎이 나오는 4월부터 피리다펜티온 유제 1,000배액을 10일 간격으로 2회 이상 살포한다.

피해 초기의 증상

장구밤혹응애 성충

잎 앞면의 벌레혹

잎 뒷면의 증상

피해 중기의 병징

검은무늬병 Black spot

피해 특징 잎에 검은 병반이 생기면서 일찍 떨어져 수세가 약화되며, 여름철에 비가 많고 기온이 낮으면 피해가 심하다.

병징 및 표징 봄부터 잎에 작은 흑갈색 반점이 나타나고 점차 확대되어 5~15㎜ 크기의 원형 병반이 되며, 원형 병반의 외곽은 노란색으로 변하면서 잎이 일찍 떨어지다. 잎 양면 병반 위에 작은 흑갈색 점(분생포자층)이 나타나고, 다습하면 유백색 분생포자덩이가 솟아오른다.

병원균 *Diplocarpon rosae*

방제 방법 발병 초기에 아족시트로빈 수화제 1,000배액 또는 이미녹타딘트리스알베실레이트 수화제 1,000배액을 7일 간격으로 3~5회 살포한다.

검은무늬병의 병징
병원균의 분생포자
흑갈색 병반에서 솟아오른 유백색 분생포자덩이
피해 후기의 병징

흰가루병의 병징

흰가루병 Powdery mildew

피해 특징 통풍이 불량한 곳이나 습하고 그늘진 곳에서 잘 발생하며, 8월 고온기를 제외한 6~9월에 병이 급속히 진전된다.

병징 및 표징 6월부터 새잎과 잎자루, 꽃봉오리, 어린 가지에 작고 흰 반점 모양 균총(균사와 분생포자의 무리)이 나타나고, 점차 진전되면서 잎 전체에 밀가루를 뿌려 놓은 것처럼 된다. 피해 잎은 말리거나 뒤틀리고, 꽃봉오리는 꽃이 피지 못하고 떨어진다.

병원균 *Sphaerotheca pannosa*

방제 방법 병든 가지는 제거하고, 발병 초기에 헥사코나졸 입상수화제 2,000배액 등 흰가루병 적용 약제를 10일 간격으로 2회 이상 살포한다.

잎 앞면의 하얀 균총

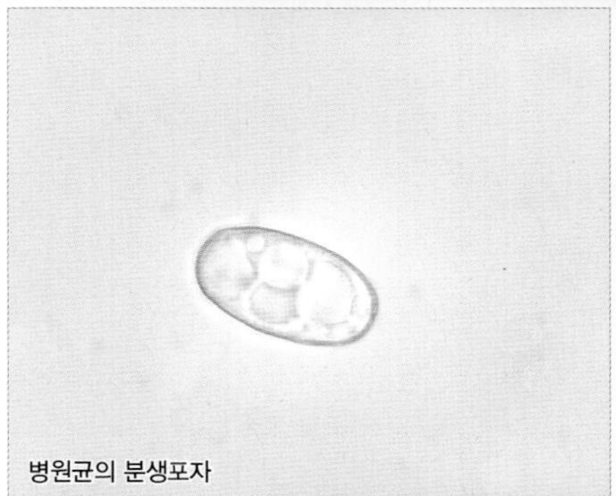
병원균의 분생포자

꽃봉오리의 하얀 균총

잎 뒷면의 하얀 균총

응애류에 의한 잎의 황화현상

응애류 *Tetranychus* spp.

피해 수목 장미

피해 증상 성충과 약충이 주로 잎 뒷면에서 수액을 빨아 먹어 엽록소가 파괴되면서 황화현상이 나타난다. 장미를 가해하는 응애류는 차응애(*Tetranychus kanzawai*)와 점박이응애(*T. urticae*)가 있다.

형태 차응애 암컷 성충은 적갈색으로 몸통 좌우에 암색 무늬가 있고, 점박이응애 암컷 성충의 바탕은 연한 황록색이며 몸통 좌우에 검은색 반점이 있다.

생활사 연 수회 발생하고, 성충으로 월동해 봄철에 고온 건조한 기후가 지속되면 밀도가 높게 나타나며, 주로 차응애는 봄철부터 밀도가 높고 점박이응애는 장마 이후 밀도가 높은 경향이 있다.

방제 방법 발생 초기에 피리다벤 수화제 1,000배액 또는 사이에노피라펜 액상수화제 2,000배액을 10일 간격으로 2회 이상 살포한다.

잎 앞면의 황화현상
잎 뒷면의 응애류 성충과 알
차응애 성충
점박이응애 성충

찔레수염진딧물 *Sitobion ibarae*

피해 수목 장미, 찔레나무, 해당화 등 장미속 식물

피해 증상 성충과 약충이 기주를 이동하지 않고 어린 가지, 새잎, 꽃자루에 집단으로 기생하며 수액을 빨아 먹으므로 가지의 생장을 저해하고 부생성 그을음병이 유발된다.

형태 유시충은 몸길이가 2.5~2.7㎜로 머리와 가슴은 황적색이고, 배는 녹색이다. 무시충은 몸길이가 약 3.1㎜로 몸 색깔은 유시충과 거의 유사하다.

생활사 연 수회 발생하며, 주로 성충이나 약충으로 월동한다. 이른 봄부터 늦가을까지 무시충과 유시충, 약충이 어린 가지 등을 가해하며 5월 중순~6월 상순에 밀도가 가장 높다.

방제 방법 봄과 가을에 아세타미프리드 수화제 2,000배액 또는 디노테퓨란 수화제 1,000배액을 10일 간격으로 2~3회 살포한다.

줄기의 성충

암컷 성충

약충

장미흰깍지벌레 *Aulacaspis rosae*

피해 수목 장미, 장딸기, 찔레나무, 해당화

피해 증상 성충과 약충이 줄기, 가지, 잎에 기생해 수액을 빨아 먹으며, 수컷 성충은 주로 잎에 기생한다.

형태 암컷 성충의 깍지 길이는 2~3㎜이고 등면이 융기된 타원형으로 흰색을 띤다. 암컷 성충은 몸길이가 약 1㎜로 노란색을 띠며 성숙하면 적갈색으로 변한다. 수컷 성충의 깍지는 길쭉하면서 납작하며 흰색을 띤다.

생활사 연 2~3회 발생하며 주로 암컷 성충으로 월동한다. 때로는 약충으로도 월동하는 경우가 있어 1년 내내 모든 충태가 기주 식물에서 발견된다.

방제 방법 피해 초기에 디노테퓨란 액제 1,000배액 또는 클로티아니딘 입상수용제 2,000배액을 10일 간격으로 2~3회 살포한다.

집단으로 가해하는 유충

장미등에잎벌 *Arge pagana*

피해 수목 장미, 찔레나무, 해당화

피해 증상 유충이 무리지어 잎가장자리부터 갉아 먹는다. 피해가 심하면 잎을 주맥만 남기고 전부 갉아 먹는다.

형태 유충은 몸길이가 약 20㎜로 머리는 검은색 또는 노란색이고 몸은 황록색 바탕에 검은 무늬가 있다. 성충은 몸길이가 약 8㎜로 머리와 가슴은 검은색이고 배는 황갈색이다.

생활사 연 3~4회 발생하며 토양 속에서 유충으로 월동한다. 성충은 4월 하순, 6월 상순, 8~10월에 나타나고, 유충은 5~11월에 나타난다.

방제 방법 유충 발생 초기에 에토펜프록스 수화제 1,000배액 또는 페니트로티온 유제 1,000배액을 10일 간격으로 2~3회 살포한다.

어린 유충

종령 유충

성충

가지에 낳은 알덩어리

종령 유충

가해 양상

유충의 담황색 머리

매실먹나방 *Illiberis nigra*

피해 수목 장미

피해 증상 유충이 어린 가지에서 집단적으로 잎을 갉아 먹으며, 피해가 심하면 줄기만 남는 경우도 있다.

형태 노숙 유충은 몸길이가 약 18㎜로 머리와 배의 아랫면은 담황색이고, 등은 흑자색이며 흰 털이 빽빽하게 나 있다.

생활사 연 1회 발생하며 수피 틈에 고치를 만들고 그 속에서 유충으로 월동한다. 월동 유충은 4~5월에 잎을 가해하고, 성충은 6월에 나타나서 잎 뒷면에 산란한다. 새로운 유충은 9월에 나타나서 잎을 갉아 먹다가 월동처로 이동한다.

방제 방법 유충 가해 초기에 비티쿠르스타키 수화제 1,000배액 또는 디플루벤주론 수화제 2,500배액을 10일 간격으로 1~2회 살포한다.

기타 해충

배나무방패벌레(벚나무류 참조)

흰띠거품벌레(매화나무 참조)

초록애매미충류(이팝나무 참조)

선녀벌레(돈나무 참조)

조팝나무진딧물(조팝나무 참조)

목화진딧물(무궁화 참조)

자두둥글밑진딧물(앵두나무 참조)

복숭아혹진딧물(꽃복숭아 참조)

장미

이세리아깍지벌레(돈나무 참조)

뿔밀깍지벌레(상록활엽수 공통 해충 참조)

거북밀깍지벌레(상록활엽수 공통 해충 참조)

루비깍지벌레(상록활엽수 공통 해충 참조)

뽕나무깍지벌레(벚나무류 참조)

주둥무늬차색풍뎅이(배롱나무 참조)

콩풍뎅이(배롱나무 참조)

차주머니나방(상록활엽수 공통 해충 참조)

장미

꼬마쐐기나방(단풍나무 참조)

노랑쐐기나방(단풍나무 참조)

사과독나방(느티나무 참조)

흰독나방(단풍나무 참조)

독나방(단풍나무 참조)

미국흰불나방(버즘나무 참조)

사과저녁나방(벚나무류 참조)

배저녁나방(벚나무류 참조)

조팝나무

잎 앞면의 병징

점무늬병 Phloeospora leaf spot

피해 특징 조팝나무에서 자주 발생하는 병으로 병든 잎은 일찍 떨어져서 피해가 심할 경우 가지에 잎의 거의 남지 않게 된다.

병징 및 표징 초여름부터 잎에 매우 자그마한 자갈색 반점이 나타나고 점차 확대되어 약 2㎜ 크기의 원형 또는 부정형 병반이 된다. 병반은 가끔 서로 합쳐지기도 하고, 병든 잎은 일찍 떨어진다. 주로 잎 뒷면 병반에 담황색 크림 같은 자실체(분생포자각)가 나타나며, 다습하면 유백색 분생포자 덩이가 솟아나온다.

병원균 *Phloeospora spiraeicola*

방제 방법 6월 하순부터 이미녹타딘트리스알베실레이트 수화제 1,000배액 또는 디페노코나졸 입상수화제 2,000배액을 2주 간격으로 2~3회 살포한다.

점무늬병의 병징

잎 뒷면의 병징

병원균의 분생포자

잎 뒷면에 나타난 유백색 분생포자덩이

흰가루병으로 인해 기형화된 어린 잎

흰가루병 Powdery mildew

피해 특징 잎 앞면과 뒷면, 잎자루, 어린 가지, 줄기 등 거의 모든 부위에서 발생하며, 통풍이 불량한 곳이나 습하고 그늘진 곳에서 심하게 발생한다.

병징 및 표징 5월 이후부터 잎, 잎자루 등에 작고 흰 반점 모양 균총(균사와 분생포자의 무리)이 나타나고, 점차 진전되면서 나무 전체에 밀가루를 뿌려 놓은 것처럼 되는 경우가 많다. 어린 잎이 감염되면 오그라들면서 기형이 된다. 여름이 되면 균총 위에 작고 둥근 노란 알갱이(자낭구)가 다수 나타나기 시작하고 성숙하면 검은색으로 변한다.

병원균 *Sphaerotheca spiraeae*

방제 방법 발병 초기에 마이클로뷰타닐 수화제 1,500배액 등 흰가루병 적용 약제를 10일 간격으로 2회 이상 살포한다.

성숙한 잎의 병징

잎 뒷면의 병징

병원균의 자낭구

둥근 알갱이 모양 자낭구

가해 양상

조팝나무혹응애(가칭) unknown

피해 수목 조팝나무

피해 증상 성충이 잎가장자리를 뒤로 살짝 말아서 어리벌레혹을 만들고 그 안에서 가해한다.

형태 성충은 몸길이가 약 0.25㎜로 방추형에 가까우며 담황색을 띤다.

생활사 자세한 생태는 밝혀지지 않았으며, 이른 봄부터 가을까지 어리벌레혹이 관찰된다.

방제 방법 새잎이 나오는 4월부터 피리다펜티온 유제 1,000배액을 10일 간격으로 2회 이상 살포한다.

조팝나무혹응애(가칭) 성충

조팝나무혹응애(가칭) 성충

잎가장자리가 뒤로 말린 증상

수관의 많은 잎이 가해 받은 모양

가해 양상

조팝나무응애(가칭) *Schizotetranychus* sp.

피해 수목 조팝나무

피해 증상 성충, 약충이 잎 뒷면에 은백색 얇은 막을 형성하고 그 속에서 2~5마리씩 집단으로 수액을 빨아 먹어 엽록소가 파괴되면서 잎 앞면에 황갈색 얼룩 반점이 나타난다. 가해 부위는 주맥, 측맥, 잎살 순으로 높다.

형태 성충의 크기는 약 0.25㎜이며 담황색이다.

생활사 정확한 생활사는 밝혀지지 않았다. 6월부터 피해가 눈에 띄게 늘어난다.

방제 방법 피해 초기부터 피리다벤 수화제 1,000배액 또는 사이에노피라펜 액상수화제 2,000배액을 10일 간격으로 2회 이상 살포한다.

잎 앞면의 얼룩반점 증상

잎 뒷면의 얼룩 반점 증상

잎 뒷면의 은백색 막 속 성충과 알

잎 뒷면의 은백색 막

어린 가지의 무시충

조팝나무진딧물 *Aphis spiraecola*

피해 수목 명자나무, 모과나무, 벚나무류, 복사나무, 산사나무, 조팝나무류, 돈나무 등

피해 증상 성충과 약충이 어린 가지와 잎에 집단으로 기생하며 수액을 빨아 먹어 선단부가 위축되어 생장을 저해한다.

형태 무시충은 몸길이가 약 2㎜로 녹황색을 띤다. 유시충은 무시충과 비슷하나 머리와 가슴이 검은색이며 날개가 투명하다.

생활사 연 수회 발생하며 일반적으로 조팝나무에서 알로 월동하나 따뜻한 지역에서는 태생 암컷 성충으로도 월동한다. 월동난은 4월에 부화하고, 유시충이 5월 중순부터 나타나서 돈나무 등으로 기주이동하며 10월 중순에 조팝나무 등 주 기주로 다시 이동한다.

방제 방법 피해 초기에 아세타미프리드 수화제 2,000배액 또는 디노테퓨란 수화제 1,000배액을 10일 간격으로 2회 이상 살포한다.

가해 양상
약충
무시충
유시충

가해 양상

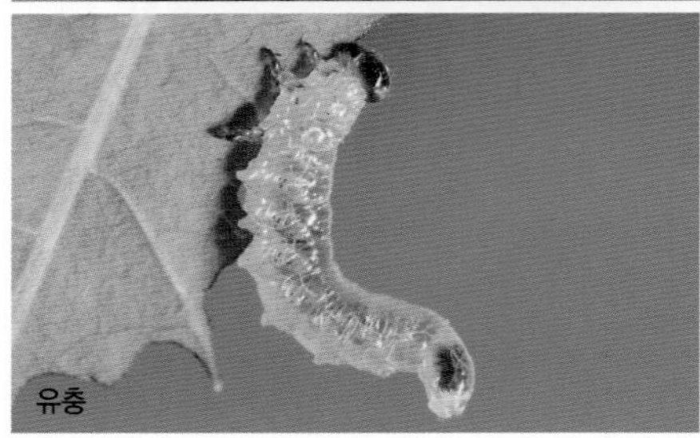
유충

유충

등에잎벌류 *Arge* sp.

피해 수목 조팝나무

피해 증상 유충이 7~8월에 무리지어 잎가장자리부터 갉아 먹는다. 피해가 심하면 잎을 전부 갉아 먹어 가지만 남는다.

형태 노숙 유충은 몸길이가 약 12㎜로 머리는 검은색이고, 몸은 담녹색이다. 유충은 자극을 받으면 배 끝을 쳐든다.

생활사 자세한 생태는 밝혀지지 않았으며, 연 1회 발생하는 것으로 추정된다.

방제 방법 유충 발생 초기인 7월에 에토펜프록스 수화제 1,000배액 또는 페니트로티온 유제 1,000배액을 10일 간격으로 2~3회 살포한다.

기타 해충

미국선녀벌레(아까시나무 참조)

미국선녀벌레(아까시나무 참조)

뿔밀깍지벌레(상록활엽수 공통 해충 참조)

뿔밀깍지벌레(상록활엽수 공통 해충 참조)

거북밀깍지벌레(상록활엽수 공통 해충 참조)

거북밀깍지벌레(상록활엽수 공통 해충 참조)

미국흰불나방(버즘나무 참조)

미국흰불나방(버즘나무 참조)

둥근무늬병의 병징

둥근무늬병 Circular leaf spot

피해 특징 쥐똥나무의 주요 병으로 잎이 노랗게 변하면서 일찍 떨어진다. 피해가 심할 경우 잎이 거의 떨어져서 가지만 남게 된다.

병징 및 표징 6월부터 잎에 1~3㎜ 크기의 원형 갈색 병반이 다수 나타난다. 병반과 건전부와의 경계는 흑갈색으로 명확하고, 병반 주변의 건전부는 황록색으로 변한다. 잎 뒷면의 병반 중심에는 연한 갈색 솜털 같은 자실체(분생포자좌)가 무더기로 나타난다.

병원균 *Pseudocercospora ligustri*

방제 방법 5월 하순부터 아족시트로빈 수화제 1,000배액 또는 이미녹타딘트리스알베실레이트 수화제 1,000배액을 10일 간격으로 2~3회 살포한다.

잎 앞면의 병징

잎 뒷면의 병징

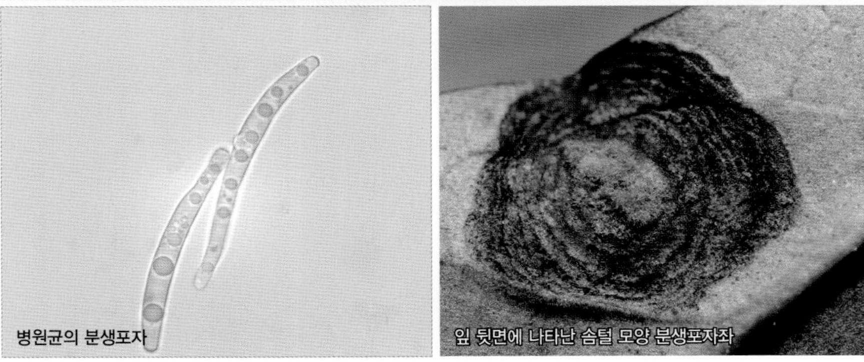
병원균의 분생포자

잎 뒷면에 나타난 솜털 모양 분생포자좌

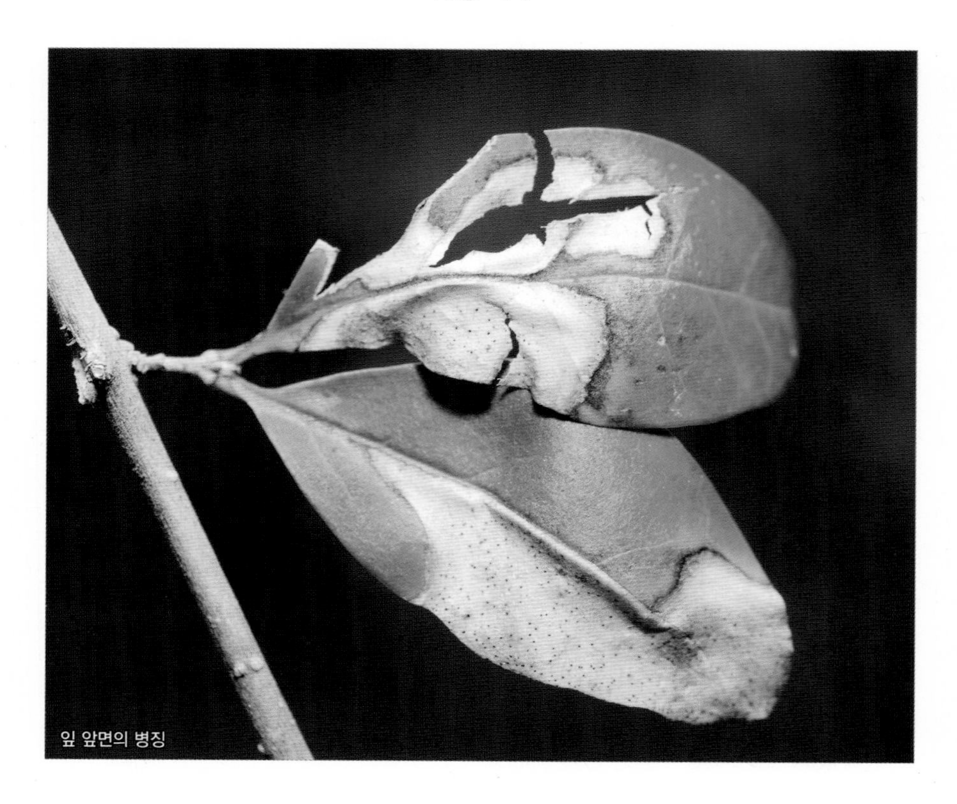

잎 앞면의 병징

탄저병(가칭) Anthracnose

피해 특징 국내 미기록 병으로, 밀식되어 채광과 통풍이 불량한 곳에서 피해가 주로 발생한다.

병징 및 표징 여름부터 잎가장자리에 불규칙한 담갈색 병반이 나타나고 점차 잎 전체로 확대되며 건전부와의 경계는 자갈색 띠로 명확하게 구분된다. 담갈색 병반에는 작고 검은 점(분생포자층)이 나타나고, 다습하면 유백색 분생포자덩이가 솟아오른다.

병원균 *Colletotrichum* sp.

방제 방법 피해 초기에 메트코나졸 액상수화제 3,000배액 또는 프로피네브 수화제 600배액을 10일 간격으로 2~3회 살포한다.

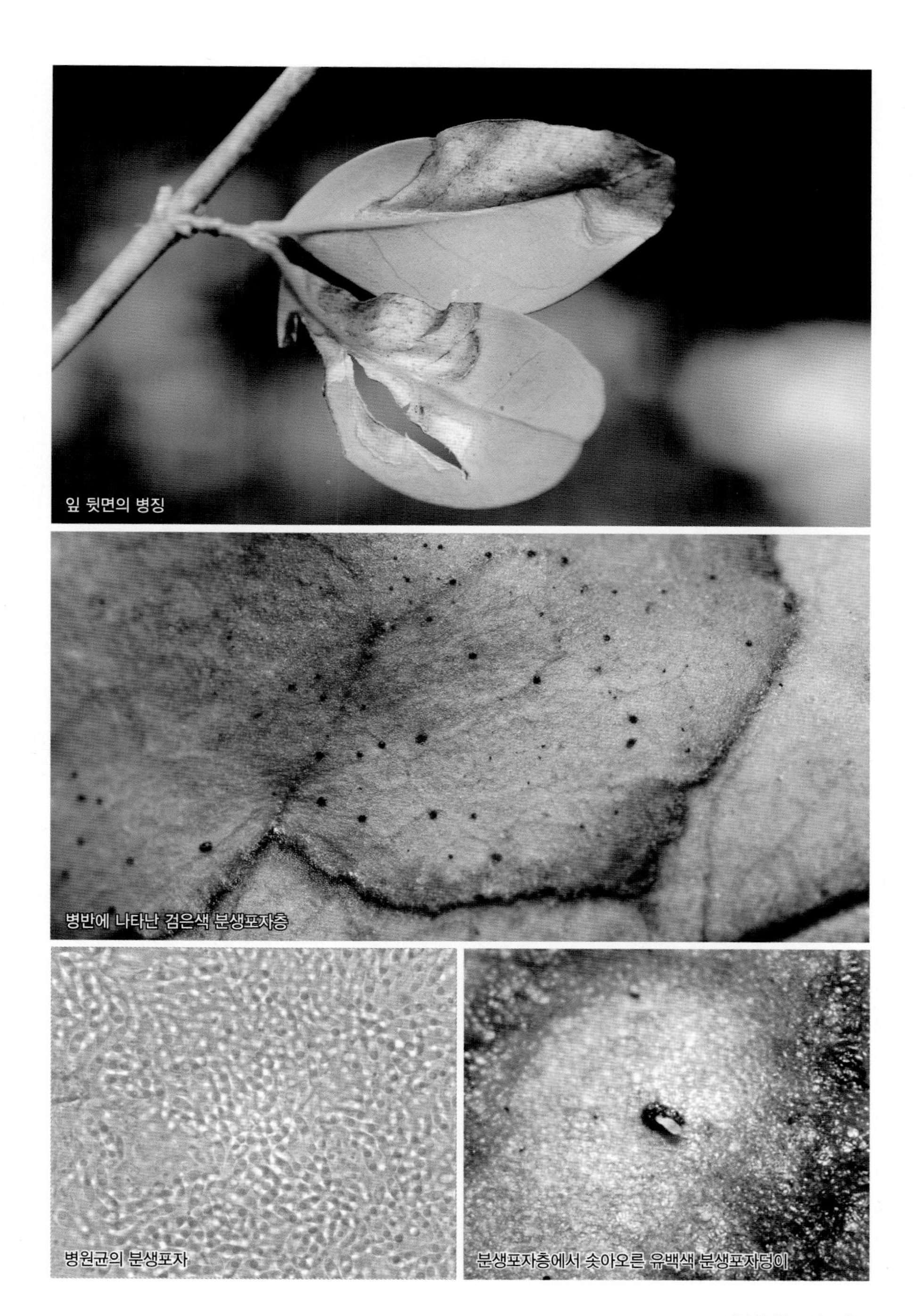
잎 뒷면의 병징
병반에 나타난 검은색 분생포자층
병원균의 분생포자
분생포자층에서 솟아오른 유백색 분생포자덩이

쥐똥나무

흰가루병의 병징

흰가루병 Powdery mildew

피해 특징 잎 앞면과 뒷면에 발생하며, 밀식되어 통풍이 불량한 곳이나 습하고 그늘진 곳에서 잘 발생한다.

병징 및 표징 여름부터 잎에 작고 흰 반점 모양 균총(균사와 분생포자의 무리)이 나타나고, 종종 점차 진전되면서 잎 전체가 밀가루를 뿌려 놓은 것처럼 보일 때도 있다. 늦여름부터 잎의 균총 위에 작고 둥근 노란 알갱이(자낭구)가 다수 나타나기 시작하고 성숙하면 검은색으로 변한다.

병원균 *Microsphaera ligustri*

방제 방법 발병 초기에 마이클로뷰타닐 수화제 1,500배액 등 흰가루병 적용 약제를 10일 간격으로 2회 이상 살포한다.

잎 뒷면의 병징
잎 뒷면의 흰색 균총과 자낭구
병원균의 자낭구
둥근 알갱이 모양 자낭구

밀랍가루를 뒤집어쓴 무시충

가해 양상

유시충

쥐똥나무진딧물 *Aphis crinosa*

피해 수목 쥐똥나무, 인동 등

피해 증상 성충과 약충이 주로 어린 가지와 잎 뒷면에서 집단으로 기생하며 수액을 빨아 먹고, 감로로 인해 부생성 그을음병이 유발된다.

형태 유시충은 몸길이가 약 2.4㎜로 흑갈색이지만 밀랍가루가 덮고 있어 회색으로 보인다. 무시충은 몸길이가 약 2.7㎜로 적갈색이지만 밀랍가루가 덮고 있어 회갈색으로 보인다.

생활사 정확한 생태는 밝혀지지 않았다. 주로 4월 하순부터 발생하며, 5~6월에 밀도가 가장 높고 장마철에 밀도가 감소했다가 가을에 재차 밀도가 증가한다.

방제 방법 5월 상순부터 아세타미프리드 수화제 2,000배액 또는 디노테퓨란 수화제 1,000배액을 10일 간격으로 2~3회 살포한다.

쥐똥나무

수컷 성충

성숙한 암컷 성충

잎 뒷면의 1령 약충

쥐똥밀깍지벌레 *Ericerus pela*

피해 수목 물푸레나무, 수수꽃다리, 이팝나무, 쥐똥나무, 광나무, 금목서 등

피해 증상 성충과 2령 약충이 가지에서 집단으로 기생하며 수액을 빨아 먹는다. 수컷 성충은 가지에서 흰색 밀랍을 분비하고, 1령 약충은 잎에 기생한다.

형태 암컷 성충의 깍지는 크기가 1.2~1.5㎜로 원형 또는 타원형이며, 초기에는 광택이 있는 황갈색이지만 성숙하면 적갈색을 띤다.

생활사 연 1회 발생하고 성충으로 월동한다. 암컷 성충은 5월 하순부터 산란하며 부화한 1령 약충은 잎에 기생하다가 1개월 후 2령 약충이 된다. 2령 약충은 가지로 이동해 정착한 후 흰색 밀랍을 분비해 몸을 덮고 8월 하순부터 성충이 된다.

방제 방법 5월 하순부터 디노테퓨란 액제 1,000배액 또는 클로티아니딘 입상수용제 2,000배액을 10일 간격으로 2~3회 살포한다.

종령 유충

잎을 묶어 놓은 모양

묶어 놓은 잎 속 유충

매실애기잎말이나방 *Rhopobota naevana*

피해 수목 쥐똥나무, 매실나무, 배나무, 사과나무, 산사나무, 광나무 등

피해 증상 유충이 어린 가지의 잎을 여러 장 묶거나 말고 그 속에서 잎을 갉아 먹으며, 주로 잎 뒷면의 표피를 남기고 갉아 먹어 피해 잎은 갈색으로 변한다.

형태 노숙 유충은 몸길이가 약 8㎜로 머리와 앞가슴은 흑갈색이고, 몸은 황갈색이다. 성충은 날개길이가 12~15㎜로 몸과 앞날개는 회갈색이고, 앞날개에는 흑갈색 무늬가 있다.

생활사 연 3~4회 발생하고 줄기나 가지에서 알로 월동한다. 1세대 유충은 4월 하순~5월에 나타나고, 2세대부터 불규칙하게 발생하면서 10월까지 가해한다. 성충은 5월 중순~6월 중순, 7월, 8~9월에 나타난다.

방제 방법 유충 발생 초기에 비티쿠르스타키 수화제 1,000배액 또는 디플루벤주론 수화제 2,500배액을 10일 간격으로 1~2회 살포한다.

쥐똥나무

기타 해충

귤가루이(광나무 참조)

곱추무당벌레(물푸레나무 참조)

식나무깍지벌레(은행나무 참조)

식나무깍지벌레(은행나무 참조)

갈색깍지벌레(상록활엽수 공통 해충 참조)

미국흰불나방(버즘나무 참조)

수수꽃다리명나방(광나무 참조)

수수꽃다리명나방(광나무 참조)

참나무시들음병 Oak wilt

피해 특징 건강한 참나무류가 급속히 말라 죽는 병으로 매개충인 광릉긴나무좀과 병원균 간의 공생작용에 의해 발병하며 갈참나무, 신갈나무, 졸참나무에서 피해가 크다.

병징 및 표징 매개충인 광릉긴나무좀 성충이 5월 상순부터 나타나서 참나무류로 침입한다. 피해목은 7월 하순부터 빨갛게 시들면서 말라 죽기 시작하고 겨울에도 잎이 떨어지지 않고 붙어 있다. 고사목의 줄기와 굵은 가지에 매개충의 침입공이 다수 발견되며, 주변에는 목재 배설물이 많이 분비된다.

병원균 *Raffaelea quercus-mongolicae*

방제 방법 벌채훈증, 벌채소각, 약제살포, 끈끈이롤트랩 등 현장 여건과 시기에 맞는 방제 방법을 선택해 시행한다.

광릉긴나무좀 성충

광릉긴나무좀 유충

외부로 배출된 배설물과 톱밥

피해목 목질부의 변색

흰가루병의 병징

흰색 균총이 뚜렷한 잎 앞면

흰색 균총이 희미한 잎 뒷면

흰가루병 Powdery mildew

피해 특징 잎 앞면과 뒷면에 발생하며, 통풍이 불량한 곳이나 습하고 그늘진 곳에서 잘 발생한다.
병징 및 표징 6월부터 잎에 작고 흰 반점 모양 균총(균사와 분생포자의 무리)이 나타나고, 점차 진전되면서 잎 전체가 밀가루를 뿌려 놓은 것처럼 보일 때도 있다. 어린 잎이 피해를 받으면 잎이 위축되는 경우가 많다. 가을이 되면 잎의 균총 위에 자그마한 노란색 둥근 알갱이(자낭구)가 다수 나타나기 시작하고 성숙하면 검은색으로 변한다.
병원균 *Microsphaera alphitoides*
방제 방법 발병 초기에 마이클로뷰타닐 수화제 1,500배액 등 흰가루병 적용 약제를 10일 간격으로 2회 이상 살포한다.

잎 뒷면에만 나타나는 균총과 자낭구

둥근 알갱이 모양 자낭구

병원균의 자낭구

뒷면흰가루병 Powdery mildew

피해 특징 *Microsphaera*에 의한 흰가루병과 달리 잎 뒷면에만 발생하고 큰 나무에서도 발생하는 경우가 많다. 주로 상수리나무와 굴참나무에서 발생한다.

병징 및 표징 여름부터 잎 뒷면에 작고 흰 반점 모양 균총(균사와 분생포자의 무리)이 나타나고, 점차 진전되면서 잎 뒷면을 희미하게 덮는다. 가을이 되면 잎 뒷면의 균총 위에 자그마한 노란색 둥근 알갱이(자낭구)가 다수 나타나기 시작하고 성숙하면 검은색으로 변한다.

병원균 *Phyllactinia quercus*

방제 방법 발병 초기에 마이클로뷰타닐 수화제 1,500배액 등 흰가루병 적용 약제를 10일 간격으로 2회 이상 살포한다.

신갈나무의 병징

튜바키아점무늬병(갈색무늬병) Tubakia leaf spot

피해 특징 참나무류의 잎에 발생하는 병으로 수종별로 병징이 다르며, 심하게 발생하면 잎이 일찍 떨어진다.

병징 및 표징 갈참나무와 신갈나무는 잎에 적갈색 반점이 나타나고 점차 확대되어 부정형 병반이 된다. 부정형 병반 중앙부는 담갈색으로 되며, 건전부와의 경계는 적갈색이지만 뚜렷하지 않다. 담갈색 병반에는 작고 검은 돌기(분생포자각)가 다수 나타나며, 이 돌기는 쉽게 떨어진다. 떡갈나무는 병반의 크기가 2~5㎜로 더 이상 확대되지 않고 그 외의 병징과 표징은 갈참나무, 신갈나무와 같다.

병원균 *Tubakia japoinca, T.rubra, T.* sp.

방제 방법 발생 초기에 이미녹타딘트리스알베실레이트 수화제 1,000배액 또는 프로피네브 수화제 500배액을 10일 간격으로 3~4회 살포한다.

떡갈나무의 병징
병반에 나타난 검은색 분생포자각
병원균의 분생포자각
병원균의 분생포자

상수리나무 잎 앞면 병징

튜바키아점무늬병(갈색무늬병) Tubakia leaf spot

피해 특징 참나무류의 잎에 발생하는 병으로 수종별로 병징이 다르며, 심하게 발병하면 잎이 일찍 떨어진다.

병징 및 표징 상수리나무는 주맥을 따라 갈색으로 변하고 건전부와의 경계는 적갈색이며, 병반 주변의 건전부는 노란색으로 변한다. 잎 뒷면의 주맥 위에는 작고 검은 돌기(분생포자각)가 다수 나타나며, 이 돌기는 쉽게 떨어진다. 굴참나무는 크기가 2~10㎜인 담갈색 원형 또는 부정형 병반이 나타나며 병반 주변은 노란색으로 변한다. 잎 양면의 담갈색 병반 위에는 작고 검은 돌기(분생포자각)가 다수 나타난다.

병원균 *Tubakia japoinca, T.rubra, T.* sp.

방제 방법 발생 초기에 이미녹타딘트리스알베실레이트 수화제 1,000배액 또는 프로피네브 수화제 500배액을 10일 간격으로 3~4회 살포한다.

상수리나무 잎 뒷면 병징

병원균의 분생포자각과 분생포자

굴참나무의 병징

상수리나무 주맥에 나타난 검은색 분생포자각

굴참나무 병반에 나타난 검은색 분생포자각

잎 앞면의 병징

갈색둥근무늬병 Marssonina leaf spot

피해 특징 잎에 발생하는 병으로, 병든 잎은 일찍 떨어진다.

병징 및 표징 잎에 5~15㎜ 크기인 원형의 담갈색~회갈색 병반이 나타나며, 병반은 종종 합쳐져서 불규칙한 병반이 되기도 한다. 병반과 건전부와의 경계는 갈색으로 명확하게 구분되며, 잎 뒷면 병반에는 작고 검은 돌기(분생포자층)가 형성되고, 다습하면 오렌지색 분생포자덩이가 솟아오른다.

병원균 *Marssonina martinii*

방제 방법 발생 초기에 이미녹타딘트리스알베실레이트 수화제 1,000배액 또는 프로피네브 수화제 500배액을 10일 간격으로 3~4회 살포한다.

갈색둥근무늬병의 병징

잎 뒷면의 병징

병원균의 분생포자

잎 뒷면 병반에 솟아오른 오렌지색 분생포자덩이

잎 앞면의 병징

그을음병의 병징

잎 앞면 병반에 나타난 검은색 자낭자좌

그을음병 Sooty mold

피해 특징 잎 앞면에 그을음으로 덮인 듯한 증상을 나타내는 병으로 진딧물이나 깍지벌레와 같은 수액을 빨아 먹는 해충의 분비물에 기생하는 부생성 그을음병과는 달리 병원균이 직접 수목을 가해하는 기생성 그을음병이다. 주로 통풍이 불량한 곳이나 습하고 그늘진 곳에서 잘 발생한다.

병징 및 표징 초여름부터 잎 앞면에 1~4㎜ 크기의 그을음으로 덮인 듯한 원형 흑갈색 병반이 다수 나타난다. 가을이 되면 병반의 중심부에 H, T, Y 모양의 검은 균체(자낭자좌)가 나타난다.

병원균 *Lembosia quercicola*

방제 방법 발병 초기에 이미녹타딘트리스알베실레이트 수화제 1,000배액을 2주 간격으로 2~3회 살포한다.

전나무잎응애에 의한 잎 앞면의 황화현상

잎맥 주변의 전나무잎응애 성충

잎 뒷면의 벚나무응애

응애류 Mite

피해 수목 참나무류

피해 증상 전나무잎응애는 잎 앞면의 잎맥 주변에서, 벚나무응애는 잎 뒷면에서 수액을 빨아 먹어 엽록소가 파괴되면서 잎이 노랗게 변한다.

형태 전나무잎응애 성충의 크기는 약 0.3㎜이며, 달걀형으로 암적색이고, 등에는 흰색 센털이 나 있다. 벚나무응애 암컷 성충의 크기는 약 0.5㎜이며, 밝은 적색을 띤다.

생활사 5~6월부터 성충의 밀도가 높아지고, 9월 하순까지 성충, 약충, 알 형태가 혼재한다.

방제 방법 피해 초기에 피리다벤 수화제 1,000배액 또는 사이에노피라펜 액상수화제 2,000배액을 10일 간격으로 3회 이상 살포한다. 또한, 약제 저항성이 나타나기 쉬우므로 동일 계통의 약제 연용은 피한다.

유시충

대만낙타진딧물 *Tuberculatus querciformosanus*

피해 수목 참나무류

피해 증상 성충과 약충이 잎 뒷면의 주맥을 따라 기생하며 수액을 빨아 먹고, 감로로 인해 부생성 그을음병이 유발된다.

형태 유시충은 몸길이가 약 2.4㎜로 담황색이다. 앞날개에는 검은 무늬가 없고 돌기가 앞가슴에 1쌍, 배마디에 3쌍 있으며, 뿔관 끝부분과 종아리마디 사이가 담황색이다. 약충은 담황색 또는 녹황색이다. 참나무류에는 대만낙타진딧물 외에 낙타진딧물류 10종이 가해하며, 형태와 색깔이 매우 유사하다.

생활사 자세한 생태는 밝혀지지 않았다.

방제 방법 약충 가해 초기에 아세타미프리드 수화제 2,000배액 또는 디노테퓨란 수화제 1,000배액을 10일 간격으로 2~3회 살포한다.

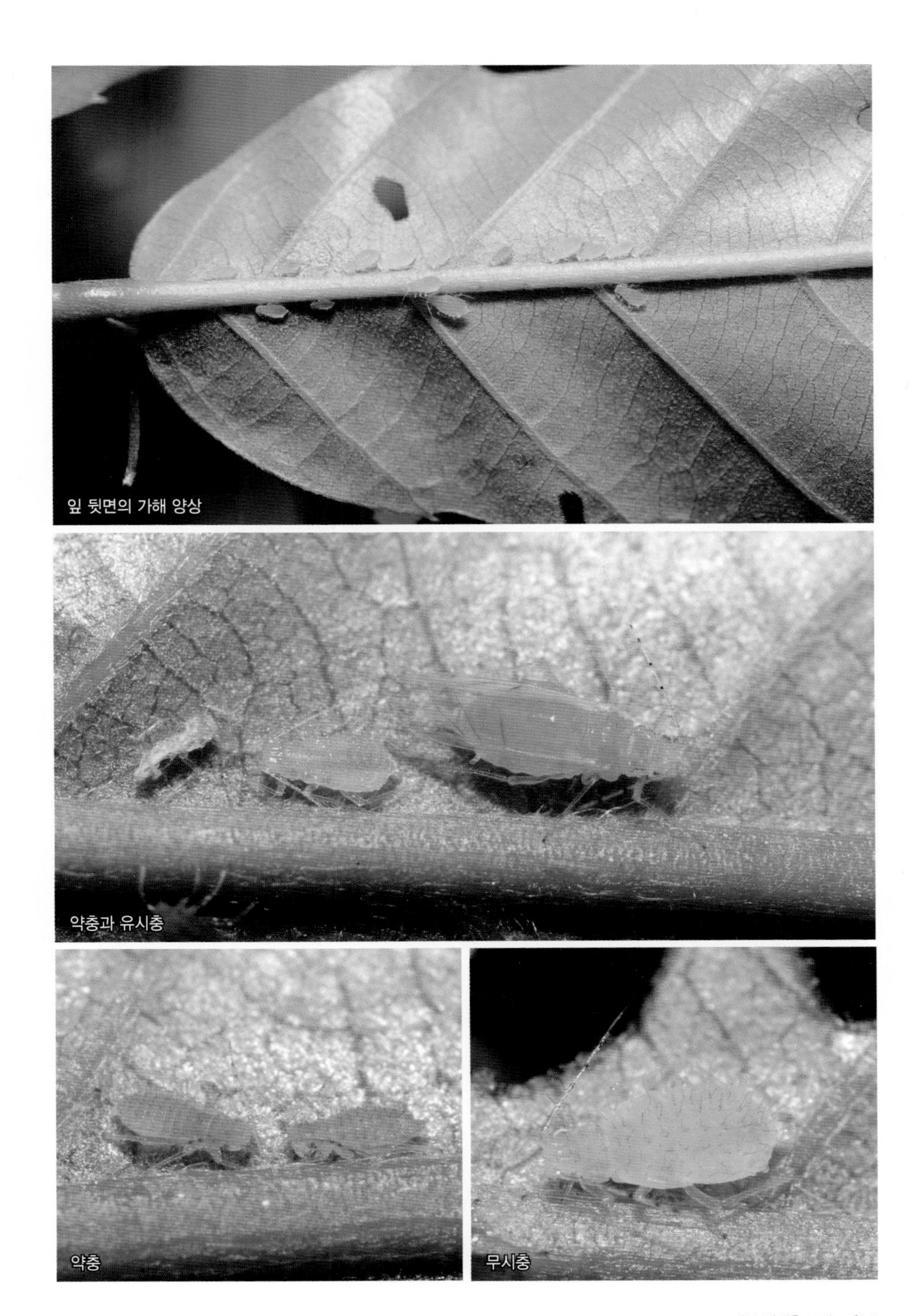
잎 뒷면의 가해 양상
약충과 유시충
약충
무시충

성충

참나무방패벌레 *Uhlerites debilis*

피해 수목 참나무류

피해 증상 성충과 약충이 잎 뒷면에서 수액을 빨아 먹어 잎이 탈색되며, 탈피각과 배설물이 잎 뒷면에 남아 있어 응애류의 피해와 구별된다. 봄과 여름에 기온이 높고 건조한 해에 피해가 심한 경향이 있다.

형태 성충은 몸길이가 약 2.9㎜로 머리는 검은색, 앞가슴은 갈색이며, 날개는 반투명하고 X자 모양의 암갈색 무늬가 있다. 약충은 몸길이가 약 1.6㎜로 유백색이며 배에 검은 무늬가 있다.

생활사 자세한 생활사는 밝혀지지 않았으며 성충과 약충이 6~9월에 혼재해 가해한다.

방제 방법 5월 상순에 이미다클로프리드 분산성액제를 나무주사하거나 6월 상순부터 에토펜프록스 유제 2,000배액을 2주일 간격으로 2~3회 살포한다.

가해 양상
약충
잎 앞면의 탈색
잎 뒷면의 배설물

산란기의 다갈색 암컷 성충

산란기의 암갈색 암컷 성충

광택이 있는 황토색 성충

왕공깍지벌레 *Kermes vastus*

피해 수목 참나무류

피해 증상 성충과 약충이 작은 가지나 잎자루에 기생하며 수액을 빨아 먹는다.

형태 암컷 성충의 깍지는 8~10㎜로 공 모양이다. 보통 깍지의 색깔은 광택이 있는 황토색 바탕에 암갈색과 흰 무늬가 있으나, 산란기에는 검은색 줄무늬가 3개 생기며, 산란 후에는 다갈색 또는 암갈색으로 변하고 반문도 없어진다.

생활사 연 1회 발생하며, 약충으로 월동한다. 성충은 5월 중순에 산란하며, 약충은 5월 하순~6월 상순에 나타나기 시작한다.

방제 방법 5월 하순부터 디노테퓨란 액제 1,000배액 또는 클로티아니딘 입상수용제 2,000배액을 10일 간격으로 2~3회 살포한다.

벌레혹

갈색으로 변한 벌레혹

벌레혹 속 유충

어리상수리혹벌 *Trichagalma serratae*

피해 수목 상수리나무, 졸참나무

피해 증상 6월 하순부터 유충이 작은 가지에 밤송이 같은 벌레혹을 만들며 처음에는 녹색을 띠나 점차 갈색으로 변한다. 보통 가지 하나에 벌레혹 5~20개가 무더기로 생긴다.

형태 성충은 몸길이가 3~4㎜로 황갈색이며, 날개는 투명하고 연한 털이 있다. 유충은 다리가 없으며 유백색이다.

생활사 연 1회 발생하며 겨울눈 속에서 알로 월동한다. 유충은 7월 하순~8월 상순에 나타나서 가지에 벌레혹을 만들고 그 속에서 가해하다가 9월 하순에 번데기가 된다. 성충은 10월 상순부터 나타나기 시작해 12~1월 겨울눈 부근에 산란한다.

방제 방법 7~11월에 벌레혹을 제거한다.

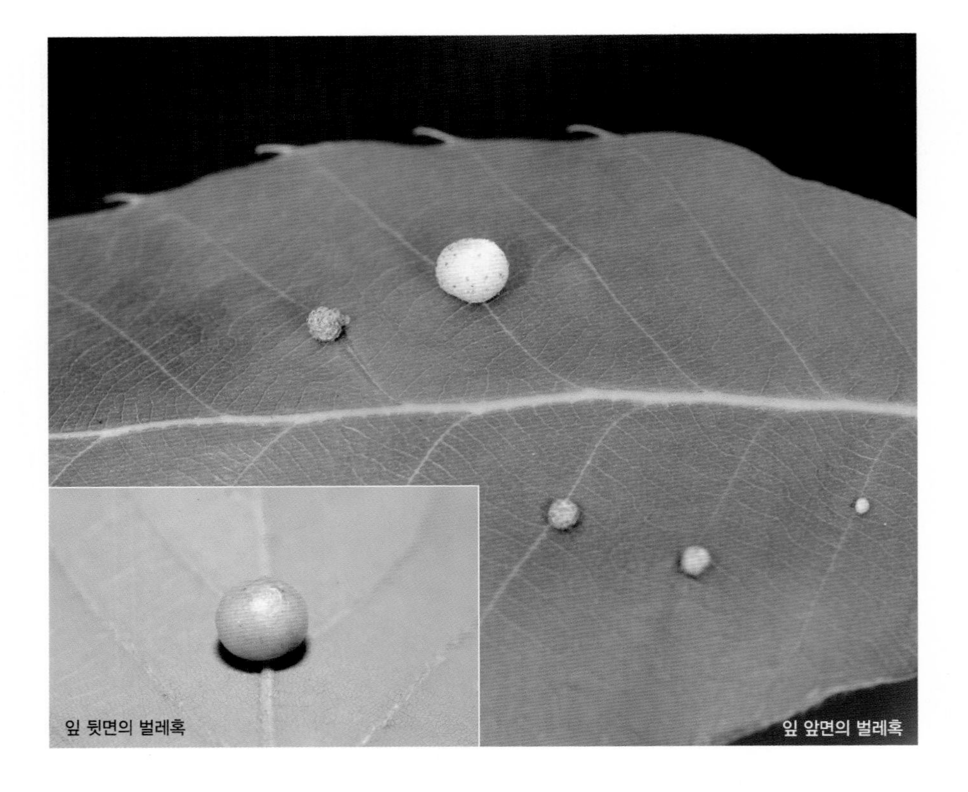

잎 뒷면의 벌레혹

잎 앞면의 벌레혹

참나무잎혹벌 *Andricus noli-quercicola*

피해 수목 참나무류

피해 증상 잎에 크기가 5~10㎜인 공 모양 벌레혹을 만들며 처음에는 녹색을 띠나 점차 적갈색으로 변한다.

형태 성충은 몸길이가 1.5~2㎜로 검은색이며, 날개는 반투명하다.

생활사 자세한 생태는 밝혀지지 않았다.

방제 방법 방제를 요구할 정도로 밀도가 높은 경우는 없다.

갈색으로 변하는 벌레혹

초기의 벌레혹

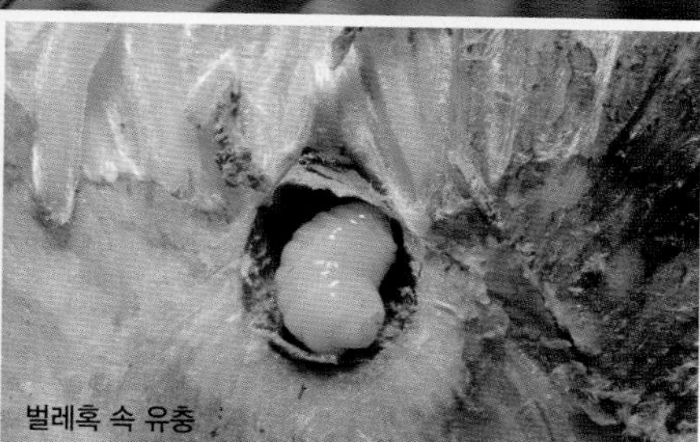
벌레혹 속 유충

갈참나무혹벌 *Cynips mukaigawa*

피해 수목 갈참나무, 떡갈나무, 신갈나무

피해 증상 유충이 초여름부터 가지에 열매껍질로 쌓인 도토리 모양 벌레혹을 만들며 처음에는 녹색을 띠나 점차 갈색으로 변한다. 유충은 벌레혹 중심부에 갈색 유충방을 만들고 1마리씩 가해한다.

형태 성충은 몸길이가 약 4㎜로 암갈색이다. 유충은 다리가 없으며 유백색이다.

생활사 연 1회 발생하며 겨울눈 속에서 알로 월동한다. 성충은 12~1월에 나타나서 겨울눈에 산란한다.

방제 방법 7~11월에 벌레혹을 제거한다.

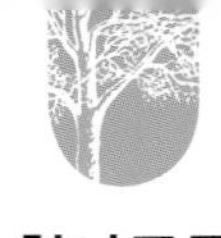

잎 앞면의 벌레혹

굴참나무잎혹벌(가칭) *Andricus* sp.

피해 수목 굴참나무

피해 증상 5월부터 잎의 하단부 또는 주맥에 자그마한 녹색 벌레혹이 생기고 피해가 심한 잎은 오그라들거나 기형화된다. 벌레혹 내부에는 유충방이 6~10개 있다.

형태 유충은 다리가 없으며 머리는 황갈색이고 몸은 유백색이다. 가해유형이 *Andricus pseudocurvator*와 유사하지만 동일 종인지에 대한 추가조사가 필요하다.

생활사 자세한 생활사는 밝혀지지 않았으며, 봄부터 벌레혹이 형성되고 가을까지 벌레혹의 색깔은 녹색으로 그대로 유지된다.

방제 방법 4월 하순부터 에토펜프록스 수화제 1,000배액 또는 페니트로티온 유제 1,000배액을 2주 간격으로 2~3회 살포한다.

잎 뒷면의 벌레혹

벌레혹에 의해 기형화된 잎

벌레혹 속 유충

벌레혹 속 유충방

잎 앞면의 벌레혹

가운데가 함몰된 구형 벌레혹

털로 둘러싸인 벌레혹

상수리나무잎혹벌(가칭) *Neuroterus* sp.

피해 수목 상수리나무, 굴참나무

피해 증상 잎 앞면에 가운데가 함몰된 구형 벌레혹과 가운데가 약간 함몰되고 털이 빽빽하게 둘러싸인 벌레혹 2가지 형태로 기생한다.

형태 벌레혹은 약 8㎜ 크기의 갈색이다. *Neuroterus numismalis*와 유사하지만 털이 있는 것이 다르다.

생활사 자세한 생활사는 밝혀지지 않았으며, 7월 상순부터 벌레혹이 형성되고 가을에 잎이 떨어질 때까지 잎에 붙어 있는 경우가 많다.

방제 방법 7~11월에 벌레혹을 제거한다.

녹색 벌레혹

성충이 탈출한 후 갈색으로 변한 벌레혹

벌레혹 속 유충

참나무가지둥근혹벌(가칭) *Andricus* sp.

피해 수목 굴참나무, 상수리나무

피해 증상 봄부터 겨울눈이 붙어 있던 부위에 크기가 약 10㎜인 공 모양 벌레혹이 1~3개씩 무리 지어 생긴다. 벌레혹은 처음에는 녹색이고 성충이 탈출하면 갈색으로 변한다.

형태 유충은 다리가 없으며 머리는 흑갈색이고 몸은 유백색이다.

생활사 자세한 생활사는 밝혀지지 않았다. 전년도 겨울눈이 붙어 있었던 부분에서 벌레혹이 생기는 것으로 보아 겨울눈 부근에서 알로 월동해 4~5월에 벌레혹을 형성하기 시작하는 것으로 추정된다.

방제 방법 6~9월에 벌레혹을 제거한다.

참나무순꽃혹벌(가칭)의 벌레혹

참나무순꽃혹벌(가칭) unknown

피해 수목 신갈나무, 졸참나무

피해 증상 유충이 작은 가지와 눈에 꽃잎 같은 벌레혹을 만들며 처음에는 녹색을 띠나 점차 적갈색으로 변한다.

형태 유충의 머리는 광택이 있는 갈색, 몸은 유백색이다.

생활사 자세한 생태는 밝혀지지 않았다. 벌레혹이 6월 이후부터 발견된다.

방제 방법 6~11월에 벌레혹을 제거한다.

눈의 끝에 집중적으로 생긴 벌레혹

벌레혹 앞면

벌레혹 뒷면

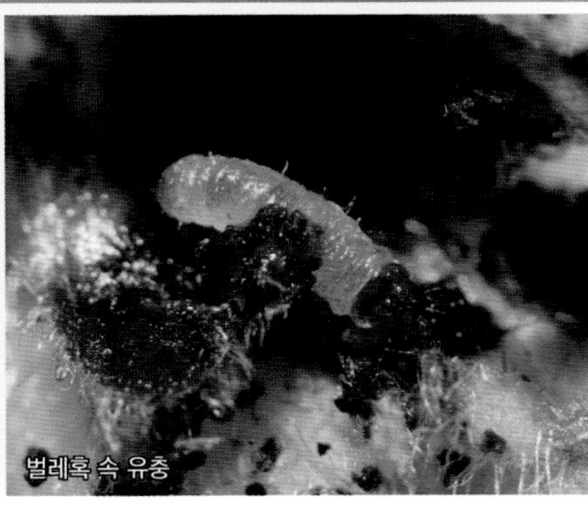
벌레혹 속 유충

성충이 가지를 자른 모양

도토리거위벌레 *Mecorhis ursulus*

피해 수목 참나무류의 종실

피해 증상 성충이 참나무류의 종실에 주둥이로 구멍을 뚫고 산란한 후 가지를 주둥이로 잘라 땅으로 떨어뜨린다. 유충은 도토리 내부에서 열매살을 갉아 먹는다.

형태 성충은 몸길이가 약 9㎜이고, 몸과 딱지날개는 광택이 있는 검은색 또는 암갈색으로 가슴과 딱지날개에 회황색 털이 덮여 있다.

생활사 연 1회 발생하며 토양 속에서 흙집을 짓고 유충으로 월동한다. 성충은 6월 중순~9월 하순에 나타나고, 유충은 7월 하순부터 나타나서 열매살을 갉아 먹다가 8월 하순부터 월동처로 이동한다.

방제 방법 8월 중순까지 떨어진 열매를 소각하고, 6월 중순~9월 하순에 에마멕틴벤조에이트 유제 2,000배액 등을 10일 간격으로 2~3회 살포한다.

땅에 떨어진 가지와 잎
성충
열매의 산란흔
열매 속 유충

점박이불나방 *Agrisius fuliginosus*

피해 수목 참나무류

피해 증상 유충이 어릴 때는 잎살을 먹고, 자라면서 잎 전부를 갉아 먹는다.

형태 노숙 유충은 몸길이가 약 35㎜로 머리와 배끝이 주황색이고, 몸은 노란색 바탕에 검은 점무늬가 있으며 검은색과 흰색 털이 나 있다. 성충은 날개 편 길이가 약 40㎜로 몸과 앞날개는 흰색이고, 앞날개에 검은 점무늬가 있다.

생활사 연 2회 발생하며 성충은 5~8월에 나타나고 유충은 6~7월, 8~10월에 나타난다.

방제 방법 피해 초기에 비티쿠르스타키 수화제 1,000배액 또는 디플루벤주론 수화제 2,500배액을 10일 간격으로 1~2회 살포한다.

종령 유충

잎 뒷면에 엉성하게 실을 크게 친 유충

배마디가 분명한 유충

붉은무늬갈색밤나방 *Siglophora sanguinolenta*

피해 수목 참나무류

피해 증상 유충이 잎 뒷면의 주맥에 붙어서 엉성하게 실을 크게 치고 그 속에서 어릴 때는 잎살만 먹고, 자라면서 잎맥을 제외한 잎 전체를 갉아 먹는다.

형태 노숙 유충은 몸길이가 약 22㎜로 머리와 몸은 황록색이고 배의 마디가 분명하다. 성충은 날개 편 길이가 약 21㎜로 머리와 가슴은 황갈색이고, 앞날개는 노란색 바탕에 적갈색 무늬가 있다.

생활사 자세한 생태는 밝혀지지 않았다. 연 2회 발생하는 것으로 추정되며, 성충은 5월과 8월에 나타나고 유충은 7~8월, 9~10월에 나타난다.

방제 방법 유충의 밀도가 높은 경우에 한해 비티쿠르스타키 수화제 1,000배액 또는 디플루벤주론 수화제 2,500배액을 10일 간격으로 1~2회 살포한다.

쌍줄푸른밤나방 *Pseudoips prasinanus*

피해 수목 참나무류

피해 증상 유충이 잎을 갉아 먹는다.

형태 노숙 유충은 몸길이가 약 26㎜로 머리와 몸은 담녹색이고 등에 복잡한 담황색 무늬가 있으며, 꼬리다리에 붉은색 선이 있다. 성충은 날개 편 길이가 15~18㎜로 앞날개는 담녹색 바탕에 내횡선과 외횡선이 흰색을 띤다.

생활사 연 2회 발생하며 번데기로 월동한다. 성충은 5~6월, 7~8월에 나타나서 잎 위에 불규칙하게 산란하고 유충은 6~7월, 8~9월에 나타난다.

방제 방법 6월 하순과 8월 하순~9월 상순에 비티쿠르스타키 수화제 1,000배액 또는 디플루벤주론 수화제 2,500배액을 10일 간격으로 1~2회 살포한다.

연노랑뒷날개나방 *Catocala streckeri*

피해 수목 참나무류

피해 증상 유충이 잎을 갉아 먹는다.

형태 노숙 유충은 몸길이가 약 45㎜로 머리는 검은색 바탕에 흰 그물 무늬가 있고, 몸은 회백색 바탕에 5배마디에 검은 무늬 1개와 8배마디에 검은색 돌기 1쌍이 있다. 성충은 날개 편 길이가 약 53㎜로 머리와 가슴은 담회흑색, 배는 황갈색이고, 앞날개는 담회흑색 바탕에 흑갈색 줄무늬와 중앙에 회백색 무늬가 있다.

생활사 연 1회 발생하며, 유충은 5월, 성충은 6~7월에 나타난다. 자세한 생태는 밝혀지지 않았다.

방제 방법 유충의 밀도가 높은 경우에 한해 비티쿠르스타키 수화제 1,000배액 또는 디플루벤주론 수화제 2,500배액을 10일 간격으로 1~2회 살포한다.

종령 유충

주황얼룩무늬밤나방 *Lophomilia flaviplaga*

피해 수목 참나무류

피해 증상 유충이 잎 뒷면의 주맥에 붙어서 잎맥을 제외한 잎 전체를 갉아 먹는다.

형태 노숙 유충은 몸길이가 약 30㎜로 머리는 담녹색이고, 몸은 황록색을 띠며 등에 검은 무늬와 작은 돌기가 있다. 성충은 날개길이가 18~21㎜로 몸과 앞날개는 황갈색이고, 앞날개에 흰색 줄무늬와 갈색 무늬가 있다.

생활사 자세한 생태는 밝혀지지 않았다. 연 1~2회 발생하는 것으로 추정되며, 성충은 8~9월, 유충은 7~8월에 나타난다.

방제 방법 유충의 밀도가 높은 경우에 한해 비티쿠르스타키 수화제 1,000배액 또는 디플루벤주론 수화제 2,500배액을 10일 간격으로 1~2회 살포한다.

가해 양상
종령 유충의 옆면
중령 유충
성충

종령 유충

가해 양상

중령 유충

흰무늬껍질밤나방 *Negritothoripa hampsoni*

피해 수목 참나무류

피해 증상 유충이 잎 뒷면에서 잎을 갉아 먹으며, 어릴 때는 그물망의 가해흔이 남고, 자라면서 잎맥만 남는다.

형태 노숙 유충은 몸길이가 약 20㎜로 머리는 담황색, 몸은 황록색을 띠며, 등에 두 줄로 된 담황색 무늬가 있고 검은색 굵은 털이 드문드문 나 있다. 성충은 날개 편 길이가 약 23㎜로 머리와 가슴은 흰색이고, 앞날개의 바탕은 흑갈색이며, 기부는 흰색이다.

생활사 연 1~2회 발생하는 것으로 추정되며, 유충은 6~7월과 8~9월, 성충은 6~7월에 나타나서 수피에 고치를 만들고 번데기가 된다.

방제 방법 유충의 밀도가 높은 경우에 한해 비티쿠르스타키 수화제 1,000배액 또는 디플루벤주론 수화제 2,500배액을 10일 간격으로 1~2회 살포한다.

노랑뒷날개저녁나방 *Acronicta catocaloida*

피해 수목 참나무류

피해 증상 유충이 잎 앞면에서 잎을 갉아 먹으며, 주로 몸을 접고 있다.

형태 노숙 유충은 몸길이가 약 40㎜로 머리와 몸 윗면은 황갈색, 몸 아랫면은 담황색이다. 몸 윗면에 난 털은 딱딱하고 끝이 검은 노란색이며, 몸 아랫면에 난 털은 황백색이다. 성충은 날개 편 길이가 약 47㎜로 머리와 가슴은 암회색이고, 앞날개는 암회색 바탕에 검은색과 흰색 복잡한 무늬가 있다.

생활사 연 1회 발생하는 것으로 추정되며, 성충은 6~8월, 유충은 7~9월에 나타난다. 자세한 생태는 밝혀지지 않았다.

방제 방법 유충의 밀도가 높은 경우에 한해 비티쿠르스타키 수화제 1,000배액 또는 디플루벤주론 수화제 2,500배액을 10일 간격으로 1~2회 살포한다.

잎을 갉아 먹는 유충
종령 유충
위협을 받으면 가슴을 들어 올리는 유충

곧은줄재주나방 *Peridea gigantea*

피해 수목 참나무류

피해 증상 유충이 잎을 갉아 먹는다.

형태 노숙 유충은 몸길이가 35~40㎜로 머리와 몸은 담녹색이며, 가슴 양쪽에 노란색, 붉은색, 검은색으로 이루어진 둥근 돌기가 있다. 성충은 날개 편 길이가 49~61㎜로 몸과 앞날개는 회갈색이다.

생활사 연 2회 발생하고 토양 속에서 번데기로 월동한다. 성충은 6월, 8~9월에 나타나고 유충은 7월, 9~10월에 나타나서 잎을 갉아 먹다가 토양 속으로 이동해 번데기가 된다.

방제 방법 유충의 밀도가 높은 경우에 한해 비티쿠르스타키 수화제 1,000배액 또는 디플루벤주론 수화제 2,500배액을 10일 간격으로 1~2회 살포한다.

종령 유충

중령 유충

종령 유충의 옆면

회색재주나방 *Syntypistis pryeri*

피해 수목 참나무류

피해 증상 유충이 어릴 때는 잎 뒷면에 모여서 잎살만 갉아 먹다가 자라면서 분산해 잎 전체를 갉아 먹는다.

형태 노숙 유충은 몸길이가 약 30㎜로 머리와 몸은 녹색이며, 등에 붉은색 줄이 있다. 성충은 날개 편 길이가 35~50㎜로 머리와 가슴에 검은색과 회백색 비늘털이 섞여 있다.

생활사 연 2회 발생하고 토양 속에서 번데기로 월동한다. 성충은 5~6월, 7~8월에 나타나고, 유충은 6월, 8~9월에 나타나서 잎을 갉아 먹다가 토양 속으로 이동해 번데기가 된다.

방제 방법 유충의 밀도가 높은 경우에 한해 비티쿠르스타키 수화제 1,000배액 또는 디플루벤주론 수화제 2,500배액을 10일 간격으로 1~2회 살포한다.

황줄점갈고리나방 *Nordstromia japonica*

피해 수목 참나무류

피해 증상 유충이 잎을 갉아 먹는다.

형태 노숙 유충은 몸길이가 약 18㎜로 머리와 몸은 황갈색 바탕에 흰 무늬가 뒤섞여 있으며, 배 끝에 꼬리가 있다. 성충은 날개 편 길이가 28~33㎜로 몸과 날개는 청색이 도는 회색이고, 외횡선과 아외연선이 갈색이다.

생활사 자세한 생태는 밝혀지지 않았으며, 성충은 5~9월에 나타나고, 유충은 6~7월, 8~9월에 나타난다.

방제 방법 유충의 밀도가 높은 경우에 한해 비티쿠르스타키 수화제 1,000배액 또는 디플루벤주론 수화제 2,500배액을 10일 간격으로 1~2회 살포한다.

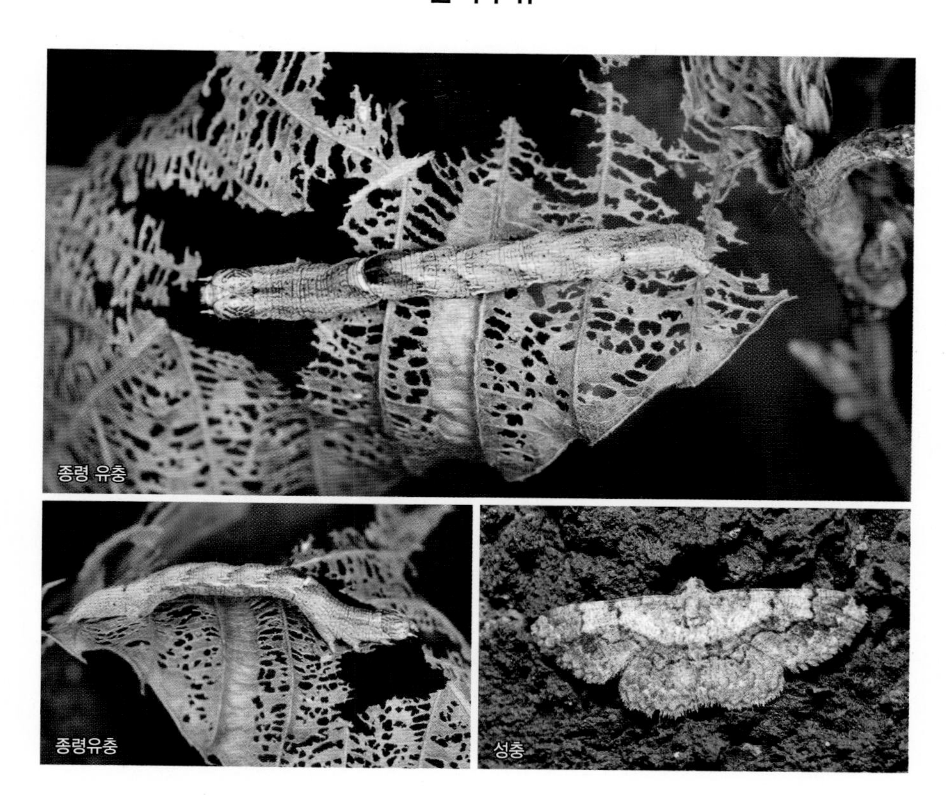
종령 유충
종령유충
성충

배털가지나방 *Satoblephara parvularia*

피해 수목 참나무류

피해 증상 유충이 잎을 갉아 먹는다.

형태 노숙 유충은 몸길이가 약 20㎜로 머리는 갈색 바탕에 황갈색 무늬가 있고, 몸의 바탕은 회갈색 또는 황록색이며, 2배마디에 흰색과 검은 무늬가 있다. 성충은 날개 편 길이가 약 24㎜로 몸과 날개의 바탕은 흑회색이며, 검은색, 회색 등 무늬가 있고, 수컷은 배측면에 털다발이 있다.

생활사 연 2회 발생하며 번데기로 월동한다. 성충은 4~5월, 6~8월에 나타나고 유충은 5월, 7~9월에 나타난다.

방제 방법 유충의 밀도가 높은 경우에 한해 비티쿠르스타키 수화제 1,000배액 또는 디플루벤주론 수화제 2,500배액을 10일 간격으로 1~2회 살포한다.

기타 해충

미국선녀벌레(아까시나무 참조)

거북밀깍지벌레(상록활엽수 공통 해충 참조)

주둥무늬차색풍뎅이(배롱나무 참조)

주둥무늬차색풍뎅이(배롱나무 참조)

오리나무좀(느티나무 참조)

사과무늬잎말이나방(느릅나무 참조)

귀룽큰애기잎말이나방(벚나무류 참조)

남방차주머니나방(상록활엽수 공통 해충 참조)

참나무류

주머니나방(상록활엽수 공통 해충 참조)

검은푸른쐐기나방(단풍나무 참조)

노랑쐐기나방(단풍나무 참조)

니도베가지나방(벚나무류 참조)

꼬마버들재주나방(버드나무류 참조)

버들재주나방(버드나무류 참조)

재주나방(단풍나무 참조)

참나무류

사과독나방(느티나무 참조)

흰독나방(단풍나무 참조)

독나방(단풍나무 참조)

매미나방(느티나무 참조)

차독나방(동백나무 참조)

참나무류

미국흰불나방(버즘나무 참조)

한일무늬밤나방(벚나무류 참조)

주홍띠밤나방(벚나무류 참조)

가흰밤나방(벚나무류 참조)

가는띠밤나방(벚나무류 참조)

얼룩무늬밤나방(벚나무류 참조)

고동색밤나방(벚나무류 참조)

참죽나무

잎 앞면의 병징

녹병 Rust

피해 특징 병원균이 중간기주로 이동하지 않고 참죽나무에서만 기생하는 동종기생성균으로 병의 확산속도가 빨라 발병하면 피해가 큰 편이다.

병징 및 표징 봄에 잎, 잎자루, 어린 가지에 노란색 가루덩이(여름포자퇴와 녹포자퇴)가 나타나고, 가을이 되면 노란색 가루는 점점 사라지고 다갈색~흑갈색 가루덩이(겨울포자퇴)가 나타난다. 심하게 발병한 잎은 일찍 떨어진다.

병원균 *Nyssopsora cedrelae*

방제 방법 봄부터 트리아디메폰 수화제 800배액 또는 페나리몰 수화제 3,300배액을 10일 간격으로 2~3회 살포한다.

녹병의 병징
병원균의 여름포자
병반에 나타난 노란색 가루덩이
잎 뒷면의 병징

녹병의 병징

녹병 Rust

피해 특징 이종기생성병으로 철쭉류에서 여름포자, 겨울포자, 담자포자를 형성하고, 가문비나무류에서 녹포자, 녹병포자를 형성한다.

병징 및 표징 5월경부터 잎 앞면에 노란색 작은 반점이 나타나고, 잎 뒷면에는 노란색 가루덩이(여름포자퇴)가 나타난다. 여름포자에 의한 반복감염은 잎 앞면이 노란색, 자주색 등 다양한 색상을 띤다. 9월 이후에는 잎 뒷면에 적갈색 겨울포자퇴 및 겨울포자를 형성하며, 이 겨울포자가 성숙해 발아한 담자포자가 바람을 타고 중간기주인 가문비나무의 잎으로 기주이동해 균사 상태로 월동한다.

병원균 *Chrysomyxa rhododendri*

방제 방법 이른 봄부터 트리아디메폰 수화제 800배액 또는 페나리몰 수화제 3,300배액을 2주 간격으로 3~4회 살포한다.

잎 뒷면의 병징

병원균의 여름포자

잎 뒷면의 여름포자퇴

여름포자에 의해 반복감염되어 잎 앞면이 자주색을 띠는 병반

기형적으로 부풀어 오른 잎

떡병 Leaf gall

피해 특징 잎과 새순이 마치 떡과 같이 부풀어 올라 기형적으로 변하며, 봄에 비가 많이 오거나 통풍이 잘 되지 않는 곳에서 심하게 발생한다.

병징 및 표징 5월 상순부터 잎, 새순이 부풀어 올라 여러 가지 형태의 혹 모양이 된다. 이 혹은 처음에는 담녹색 또는 분홍색을 띠다가 흰색 가루(담자포자층, 담자포자, 분생포자)로 뒤덮이고, 포자가 주변 건전한 잎 등으로 비산하고 나서는 흑갈색으로 변한다.

병원균 *Exobasidium japonicum, E.cylindrosporium*

방제 방법 잎눈이 트기 직전부터 트리아디메폰 수화제 800배액 또는 이미녹타딘트리스알베실레이트 수화제 1,000배액을 2주 간격으로 3~4회 살포한다.

기형적으로 부풀어 오른 잎

떡과 같이 부풀어 오른 병반에 흰색 가루로 뒤덮인 잎

기형적으로 부풀어 오른 후 흰색 가루로 뒤덮인 잎

분홍색으로 변한 후 흰색 가루로 뒤덮인 잎

민떡병의 병징

민떡병 Exobasidium leaf spot

피해 특징 떡병균의 일종이나 혹이 부풀어 오르지 않고 밋밋하며, 봄에 비가 많이 오거나 햇빛이 부족한 곳에서 잘 발생한다.

병징 및 표징 5월경부터 잎 앞면에 3~10㎜ 크기의 황록색 둥근 병반이 나타나며, 건전부와의 경계는 희미한 경우도 있고 자갈색으로 경계가 뚜렷한 경우도 있다. 잎 뒷면 병반은 흰가루를 뿌려 놓은 것(자실층)처럼 보인다. 병반은 부풀어 오르지 않고 밋밋하고 초기의 황록색 병반은 여름 이후 갈색으로 변한다. 병원균은 잎 뒷면의 자실층에서 담자포자와 분생포자를 형성한다.

병원균 *Exobasidium yoshinagai, E.dubium* 등

방제 방법 피해 초기에 트리아디메폰 수화제 800배액 또는 이미녹타딘트리스알베실레이트 수화제 1,000배액을 2주 간격으로 3~4회 살포한다.

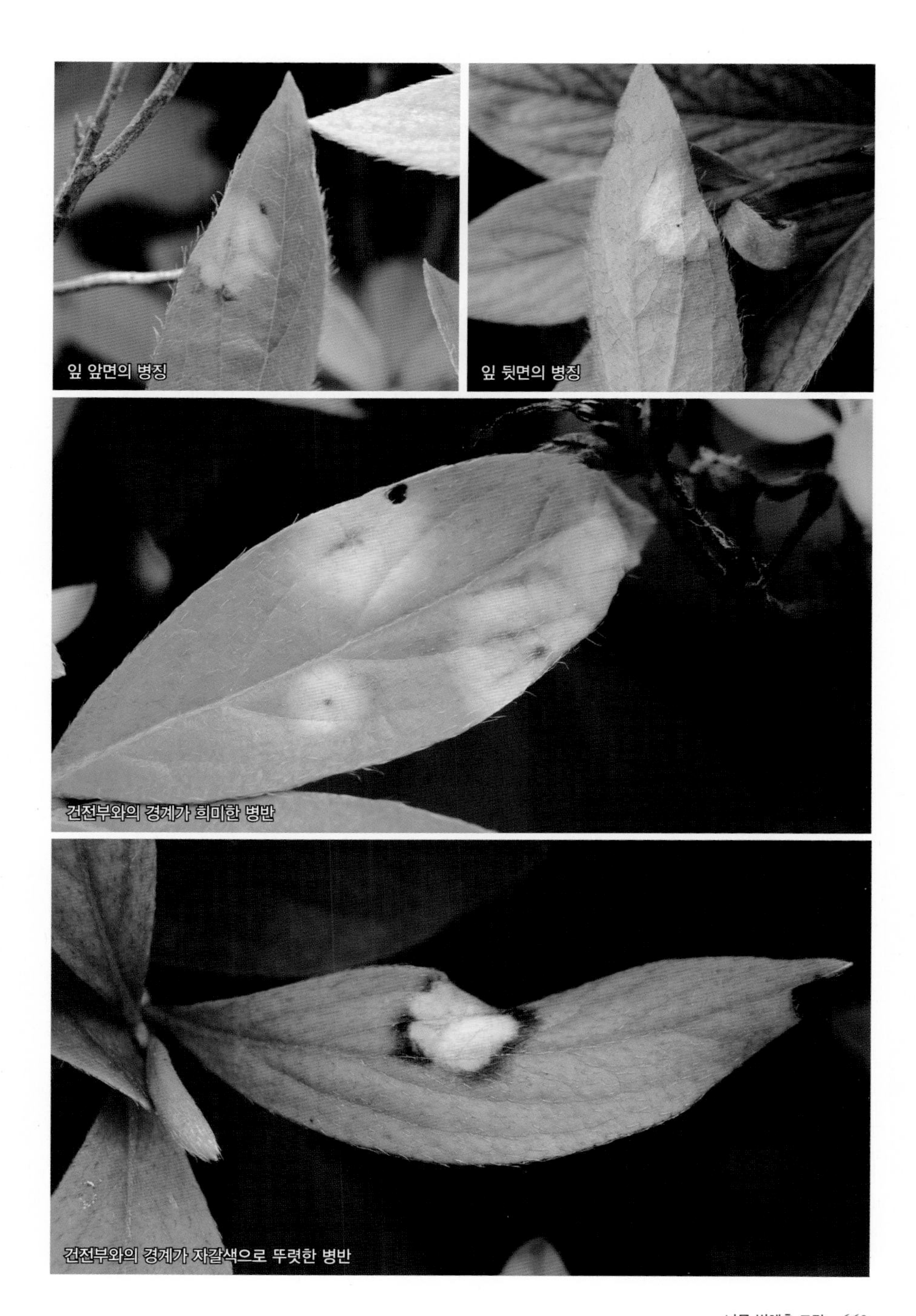
잎 앞면의 병징
잎 뒷면의 병징
건전부와의 경계가 희미한 병반
건전부와의 경계가 자갈색으로 뚜렷한 병반

갈색무늬병의 병징

갈색무늬병 Septoria leaf spot

피해 특징 잎에 많은 병반이 형성되면서 일찍 떨어져 수세가 약화되고 미관을 해친다. 일단 감염된 지역은 발병이 매년 반복되어 피해가 증가한다.

병징 및 표징 6월 하순부터 잎에 작은 갈색 반점이 나타나며, 병반은 점차 커져 암갈색~남보라색을 띤 2~5㎜ 크기의 원형 또는 부정형 병반이 되고 건전부와의 경계는 흑보라색으로 명확하게 구분된다. 잎 앞면 병반에는 작은 흑갈색 점(분생포자각)이 나타나며, 다습하면 유백색 분생포자덩이가 솟아오른다. 병든 잎은 품종에 따라 초가을에 일찍 떨어지거나 겨울동안 가지에 붙어 있다가 5~6월에 노랗게 변하면서 일시에 떨어진다.

병원균 *Septoria azaleae*

방제 방법 6월 하순부터 이미녹타딘트리스알베실레이트 수화제 1,000배액 또는 디페노코나졸 입상수화제 2,000배액을 10일 간격으로 2~3회 살포한다.

잎 앞면의 병징

잎 뒷면의 병징

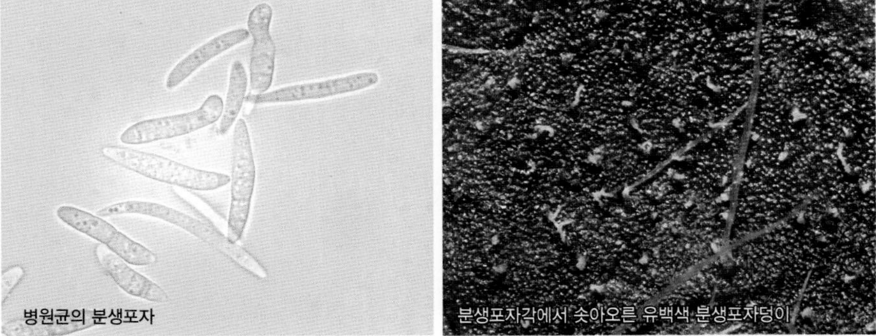

병원균의 분생포자

분생포자각에서 솟아오른 유백색 분생포자덩이

점무늬병(잎마름병)의 병징

점무늬병(잎마름병) Cercospora leaf spot

피해 특징 갈색무늬병과 같이 철쭉류에서 자주 발생하는 병으로 잎이 노랗게 변하면서 일찍 떨어진다.

병징 및 표징 초여름부터 잎에 갈색 원형 또는 부정형 병반이 나타나고, 이 병반은 확대되면서 서로 합쳐지기도 하며, 건전부와 병반과의 경계는 뚜렷하지 않다. 갈색 병반에는 솜털 같은 흑회색 분생포자덩이로 뒤덮인 작은 점(분생포자좌)이 나타난다.

병원균 *Pseudocercospora handelii*

방제 방법 피해 초기인 6월부터 아족시트로빈 수화제 1,000배액 또는 이미녹타딘트리스알베실레이트 수화제 1,000배액을 10일 간격으로 2~3회 살포한다.

잎 뒷면의 병징

갈색 병반에 나타난 검은색 분생포자좌

병원균의 분생포자

솜털 모양 분생포자덩이

잿빛점무늬병의 병징

잿빛점무늬병 Pestalotia leaf blight

피해 특징 바람이 많이 부는 지역에서 증상이 나타나고, 태풍이 지나간 이후에는 피해가 만연되는 특징이 있다.

병징 및 표징 주로 잎가장자리부터 갈색으로 변하고 건전부와 병반의 경계는 진한 갈색으로 명확하게 구분된다. 잎 양면 병반 위에 작고 검은 점(분생포자층)이 나타나고 다습하면 검은색 뿔 모양 분생포자덩이가 솟아오른다.

병원균 *Pestalotiopsis* spp.

방제 방법 매년 피해가 발생하는 지역의 경우 태풍 이후 이미녹타딘트리스알베실레이트 수화제 1,000배액 또는 프로피네브 수화제 500배액을 10일 간격으로 2~3회 살포한다.

잎 앞면의 병징

잎 뒷면의 병징

병원균의 분생포자

갈색 병반에 나타난 검은색 분생포자층

점무늬병의 병징

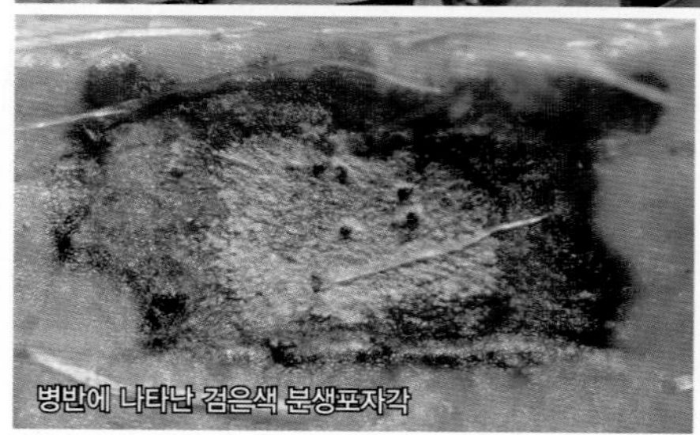
병반에 나타난 검은색 분생포자각

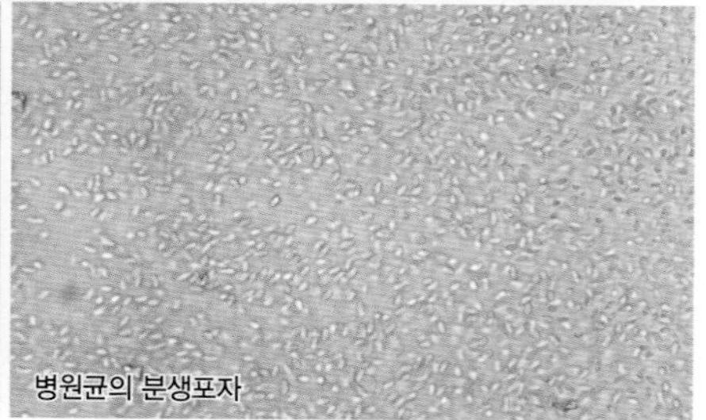
병원균의 분생포자

점무늬병 Phyllosticta leaf spot

피해 특징 잎에 적갈색 반점이 다수 형성되며 간혹 뒤틀리기도 하나 병든 잎은 일찍 떨어지지 않아 미관을 해친다.

병징 및 표징 기주에 따라 병징이 다소 차이가 있으며 산철쭉의 경우 적갈색 작은 반점이 점차 확대되어 흑갈색 띠로 둘러싸인 원형 갈색 반점이 형성된다. 병반은 주로 잎맥 사이에 형성되며 잎가장자리를 따라 길게 나타나기도 한다. 건전부와의 경계는 명확하며 반점 안은 회갈색으로 변하면서 작고 검은 돌기(분생포자각)가 형성된다.

병원균 *Phyllosticta maxima, Phyllosticta* sp.

방제 방법 피해 초기에 이미녹타딘트리스알베실레이트 수화제 1,000배액 또는 프로피네브 수화제 500배액을 10일 간격으로 2~3회 살포한다.

탄저병의 병징

병반에 나타난 검은색 분생포자층

병원균의 분생포자

탄저병 Anthracnose

피해 특징 주로 채광과 통풍이 불량한 곳에서 피해가 많으며, 잎이 노랗게 변하면서 일찍 떨어져서 미관을 해친다.

병징 및 표징 잎에 암갈색 반점이 나타나고, 점차 확대되어 부정형 갈색 병반이 된다. 병반 위에는 작고 검은 점(분생포자층)이 나타나고, 다습하면 유백색 분생포자덩이가 솟아오른다.

병원균 *Colletotrichum* sp.

방제 방법 피해 초기에 메트코나졸 액상수화제 3,000배액 또는 프로피네브 수화제 600배액을 10일 간격으로 2~3회 살포한다.

극동등에잎벌 *Arge similis*

피해 수목 영산홍, 진달래 등 철쭉류

피해 증상 유충이 무리지어 잎을 갉아 먹어 잎맥만 남는 경우가 많다.

형태 어린 유충은 머리가 검은색이고 몸은 담녹색으로 검은 반점이 있다. 노숙 유충은 몸길이가 약 25㎜이며 머리는 황갈색이고 몸에는 검은 반점이 선명하다. 성충은 몸길이가 9~10㎜이며, 광택이 있는 남색이다.

생활사 연 3회 발생하며, 토양 속의 흙집 안에서 유충으로 월동한다. 성충과 유충은 4~9월에 불규칙하게 나타난다. 성충은 잎가장자리의 잎 조직에 1개씩 산란하고, 유충은 약 30일 동안 잎을 갉아 먹다가 토양 속에서 번데기가 된다.

방제 방법 유충 발생 초기에 에토펜프록스 수화제 1,000배액 또는 페니트로티온 유제 1,000배액을 10일 간격으로 2~3회 살포한다.

가해 양상
잎가장자리에 산란한 모양
중령 유충
성충

진달래방패벌레 *Stephanitis pyrioides*

피해 수목 진달래, 영산홍 등 철쭉류

피해 증상 성충과 약충이 잎 뒷면에서 집단으로 기생하며 수액을 빨아 먹어 잎 앞면이 하얗게 탈색되며, 잎 뒷면에 탈피각과 배설물이 붙어 있다.

형태 성충은 몸길이가 약 3.5㎜로 흑갈색을 띠며, 날개는 투명한 그물 모양으로 중앙에 X자 모양의 검은 무늬가 있다. 약충은 몸길이가 약 2.5㎜로 광택이 있는 흑갈색을 띠며, 배마디 등면에 가시돌기가 있다.

생활사 연 4~5회 발생하고, 잎 사이나 낙엽 속에서 성충으로 월동한다. 성충은 4월 상순부터 잎 뒷면의 잎살 조직 안에 알을 한 개씩 낳는다. 6월 이후에는 각 충태가 동시에 나타난다.

방제 방법 약충 발생 초기에 아세타미프리드 수화제 2,000배액 또는 에토펜프록스 유제 2,000배액을 2주일 간격으로 2~3회 살포한다.

가해 양상

약충

철쭉애매미충(가칭, 좌측)과 진달래방패벌레(우측)에 의한 잎 앞면의 피해 양상

철쭉애매미충(가칭, 좌측)과 진달래방패벌레(우측)에 의한 잎 뒷면의 피해 양상

성충

철쭉애매미충(가칭) *Naratettix* sp.

피해 수목 산철쭉, 영산홍 등 철쭉류

피해 증상 성충과 약충이 주로 잎 뒷면에서 수액을 빨아 먹어 잎 앞면이 퇴색하고, 피해가 심하면 잎이 일찍 떨어진다. 성충은 활동성이 좋아 잎을 건드리면 다른 잎으로 신속하게 이동한다.

형태 성충은 몸길이가 약 3.2㎜로 머리와 가슴은 황백색이며, 머리, 가슴, 앞날개에 주황색 무늬가 있다. 약충은 몸길이가 약 2.6㎜이며, 반투명한 하얀색으로 등에 담황색 무늬가 있다.

생활사 자세한 생활사는 밝혀지지 않았으며, 5월 중순~9월 하순에 각 충태가 동시에 나타난다.

방제 방법 5월 중순부터 아세타미프리드 수화제 2,000배액 또는 디노테퓨란 수화제 1,000배액을 10일 간격으로 2~3회 살포한다.

잎 앞면의 퇴색

배설물과 탈피각이 없는 잎 뒷면

약충

날개에 주황색 무늬가 옅은 성충

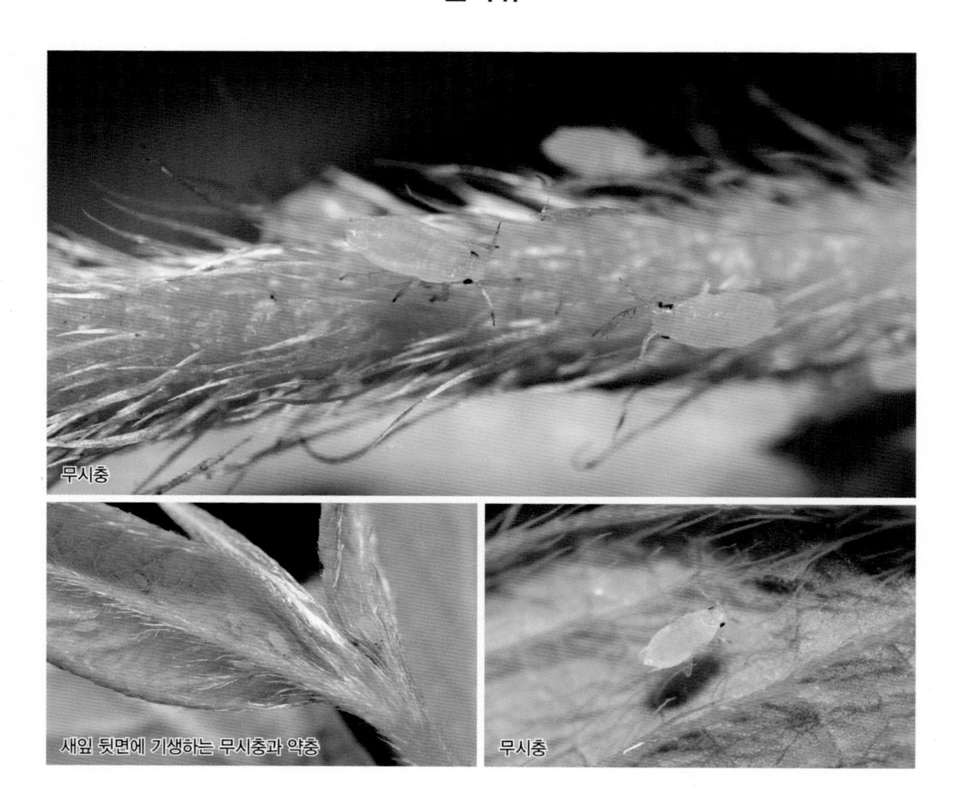

무시충

새잎 뒷면에 기생하는 무시충과 약충

무시충

담뱃대진딧물 *Vesiculaphis caricis*

피해 수목 영산홍, 진달래, 철쭉 등 철쭉류

피해 증상 무시충과 약충이 4~5월에 새잎 뒷면, 어린 가지, 꽃자루 등에 집단으로 기생해 수액을 빨아 먹는다.

형태 유시충은 몸길이가 약 1.6㎜로 황록색 또는 암황갈색이고 뿔관은 검은색이다.

생활사 철쭉류의 작은 가지 기부에서 알로 월동한다. 간모는 4월 상순에 나타나서 단위생식으로 새끼를 낳고, 2세대 약충은 모두 유시충이 되어 중간기주인 골풀 등으로 이동한다.

방제 방법 매년 피해가 발생하는 지역에서는 4~5월에 아세타미프리드 수화제 2,000배액 또는 디노테퓨란 수화제 1,000배액을 10일 간격으로 2~3회 살포한다.

기타 해충

미국선녀벌레(아까시나무 참조)

갈색날개매미충(단풍나무 참조)

긴솜깍지벌레붙이(이팝나무 참조)

거북밀깍지벌레(상록활엽수 공통 해충 참조)

철쭉류

루비깍지벌레(상록활엽수 공통 해충 참조)

줄솜깍지벌레(팽나무 참조)

식나무깍지벌레(은행나무 참조)

꼬마쐐기나방(단풍나무 참조)

차주머니나방(상록활엽수 공통 해충 참조)

철쭉류

흰독나방(단풍나무 참조)

독나방(단풍나무 참조)

매미나방(느티나무 참조)

배저녁나방(벚나무류 참조)

미국흰불나방(버즘나무 참조)

황다리독나방 *Ivela auripes*

피해 수목 층층나무

피해 증상 어린 유충은 잎을 세로로 접어서 붙인 후 그 속에서 갉아 먹고, 자라면서 잎의 주맥을 제외하고 전부 갉아 먹어 피해가 심한 경우 가지만 남는다.

형태 노숙 유충은 몸길이가 30~40㎜로 머리와 몸은 검고 몸 등면에 노란색 무늬가 있으며, 흑갈색 털이 빽빽하게 나 있다. 성충은 날개길이가 약 43㎜로 몸과 앞날개는 흰색이고, 앞다리가 노란색이다.

생활사 연 1회 발생하며 수피 틈에서 알로 월동한다. 유충은 4월 하순~5월 하순에 나타나고, 성충은 5월 하순~6월 하순에 나타난다.

방제 방법 피해 초기에 비티쿠르스타키 수화제 1,000배액 또는 디플루벤주론 수화제 2,500배액을 10일 간격으로 1~2회 살포한다.

어린 유충의 가해 양상

수관의 잎이 전부 가해 받은 피해목

성충

번데기

종령 유충

가해 양상

종령 유충

쌍점줄갈고리나방 *Ditrigona virgo*

피해 수목 층층나무

피해 증상 유충이 잎 2장을 붙이고 그 속에서 잎을 갉아 먹는다.

형태 노숙 유충은 몸길이가 약 20㎜로 머리는 담황색이고, 몸은 담녹색이다. 성충은 날개 편 길이가 27~38㎜로 몸과 앞날개는 흰색이고, 앞날개에 검은 점 1개와 연한 황갈색 횡선 2개가 있다.

생활사 자세한 생태는 밝혀지지 않았으며, 유충이 6~9월, 성충은 8~9월에 나타난다.

방제 방법 피해 초기에 비티쿠르스타키 수화제 1,000배액 또는 디플루벤주론 수화제 2,500배액을 10일 간격으로 1~2회 살포한다.

층층나무

기타 해충

거북밀깍지벌레(상록활엽수 공통 해충 참조)

거북밀깍지벌레(상록활엽수 공통 해충 참조)

복숭아혹진딧물(꽃복숭아 참조)

말채나무공깍지벌레

오리나무좀(느티나무 참조)

검정주머니나방(은행나무 참조)

미국흰불나방(버즘나무 참조)

점박이응애(대추나무 참조)

잎 앞면의 병징

잎마름병(얼룩무늬병) Leaf blotch

피해 특징 칠엽수와 가시칠엽수에서 자주 발생하며, 병든 잎은 갈색으로 변하면서 일찍 떨어지므로 미관을 해칠 뿐만 아니라 수세를 약화시킨다.

병징 및 표징 잎에 갈색 반점이 나타나고 점차 커져서 불규칙한 병반이 되며, 병반 주변은 노란색을 띤다. 잎 양면 병반에는 작고 검은 돌기(분생포자각)가 다수 나타나고, 다습하면 유백색 분생포자덩이가 솟아오른다.

병원균 *Guignardia aesculi*

방제 방법 병든 잎은 제거하고, 이미녹타딘트리스알베실레이트 수화제 1,000배액 또는 프로피네브 수화제 500배액을 10일 간격으로 2~3회 살포한다.

잎마름병의 병징
병반에 나타난 검은색 분생포자각
병원균의 분생포자
분생포자각에서 솟아오른 유백색 분생포자덩이

생리적 잎마름의 피해

생리적 잎마름증상 Leaf scorch

피해 특징 도심의 가로수와 건물 주변의 조경수가 반사열 또는 환풍기에서 나오는 뜨거운 바람에 의해 잎이 마르게 된다. 가로수의 경우 평지보다는 경사지에서 주로 나타나고 봄~여름에 고온 건조한 기후가 지속될 때 피해가 심하다.

병징 및 표징 잎이 가장자리부터 마르기 시작해 갈색으로 변한다. 잎마름병과는 달리 갈색 병반이 잎 중앙까지 확산되지 않는 경우가 많다.

병원균 생리적 현상에 의한 증상이다.

방제 방법 주변 통풍을 도모해 기온이 상승하는 것을 막고, 토양에 관수해 수분 부족을 해소한다. 매년 피해가 발생하는 지역은 토양멀칭을 해 토양보습력을 높인다.

생리적 잎마름의 피해

피해 초기증상

잎가장자리가 마른 증상

피해 후기 증상

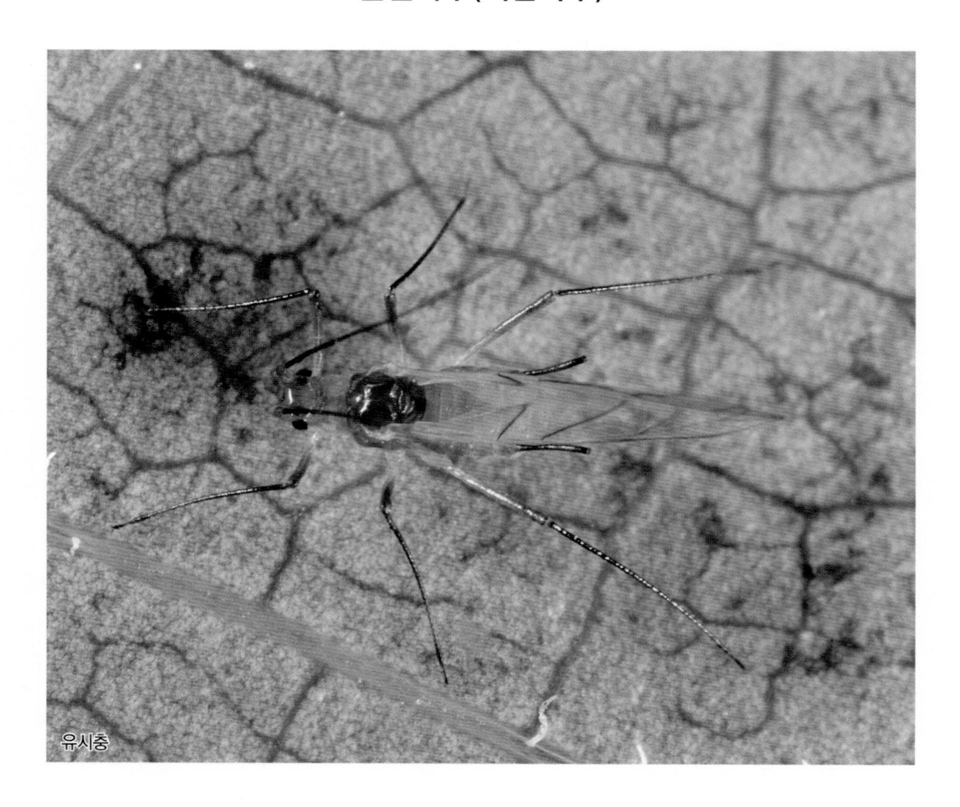

백합나무진딧물(가칭) *Illinoia liriodendri*

피해 수목 튤립나무(백합나무)

피해 증상 성충과 약충이 잎에서 집단으로 기생하며 수액을 빨아 먹어 수세가 저하되며, 감로로 인해 부생성 그을음병이 유발된다.

형태 유시충은 몸길이가 약 2.3㎜로 머리와 가슴은 담황색이고 배마디는 담녹색이다. 무시충은 몸길이가 약 2.4㎜로 담녹색이고 뿔관은 검은색이다.

생활사 백합나무의 주요 진딧물이지만, 우리나라에는 2011년에 최초로 보고되어 국내에서의 생태는 아직까지 밝혀지지 않았다. 5~10월에 무시충, 유시충, 약충을 기주수목에서 볼 수 있다.

방제 방법 5월 중순부터 아세타미프리드 수화제 2,000배액 또는 디노테퓨란 수화제 1,000배액을 10일 간격으로 2~3회 살포한다.

잎 앞면의 탈피각과 부생성 그을음병의 병징
잎 뒷면의 유시충, 무시충, 약충
무시충과 약충
약충

잎 앞면의 병징

붉은별무늬병 Cedar apple rust

피해 특징 향나무, 노간주나무와 기주교대하는 이종기생성병으로 5~7월에 흔히 볼 수 있으며 잎 뒷면에 털 같은 것이 잔뜩 돋아나고 심하면 잎이 일찍 떨어진다.

병징 및 표징 5월 상순부터 잎 앞면에 2~5㎜ 크기의 오렌지색 원형 병반이 나타나고, 병반 위에 작은 흑갈색 점(녹병정자기)이 형성되며, 이 녹병정자기에서 끈적덩이(녹병정자)가 흘러나온다. 5월 중순~6월 하순에 병반 뒷면에는 약 5㎜ 크기의 털 모양 돌기(녹포자기)가 무리지어 나타난다. 녹포자기가 성숙하면 그 안에서 엷은 오렌지색 가루(녹포자)가 터져 나온다.

병원균 *Gymnosporangium asiaticum, G. cornutum, G. miyabei*

방제 방법 4~5월에 트리아디메폰 수화제 800배액 또는 페나리몰 수화제 3,300배액을 10일 간격으로 3~4회 살포한다. 또한, 주변의 향나무에도 동일 약제를 4월 상순부터 10일 간격으로 2~3회 살포한다.

잎 뒷면의 병징

잎 앞면에 나타난 흑갈색 녹병정자기

잎 뒷면에 나타난 미성숙 녹포자기

잎 뒷면에 나타난 돌기 모양의 녹포자기

균핵병(가칭)의 병징

균핵병(가칭) Brown rot

피해 특징 국내외 미기록 병으로 봄에 새잎, 어린 가지가 말라 죽어 일찍 떨어지고, 봄철에 비가 자주 올 때 많이 발생한다.

병징 및 표징 이른 봄에 잎이 주맥의 아랫부분 또는 잎자루부터 암갈색으로 변하면서 마치 서리를 맞은 것처럼 말라 죽는다. 변색된 잎 뒷면의 잎맥 주변과 잎자루는 흰색 분생포자덩이로 뒤덮인다.

병원균 *Monilinia* sp.

방제 방법 잎이 나오기 시작할 때 이미녹타딘트리스알베실레이트 수화제 1,000배액 또는 프로피네브 수화제 500배액을 2주 간격으로 2~3회 살포한다.

피해 후기의 병징

병원균의 분생포자

잎 앞면의 피해 중기 증상

잎 뒷면의 피해 중기 증상

잎 뒷면의 잎맥에 나타난 흰색 분생포자덩이

잎자루에 나타난 흰색 분생포자덩이

점무늬병(가칭)의 병징

점무늬병(가칭) Leaf spot

피해 특징 국내외 미기록 병으로 병원균의 동정 및 병원성에 대해 추가적인 연구가 필요하다.

병징 및 표징 6월경부터 잎에 5~10㎜ 크기의 불규칙한 갈색 병반이 나타난다. 병반은 더 이상 확대되지 않고 건전부와의 경계는 갈색 띠로 구분되지만 명확하지는 않다. 잎 앞면의 갈색 병반에는 검은 점(자실체)이 나타나고 피해 잎은 일찍 떨어진다.

병원균 밝혀지지 않았다.

방제 방법 피해 초기에 이미녹타딘트리스알베실레이트 수화제 1,000배액 또는 프로피네브 수화제 500배액을 10일 간격으로 2~3회 살포한다.

잎 뒷면의 병징

건전부가 점차 노랗게 변하는 피해 잎

병원균의 분생포자

잎 앞면 병반에 나타난 자실체

겹둥근무늬병(가칭)의 병징

겹둥근무늬병(가칭) Leaf blight

피해 특징 국내외 미기록 병으로 병원균의 동정 및 병원성에 대해 추가적인 연구가 필요하다.
병징 및 표징 초여름부터 잎에 갈색 원형 또는 부정형 병반이 다수 나타나고, 이 병반은 종종 서로 합쳐져서 대형 갈색 병반이 된다. 잎 앞면의 갈색 병반에는 작은 흑갈색 점(자실체)이 나타나며, 다습하면 유백색 분생포자덩이가 솟아오른다.
병원균 밝혀지지 않았다.
방제 방법 피해 초기에 이미녹타딘트리스알베실레이트 수화제 1,000배액 또는 프로피네브 수화제 500배액을 10일 간격으로 2~3회 살포한다.

잎 뒷면의 병징

잎 앞면 병반에 나타난 검은색 자실체

병원균의 분생포자

유백색 분생포자덩이

모무늬병(가칭)의 병징

모무늬병(가칭) Leaf spot

피해 특징 국내외 미기록 병으로 분생포자와 병징 및 표징 등으로 볼 때 *Septoria* sp.로 추정되며, 정확한 병원균의 동정 및 병원성에 대해 추가적인 연구가 필요하다.

병징 및 표징 초여름부터 잎에 4~10㎜ 크기의 잎맥에 둘러싸인 다각형 갈색 병반이 다수 나타나고, 이 병반은 종종 서로 합쳐져 잎 전체가 노란색으로 변하면서 일찍 떨어진다. 잎 앞면의 갈색 병반에는 작은 흑갈색 점(자실체)이 나타나며, 다습하면 유백색 분생포자덩이가 솟아오른다.

병원균 밝혀지지 않았다.

방제 방법 7월 중순부터 이미녹타딘트리스알베실레이트 수화제 1,000배액 또는 디페노코나졸 입상수화제 2,000배액을 10일 간격으로 2~3회 살포한다.

노랗게 변하면서 일찍 떨어지는 피해 잎

피해 초기의 병징

병원균의 분생포자

잎 앞면 병반에 나타난 유백색 분생포자덩이

흰색 밀랍물질을 분비하는 무시충
가해 양상

면충류 *Prociphilus* sp.

피해 수목 팥배나무
피해 증상 이른 봄에 성충과 약충이 잎과 어린 가지에서 집단으로 수액을 빨아 먹어 잎이 오그라드는 증상이 나타난다. 배나무를 가해하는 배나무면충과 형태적으로 차이가 있다.
형태 무시충, 유성형은 흑녹색이며 하얀 밀랍으로 덮여 있다.
생활사 이른 봄에 잎과 어린 가지를 가해하다가 6월 중순 이후 팥배나무에서 사라진다.
방제 방법 가해 초기인 5~6월에 아세타미프리드 수화제 2,000배액 또는 디노테퓨란 수화제 1,000배액을 10일 간격으로 2회 이상 살포한다.

팥배나무

배나무왕진딧물 *Nippolachnus piri*

피해 수목 팥배나무, 비파나무, 후피향나무

피해 증상 무시충과 약충이 잎 뒷면에서 주맥 양쪽으로 머리를 맞대고 집단으로 기생하며 수액을 빨아 먹는다.

형태 유시충은 몸길이가 약 2.6㎜로 머리와 가슴은 암적색이고 배마디는 녹갈색이다. 무시충은 몸길이가 약 2.8㎜로 담황색 바탕에 녹색 무늬가 있다.

생활사 연 수회 발생하며 비파나무 또는 후피향나무에서 알로 월동한다. 유시충이 4월 하순에 팥배나무로 기주이동해 산란하고, 무시충과 약충이 팥배나무의 잎 뒷면에서 기생한다.

방제 방법 5월 중순부터 아세타미프리드 수화제 2,000배액 또는 디노테퓨란 수화제 1,000배액을 10일 간격으로 2~3회 살포한다.

뒷면흰가루병의 병징

뒷면흰가루병 Powdery mildew

피해 특징 잎 뒷면에만 발생해 잎이 노랗게 변하면서 일찍 떨어진다. 큰 나무와 햇빛을 많이 받는 나무에서도 자주 발생한다.

병징 및 표징 7월 이후부터 잎 뒷면에 작고 흰 반점 모양 균총(균사와 분생포자의 무리)이 나타나고, 종종 점차 진전되면서 잎 뒷면 전체에 밀가루를 뿌려 놓은 것처럼 보일 때도 있다. 가을이 되면 하얀 균총이 희미해지면서 작고 둥근 노란 알갱이(자낭구)가 다수 나타나기 시작하고 성숙하면 검은색으로 변한다. 잎 앞면은 잎 뒷면의 균총이 형성된 부위를 중심으로 노랗게 변한다.

병원균 *Pleochaeta shiraiana*

방제 방법 발병 초기에 마이클로뷰타닐 수화제 1,500배액 등 흰가루병 적용 약제를 10일 간격으로 2회 이상 살포한다.

잎 뒷면의 하얀 균총과 자낭구

병원균의 자낭구

자낭구의 부속사

둥근 알갱이 모양 자낭구

가해 양상

팽나무혹응애(가칭) unknown

피해 수목 팽나무

피해 증상 성충이 잎 뒷면으로 침입해 잎 앞면에 크기가 약 2㎜인 녹색 벌레혹을 만들고 그 안에서 가해한다.

형태 성충은 몸길이가 약 0.2㎜로 구더기형이며, 담황색을 띤다.

생활사 자세한 생태는 밝혀지지 않았다.

방제 방법 새잎이 나오는 4월부터 피리다펜티온 유제 1,000배액을 10일 간격으로 2회 이상 살포한다.

잎 앞면의 피해 증상

잎 뒷면의 피해 증상

잎 앞면의 벌레혹

팽나무혹응애(가칭) 성충

어린 가지의 가해 양상

팽나무알락진딧물 *Shivaphis celti*

피해 수목 팽나무, 푸조나무, 풍게나무 등

피해 증상 성충과 약충이 잎 뒷면과 어린 가지에서 집단으로 기생하며 수액을 빨아 먹어 잎이 노랗게 변하면서 일찍 떨어진다. 성충과 약충이 솜 같은 분비물을 배출해 눈에 쉽게 띄고, 부생성 그을음병을 유발한다.

형태 유시충은 몸길이가 약 2.6㎜로 노란색이고, 무시충은 몸길이가 약 2.1㎜로 암녹색이다. 모든 충태에 흰색 밀랍물질이 몸을 덮고 있어 하얗게 보인다.

생활사 연 수회 발생하며 가지에서 알로 월동하다 성충과 약충은 봄~가을까지 가해하며, 10월 하순~11월 상순에 암컷 성충이 나뭇가지에 산란한다.

방제 방법 4월 하순부터 아세타미프리드 수화제 2,000배액 또는 디노테퓨란 수화제 1,000배액을 10일 간격으로 2~3회 살포한다.

잎 뒷면의 가해 양상
팽나무알락진딧물의 가해에 의한 잎의 황화현상
유시충
약충

잎 앞면의 벌레혹

벌레혹에 의한 잎의 기형화

잎 뒷면의 흰색 깍지

큰팽나무이 *Celtisaspis japonica*

피해 수목 팽나무

피해 증상 약충이 잎 뒷면에 기생해 잎 앞면에 뿔 모양 벌레혹을 만들고 잎 뒷면은 분비물로 만든 흰색 깍지로 덮는다. 하나의 잎에 벌레혹이 많이 생기면 잎은 기형이 된다.

형태 성충은 몸길이가 2.5~3.3㎜이고 다갈색~농갈색이다. 약충은 몸길이가 약 2.3㎜로 담황색이다.

생활사 연 2회 발생하고 알로 월동한다. 성충은 여름형이 5~7월에, 가을형은 10~11월에 나타난다.

방제 방법 5월 하순부터 아세타미프리드 수화제 2,000배액 또는 디노테퓨란 수화제 1,000배액을 10일 간격으로 2~3회 살포한다.

줄솜깍지벌레 *Takahashia japonica*

피해 수목 느티나무, 단풍나무, 목련, 벚나무류, 사과나무, 산수유, 팽나무 등 다수

피해 증상 성충과 약충이 잎과 가지에서 수액을 빨아 먹어 밀도가 높을 경우 가지가 말라 죽는다.

형태 암컷 성충은 몸길이가 5~7㎜로 갈색을 띤 넓은 타원형이며 몸 표면에 흰색 가루를 약간 분비하고, 고리 모양 흰색 알주머니를 만든다.

생활사 연 1회 발생하며 가지에서 약충으로 월동한 후 4월 상순에 성충이 된다. 성충은 4~5월에 산란하며, 약충은 6월에 나타나 잎 뒷면에서 수액을 빨아 먹다가 가을에 낙엽이 지기 전에 가지로 이동한다.

방제 방법 6월 상순에 디노테퓨란 액제 1,000배액 또는 클로티아니딘 입상수용제 2,000배액을 10일 간격으로 2~3회 살포한다.

딱지날개가 적갈색인 성충

가해 양상

딱지날개가 검은 성충

팽나무벼룩바구미 *Orchestes horii*

피해 수목 팽나무

피해 증상 유충이 잎가장자리를 중심으로 잎 속에서 잎살만 먹고 표피를 남기며, 성충은 잎에 주둥이를 꽂고 잎살을 먹어 자그마한 구멍이 생긴다. 피해가 심하면 잎이 갈색으로 변하면서 일찍 떨어진다.

형태 성충은 몸길이가 2.3~2.6㎜로 머리와 가슴은 검은색이고, 딱지날개는 적갈색 또는 검은색이며, 뒷다리가 잘 발달해 벼룩처럼 잘 뛴다.

생활사 연 1회 발생하며 성충으로 월동한 후 4월 하순에 잎에 산란한다. 유충은 4월 하순~5월 상순에 잎 속에서 가해하다가 번데기가 된다. 신성충은 5월 상순~6월에 주로 가해한다.

방제 방법 4월 하순에 이미다클로프리드 분산성액제를 나무주사하거나 5월 상순부터 페니트로티온 유제 1,000배액을 2~3회 살포한다.

성충

성충

가해 양상

검정오이잎벌레 *Aulacophora nigripennis*

피해 수목 팽나무, 등나무, 오이류, 콩

피해 증상 성충이 잎에 구멍을 내면서 갉아 먹고, 유충은 뿌리를 가해한다.

형태 성충은 몸길이가 5.8~6.3㎜로 몸은 노란색이며, 딱지날개는 광택이 있는 검은색이다.

생활사 연 1회 발생하며 토양 속에서 성충으로 월동한다. 월동 성충은 4월경부터 나타나서 잎을 갉아 먹다가 5~6월에 토양 속에 산란한다. 유충은 6~7월에 토양 속에서 뿌리를 가해하며, 신성충은 7~10월에 나타난다.

방제 방법 피해 초기에 노발루론 액상수화제 2,000배액 또는 에마멕틴벤조에이트 유제 2,000배액을 10일 간격으로 2~3회 살포한다.

점무늬잎떨림병의 병징

점무늬잎떨림병 Marssonina leaf spot

피해 특징 이른 봄부터 발생하기 시작하며 잎이 지저분하게 가지에 붙어 있어 미관을 크게 해친다.
병징 및 표징 5월부터 잎에 자갈색 작은 반점이 다수 나타나고, 이 병반은 점점 확대되어 4~10㎜의 원형 병반이 되며 중심부는 회갈색을 띤다. 잎 앞면 병반 중심부에서 유백색 분생포자덩이가 솟아오른다.
병원균 *Marssonina capsulicola*
방제 방법 5월 상순부터 아족시스트로빈 수화제 1,000배액 또는 이미녹타딘트리스알베실레이트 수화제 1,000배액을 2주 간격으로 3~4회 살포한다.

초기 병징

잎 앞면의 자갈색 반점과 유백색 분생포자덩이

병원균의 분생포자

유백색 분생포자덩이

잎마름병(가칭)의 병징

병반에 나타난 검은색 분생포자층

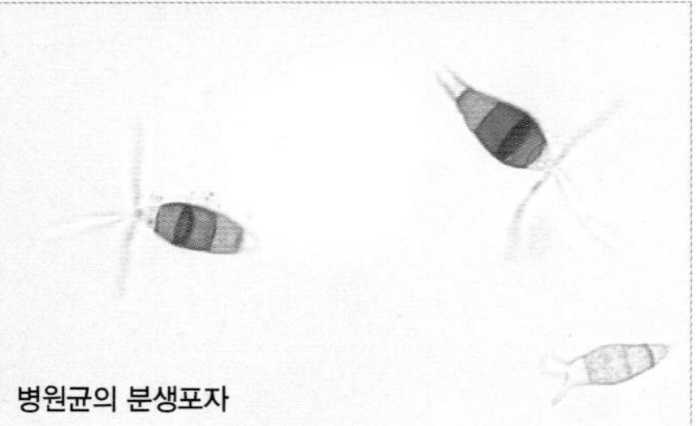

병원균의 분생포자

잎마름병(가칭) Pestalotia leaf blight

피해 특징 바람이 많이 부는 지역에서 증상이 나타나고, 태풍이 지나간 이후에는 피해가 만연되는 특징이 있다.

병징 및 표징 주로 잎가장자리부터 갈색으로 변하고 건전부와 병반의 경계는 자갈색 띠로 구분된다. 잎 양면 병반 위에 작고 검은 점(분생포자층)이 나타나고 다습하면 검은색 뿔 모양 분생포자덩이가 솟아오른다.

병원균 *Pestalotiopsis* sp.

방제 방법 매년 피해가 발생하는 지역의 경우 태풍 이후 이미녹타딘트리스알베실레이트 수화제 1,000배액 또는 프로피네브 수화제 500배액을 10일 간격으로 2~3회 살포한다.

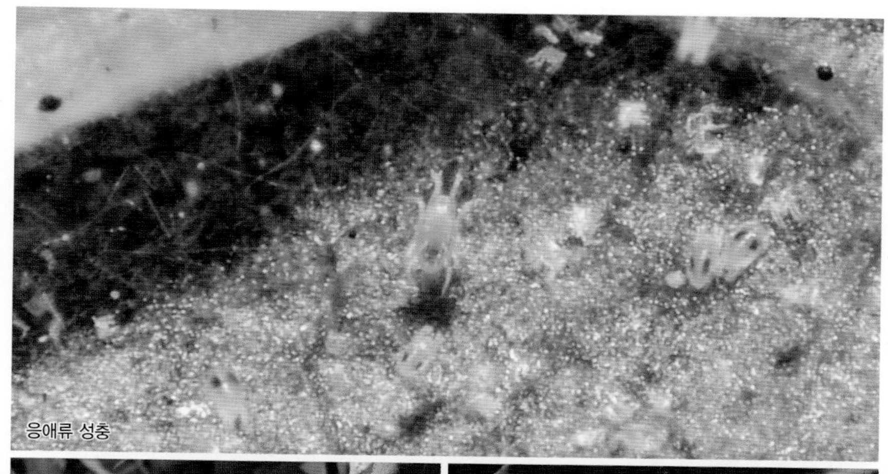
응애류 성충

잎 앞면의 변색

잎 뒷면 성충과 알

응애류 Mite

피해 수목 화살나무

피해 증상 성충, 약충이 잎 뒷면에서 수액을 빨아 먹어 엽록소가 파괴되면서 잎 앞면이 자갈색으로 변한다.

형태 성충의 크기는 약 0.3㎜이며, 담황색이다.

생활사 정확한 생활사는 밝혀지지 않았으며, 6~7월에 피해 증상이 심하게 나타난다.

방제 방법 5월부터 피리다벤 수화제 1,000배액 또는 사이에노피라펜 액상수화제 2,000배액을 10일 간격으로 2회 이상 살포한다.

회화나무

굵은 가지의 병징

녹병 Gall rust

피해 특징 병원균이 중간기주로 이동하지 않고 회화나무에서만 기생하는 동종기생성균으로 가지와 줄기에 혹이 생겨 생육이 나빠지고 쉽게 부러지기도 한다.

병징 및 표징 가지와 줄기에 방추형 혹이 형성되고 점차 커지면서 혹 표면에 균열이 생긴다. 가을에는 혹의 갈라진 틈에서 흑갈색 가루덩이(겨울포자퇴)가 나타난다. 잎에는 6월 하순부터 잎 뒷면에 황갈색 가루덩이(여름포자퇴)가 나타나며, 가을에는 흑갈색 가루덩이(겨울포자퇴)가 나타난다.

병원균 *Uromyces truncicola*

방제 방법 혹이 생긴 가지는 제거한 후 5~9월까지 트리아디메폰 수화제 800배액 또는 페나리몰 수화제 3,300배액을 2주 간격으로 3~4회 살포한다.

어린 가지의 갈라진 틈에서 나오는 겨울포자퇴

잎 뒷면에 나타난 흑갈색 겨울포자퇴

병원균의 겨울포자

잎 뒷면에 나타난 황갈색 여름포자퇴

월동 성충

회화나무이 *Cyamophila willieti*

피해 수목 화살나무

피해 증상 성충과 약충이 새순이나 새잎에서 집단으로 기생하며 수액을 빨아 먹어 잎이 말리거나 기형으로 변하고, 분비물로 인해 부생성 그을음병이 유발된다.

형태 월동 성충은 몸길이가 약 5㎜로 흑갈색이며, 앞날개는 진갈색이다. 신성충은 몸길이가 약 4㎜로 담녹색이며, 앞날개는 투명하다. 약충은 몸길이가 약 2.5㎜로 광택이 있는 담녹색이다.

생활사 연 2~3회 발생하며 성충으로 월동한다. 월동 성충은 4~5월 잎눈에 산란하며 부화 약충은 잎이 완전히 피기 전부터 가해하기 시작한다. 1세대 성충은 5월 하순부터 나타나며 초가을까지 모든 충태가 발견된다.

방제 방법 4월 하순부터 아세타미프리드 수화제 2,000배액 또는 디노테퓨란 수화제 1,000배액을 10일 간격으로 2~3회 살포한다.

피해 초기의 월동 성충과 약충의 가해

피해 중기의 신성충과 약충의 가해

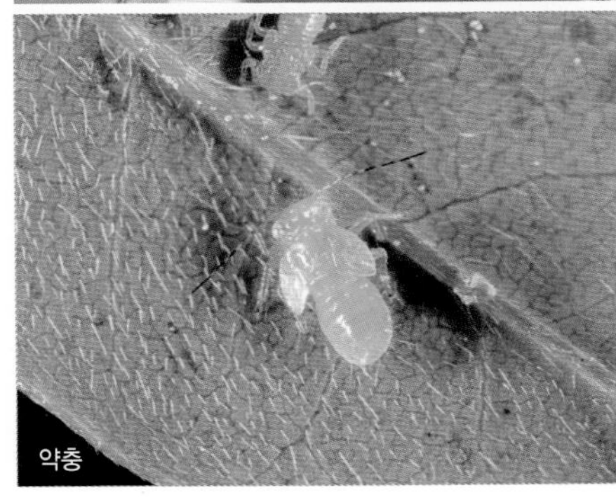
약충

분비물에 의한 부생성 그을음병 발생

회화나무

종령 유충

피해를 받아 잎이 거의 없어진 수관

피해를 받아 잎이 거의 없어진 수관

줄마디가지나방 *Chiasmia cinerearia*

피해 수목 회화나무

피해 증상 유충이 집단으로 잎을 갉아 먹어서 가지에 잎이 거의 남지 않을 정도로 피해를 입는다.

형태 노숙 유충은 몸길이가 25~30㎜로 담녹색이며, 배마디마다 검은 점 또는 무늬가 4개 있다. 성충은 날개 편 길이가 약 36㎜로 몸과 앞날개는 회갈색이며, 앞날개 외횡선 안팎에 흑갈색 가로 무늬가 있다.

생활사 연 1~2회 발생하고 번데기로 월동한다. 성충은 5~6월, 8월에 나타나며 유충은 5월 중순 ~6월 하순, 8~9월에 나타난다. 주로 가을보다는 봄에 피해가 심한 경향이 있다.

방제 방법 5월 하순, 8월 하순에 비티쿠르스타키 수화제 1,000배액 또는 디플루벤주론 수화제 2,500배액을 10일 간격으로 1~2회 살포한다.

상록활엽수
대나무

굵은 가지의 암컷 성충

거북밀깍지벌레 *Ceroplastes japonicus*

피해 증상 성충과 약충이 가지와 잎에서 수액을 빨아 먹어 나무의 수세를 약화시키고, 감로로 인해 그을음병이 유발된다.

형태 암컷 성충의 깍지 크기는 3~4㎜이고, 반구형이며 두꺼운 흰색 밀랍 분비물로 덮여 있어 마치 거북의 등껍질 모양과 비슷하다. 약충은 편평하고, 원형으로 자갈색을 띠며, 발생 후 5~7일부터 밀랍을 분비해 별 모양 깍지를 형성한다.

생활사 연 1회 발생하고 암컷 성충으로 월동한 후 6월 상순부터 산란한다. 부화 약충은 6월 하순부터 나타나고 월동 전에 잎에서 가지로 이동한다. 신성충은 9월 상순부터 나타난다.

방제 방법 약충시기인 6월 하순~9월 상순에 디노테퓨란 액제 1,000배액 또는 클로티아니딘 입상수용제 2,000배액을 10일 간격으로 2~3회 살포한다.

잎의 약충

후박나무의 거북밀깍지벌레

동백나무의 거북밀깍지벌레

굴거리나무의 거북밀깍지벌레

돈나무의 거북밀깍지벌레

팔손이나무의 거북밀깍지벌레

치자나무의 거북밀깍지벌레

거북밀깍지벌레의 기생에 의한 부생성 그을음병 발생

어린 가지의 약충

굵은 가지의 암컷 성충

뿔밀깍지벌레 *Ceroplastes pseudoceriferus*

피해 증상 성충과 약충이 가지와 잎에서 수액을 빨아 먹어 나무의 수세를 약화시키고, 감로로 인해 그을음병이 유발된다.

형태 암컷 성충의 깍지 크기는 3~7㎜이고, 두꺼운 흰색 밀랍 분비물로 덮여 있으며, 뿔 모양 돌기가 가운데 1개, 둘레에 8개 있다. 부화 약충은 다리가 있어 이동하며 정착한 후에는 별 모양 깍지를 형성하고 3령충이 되면 특유의 뿔 모양 깍지를 형성한다.

생활사 연 1회 발생하고 암컷 성충으로 월동한다. 월동 성충은 5월 중순부터 산란하며, 약충은 6월 상순~10월 중순에 나타난다. 9월 상순부터 성충이 발생하며 암컷 성충과 교미한 수컷은 죽는다.

방제 방법 약충시기인 6월 하순~9월 상순에 디노테퓨란 액제 1,000배액 또는 클로티아니딘 입상수용제 2,000배액을 10일 간격으로 2~3회 살포한다.

암컷 성충의 깍지 속에 낳은 알

후박나무의 뿔밀깍지벌레

후박나무의 뿔밀깍지벌레

박달목서의 뿔밀깍지벌레

동백나무의 뿔밀깍지벌레

먼나무의 뿔밀깍지벌레

먼나무의 뿔밀깍지벌레

뿔밀깍지벌레 기생에 의한 부생성 그을음병 발생

암컷 성충

어린 가지의 암컷 성충

루비깍지벌레 *Ceroplastes rubens*

피해 증상 성충과 약충이 가지와 잎에서 수액을 빨아 먹어 나무의 수세를 약화시키고, 감로로 인해 그을음병이 유발된다.

형태 암컷 성충의 깍지 크기는 4~5㎜이고, 어두운 붉은색 두꺼운 밀랍 분비물로 덮여 있어 마치 루비와 같은 모양이다. 약충은 연한 붉은색으로 등면이 납작하거나 약간 함몰되었다. 약충과 암컷 성충의 깍지 가장자리는 물결 모양으로 튀어나왔고 흰색 밀랍선이 있다.

생활사 연 1회 발생하고 암컷 성충으로 월동한다. 암컷 성충은 6월 중순부터 산란하고, 약충은 6월 하순~8월 상순에 나타난다. 9월 상순부터 성충이 나타나며 암컷 성충과 교미한 수컷은 죽는다.

방제 방법 약충시기인 6월 하순~8월 상순에 디노테퓨란 액제 1,000배액 또는 클로티아니딘 입상수용제 2,000배액을 10일 간격으로 2~3회 살포한다.

약충

후박나무의 루비깍지벌레

감탕나무의 루비깍지벌레

굴거리나무의 루비깍지벌레

생달나무의 루비깍지벌레

호랑가시나무의 루비깍지벌레

우묵사스레피나무의 루비깍지벌레

루비깍지벌레의 기생에 의한 부생성 그을음병 발생

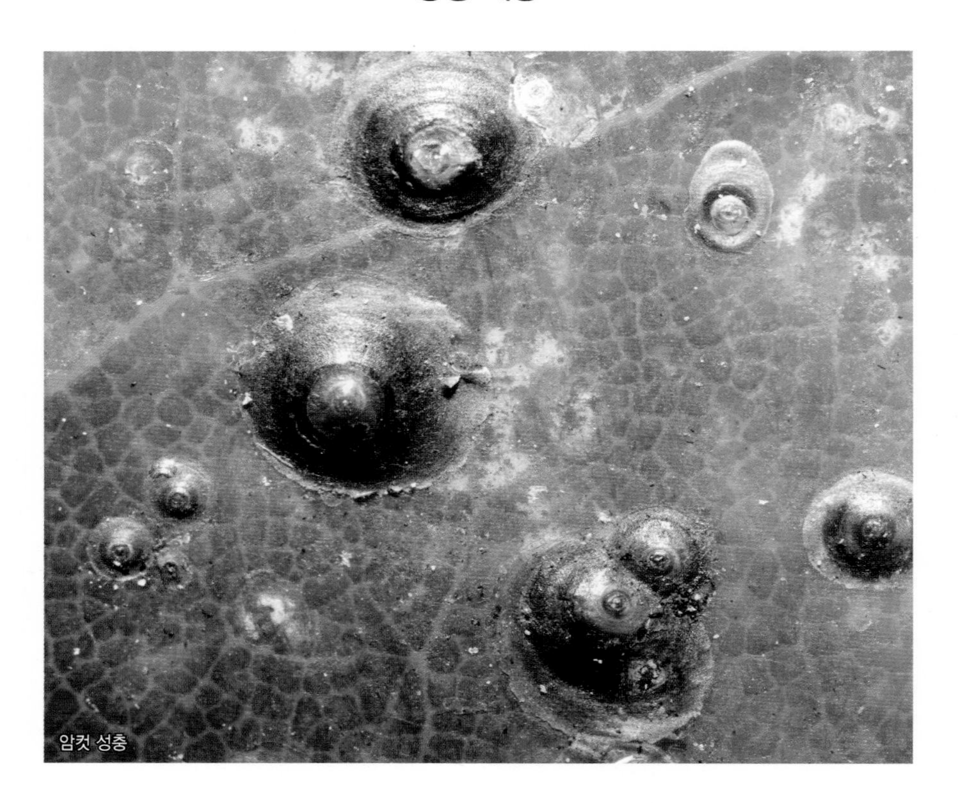
암컷 성충

갈색깍지벌레 *Chrysomphalus bifasciculatus*

피해 증상 성충과 약충이 가지에는 기생하지 않고 잎에만 기생하며 수액을 빨아 먹어 잎이 노랗게 변하거나 일찍 떨어진다.

형태 암컷 성충의 깍지 크기는 약 2㎜이고, 등 쪽이 융기한 원형으로 암적갈색 또는 자갈색을 띤다.

생활사 연 2~3회 발생하고 암컷 성충으로 월동한다. 월동 성충은 5월 상순부터 산란하며 약충은 5월 중순~하순, 7월 하순~8월 상순, 9월 상순~9월 중순에 나타난다.

방제 방법 약충시기에 디노테퓨란 액제 1,000배액 또는 클로티아니딘 입상수용제 2,000배액을 10일 간격으로 2~3회 살포한다.

잎 앞면의 갈색깍지벌레
잎 뒷면의 갈색깍지벌레
깍지 속의 갈색깍지벌레 암컷 성충
조록나무의 갈색깍지벌레
가시나무의 갈색깍지벌레
가시나무의 갈색깍지벌레

주머니 속 유충

남방차주머니나방의 주머니

남방차주머니나방 *Eumeta japonica*

피해 증상 유충이 가지나 잎에 주머니 형태로 집을 짓고 잎을 갉아 먹는다.

형태 노숙 유충은 몸길이가 20~35㎜로 머리는 갈색이고 몸은 담황갈색이다. 주머니는 방추형이며, 길이는 5~50㎜로 다양하다. 암컷 성충은 몸길이가 27~35㎜로 날개와 다리가 퇴화되어 없으며, 머리와 가슴에 광택이 난다. 수컷 성충은 날개 편 길이가 23~25㎜로 적갈색이다.

생활사 연 1회 발생하며, 주머니 속에서 유충으로 월동한다. 월동 유충은 4월 중순 주머니 속에서 잎을 가해하다가 5월 이후 주머니 속에서 번데기가 되고, 성충은 6~8월 상순에 우화해 산란한다. 부화 유충은 주머니를 탈출해 새로운 주머니를 만들어 10월까지 잎을 가해한다.

방제 방법 7월 하순~8월 중순에 비티쿠르스타키 수화제 1,000배액 또는 디플루벤주론 수화제 2,500배액을 10일 간격으로 2회 이상 살포한다.

가해 양상
화살나무의 남방차주머니나방
사철나무의 남방차주머니나방
후박나무의 남방차주머니나방
개나리의 남방차주머니나방
단풍나무의 남방차주머니나방
벚나무류의 남방차주머니나방
향나무의 남방차주머니나방

종령 유충

차주머니나방 *Eumeta minuscula*

피해 증상 유충이 가지나 잎에 주머니 형태로 집을 짓고 잎을 갉아 먹는다.
형태 노숙 유충은 몸길이가 17~25㎜로 머리에 황백색과 흑갈색 무늬가 있고, 몸은 황백색이다. 주머니는 방추형이며, 길이는 23~40㎜로 다양하다. 암컷 성충은 몸길이가 약 20㎜로 날개와 다리가 퇴화되어 없으며, 몸은 갈색을 띤 황백색이다.
생활사 연 1회 발생하며, 주머니 속에서 유충으로 월동한다. 월동 유충은 4월 중순 주머니 속에서 잎을 가해하다가 5월 이후 주머니 속에서 번데기가 되고, 성충은 6~8월 상순에 우화해 산란한다. 부화 유충은 주머니를 탈출해 새로운 주머니를 만들고 10월까지 잎을 가해한다.
방제 방법 7월 하순~8월 중순에 비티쿠르스타키 수화제 1,000배액 또는 디플루벤주론 수화제 2,500배액을 10일 간격으로 2회 이상 살포한다.

주머니 속 유충

가해 양상

차주머니나방의 주머니

가해 양상

잎 뒷면의 자갈색 균총

자줏빛곰팡이병 Powdery mildew

피해 특징 가시나무류 중 종가시나무에 주로 발생하며, 채광과 통풍이 잘 되지 않는 곳에서 피해가 심하다.

병징 및 표징 초여름에 잎 양면에 흰색 가루 모양 균총이 나타나기 시작해 시간이 지날수록 잎 뒷면의 균총만이 회갈색으로 변하면서 점점 두꺼워져 흑갈색으로 진해지고, 잎 앞면은 잎 뒷면의 균총이 발생한 부위를 중심으로 노란색으로 퇴색한다. 가을이 되면 균총에 검은색 작은 알갱이(자낭구)를 만들어 월동한다.

병원균 *Cystotheca wrightii*

방제 방법 5~7월에 마이클로뷰타닐 수화제 1,500배액 등 흰가루병 적용 약제를 10일 간격으로 2회 이상 살포하며, 적절한 가치기기를 통해 채광과 통풍이 잘 되도록 한다.

잎 앞면의 노란색 반점

피해 초기의 잎 앞면의 병징

피해 초기의 잎 뒷면의 병징

병원균의 균총

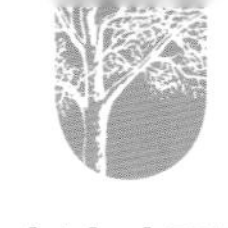

잎마름병(가칭)의 병징

잎마름병(가칭) Pestalotia leaf blight

피해 특징 국내 미기록 병으로 바람이 많이 부는 지역에서 피해가 주로 나타나고, 태풍이 지나간 이후에는 피해가 만연되는 특징이 있다.

병징 및 표징 잎가장자리가 회갈색으로 변하고 건전부와 병반의 경계는 진한 갈색으로 명확하게 구분된다. 병반 위에 작고 검은 점(분생포자층)이 나타나며, 습하면 이들 자실체에서 검은색 뿔 모양 분생포자덩이가 솟아오른다.

병원균 *Pestalotiopsis* spp.

방제 방법 병든 잎은 제거하고, 매년 피해가 발생하는 지역의 경우 태풍 이후 이미녹타딘트리스알베실레이트 수화제 1,000배액 또는 프로피네브 수화제 500배액을 10일 간격으로 2~3회 살포한다.

잎 앞면의 병징

잎 뒷면의 병징

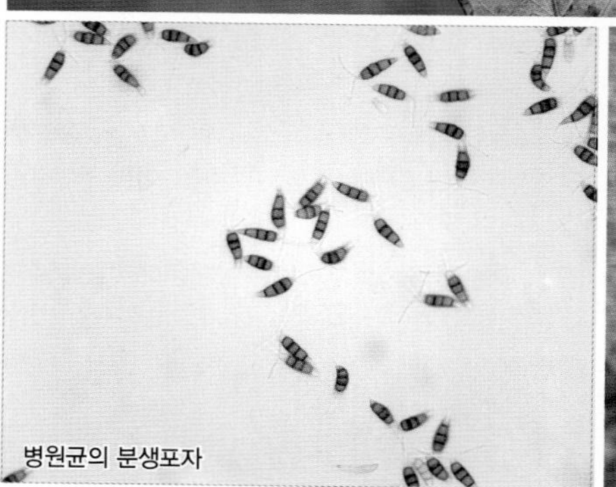
병원균의 분생포자

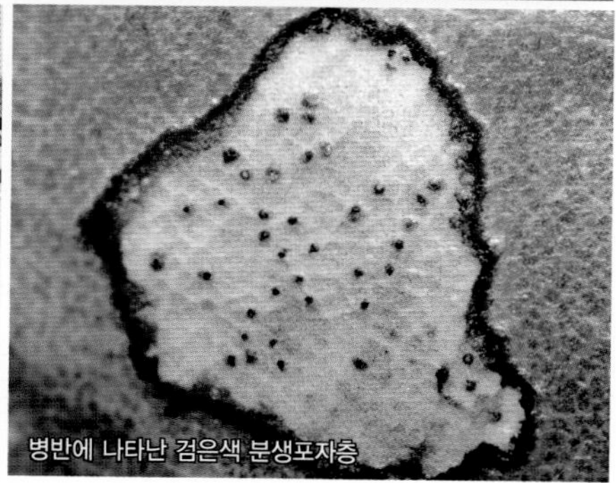
병반에 나타난 검은색 분생포자층

어린 가지의 암컷 성충

화살깍지벌레 *Unaspis yanonensis*

피해 수목 귤나무류, 탱자나무

피해 증상 성충과 약충이 가지와 잎, 과실에서 수액을 빨아 먹어 나무의 수세를 약화시키고, 확산 속도가 매우 빨라 나무를 말라 죽게 하는 경우도 있다.

형태 암컷 성충의 깍지 크기는 약 3.5㎜이며, 암갈색으로 화살촉 모양이다. 수컷의 깍지는 길쭉하고 흰색이며 뚜렷한 융기선이 2개 있다. 부화 약충은 옅은 황색 타원형으로 2령충이 되면 흰 왁스 물질로 덮인다.

생활사 연 2~3회 발생하고 암컷 성충으로 월동해 5월 중순부터 산란하며, 기상환경에 따라 발생 양상이 다르다.

방제 방법 약충시기인 6월과 8월에 디노테퓨란 액제 1,000배액 또는 클로티아니딘 입상수용제 2,000배액을 10일 간격으로 2~3회 살포한다.

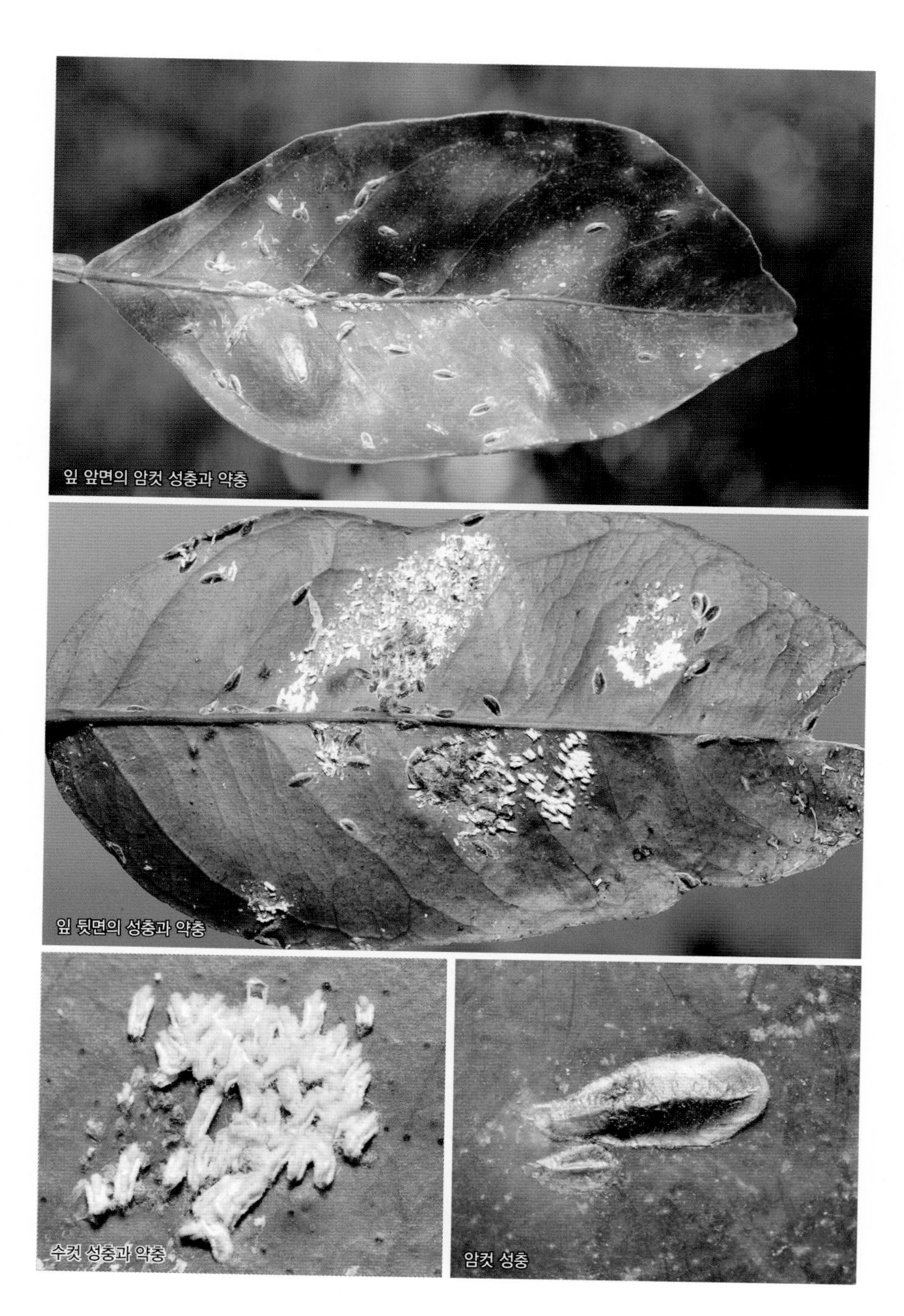
잎 앞면의 암컷 성충과 약충
잎 뒷면의 성충과 약충
수컷 성충과 약충
암컷 성충

잎마름병(가칭)의 병징

잎마름병(가칭) Pestalotia leaf blight

피해 특징 감염부위가 크게 확산되지 않고 감염된 잎도 떨어지지 않고 가지에 붙어 있는 경우가 많다.

병징 및 표징 잎가장자리부터 갈색으로 변하고 건전부와 병반의 경계는 진한 갈색으로 명확하게 구분된다. 잎 앞면 병반 위에 작고 검은 점(분생포자층)이 나타난다.

병원균 *Pestalotiopsis* spp.

방제 방법 병든 잎은 제거하고, 매년 피해가 발생하는 지역의 경우 태풍 이후 이미녹타딘트리스알베실레이트 수화제 1,000배액 또는 프로피네브 수화제 500배액을 10일 간격으로 2~3회 살포한다.

잎 앞면의 병징

잎 뒷면의 병징

병원균의 분생포자

잎 앞면 병반에 나타난 검은색 분생포자층

점무늬병의 병징

점무늬병 Phyllosticta leaf spot

피해 특징 감염된 잎이 떨어지지 않고 가지에 오랫동안 붙어 있어 쉽게 관찰되는 병이지만, 피해가 크게 확산되지는 않는다.

병징 및 표징 초여름부터 잎에 수침상 작은 갈색 점이 발생하기 시작해 점점 확산되어 3~7㎜ 크기의 원형 병반이 되며, 건전부와 병반의 경계는 자갈색 띠로 명확히 구분된다. 잎 앞면 병반 위에 작고 검은 점(분생포자각)이 나타나고, 다습하면 유백색 분생포자덩이가 솟아오른다.

병원균 *Phyllosticta ligustri*

방제 방법 피해가 심한 경우에 이미녹타딘트리스알베실레이트 수화제 1,000배액 또는 프로피네브 수화제 500배액을 2주 간격으로 2~3회 살포한다.

잎 앞면의 병징

잎 뒷면의 병징

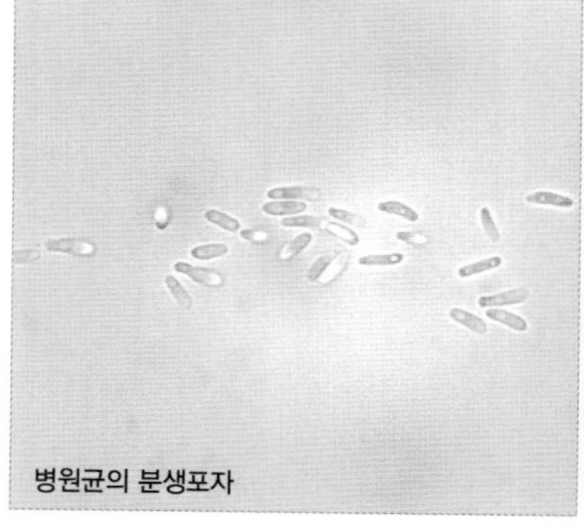

병원균의 분생포자

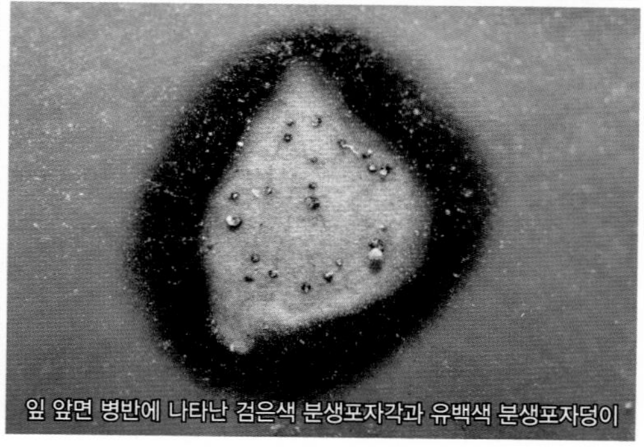

잎 앞면 병반에 나타난 검은색 분생포자각과 유백색 분생포자덩이

탄저병(가칭)의 병징

탄저병(가칭) Anthracnose

피해 특징 국내 미기록 병으로 비가 자주 오는 8~9월 심하게 발생한다.

병징 및 표징 잎에 갈색 원형 내지는 부정형 병반을 형성한다. 진전되면 병반이 크게 확대되고, 잎이 마른다. 병반에는 작고 검은 점(분생포자층)이 나타나고, 다습하면 유백색 분생포자덩이가 솟아오른다.

병원균 *Colletotrichum* sp.

방제 방법 병든 잎은 제거하고, 피해 초기에 메트코나졸 액상수화제 3,000배액 또는 프로피네브 수화제 600배액을 10일 간격으로 2~3회 살포한다.

잎 앞면의 병징
잎 뒷면의 병징
병원균의 분생포자
병반에 나타난 검은색 분생포자층과 유백색 분생포자덩이

잎 앞면의 벌레혹

광나무혹응애(가칭) unknown

피해 수목 광나무

피해 증상 성충과 약충이 피해 잎 조직 속에서 가해해 잎 앞면에 약간 부풀어 오른 둥글고 노란 혹이 생긴다.

형태 성충의 몸은 원통형으로 황갈색이다.

생활사 정확한 생태는 밝혀지지 않았다.

방제 방법 새잎이 나온 직후 피리다펜티온 유제 1,000배액을 10일 간격으로 3회 이상 살포한다.

잎 뒷면의 벌레혹

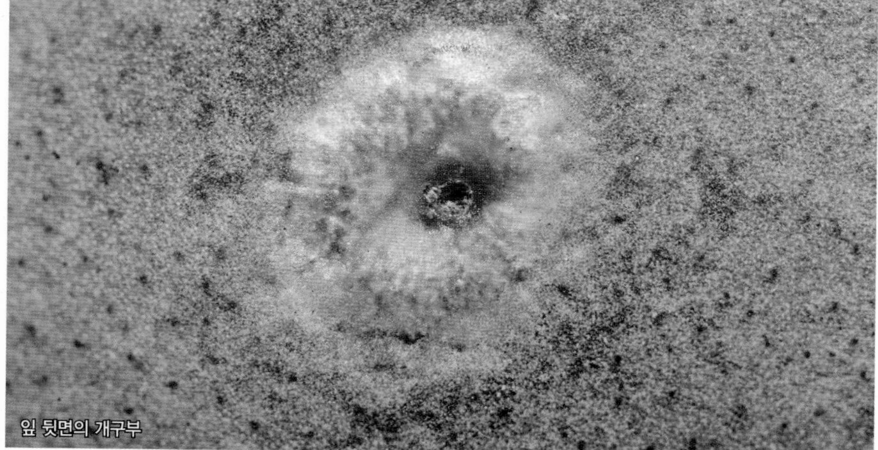
잎 뒷면의 개구부

광나무혹응애(가칭) 성충

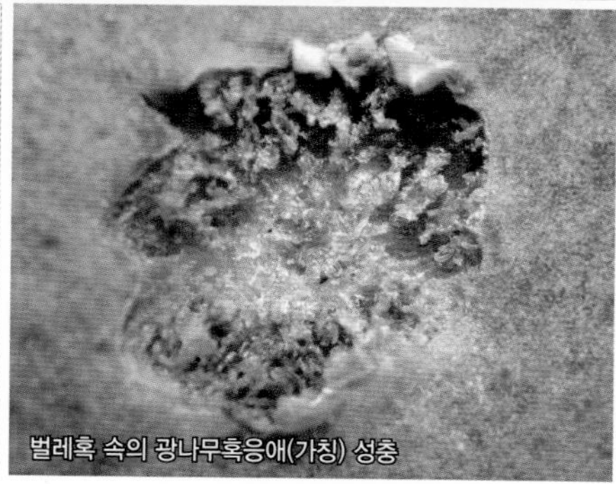
벌레혹 속의 광나무혹응애(가칭) 성충

잎 뒷면의 번데기 껍질

귤가루이 *Dialeurodes citri*

피해 수목 감나무, 배롱나무, 쥐똥나무, 귤나무, 광나무, 박달목서, 치자나무

피해 증상 성충과 유충이 잎 뒷면에서 수액을 빨아 먹으며, 주로 당년도 잎에 피해를 준다. 밀도가 높으면 분비물로 인한 부생성 그을음병을 유발한다.

형태 성충은 날개 편 길이가 약 1㎜이고, 흰 비늘가루로 덮여 있는 연한 노란색 몸에 불투명한 흰색 날개가 있다. 유충은 몸길이가 약 0.7㎜이며 납작한 타원형으로 반투명하다.

생활사 연 3회 발생하며, 3령 유충이나 번데기로 월동한다. 유충은 5월 상순, 7월 중순, 9월 중순에 나타나고, 성충은 5~9월에 나타나서 유충과 동시에 가해한다.

방제 방법 발생 초기인 5월부터 아세타미프리드 수화제 2,000배액 또는 디노테퓨란 수화제 1,000배액을 10일 간격으로 2회 이상 살포한다.

잎 뒷면의 번데기 껍질
잎 뒷면의 번데기
잎 뒷면의 번데기
성충

종령 유충

수수꽃다리명나방 *Palpita nigropunctalis*

피해 수목 광나무, 금목서, 구골나무, 들메나무, 쥐똥나무, 수수꽃다리 등

피해 증상 유충이 잎 여러 개나 작은 가지를 묶고 그 속에서 가해한다. 어린 나무가 피해를 받으면 성장이 저해된다.

형태 노숙 유충은 몸길이가 약 20㎜이며, 녹색 바탕에 가슴마디마다 검은 점무늬가 있다. 성충은 날개 편 길이가 17~31㎜이고 흰색을 띤다. 앞날개는 투명한 흰색 바탕에 앞선두리를 따라 주황색 띠무늬가 있다.

생활사 연 2~3회 발생하며 지역에 따라 성충, 번데기, 또는 유충 형태로 월동한다. 성충은 4~9월에 나타나며, 새잎이 나오는 시기에 유충 피해가 심하다.

방제 방법 피해 초기에 비티쿠르스타키 수화제 1,000배액 또는 디플루벤주론 수화제 2,500배액을 10일 간격으로 2회 이상 살포한다.

가해 양상
중령 유충
그물망 속에 들어 있는 종령 유충
성충

빗자루병의 병징

빗자루증상이 수년 동안 지속되어 고사한 가지

건전한 가지(왼쪽)와 병든 가지(오른쪽)

빗자루병 Witches' broom

피해 특징 가지의 마디 사이가 짧고 새로 발생한 가지의 발육이 불량해 빗자루증상을 나타내며 잎은 노랗게 변하는 경우가 많다.

병징 및 표징 빗자루 증상을 나타내는 병든 나무의 가지와 잎에서 파이토플라스마가 검출되지 않은 상태로 *Botryosphaeria*속 균에 의한 발병, 파이토플라스마에 의한 발병, bud mite(응애류)의 기생에 의한 발병 등 학설이 있으나 아직까지 정확한 원인이 밝혀지지 않았다.

병원균 밝혀지지 않았다.

방제 방법 빗자루증상이 나타난 가지를 완전히 제거해 반출 소각한다.

흰잎마름병(가칭)의 병징

병반에 나타난 검은색 분생포자각

병원균의 분생포자

흰잎마름병(가칭) Phomopsis leaf blight

피해 특징 국내 미기록 병으로 여름철 이후 병원균 전염이 이루어지는 것으로 추정된다.

병징 및 표징 주로 전년도 잎을 중심으로 잎 끝부분부터 연한 갈색으로 변색되기 시작해 잎의 1/2이 회갈색 또는 회백색으로 변한다. 변색된 병반에 작고 검은 점(분생포자각)이 나타나고, 다습하면 흰색 분생포자덩이가 솟아오른다.

병원균 *Phomopsis* sp.

방제 방법 장마철 이후에 이미녹타딘트리스알베실레이트 수화제 1,000배액 또는 프로피네브 수화제 500배액을 10일 간격으로 2~3회 살포한다.

뾰족녹나무이(가칭) *Trioza camphorae*

피해 수목 녹나무

피해 증상 성충과 약충이 잎 뒷면에서 가해해 잎 앞면에 진한 남색 불규칙한 융기가 형성되고 심한 경우에는 잎이 일찍 떨어진다.

형태 암컷 성충은 몸길이가 약 1.5㎜로 등황색을 띤다. 약충은 몸길이가 약 2㎜로 타원형이며 둘레에 짧고 흰 털이 있다.

생활사 연 1회 발생하며 잎 뒷면에서 약충으로 월동한다. 성충은 새잎이 나오는 4~5월에 나타나서 잎 뒷면에 산란하며, 부화한 약충은 잎 뒷면에서 수액을 빨아 먹어 피해 부위가 약간 움푹 파이고, 이 움푹 파인 부위 내부에서 다음해 3월 이후까지 생활한다.

방제 방법 4월부터 아세타미프리드 수화제 2,000배액 또는 디노테퓨란 수화제 1,000배액을 10일 간격으로 3회 이상 살포한다.

피해 후기의 잎 앞면

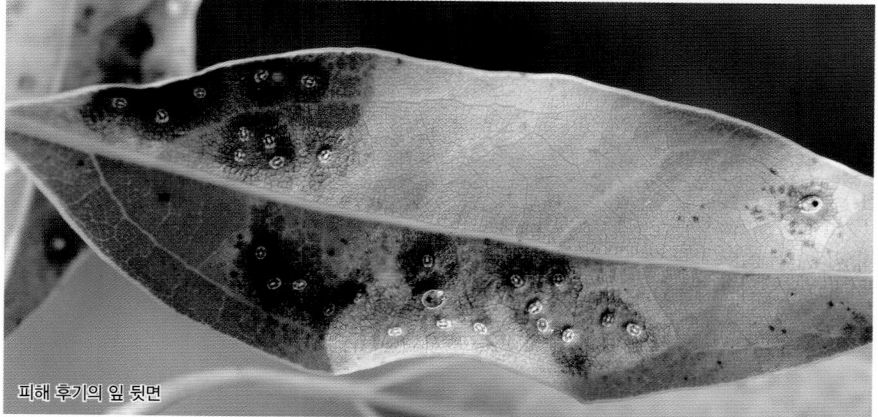
피해 후기의 잎 뒷면

잎 뒷면의 가해 양상

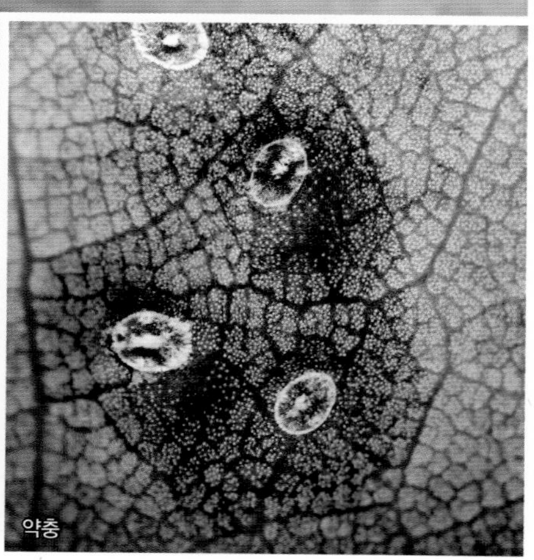
약충

흰잎마름병(가칭)의 병징

흰잎마름병(가칭) Leaf blight

피해 특징 국내외 미기록 병으로 추가적인 연구가 필요하다.

병징 및 표징 잎가장자리부터 흰색으로 변하고 건전부와 병반의 경계는 진한 갈색으로 명확하게 구분된다. 잎 앞면 병반에 작고 검은 점이 나타나고, 다습하면 검은색 포자덩이가 솟아오른다.

병원균 밝혀지지 않았다.

방제 방법 다습한 환경에서 전염이 이루어지는 것으로 추정되지만, 정확한 생태에 대한 추가적인 연구가 필요하다.

잎 앞면의 병징

잎 뒷면의 병징

병원균의 분생포자

잎 앞면 병반에 나타난 검은색 포자덩이

돈나무이 *Psylla tobirae*

피해 수목 돈나무

피해 증상 약충이 새순이나 새잎에서 집단으로 수액을 빨아 먹어 잎이 말리거나 기형으로 변하고, 분비물에 의해 부생성 그을음병이 유발된다.

형태 암컷 성충은 몸길이가 약 3㎜이며, 담녹색으로 앞날개는 투명하다. 약충은 몸길이가 약 2.5㎜로 광택이 있는 담녹색이다.

생활사 연 2~3회 발생하며 성충으로 월동한다. 성충은 4~9월에 나타나며, 약충은 새잎이 발생하는 시기인 5월경에 밀도가 높은 편이다.

방제 방법 발생 초기에 아세타미프리드 수화제 2,000배액 또는 디노테퓨란 수화제 1,000배액을 10일 간격으로 2회 이상 살포한다.

암컷 성충

가해 잎 안의 탈피각과 밀랍물질

돈나무이의 피해를 받아 기형화된 잎

탈피중인 돈나무이

가해 양상

이세리아깍지벌레 *Icerya purchasi*

피해 수목 감귤류, 감탕나무, 남천, 돈나무, 협죽도 등

피해 증상 성충과 약충이 잎, 가지에서 집단으로 수액을 빨아 먹어 수세를 떨어뜨리거나 나무를 죽이고, 감로로 인해 부생성 그을음병이 유발된다.

형태 암컷 성충은 몸길이가 약 5㎜로 타원형의 적갈색이며 등면에 흰색 밀랍가루와 밀랍섬유가 덮여 있다. 약충은 몸길이가 약 2㎜로 타원형이며 암홍색을 띤다.

생활사 연 2~3회 발생하며 약충 또는 성충으로 월동한다. 성충이 5월부터 산란해 5~10월에 알, 약충, 성충을 동시에 볼 수 있다. 알주머니에서 부화한 약충은 잎이나 가지로 이동하며, 성충이 되면 무리를 이루어 가해한다.

방제 방법 6월 중순~7월 중순, 9월 상순~10월 중순에 아세타미프리드 수화제 2,000배액 또는 디노테퓨란 액제 1,000배액을 10일 간격으로 2~3회 살포한다.

암컷 성충

약충

감로로 인한 부생성 그을음병 발생

밀랍섬유를 만들기 전의 암컷 성충

성충

어린 가지에 집단으로 붙어 있는 성충

약충이 가해해 하얀 밀랍으로 덮인 어린 가지

선녀벌레 *Geisha distinchtissima*

피해 수목 돈나무, 동백나무, 무화과, 차나무 등

피해 증상 성충과 약충이 5~7월에 새로 나온 잎 뒷면이나 가지에서 수액을 빨아 먹고, 약충이 흰 솜과 같은 물질을 분비해 기생 부위가 하얗게 보인다.

형태 날개를 포함한 성충의 전체 길이는 약 10㎜이며 녹색을 띤다. 약충은 몸길이가 약 7㎜로 담녹색이지만, 흰 솜과 같은 물질로 덮여 있다.

생활사 연 1회 발생하며 죽은 가지에서 알로 월동한다. 5월 중순에 부화한 약충은 새로운 가지나 잎으로 이동해 가해하고, 성충은 7~9월에 나타나서 9월경에 죽은 가지의 표피 등에 산란한다.

방제 방법 5월 상순에 아세타미프리드 수화제 2,000배액을 10일 간격으로 2회 이상 살포하거나 4월 하순에 이미다클로프리드 입제(3g/㎡)를 토양과 혼합처리한다.

돈나무

기타 해충

조팝나무진딧물(조팝나무 참조)
조팝나무진딧물(조팝나무 참조)
거북밀깍지벌레(공통 해충 참조)
뿔밀깍지벌레(공통 해충 참조)
식나무깍지벌레(은행나무 참조)
식나무깍지벌레(은행나무 참조)
루비깍지벌레(공통 해충 참조)
남방차주머니나방(공통 해충 참조)

갈색잎마름병의 병징

갈색잎마름병(잿빛잎마름병) Pestalotia leaf blight

피해 특징 바람이 많이 부는 지역에서 증상이 나타나고, 태풍이 지나간 이후에 피해가 만연되는 특징이 있다.

병징 및 표징 주로 잎가장자리부터 갈색으로 변하고 건전부와 병반의 경계는 진한 갈색으로 명확하게 구분된다. 잎 양면 병반 위에 작고 검은 점(분생포자층)이 나타나고 다습하면 검은색 뿔 모양 분생포자덩이가 솟아오른다.

병원균 *Pestalotiopsis guepini*

방제 방법 병든 잎은 제거하고, 매년 피해가 발생하는 지역의 경우 태풍 이후 이미녹타딘트리스알베실레이트 수화제 1,000배액 또는 프로피네브 수화제 500배액을 10일 간격으로 2~3회 살포한다.

갈색잎마름병의 초기 병징

바람이 불어오는 방향의 가지에 발병이 심한 모양. 좌측 수관에 피해가 심하다.

병원균의 분생포자

병원균의 분생자층과 분생포자덩이

탄저병의 병징

탄저병 Anthracnose

피해 특징 잎, 어린 가지, 열매에 발생하며, 병원균의 기주범위가 매우 넓다.

병징 및 표징 잎에 암갈색 병반이 형성되고 점차 확대되어 부정형의 갈색 또는 회갈색 병반이 되며, 병반 주변에는 흑갈색 띠와 등황색 변색부위가 나타난다. 어린 가지는 끝부분부터 갈색으로 말라 죽는다. 병반에는 작고 검은 점(분생포자층)이 나타나고, 다습하면 담황색 분생포자덩이가 솟아오른다.

병원균 *Glomerella cingulata* (무성세대: *Colletotrichum camelliae*)

방제 방법 병든 잎은 제거하고, 개엽 초기에 메트코나졸 액상수화제 3,000배액 또는 프로피네브 수화제 600배액을 10일 간격으로 2~3회 살포한다.

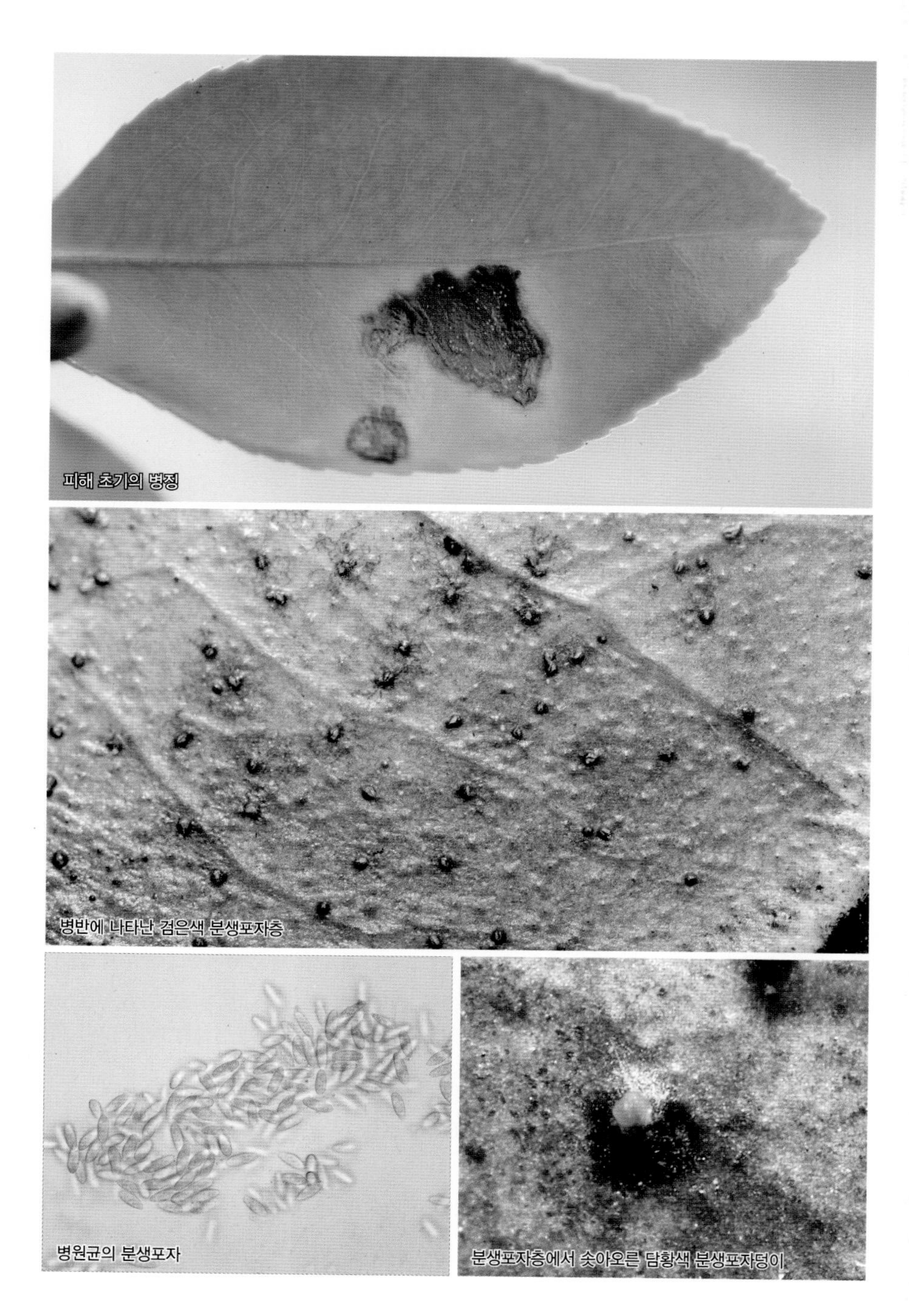
피해 초기의 병징

병반에 나타난 검은색 분생포자층

병원균의 분생포자

분생포자층에서 솟아오른 담황색 분생포자덩이

잎 앞면의 병징

잎 뒷면의 병징

병원의 말무리 집락

흰말병 Algal leaf spot

피해 특징 각종 상록활엽수에 발생하는 병으로 밀식되어 통풍이 불량한 잎에 피해가 많다. 병든 잎은 일찍 떨어지지 않고 오랫동안 가지에 붙어 있어 미관을 해친다.

병징 및 표징 잎 양면에 약간 솟아오른 담녹색 둥근 병반이 발생하고, 차츰 확대되어 6~10㎜의 그물처럼 얽힌 원형의 말무리 단일집락을 이룬다. 병이 진전되면 잎 앞면에 형성된 병반은 회갈색, 잎 뒷면에 형성된 병반은 적갈색이 된다.

병원균 *Cephaleuros virescens*

방제 방법 병든 잎은 제거하고, 개엽 초기인 5~6월에 보르도혼합액 입상수화제 500배액을 10일 간격으로 2~3회 살포한다.

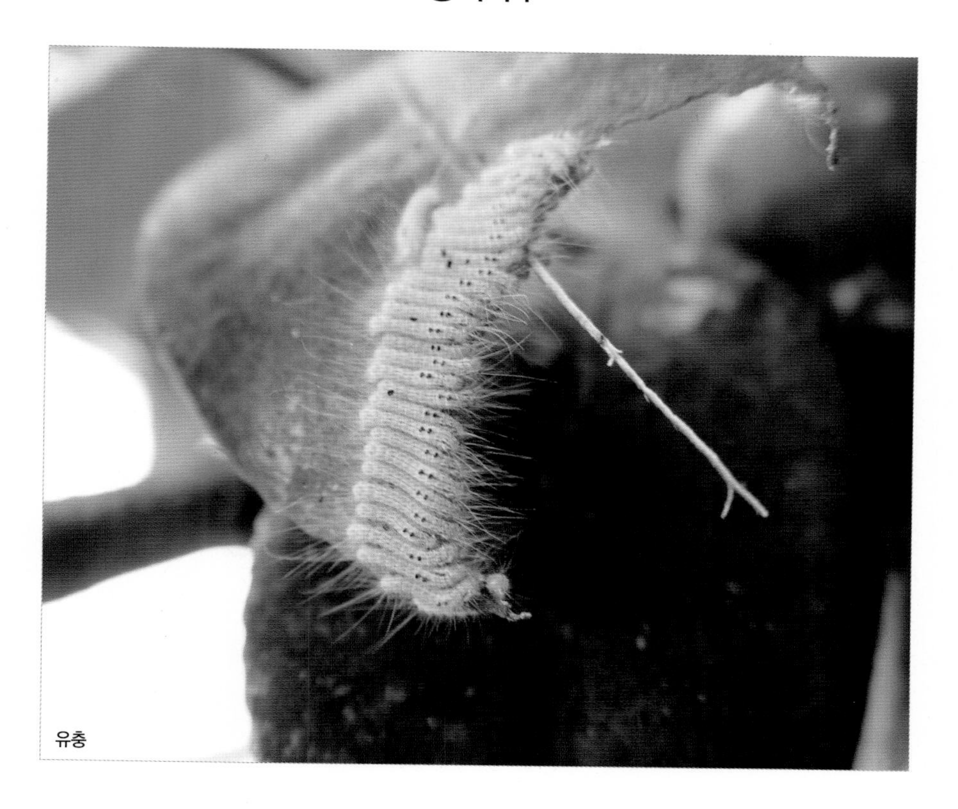

유충

차독나방 *Euproctis pseudoconspersa*

피해 수목 감귤나무, 동백나무, 차나무, 매실나무, 벚나무류, 뽕나무, 석류 등

피해 증상 부화 유충은 잎을 그물 모양으로 갉아 먹고, 자라면서 일렬로 모여 잎가장자리부터 직선상으로 갉아 먹다가 분산한다.

형태 노숙 유충은 몸길이가 약 25㎜로 담황갈색 바탕에 배마디마다 흑갈색 혹이 있다. 성충은 날개 편 길이가 25~35㎜로 암컷은 담황색, 수컷은 황갈색이다.

생활사 연 2회 발생하며 가지나 잎 뒷면에서 알덩어리로 월동한다. 유충은 4~6월과 7~9월에 나타나며, 수피 틈이나 지제부에서 엉성한 고치를 만들고 번데기가 된다.

방제 방법 유충의 밀도가 높으면 비티쿠르스타키 수화제 1,000배액 또는 디플루벤주론 수화제 2,500배액을 10일 간격으로 2회 이상 살포한다.

동백나무의 동백나무겨우살이

동백나무겨우살이로 인해 말라 죽은 가지

감탕나무의 동백나무겨우살이

동백나무겨우살이 Mistletoe

피해 특징 동백나무, 광나무, 감탕나무, 사스레피나무, 사철나무의 가지에 침입해 기생근을 형성하고, 이를 통해 영양분을 흡수한다.

피해 증상 가지에서 흡기를 만들어 기생해 이상비대현상이 발생하고, 피해 받은 가지는 끝부분부터 말라 들어가 결국에는 말라 죽는다.

병원체 *Korthalsella japonica*

방제 방법 겨우살이가 자라고 있는 곳에서 아래쪽으로 50㎝ 이상을 자른 후 자른 부위에 테부코나졸 도포제를 바른다.

기타 해충

차응애(꽃사과 참조)

사과무늬잎말이나방(느릅나무 참조)

오리나무좀(느티나무 참조)

뽕나무깍지벌레(벚나무류 참조)

이세리아깍지벌레 암컷 성충(돈나무 참조)

이세리아깍지벌레 약충(돈나무 참조)

화살깍지벌레 암컷 성충(감귤나무 참조)

화살깍지벌레 수컷 성충(감귤나무 참조)

잎마름병(가칭)의 병징

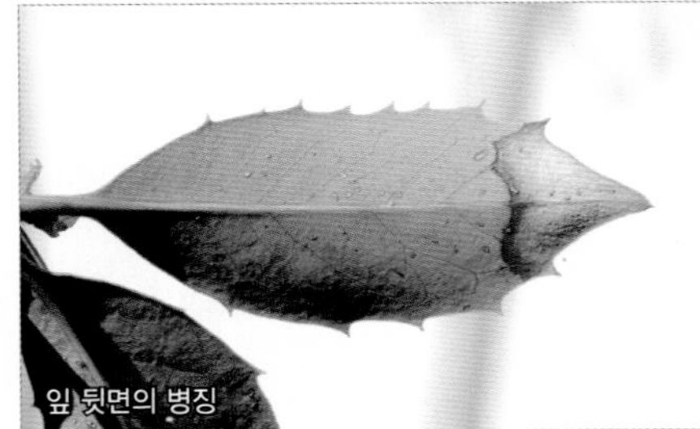

잎 뒷면의 병징

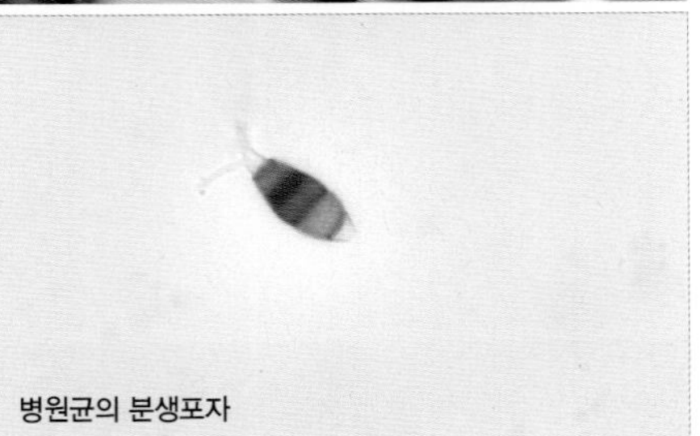

병원균의 분생포자

잎마름병(가칭) Pestalotia leaf blight

피해 특징 국내 미기록 병으로 바람이 많이 부는 지역에서 증상이 나타나고, 태풍이 지나간 이후에 피해가 만연되는 특징이 있다.

피해 증상 잎가장자리에 회갈색 또는 회백색 대형 병반이 형성된다. 잎 양면 병반 위에 작고 검은 점(분생포자층)이 나타나고 다습하면 검은색 뿔 모양 분생포자덩이가 솟아오른다.

병원균 *Pestalotiopsis* sp.

방제 방법 병든 잎은 제거하고, 태풍 이후 이미녹타딘트리스알베실레이트 수화제 1,000배액 또는 프로피네브 수화제 500배액을 10일 간격으로 2~3회 살포한다.

성충

피해 초기의 증상

피해 후기의 증상

목서응애(가칭) *Panonychus osmanthi*

피해 수목 목서류

피해 증상 성충과 약충이 잎 양면에서 수액을 빨아 먹어 엽록소가 파괴되면서 황화현상이 나타난다. 성충의 밀도는 앞면이 높고, 알은 뒷면이 높다.

형태 성충의 크기는 약 0.4㎜이며, 적갈색으로 등에는 담적색 털이 약간 돌출한 부위(결절)에 나 있다. 형태와 몸의 색 등이 귤응애와 거의 비슷하지만 센털의 길이가 약간 다르고, 목서류를 가해하는 것이 특징이다.

생활사 연 8회 이상 발생하고, 모든 태로 월동해 겨울철에 사망률이 높아 3월경에는 밀도가 적고, 5~6월과 11~1월에 성충의 밀도가 높다.

방제 방법 발생 초기에 피리다벤 수화제 1,000배액 또는 사이에노피라펜 액상수화제 2,000배액을 10일 간격으로 2회 이상 살포한다.

기타 해충

물푸레면충에 의한 잎의 기형화(물푸레나무 참조)

물푸레면충 약충(물푸레나무 참조)

벚나무깍지벌레(벚나무류 참조)

쥐똥밀깍지벌레(쥐똥나무 참조)

귤가루이(광나무 참조)

선녀벌레(돈나무 참조)

두점알벼룩잎벌레(이팝나무 참조)

수수꽃다리명나방(광나무 참조)

팔손이나무

잎의 병징

병반에 나타난 오렌지색 분생포자덩이

병원균의 분생포자

탄저병 Anthracnose

피해 특징 과실과 잎에 발생하며 병반에 모인 곤충에 의해 병원균이 전염된다.

피해 증상 초여름부터 잎과 과실에 약간 함몰한 원형 병반이 나타난다. 이 병반은 점차 확대되어 잎의 경우 불규칙한 병반이 되고, 내부는 회백색으로 변하며 건전부와의 경계는 갈색 띠로 명확하게 구분된다. 병반에는 작고 검은 점(분생포자층)이 나타나고, 다습하면 오렌지색 분생포자덩이가 솟아오른다.

병원균 *Colletotrichum* sp.

방제 방법 7~8월에 메트코나졸 액상수화제 3,000배액 또는 프로피네브 수화제 600배액을 2주 간격으로 2~3회 살포한다.

잎 앞면의 병징

탄저병 Anthracnose

피해 특징 밀식되어 채광과 통풍이 불량한 곳에서 피해가 많다.

병징 및 표징 7월경부터 잎 앞면에 5~10㎜ 크기의 불규칙한 담갈색 병반이 나타난다. 병이 진전되면 병반 내부는 회백색으로 변하고 건전부와의 경계는 갈색 띠로 명확히 구분된다. 회백색 병반에는 작고 검은 점(분생포자층)이 나타나고, 다습하면 오렌지색 분생포자덩이가 솟아오른다.

병원균 *Colletotrichum boninense*

방제 방법 피해 초기에 메트코나졸 액상수화제 3,000배액 또는 프로피네브 수화제 600배액을 10일 간격으로 2~3회 살포한다.

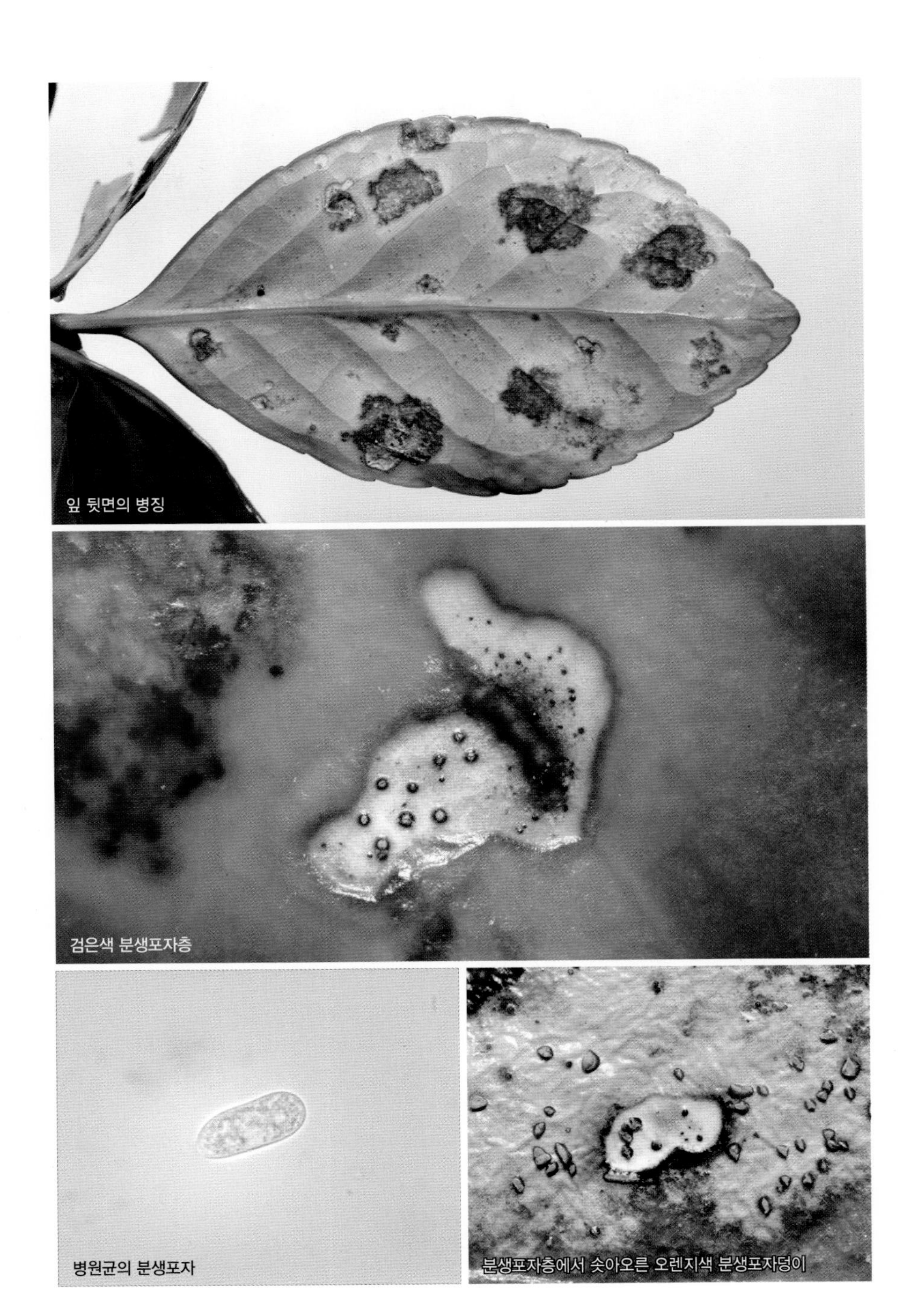

잎 뒷면의 병징

검은색 분생포자층

병원균의 분생포자

분생포자층에서 솟아오른 오렌지색 분생포자덩이

갈색무늬병 Cercospora leaf spot

피해 특징 사철나무에서 피해가 가장 많은 병해로 나무가 말라 죽지는 않으나, 잎이 노랗게 변하면서 일찍 떨어진다.

병징 및 표징 초여름~가을에 잎 앞면에 황갈색 원형 병반이 나타나고, 이 병반은 20~30㎜ 크기로 확대되어 병반 중앙부는 회갈색~회백색, 가장자리는 갈색 띠로 둘러싸인 원형 병반이 된다. 회백색 병반에는 솜털 같은 흑갈색 분생포자덩이로 뒤덮인 작은 점(분생포자좌)이 나타난다.

병원균 *Pseudocercospora destructiva*

방제 방법 피해 초기인 6월부터 아족시스트로빈 수화제 1,000배액 또는 이미녹타딘트리스알베실레이트 수화제 1,000배액을 10일 간격으로 2~3회 살포한다.

피해 중기의 병징

잎 앞면의 분생포자좌와 분생포자덩이

병원균의 분생포자

잎 뒷면의 분생포자좌와 분생포자덩이

피해 초기의 균총

흰가루병의 병징

병원균의 분생포자

흰가루병 Powdery mildew

피해 특징 밀식되었거나 습하고 그늘진 곳에서 잘 발생한다. 나무에 큰 피해를 주지는 않으나 미관을 해친다.

피해 증상 4월부터 새잎의 양면에 작고 흰 점이 생기며 점차 확대되어 잎을 하얗게 덮는다. 보통 흰가루병은 여름 이후부터 관찰되지만, 사철나무에서는 봄부터 가을까지 관찰되며 우리나라에서는 자낭구세대가 발견되지 않았다.

병원균 *Microsphaera euonymi-japonici* (무성세대: *Oidium euonymi-japonicae*)

방제 방법 병든 낙엽을 모아 제거하고, 통풍, 채광, 배수가 잘 되도록 관리한다. 발병 초기에 마이클로뷰타닐 수화제 1,500배액 등 흰가루병 적용 약제를 10일 간격으로 2회 살포한다.

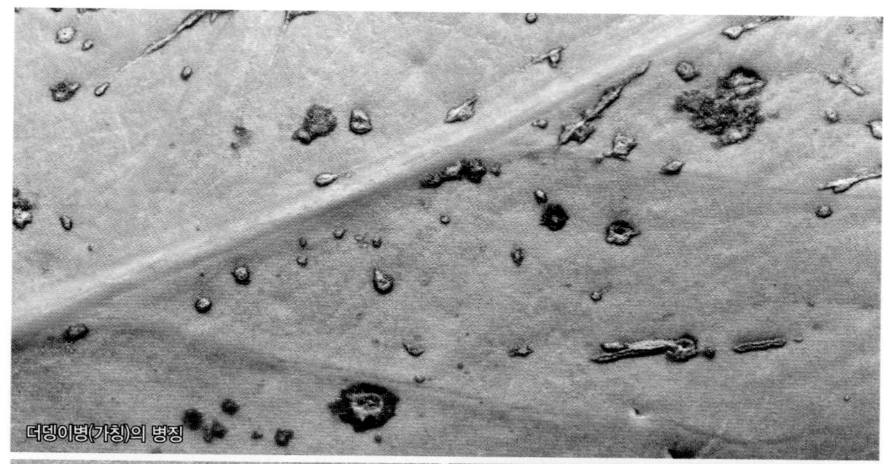
더뎅이병(가칭)의 병징

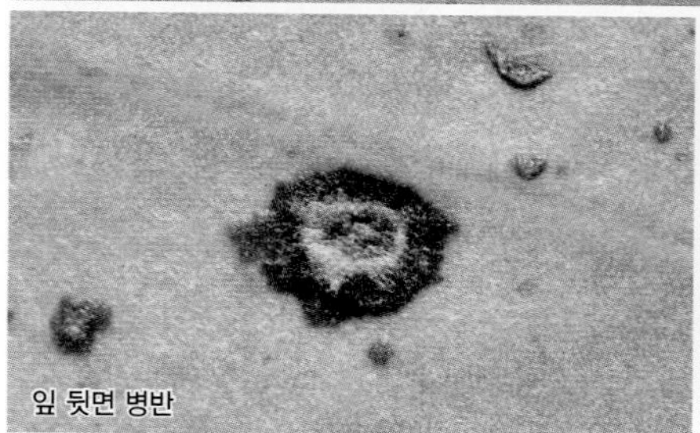
잎 뒷면 병반

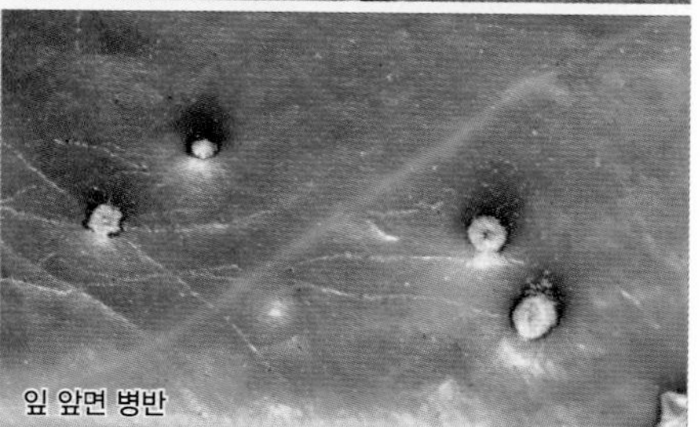
잎 앞면 병반

더뎅이병(가칭) Spot anthracnose

피해 특징 정확한 생태는 밝혀지지 않았으며 비 또는 곤충에 의해 옮겨지는 것으로 알려졌다.

피해 증상 이른 봄 잎과 잎자루에 갈색으로 약간 솟아오른 1~2㎜ 크기의 둥근 병반이 다수 나타난다. 건전부와의 경계는 적갈색으로 명확히 구분되고, 둥근 병반은 함몰되거나 구멍이 생긴다.

병원균 *Sphaceloma* sp.

방제 방법 발병 초기에 디티아논 수화제 1,000배액 또는 테부코나졸 액상수화제 2,000배액을 15일 간격으로 2~3회 살포한다.

갈색고약병의 병징

갈색고약병 Brown felt

피해 특징 많은 나무에 발생하는 병으로 수피에 기생하는 깍지벌레류와 공생하며 번식하기 때문에 나무조직 내로 균사가 침입하지 않는다. 하지만, 미관을 해치고 수세가 쇠약해지며 심하게 감염된 가지는 말라 죽는다.

병징 및 표징 줄기와 가지에 고약을 붙인 것처럼 균총이 융단처럼 붙어 있다. 균총 중심부는 갈색~암갈색을 띠고 가장자리의 확장 부위는 흰색~회백색을 띠지만, 자실층형성기에는 전체가 회백색이 된다.

병원균 *Septobasidium tanakae*

방제 방법 균사층이 이미 발생한 가지는 제거하고, 줄기에 발생한 경우 굵은 솔로 수피가 상하지 않게 긁어준 후 테부코나졸 도포제를 바른다.

어린 가지의 균총
잎 뒷면의 부생성 그을음병 발생
굵은 가지의 균총
2년생 가지의 균총

어린 가지의 암컷 성충과 약충

사철깍지벌레 *Unaspis euonymi*

피해 수목 사철나무, 꽝꽝나무, 동백나무, 화살나무, 참빗살나무 등

피해 증상 사철나무에 가장 많이 발생하는 깍지벌레로 성충과 약충이 잎, 가지, 줄기에서 집단으로 수액을 빨아 먹어 수세를 떨어뜨리고, 2차적으로 고약병을 유발해 줄기가 말라 죽는다.

형태 암컷 성충의 깍지 크기는 약 2㎜이며, 진갈색으로 굴 모양이다. 수컷 성충의 깍지 크기는 약 1.4㎜이며, 흰색으로 양 옆이 평행하고 융기선이 3개 있다. 부화 약충은 옅은 황색을 띤 타원형이다.

생활사 연 2회 발생하며 암컷 성충으로 월동한다. 약충은 5월 중순~6월 중순, 7월 하순~9월 하순에 나타난다.

방제 방법 부화 약충시기인 5월 중순, 7월 하순에 디노테퓨란 액제 1,000배액 또는 클로티아니딘 입상수용제 2,000배액을 10일 간격으로 2~3회 살포한다.

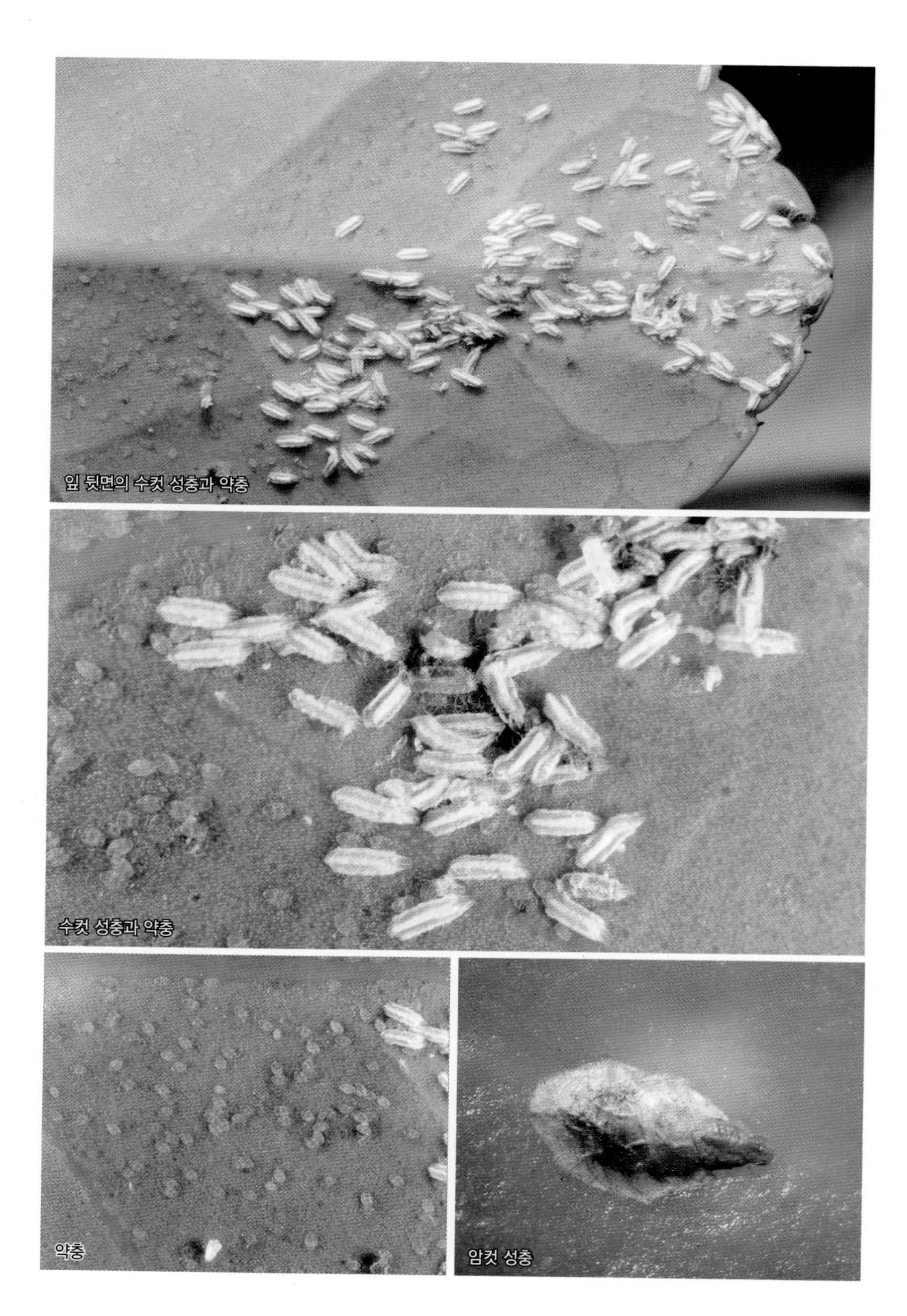
잎 뒷면의 수컷 성충과 약충

수컷 성충과 약충

약충

암컷 성충

사철나무

잎 앞면의 벌레혹

사철나무혹파리 *Masakimyia pustulae*

피해 수목 사철나무, 줄사철나무, 화살나무

피해 증상 유충이 잎 조직 내에서 가해해 잎 앞면에 울퉁불퉁한 둥근 벌레혹을 만들고, 이 벌레혹 내부에서 수액을 빨아 먹어 피해 받은 잎은 일찍 떨어진다.

형태 유충의 몸길이는 약 2㎜로 유백색 또는 노란색이다. 성충은 몸길이가 약 2㎜로 노란색이고 날개는 약 2.8㎜로 투명하다.

생활사 연 1회 발생하며, 벌레혹 안에서 유충으로 월동한다. 성충은 4월 상순~4월 하순에 우화하며, 암컷 성충은 새잎 뒷면에 산란해 6월경에 벌레혹이 형성된다.

방제 방법 성충 우화시기인 4월에 에토펜프록스 수화제 1,000배액을 2~3회 살포하거나 카보퓨란 입제 5g/㎡를 토양과 혼합처리한다.

성충이 탈출한 후의 잎 앞면의 벌레혹

성충이 탈출한 후의 잎 뒷면의 개구부

피해 중기(좌측에서 1, 2번째)와 피해 후기(3, 4번째)

피해 후기의 벌레혹 속 유충

피해 초기의 벌레혹 속 유충

잎 뒷면의 벌레혹

흑회색형 유충

사철나무집나방(가칭) *Yponomeuta meguronis*

피해 수목 사철나무, 노박덩굴, 참빗살나무, 화살나무

피해 증상 유충이 5~6월에 무리지어 잎을 갉아 먹는다. 유충이 잎을 여러 장 묶고 가해하며 배설물이 지저분하게 붙어 있다.

형태 노숙 유충은 몸길이가 약 20㎜로 황토색 또는 흑회색 바탕에 흑회색 굵은 등선이 있으며 검은 반점이 산재한다. 성충은 날개 편 길이가 25~30㎜로 앞날개는 황토색이며 검은 점이 산재한다.

생활사 연 1회 발생하며, 알로 월동하는 것으로 추정된다. 유충은 4월 하순부터 가해하기 시작해 6월 중순에는 잎 사이에 엉성한 고치를 만들고 번데기가 된다. 성충은 6월에 우화한다.

방제 방법 피해 초기에 비티쿠르스타키 수화제 1,000배액 또는 디플루벤주론 수화제 2,500배액을 10일 간격으로 2~3회 살포한다.

가해 양상

가해 부위에 지저분하게 붙어 있는 배설물

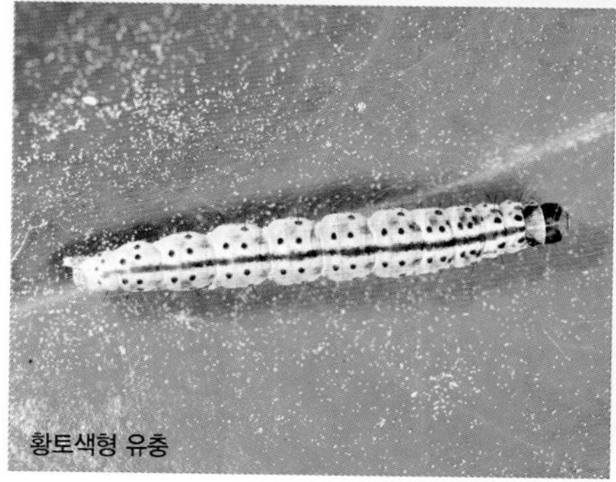
황토색형 유충

성충

사철나무

종령 유충

가해 양상

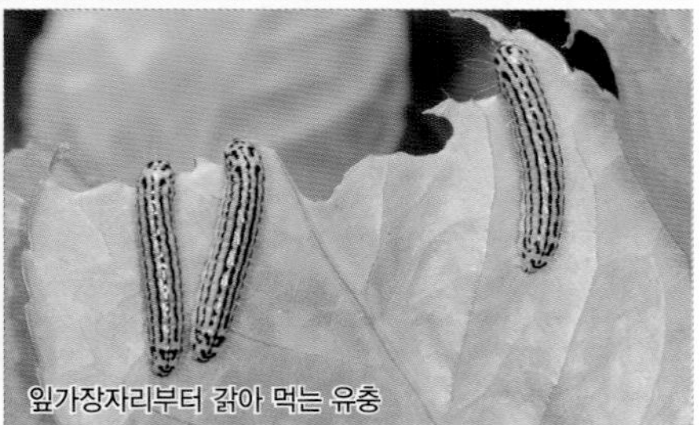
잎가장자리부터 갉아 먹는 유충

노랑털알락나방 *Pryeria sinica*

피해 수목 사철나무, 노박덩굴, 사스레피나무, 참빗살나무, 화살나무 등

피해 증상 유충이 4~5월에 무리지어 잎을 갉아 먹는다. 피해가 심하면 잎을 다 먹어치워 가지만 남는다.

형태 노숙 유충의 크기는 약 20㎜이며, 황백색으로 몸 전체에 미세한 털이 있으며, 세로로 검은색 선무늬가 있다. 성충은 날개 편 길이가 약 30㎜로 배마디에 길고 노란 털이 있고 날개는 반투명하다.

생활사 연 1회 발생하며, 가지에서 알로 월동한다. 유충은 3월 하순부터 가해하기 시작해 5월 중순부터 잎 사이에 고치를 만들고 번데기가 된다. 성충은 10~11월에 우화한다.

방제 방법 피해 초기에 비티쿠르스타키 수화제 1,000배액 또는 디플루벤주론 수화제 2,500배액을 10일 간격으로 2~3회 살포한다.

사철나무

기타 해충

귤응애(꽃복숭아 참조)
갈색날개매미충(단풍나무 참조)
목화진딧물(무궁화 참조)
조팝나무진딧물(조팝나무 참조)
식나무깍지벌레(은행나무 참조)
선녀벌레(돈나무 참조)
흰띠거품벌레(매화나무 참조)
미국흰불나방(버즘나무 참조)

약충

뾰족생달나무이(가칭) *Trioza cinnamomi*

피해 수목 생달나무

피해 증상 약충과 성충이 잎 뒷면에서 가해해 잎 앞면에 불규칙한 융기가 형성되고 심한 경우에는 잎이 기형이 된다.

형태 약충의 크기는 약 4㎜이며, 타원형으로 둘레에 길고 흰 털이 있다.

생활사 연 1회 발생하며 잎 뒷면에서 약충태로 월동한다. 성충은 새잎이 나오는 4~5월에 나타나서 잎 뒷면에 산란한다. 부화한 약충은 잎 뒷면에서 수액을 빨아 먹어 피해 부위가 약간 움푹 파이게 되고, 이 움푹 파인 부위 내부에서 다음해 3월 이후까지 생활한다.

방제 방법 4월부터 아세타미프리드 수화제 2,000배액 또는 디노테퓨란 수화제 1,000배액을 10일 간격으로 3회 이상 살포하고, 바람이 잘 통하지 않는 밀식된 나무에 피해가 심하므로 가지치기 등을 병행한다.

피해 후기 증상
피해 초기 증상
잎 앞면의 벌레혹
잎 뒷면의 가해 양상

잎 앞면의 병징

잎마름병(가칭) Pestalotia leaf blight

피해 특징 국내 미기록 병으로 일본에서는 *Pestalotiopsis* sp.에 의한 병으로 보고되었으나 상세한 생태 등은 밝혀지지 않았다.

병징 및 표징 봄부터 잎에 부정형 갈색 병반이 생기고, 건전부와의 경계는 자색 넓은 띠무늬가 생긴다. 잎 양면 병반 위에 작고 검은 점(분생포자층)이 나타나고, 다습하면 검은색 뿔 모양 분생포자덩이가 솟아오른다.

병원균 *Pestalotiopsis* sp.

방제 방법 병든 잎은 제거하고, 매년 피해가 발생하는 지역의 경우 태풍 이후 이미녹타딘트리스알베실레이트 수화제 1,000배액 또는 프로피네브 수화제 500배액을 10일 간격으로 2~3회 살포한다.

잎 뒷면의 병징

잎 앞면에 나타난 검은색 분생포자층

병원균의 분생포자

잎 뒷면에 나타난 뿔 모양 분생포자덩이

탄저병의 병징

탄저병 Anthracnose

피해 특징 여름철에 비가 많이 오거나 태풍이 지나간 후에 피해가 심하다.

병징 및 표징 6월경부터 잎가장자리부터 불규칙한 회흑색 병반이 나타난다. 병이 진전되면 잎이 불에 탄 것처럼 흑갈색으로 변하면서 일찍 떨어진다. 흑갈색 병반에는 작고 검은 점(분생포자층)이 나타나고, 다습하면 오렌지색 분생포자덩이가 솟아오른다.

병원균 *Colletotrichum crassipes* (=*Gloeosporium kiotoense*)

방제 방법 6~7월에 메트코나졸 액상수화제 3,000배액 또는 프로피네브 수화제 600배액을 10일 간격으로 2~3회 살포한다.

잎 앞면의 병징

병반에 나타난 검은색 분생포자층

병원균의 분생포자

분생포자층에서 솟아오른 오렌지색 분생포자덩이

종령 유충

참긴더듬이잎벌레 *Pyrrhalta humeralis*

피해 수목 아왜나무, 가막살나무

피해 증상 유충이 4~5월에 새잎의 표피와 잎살의 일부만 갉아 먹고, 성충은 6월 중순~8월 하순에 나타나서 유충과 동시에 가해한다.

형태 성충은 몸길이가 약 7㎜로 담갈색이며 검은 반점이 머리에 1개, 가슴에 3개 있다. 노숙 유충은 몸길이가 약 10㎜로 노란색이며 각 마디에 검은색 반점이 있다.

생활사 연 1회 발생하며 동아나 가지의 조직 내에서 알로 월동한다. 유충은 4월경부터 나타나며 5월 중순에 낙엽 밑이나 토양 속에서 번데기가 된다. 성충은 6월 중순부터 나타나고 9월 중순부터 산란한다.

방제 방법 피해 초기에 에마멕틴벤조에이트 유제 2,000배액 또는 노발루론 액상수화제 2,000배액을 10일 간격으로 2~3회 살포한다.

잎 앞면의 성충

잎 앞면의 가해흔

성충

성충의 머리. 더듬이 기부 사이에 검은 점이 없다.

잎 앞면의 병징

녹병(가칭) Rust

피해 특징 국내 미기록 병으로 일본에서 *Puccinia sakamotoi*에 의한 녹병으로 보고되었다. 조록나무에서 겨울포자가 발아해 다른 기주로 이동하는 것으로 추정되지만, 상세한 생태는 밝혀지지 않았다.

병징 및 표징 잎, 잎자루, 어린 가지에 약 4㎜ 크기의 둥근 갈색 덩이(겨울포자퇴)가 나타난다. 이 겨울포자퇴가 성숙해 터지면 황갈색 가루(겨울포자)가 나타난다.

병원균 *Puccinia* sp.

방제 방법 5월 상순~9월 하순에 트리아디메폰 수화제 800배액 또는 페나리몰 수화제 3,300배액을 10일 간격으로 2~3회 살포한다.

잎 뒷면의 병징
병원균의 겨울포자
병원균의 겨울포자
병원균의 겨울포자퇴

잎 앞면의 벌레혹

조록나무잎진딧물 *Nipponaphis yanonis*

피해 수목 조록나무, 참나무류

피해 증상 4~6월에 새잎 앞면이 1㎝ 크기의 반구형으로 돌출하고, 잎 뒷면에 원추형으로 녹황색 또는 자홍색 벌레혹이 형성된다.

형태 간모는 약 1㎜ 크기의 구형으로 등황색이다. 무시충의 크기는 약 1.3㎜로 광택이 있는 황갈색이다.

생활사 연 4회 발생하며 조록나무의 눈 기부에서 알로 월동한다. 약충은 3월 하순~4월 상순에 부화해 벌레혹을 만들고, 간모가 이 벌레혹에서 산란한다. 5월 하순~6월 중순에 2세대의 유시충이 참나무류로 기주이동한 후 10월 중순~11월 하순에 조록나무로 다시 기주이동한다.

방제 방법 3월 하순에 디노테퓨란 수화제 1,000배액을 10일 간격으로 2~3회 살포하거나 3월 중순에 카보퓨란 입제(5g/㎡)를 토양과 혼합처리한다.

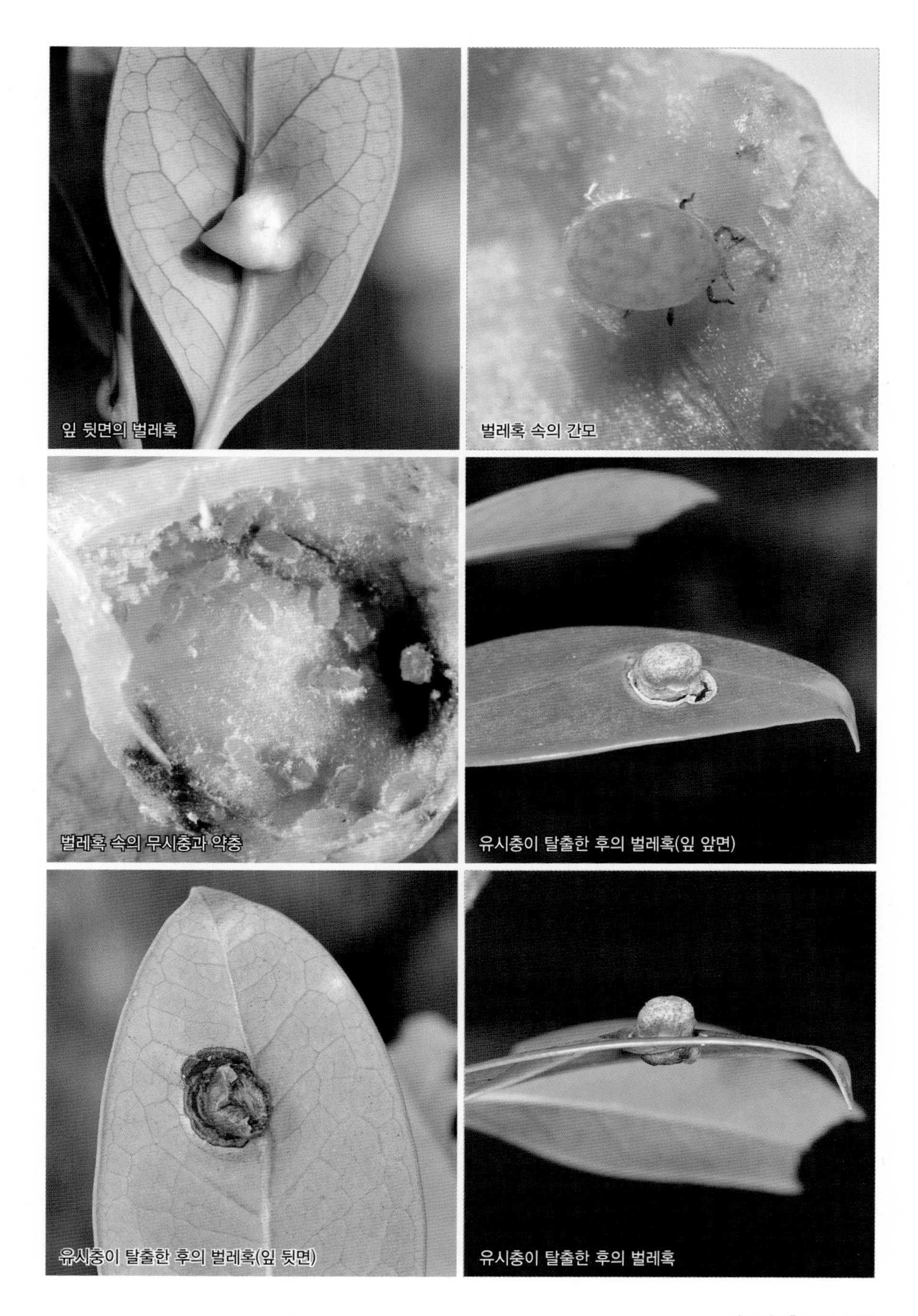

잎 뒷면의 벌레혹

벌레혹 속의 간모

벌레혹 속의 무시충과 약충

유시충이 탈출한 후의 벌레혹(잎 앞면)

유시충이 탈출한 후의 벌레혹(잎 뒷면)

유시충이 탈출한 후의 벌레혹

벌레혹

조록나무혹진딧물 *Nipponaphis autumna*

피해 수목 조록나무

피해 증상 잎 앞면에 짧게 원추형으로 돌출하고, 잎 뒷면에 크기 4.5~14㎜인 원통형으로 길게 돌출한 벌레혹을 형성한다.

형태 간모는 크기 약 0.7㎜로 암황색이다. 무시충의 크기는 약 1.4㎜로 암황색이고, 유시충의 크기는 약 1.3㎜로 머리와 가슴은 흑갈색, 배는 암녹색이다.

생활사 연 4회 발생하며 성충으로 월동하고, 1년 내내 조록나무에서만 생활한다. 월동 성충은 3월부터 산란하고, 약충은 4월 중하순에 부화해 새잎 앞면에서 수액을 빨아 먹어 벌레혹이 형성된다. 벌레혹 속에서 2~3세대를 경과하며 12월에 유시충이 벌레혹에서 탈출해 월동한다.

방제 방법 4월 중순에 디노테퓨란 수화제 1,000배액을 10일 간격으로 2~3회 살포하거나 4월 상순에 카보퓨란 입제(5g/㎡)를 토양과 혼합처리한다.

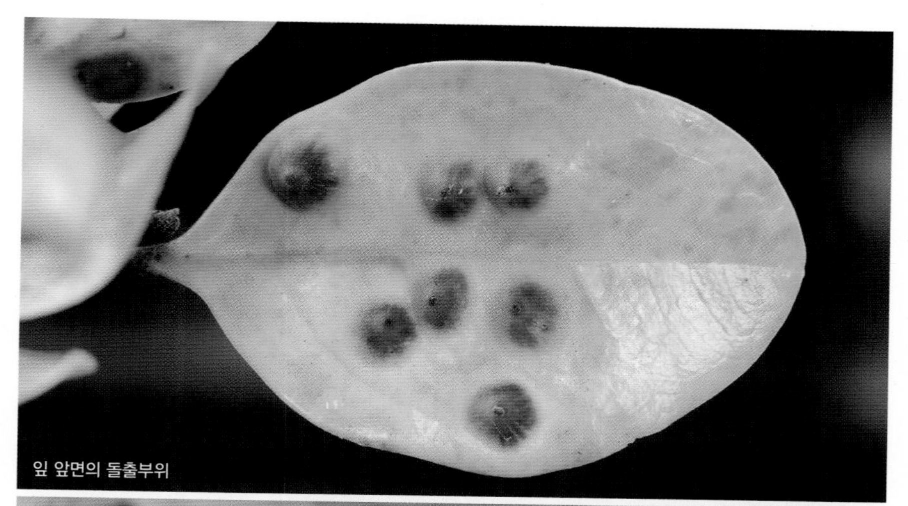
잎 앞면의 돌출부위

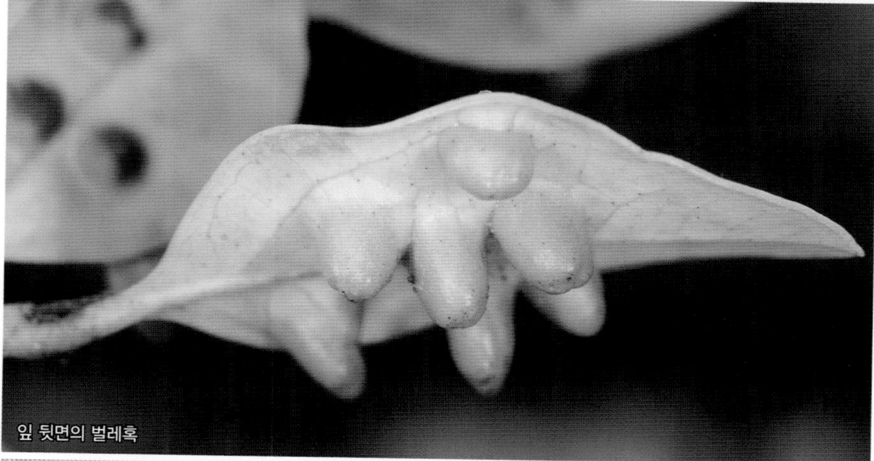
잎 뒷면의 벌레혹

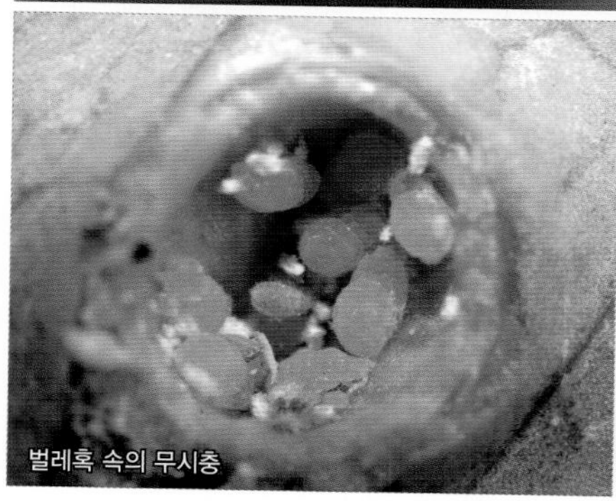
벌레혹 속의 무시충

유시충

조롱나무용안진딧물 *Nipponaphis distychii*

피해 수목 조록나무, 참식나무

피해 증상 어린 가지에 크기가 약 33㎜인 달걀 모양의 녹색을 띤 벌레혹을 형성한다. 가해해충이 벌레혹에서 탈출하면 벌레혹은 갈색으로 변한다.

형태 벌레혹 내부의 무시충은 약 1㎜ 크기의 황록색이고, 유시충의 크기는 약 1.5㎜로 머리와 가슴은 흑갈색, 배는 황갈색이다.

생활사 자세한 생활사는 밝혀지지 않았으며, 10월 하순~11월 상순에 벌레혹 측면에서 생긴 작은 구멍으로 유시충이 탈출해 중간기주인 참식나무로 이동하고, 다음해 5월 상순에 다시 조록나무로 기주이동한다.

방제 방법 벌레혹을 제거하고, 피해가 심한 지역에서는 5월 상순에 아세타미프리드 수화제 2,000배액 또는 디노테퓨란 수화제 1,000배액을 10일 간격으로 2~3회 살포한다.

조록나무

녹색 벌레혹

유시충이 탈출한 갈색 벌레혹

벌레혹의 유시충 탈출공

조록나무가지둥근혹진딧물(가칭) *Monzenia globuli*

피해 수목 조록나무

피해 증상 어린 가지에 크기가 약 12㎜인 구형의 녹색을 띤 벌레혹을 형성한다. 이 벌레혹은 딱딱하게 굳지 않고 부드럽다.

형태 간모의 크기는 약 1㎜로 녹색이다. 무시충의 크기는 약 1.1㎜로 황백색이고, 유시충은 크기 약 1.3㎜로 머리와 가슴은 흑갈색, 배는 암적갈색이다.

생활사 연 4회 발생하며 알로 월동한다. 간모는 4월 하순에 나타나서 눈에 벌레혹을 형성한다. 벌레혹 속에서 3세대를 경과하며 10월 하순에 유시충이 벌레혹에서 탈출해 조록나무의 잎 뒷면에 산란암컷 성충과 수컷 성충을 낳고 산란암컷 성충은 11월 하순에 월동난을 낳는다.

방제 방법 벌레혹을 제거하고, 피해가 심한 지역에서는 4월 하순에 디노테퓨란 수화제 1,000배액 등을 10일 간격으로 2~3회 살포한다.

녹병(가칭) Rust

피해 특징 국내 미기록 병으로 일본에서 *Xenostele litseae*에 의한 녹병으로 보고되었다. 조록나무에서 겨울포자가 발아해 다른 기주로 이동하는 것으로 추정되지만, 상세한 생태는 밝혀지지 않았다.

병징 및 표징 잎 앞면에 약 5㎜ 크기로 주변은 황색이고 내부는 갈색인 약간 함몰한 원형 병반이 나타난다. 잎 뒷면에는 약 8㎜ 크기의 둥근 갈색 덩이(겨울포자퇴)가 형성되고, 이 포자퇴가 성숙해 터지면 황갈색 가루(겨울포자)가 나타난다.

병원균 *Xenostele* sp.

방제 방법 5월 상순~9월 하순에 트리아디메폰 수화제 800배액 또는 페나리몰 수화제 3,300배액을 10일 간격으로 2~3회 살포한다.

잎 뒷면의 병징

잎 뒷면에 나타난 병원균의 겨울포자퇴

병원균의 겨울포자

병원균의 겨울포자퇴

잎 앞면의 병징

그을음병(가칭)의 병징

병원균의 균총과 자낭각

그을음병(가칭) Black mildew

피해 특징 국내 미기록 병으로 일본에서 *Armatella litseae*와 *Micropeltis fumosa*에 의한 병으로 보고되었으며, 녹나무과의 수목에 기생해 그을음병을 유발한다.

병징 및 표징 주로 잎 앞면에 원형 그을음 모양 균총을 형성하고 종종 서로 합쳐져서 모양이 불규칙한 커다란 병반이 되기도 한다. 균총 내부에는 작고 검은 점(자낭각)이 산재한다.

병원균 *Micropeltis* sp.

방제 방법 피해 초기에 이미녹타딘트리스알베실레이트 수화제 1,000배액을 2주 간격으로 2~3회 살포한다.

잎 앞면의 벌레혹

잎 뒷면의 돌출부위

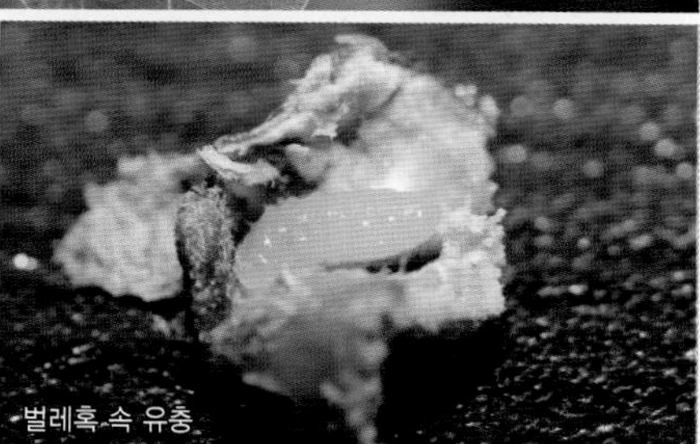

벌레혹 속 유충

잎혹벌류 unknown

피해 수목 참식나무

피해 증상 잎 앞면에 약 1㎝ 크기의 구형 벌레혹이 형성되고, 잎 뒷면은 납작하게 원형으로 돌출한다.

형태 벌레혹 내부 유충은 크기가 약 5㎜이며 밝은 오렌지색이다.

생활사 자세한 생활사는 밝혀지지 않았다.

방제 방법 피해가 크게 확산되지 않으므로 벌레혹이 형성된 잎을 제거한다.

무시충

가슴진딧물 *Nipponaphis coreana*

피해 수목 가시나무, 구실잣밤나무, 녹나무, 식나무, 참식나무

피해 증상 성충과 약충이 어린 가지에서 집단으로 수액을 빨아 먹어 수세를 떨어뜨리고, 감로에 의해 부생성 그을음병이 유발된다.

형태 무시충의 크기는 약 2.0㎜로 적갈색을 띤 납작한 둥근 모양이며, 죽어서도 가지에서 잘 떨어지지 않고 색상만 검은색으로 변한다. 약충의 크기는 약 0.8㎜로 유시충과는 달리 보통 진딧물 모양이다.

생활사 자세한 생활사는 밝혀지지 않았으나, 무시충으로 월동하는 것으로 추정된다. 2월 중순부터 약충이 나타나며, 11월 하순까지 죽어서 붙어 있는 무시충과 살아서 가해하는 무시충을 동시에 볼 수 있다.

방제 방법 3월 상순에 아세타미프리드 수화제 2,000배액 또는 디노테퓨란 수화제 1,000배액을 10일 간격으로 2~3회 살포한다.

가해 양상
약충
죽은 후에도 가지에 붙어 있는 무시충
어린 가지의 무시충과 약충

잎 앞면의 노란 반점 모양의 변색

참식나무흰깍지벌레 *Aulacaspis yabunikkei*

피해 수목 참식나무

피해 증상 성충과 약충이 잎 뒷면에서 둥글고 반투명한 흰색 깍지를 형성하고 수액을 빨아 먹어 잎 앞면에 노란 반점이 나타난다.

형태 암컷 성충의 크기는 약 1.4㎜로 오렌지색이고, 깍지 크기는 약 2㎜이며 반투명한 흰색으로 원형이다.

생활사 연 2회 발생하며 주로 성충으로 월동하지만, 발생이 매우 불규칙하다.

방제 방법 피해 초기에 디노테퓨란 액제 1,000배액 또는 클로티아니딘 입상수용제 2,000배액을 10일 간격으로 2~3회 살포한다.

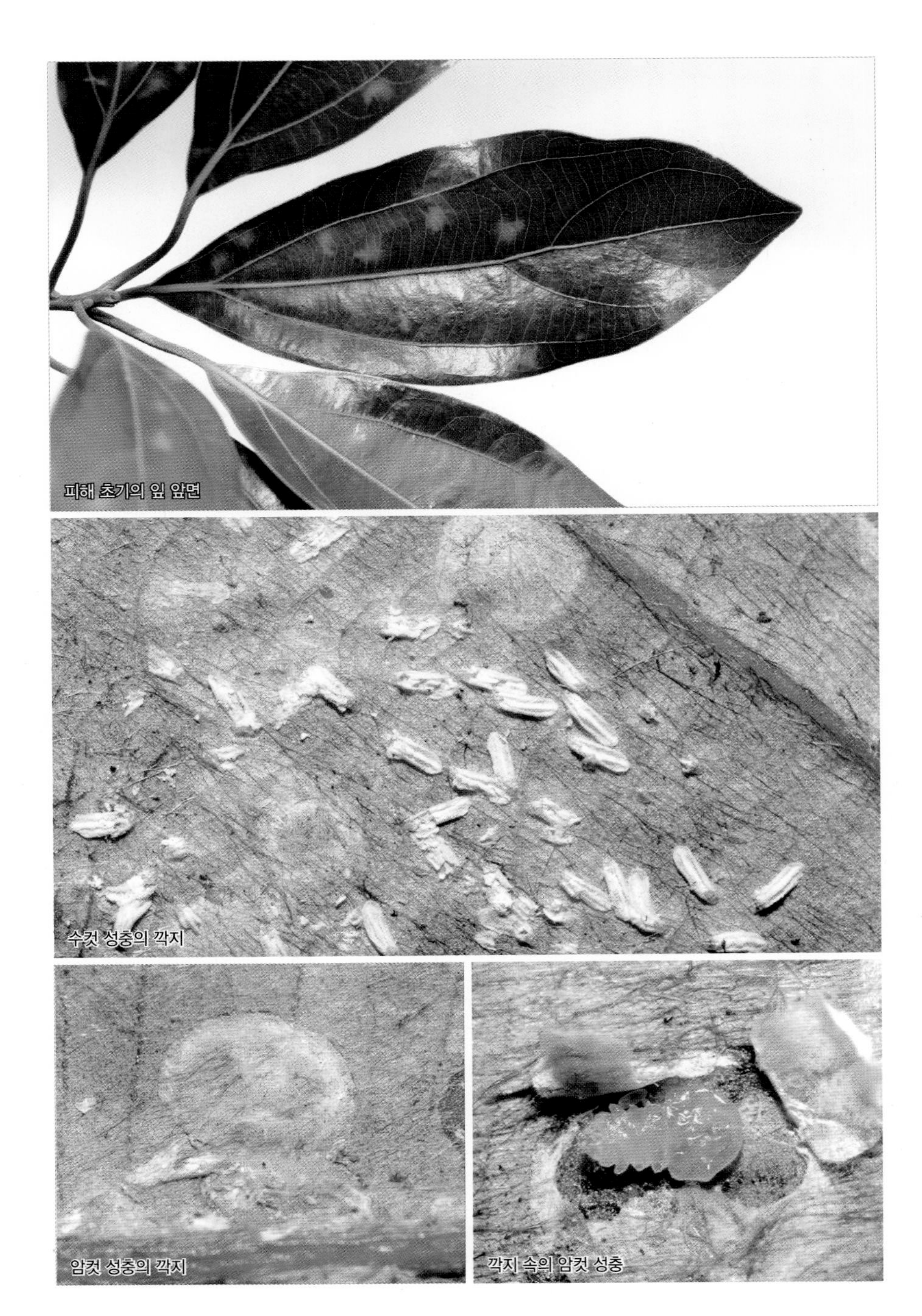
피해 초기의 잎 앞면

수컷 성충의 깍지

암컷 성충의 깍지

깍지 속의 암컷 성충

피라칸다

갈색무늬병(가칭)으로 노랗게 변한 잎

갈색무늬병(가칭) Cercospora leaf spot

피해 특징 국내 미기록 병으로 피라칸다에서 피해가 많이 발생한다. 이 병으로 나무가 죽지는 않지만 잎이 노랗게 변하면서 일찍 떨어진다. 일본에서 *Pseudocercospora pyracanthae*에 의한 병으로 보고되었다.

병징 및 표징 장마 이후 잎에 갈색 병반이 나타나고, 서서히 확대되어 5~10㎜ 크기의 부정형 병반이 된다. 잎 앞면 병반에는 솜털 같은 흑회색 분생포자덩이로 뒤덮인 작은 점(분생포자좌)이 나타난다.

병원균 *Pseudocercospora* sp.

방제 방법 장마 이후 아족시스트로빈 수화제 1,000배액 또는 이미녹타딘트리스알베실레이트 수화제 1,000배액을 10일 간격으로 2~3회 살포한다.

갈색무늬병(가칭)의 병징

잎 앞면의 병징

병원균의 분생포자

잎 앞면 병반에 나타난 솜털 모양 분생포자덩이

잎가장자리부터 변색되고 오래된 병반이 떨어져 나간 모양

잎마름병(가칭) Pestalotia leaf blight

피해 특징 국내 미기록 병으로 바람이 많이 부는 지역에서 증상이 나타나고, 태풍이 지나간 이후에는 피해가 만연되는 특징이 있다.

병징 및 표징 주로 잎가장자리부터 회색 또는 연한 갈색으로 변하고 건전부와 병반의 경계는 진한 갈색으로 명확하게 구분된다. 잎 양면 병반 위에 작고 검은 점(분생포자층)이 나타나고, 다습하면 검은색 뿔 모양 분생포자덩이가 솟아오른다.

병원균 *Pestalotiopsis* sp.

방제 방법 병든 잎은 제거하고, 매년 피해가 발생하는 지역의 경우 태풍 이후 이미녹타딘트리스알베실레이트 수화제 1,000배액 또는 프로피네브 수화제 500배액을 10일 간격으로 2~3회 살포한다.

갈색무늬병(가칭)의 병징

병원균의 분생포자

병원균의 분생포자

병원균의 분생포자층

점무늬병의 병징

점무늬병 Entomosporium leaf spot

피해 특징 감염된 잎은 일찍 떨어지고, 피해가 심하면 수세가 쇠약해져 결국에는 나무가 말라 죽는다.

병징 및 표징 4월 하순부터 새잎에 연한 붉은색 반점이 나타난다. 병이 진전되면 병반 중앙부는 회갈색~회백색, 가장자리는 흑갈색 띠로 둘러싸인 원형 병반이 된다. 회백색 병반에는 작고 검은 돌기(분생포자층)가 나타나고, 다습하면 흰색 분생포자덩이가 솟아오른다.

병원균 *Entomosporium mespili*

방제 방법 4월부터 이미녹타딘트리스알베실레이트 수화제 1,000배액 또는 프로피네브 수화제 500배액을 2주 간격으로 2~3회 살포한다.

초기 병징

잎 앞면의 병징

회백색 병반에 나타난 검은색 분생포자층

잎 뒷면의 병징

잎마름병(가칭)의 병징

잎마름병(가칭) Pestalotia leaf blight

피해 특징 국내 미기록 병으로 바람이 많이 부는 지역에서 피해가 나타나고, 태풍이 지나간 이후에는 피해가 만연되는 특징이 있다. 일본에서 *Pestalotiopsis photiniae*에 의한 병으로 보고되었다.

병징 및 표징 주로 잎가장자리부터 회색 또는 연한 갈색으로 변하고 건전부와 병반의 경계는 자갈색으로 명확하게 구분된다. 잎 양면 병반 위에 작고 검은 점(분생포자층)이 나타나고, 다습하면 검은색 뿔 모양 분생포자덩이가 솟아오른다.

병원균 *Pestalotiopsis* sp.

방제 방법 병든 잎은 제거하고, 매년 피해가 발생하는 지역의 경우 태풍 이후 이미녹타딘트리스알베실레이트 수화제 1,000배액 또는 프로피네브 수화제 500배액을 10일 간격으로 2~3회 살포한다.

잎 앞면의 병징

잎 뒷면의 병징

병원균의 분생포자

병반에 나타난 검은색 분생포자층

잎과 어린 가지의 병징

잎마름병 Macrophoma leaf blight

피해 특징 잎과 어린 가지가 갈색으로 마르면서 일찍 떨어진다.

병징 및 표징 잎가장자리부터 둥근 갈색 반점이 나타나기 시작해 회갈색으로 변하면서 확대되고, 건전부와 병반의 경계는 진한 갈색 띠로 구분된다. 어린 가지도 회갈색으로 말라 죽는 경우가 많다. 잎 양면 병반과 변색된 어린 가지에 작고 검은 점(분생포자각)이 다수 나타나고, 다습하면 유백색 분생포자덩이가 솟아오른다.

병원균 *Macrophoma candollei*

방제 방법 병든 잎은 제거하고, 4~5월에 이미녹타딘트리스알베실레이트 수화제 1,000배액 또는 프로피네브 수화제 500배액을 2주 간격으로 2~3회 살포한다.

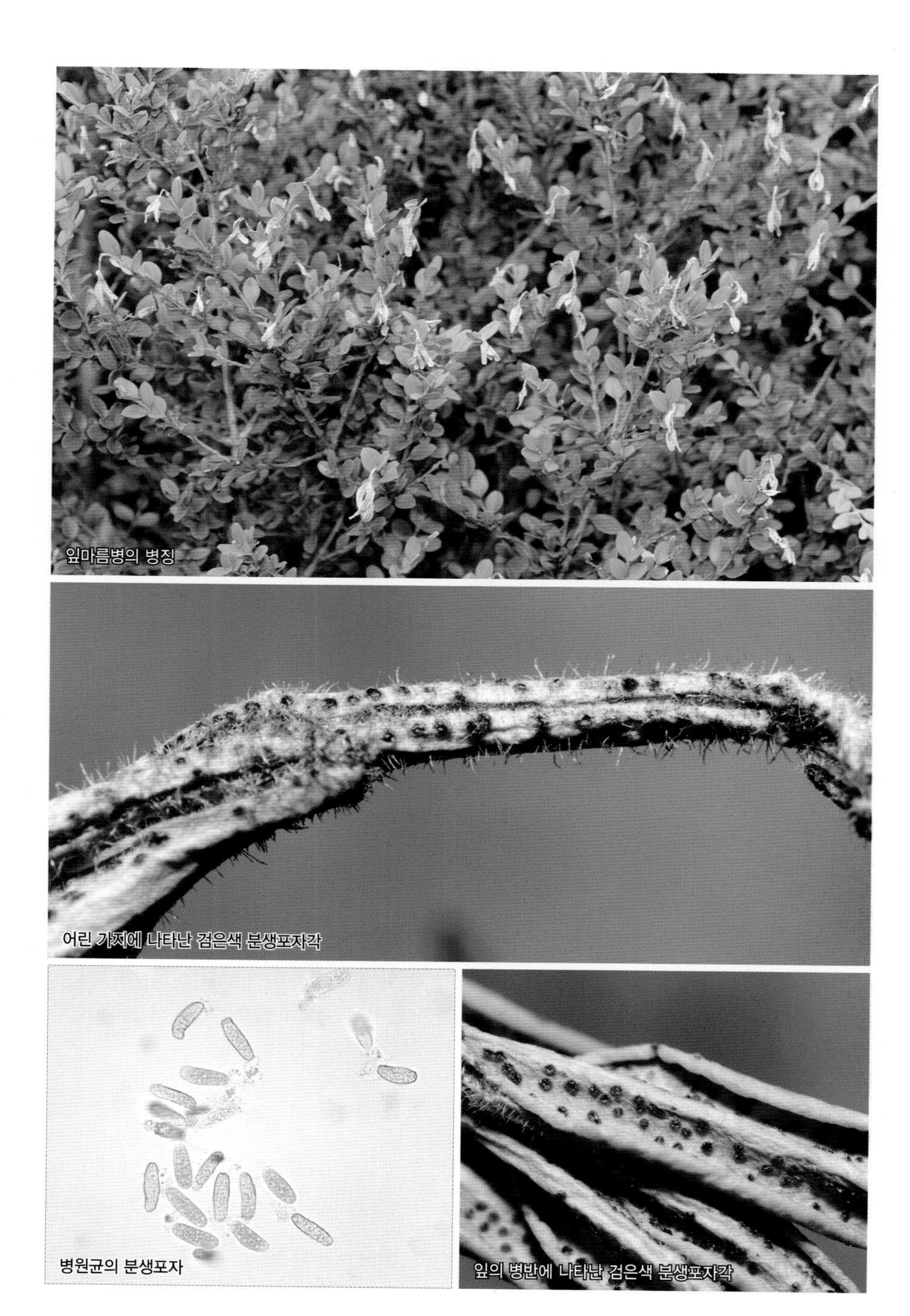

잎마름병의 병징

어린 가지에 나타난 검은색 분생포자각

병원균의 분생포자

잎의 병반에 나타난 검은색 분생포자각

회양목혹응애 탈출 후의 벌레혹

벌레혹

회양목혹응애 성충

회양목혹응애 *Eriophyes buxis*

피해 수목 회양목

피해 증상 성충과 약충이 눈 속에서 가해해 꽃봉오리 모양 벌레혹을 형성하므로 마치 열매처럼 보인다. 3월 중순이 되면 벌레혹은 변색되며, 새로 생긴 벌레혹은 4월 하순부터 변색되기 시작한다. 5월 하순에는 벌레혹이 완전히 말라 죽어 흑갈색으로 변하면서 피해도 멈춘다.

형태 성충은 약 0.14~0.25㎜ 크기의 원통형으로 유백색이다.

생활사 주로 성충으로 월동하지만, 알 또는 약충으로 월동하는 경우도 있다. 월동 성충은 3월 상순부터 새로운 눈 속으로 침입해 벌레혹을 만든 후 2~3세대를 경과한다. 신성충은 9월 상순부터 나타나서 회양목의 눈 속에 들어간다.

방제 방법 벌레혹을 제거하고, 9월 상순에 피리다펜티온 유제 1,000배액을 10일 간격으로 2회 이상 살포한다.

회양목깍지벌레(가칭) *Kuwanaspis* sp.

피해 수목 회양목

피해 증상 성충과 약충이 어린 가지와 잎 앞면에서 흰색 깍지를 형성하고 수액을 빨아 먹어 잎이 노란색으로 변하면서 일찍 떨어진다.

형태 암컷 성충의 깍지는 약 1.5㎜ 크기의 흰색으로 거의 원형이다. 수컷 성충의 깍지는 약 1.0㎜ 크기의 흰색으로 가늘고 길다.

생활사 정확한 생활사는 밝혀지지 않았으며, 성충으로 월동하는 것으로 추정된다.

방제 방법 피해 초기에 디노테퓨란 액제 1,000배액 또는 클로티아니딘 입상수용제 2,000배액을 10일 간격으로 2~3회 살포한다.

사스레피나무가루이(가칭) *Aleuroclava euryae*

피해 수목 꽝꽝나무, 비목나무, 참식나무, 초령목, 사스레피나무, 회양목

피해 증상 성충과 유충이 잎 뒷면에서 즙액을 빨아 먹고, 밀도가 높으면 분비물로 인해 부생성 그을음병이 유발된다.

형태 성충은 날개 편 길이가 약 1㎜이고, 흰 비늘가루로 덮여 있는 연한 노란색 몸에 불투명한 흰색 날개가 있다. 번데기 껍질은 약 0.7㎜ 크기의 타원형으로 검은색이다.

생활사 정확한 생활사는 밝혀지지 않았으며, 유충이나 번데기로 월동하는 것으로 추정된다.

방제 방법 발생 초기인 5월부터 아세타미프리드 수화제 2,000배액 또는 디노테퓨란 수화제 1,000배액을 10일 간격으로 2회 이상 살포한다.

분비물로 인한 부생성 그을음병 발생

잎 뒷면의 번데기 껍질

검은색 번데기 껍질

성충의 옆면

회양목

종령 유충

가해 양상

성충

회양목명나방 *Glyphodes perspectalis*

피해 수목 회양목

피해 증상 유충이 잎 여러 개나 작은 가지를 묶고 그 속에서 가해한다. 피해가 심할 경우 피해 부위가 말라 죽는다.

형태 노숙 유충은 몸길이가 약 35㎜로 머리는 검고 몸은 광택이 있는 녹색이며, 갈색 점무늬가 배윗면 양쪽으로 줄지어 있다. 성충은 날개 편 길이가 약 30㎜로 흰 앞날개 가장자리는 넓게 회흑색을 띤다.

생활사 연 2~3회 발생하며 유충으로 월동한다. 유충은 4월 하순과 7월 하순에 나타나서 약 25일간 가해한 후 번데기가 된다. 성충은 6월, 8월 중순~9월 상순에 나타난다.

방제 방법 피해 초기에 비티쿠르스타키 수화제 1,000배액 또는 디플루벤주론 수화제 2,500배액을 10일 간격으로 2회 이상 살포한다.

잎 앞면의 병징

잎 뒷면의 병징

병원의 말무리 집락

흰말병 Algal leaf spot

피해 특징 각종 상록활엽수에 발생하는 병으로 밀식되어 통풍이 불량한 잎에 피해가 많다. 병든 잎은 일찍 떨어지지 않고 오랫동안 가지에 붙어 있어 미관을 해친다.

병징 및 표징 잎 양면에 약간 솟아오른 연한 녹색 둥근 병반이 발생하고, 차츰 확대되어 6~10㎜의 그물처럼 얽힌 말무리 단일집락이 된다. 병이 진전되면 잎 앞면에 형성된 병반은 회갈색이 되고, 잎 뒷면에 형성된 병반은 담갈색이 된다.

병원균 *Cephaleuros virescens*

방제 방법 병든 잎은 제거하고, 개엽 초기인 5~6월에 보르도혼합액 입상수화제 500배액을 10일 간격으로 2~3회 살포한다.

녹병의 병징

녹병 Rust

피해 특징 후박나무에서 흔히 발생하는 병으로 주로 어린 나무와 묘목의 잎, 잎자루, 어린 가지에 발생한다. 심하게 발병하면 잎과 어린 가지가 뒤틀리고 잎이 일찍 떨어진다.

병징 및 표징 잎 앞면에 황록색 둥근 병반이 여러 개 나타나고 서로 합쳐져서 크기 10㎜ 이상의 커다란 병반이 된다. 잎 뒷면과 잎자루, 어린 가지는 약간 부풀어 오르며, 약 0.2㎜ 크기의 원통형인 하얀 돌기(겨울포자퇴)가 나타난다. 이 겨울포자퇴가 성숙해 터지면 노란 가루(겨울포자)로 뒤덮인다.

병원균 *Monosporidium machili* (=*Endophyllum machili*)

방제 방법 5월부터 트리아디메폰 수화제 800배액 또는 페나리몰 수화제 3,300배액을 10일 간격으로 2~3회 살포한다.

잎 앞면의 병징
잎 뒷면의 병징
겨울포자가 날아간 후의 잎 앞면의 병징
겨울포자가 날아간 후의 잎 뒷면의 병징
잎 앞면의 녹병정자기
잎자루의 겨울포자퇴
잎 뒷면의 겨울포자덩이
병원균의 겨울포자

잎마름병(가칭)의 병징

잎마름병(가칭) Pestalotia leaf blight

피해 특징 바람이 많이 부는 지역에서 증상이 나타나고, 태풍이 지나간 이후에는 피해가 만연되는 특징이 있다.

병징 및 표징 주로 잎가장자리부터 연한 갈색으로 변하고 건전부와 병반의 경계는 진한 갈색으로 명확하게 구분된다. 잎 양면 병반 위에 작고 검은 점(분생포자층)이 나타나고, 다습하면 검은색 뿔 모양 분생포자덩이가 솟아오른다.

병원균 *Pestalotiopsis* sp.

방제 방법 병든 잎은 제거하고, 매년 피해가 발생하는 지역의 경우 태풍 이후 이미녹타딘트리스 알베실레이트 수화제 1,000배액 또는 프로피네브 수화제 500배액을 10일 간격으로 2~3회 살포한다.

잎 앞면의 병징
잎 뒷면의 병징
병원균의 분생포자
병반에 나타난 검은색 분생포자층과 분생포자덩이

탄저병(가칭)의 병징

탄저병(가칭) Anthracnose

피해 특징 밀식되어 채광과 통풍이 불량한 곳이나 태풍이 지나간 후에 피해가 많다.

병징 및 표징 7월경부터 잎에 5~10㎜ 크기의 암갈색 불규칙한 병반이 나타난다. 병이 진전되면 병반 내부는 담갈색으로 변하고 건전부와의 경계는 흑갈색 띠로 명확히 구분된다. 회백색 병반에는 작고 검은 점(분생포자층)이 나타나고, 다습하면 오렌지색 분생포자덩이가 솟아오른다.

병원균 *Colletotrichum* sp.

방제 방법 7~8월에 메트코나졸 액상수화제 3,000배액 또는 프로피네브 수화제 600배액을 10일 간격으로 1~2회 살포한다.

잎 앞면의 병징
잎 뒷면의 병징
병원균의 분생포자
잎 앞면에 나타난 검은색 분생포자층과 오렌지색 분생포자덩이

성충

후박나무방패벌레 *Stephanitis fasciicarina*

피해 수목 후박나무

피해 증상 성충과 약충이 잎 뒷면에서 수액을 빨아 먹어 잎이 탈색되며, 탈피각과 배설물이 검은 점 모양으로 잎 뒷면에 남아 있어 응애류의 피해와 구분된다. 봄과 여름에 기온이 높고 건조한 해에 피해가 심한 경향이 있다.

형태 성충은 몸길이가 약 3.0㎜로 몸과 날개가 반투명한 유백색이다. 약충은 몸길이가 0.45~1.8㎜로 유백색이며 배의 중간 이하는 흑갈색이다.

생활사 자세한 생활사는 밝혀지지 않았으며 성충과 약충이 6~9월에 뒤섞여서 가해한다.

방제 방법 5월 상순에 이미다클로프리드 분산성액제를 나무주사하거나 6월 상순부터 아세타미프리드 수화제 2,000배액 또는 에토펜프록스 유제 2,000배액을 2주일 간격으로 2~3회 살포한다.

약충

가해 양상

잎 앞면의 탈색

잎 뒷면의 탈피각과 배설물

가해 양상

뾰족후박나무이(가칭) *Trioza machilicola*

피해 수목 후박나무

피해 증상 약충과 성충이 잎 뒷면에서 가해해 잎 앞면에 불규칙한 융기가 형성되고 심한 경우에는 잎이 기형화된다.

형태 약충의 크기는 약 2㎜이며, 타원형으로 둘레에 흰 털이 있다.

생활사 연 1회 발생하며 잎 뒷면에서 약충으로 월동한다. 성충은 새잎이 나오는 4~5월에 나타나서 잎 뒷면에 산란하며, 부화한 약충은 잎 뒷면에서 수액을 빨아 먹어 피해 부위가 약간 움푹 파이게 되고, 이 움푹 파인 부위 내부에서 다음해 3월까지 생활한다.

방제 방법 4월부터 아세타미프리드 수화제 2,000배액 또는 디노테퓨란 수화제 1,000배액을 10일 간격으로 3회 이상 살포하고, 바람이 잘 통하지 않는 밀식된 나무에 피해가 심하므로 가지치기 등을 병행한다.

잎 앞면의 증상

잎 뒷면의 증상

잎 뒷면의 약충

약충

후박나무

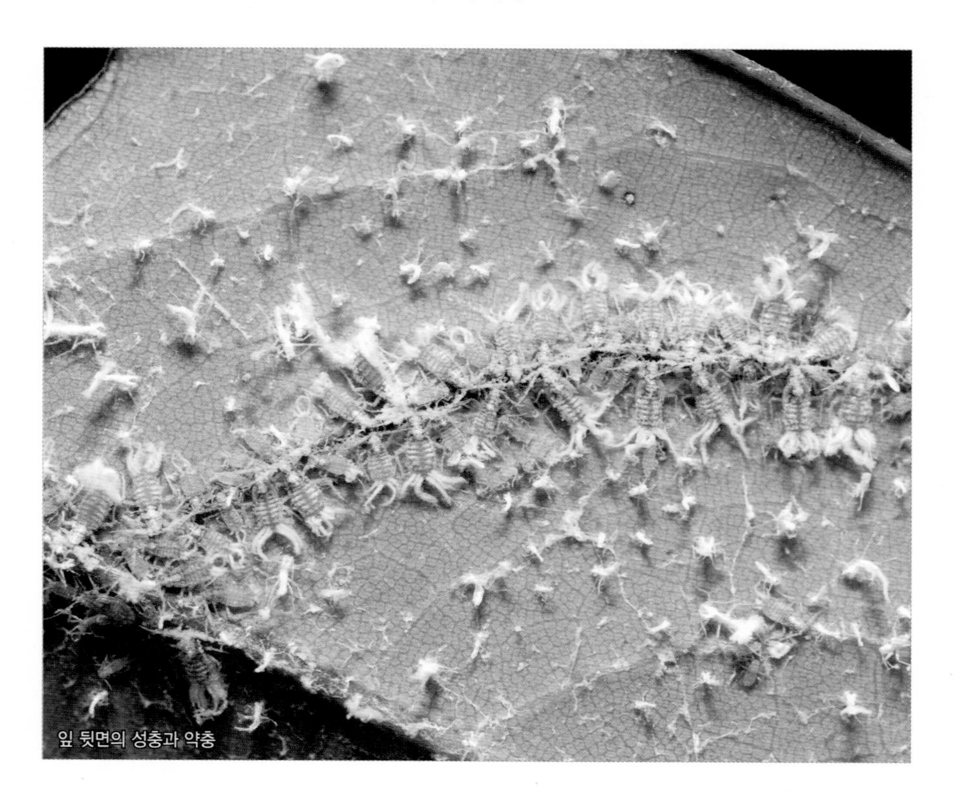
잎 뒷면의 성충과 약충

면충류 unknown

피해 수목 후박나무

피해 증상 성충과 약충이 늦여름부터 잎 뒷면에서 집단으로 수액을 빨아 먹어 잎이 끝부분부터 갈색으로 변하면서 일찍 떨어진다.

형태 유시충, 무시충, 유성형은 머리와 가슴이 밝은 황적색이고 배는 녹색이며, 하얀 밀랍물질을 분비한다.

생활사 자세한 생활사는 밝혀지지 않았다.

방제 방법 가해 초기인 9월 상순에 아세타미프리드 수화제 2,000배액 또는 디노테퓨란 수화제 1,000배액을 10일 간격으로 2회 이상 살포한다.

잎 앞면의 변색
유시충
약충
무시충

잎 뒷면의 암컷 성충

후박나무굴깍지벌레 *Lepidosaphes machili*

피해 수목 후박나무, 참식나무

피해 증상 성충과 약충이 주로 잎 뒷면에서 집단으로 수액을 빨아 먹어 잎 앞면에 노란색으로 변한 무늬가 나타나고, 종종 줄기와 가지에도 기생한다.

형태 암컷 성충의 깍지는 3.0~3.8㎜ 크기의 자갈색으로 굴 모양이다. 몸 빛깔은 흰색 또는 밝은 자색으로 머리 양 옆에 대형 가시 모양 돌기가 있다.

생활사 주로 암컷 성충으로 월동하고, 약충 발생시기는 불규칙하며 빠른 개체는 4월 중순에 나타난다.

방제 방법 부화 약충시기인 5월 중순, 7월 하순에 디노테퓨란 액제 1,000배액 또는 클로티아니딘 입상수용제 2,000배액을 10일 간격으로 2~3회 살포한다.

잎 앞면의 가해 양상
잎 뒷면의 가해 양상
잎 앞면의 노란색 반점 무늬
암컷 성충

종령 유충

제주집명나방 *Orthaga olivacea*

피해 수목 후박나무

피해 증상 유충이 8~9월에 잎 여러 개나 작은 가지를 묶어서 커다란 바구미 모양의 벌레주머니를 만들고 그 속에서 가해한다.

형태 노숙 유충은 몸길이가 약 35㎜로 머리는 검고 몸은 광택이 있는 녹색이며, 갈색 점무늬가 배 윗면 양쪽으로 줄지어 있다. 성충은 날개 편 길이가 약 22㎜로 앞날개의 색은 희고 가장자리는 넓게 회흑색을 띤다.

생활사 연 2회 발생하며, 토양 속의 고치 내에서 유충으로 월동한다. 성충은 6월과 8월에 나타나고, 주로 2화기 성충에서 발생한 유충이 8월에 나타나서 몇 마리씩 모여 바구미 모양의 벌레주머니를 만든 후 9월 상순에 월동처로 이동한다.

방제 방법 벌레주머니를 제거하고, 피해 초기인 8월에 비티쿠르스타키 수화제 1,000배액 또는 디플루벤주론 수화제 2,500배액을 10일 간격으로 2회 이상 살포한다.

피해 초기의 가해흔

벌레주머니 속의 종령 유충

바구니 모양의 벌레주머니

부화 유충(유충이 부화 초기에는 잎 앞면에 집단으로 모여서 잎을 갉아 먹다가 분산한다.)

잎 뒷면의 벌레혹

잎혹벌류 unknown

피해 수목 후박나무

피해 증상 잎 뒷면에 1~2㎝ 크기의 항아리 모양 벌레혹이 형성되고, 잎 앞면은 납작하게 원형으로 돌출되면서 노랗게 변한다.

형태 벌레혹 내부 유충은 약 5㎜ 크기의 밝은 오렌지색이다.

생활사 자세한 생활사는 밝혀지지 않았다.

방제 방법 피해가 크게 확산되지 않으므로 벌레혹이 형성된 잎을 제거한다.

잎 앞면의 노란색 반점 무늬

잎 뒷면의 가해 양상

벌레혹

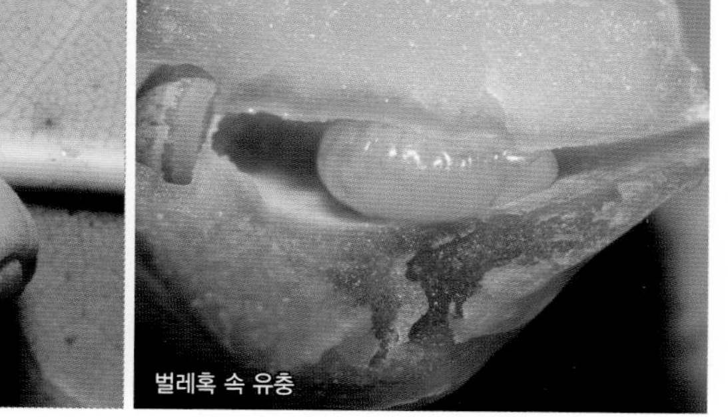
벌레혹 속 유충

작은 잎을 가진 연약한 가지의 병징

빗자루병 Witches' broom

피해 특징 잎과 가지에 다발 모양의 빗자루증상이 나타나며, 균류에 의한 병과 phytoplasma에 의한 병으로 구분된다.

병징 및 표징 균류에 의한 병징은 가지의 선단부에 빗자루 증상이 있고 잎 앞면에 그을음증상이 있다. phytoplasma에 의한 병해는 크게 4가지 병징이 나타나며, 가지의 선단부에 빗자루 증상이 있으나 잎 앞면에 그을음이 없는 병징, 작은 잎을 부착한 섬세하고 연약한 가지를 생성하는 병징, 수양버들과 같이 2~3m로 축 늘어지는 수양버들형 병징, 뿌리 주위에서 작고 연약한 잎을 부착한 가지의 빗자루 병징 등이 있다.

병원균 *Aciculosporium take* (자낭균류), *Candidatus* Phytoplasma asteris

방제 방법 병든 가지는 제거해 반출하고, 솎아베기 등을 실시한다. 또한, 시비를 실시해 대나무의 수세를 건전하게 한다.

작은 잎을 가진 연약한 가지의 병징

수양버들형 병징

가지 선단부의 빗자루 병징

수양버들형 병징

잎 앞면의 병징

녹병 Rust

피해 특징 여러 종류의 병원균이 관여하는 것으로 알려졌다. 병원균의 종류에 따라 기주를 이동해 여름포자를 형성한 후 대나무류에서 겨울포자를 형성하는 것이 있고, 대나무류에서 여름포자와 겨울포자를 형성하는 것도 있다.

병징 및 표징 잎 앞면에 약 10㎜ 크기의 주변은 황색이고 내부는 흑갈색인 약간 함몰한 타원형 병반이 나타난다. 잎 뒷면에는 약 6㎜ 크기의 둥근 갈색 덩이(겨울포자퇴)가 나타나고, 이 포자퇴가 성숙해 터지면 황갈색 가루(겨울포자)로 뒤덮인다.

병원균 *Puccinia* spp.

방제 방법 봄에 잎이 나오기 시작하는 시기에 트리아디메폰 수화제 800배액 또는 페나리몰 수화제 3,300배액을 10일 간격으로 2~3회 살포한다.

피해 초기의 병징

잎 뒷면의 병징

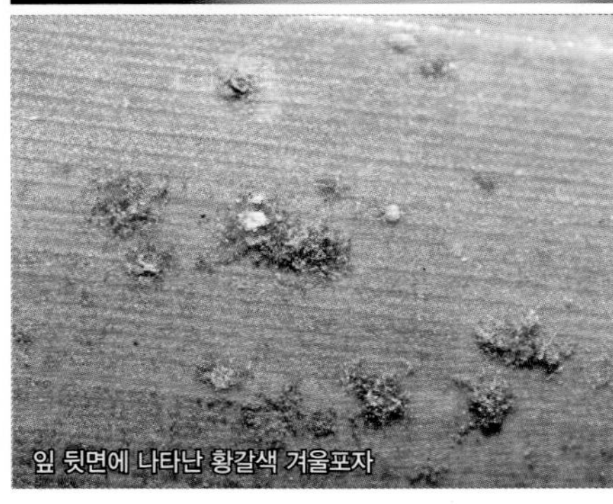
잎 뒷면에 나타난 황갈색 겨울포자

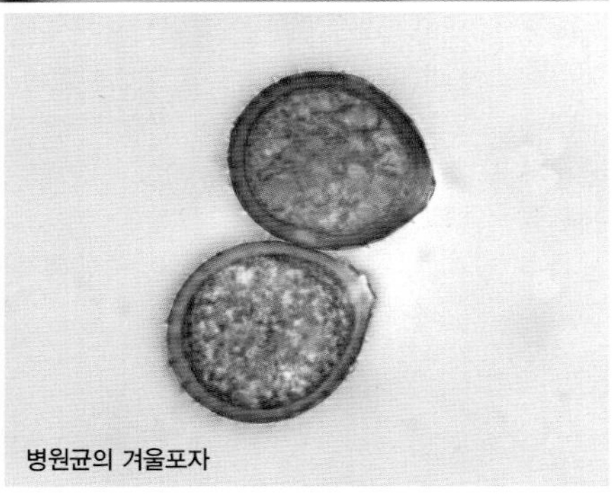
병원균의 겨울포자

가해 양상

조릿대응애(납작대응애) *Schizotetranychus celarius*

피해 수목 대나무류

피해 증상 대나무의 잎 뒷면에 은백색 얇은 막을 형성하고 그 속에서 성충, 약충이 수액을 빨아 먹어 엽록소가 파괴되면서 잎 앞면에 얼룩 반점이 나타난다.

형태 성충의 크기는 약 0.3㎜이며, 담녹색으로 등 양쪽에 흑회색 무늬가 있다.

생활사 모든 충태로 월동하는 것으로 추정되며, 7~8월에 피해 증상이 심하게 나타난다. 정확한 생활사는 밝혀지지 않았다.

방제 방법 4월부터 피리다벤 수화제 1,000배액 또는 사이에노피라펜 액상수화제 2,000배액을 10일 간격으로 2회 이상 살포한다.

피해 초기의 잎 앞면의 증상
잎 뒷면의 은백색 얇은 막
은백색 얇은 막 속 성충, 약충, 알
성충과 알

잎 뒷면의 무시충과 약충

일본납작진딧물 *Ceratovacuna japonica*

피해 수목 조릿대, 때죽나무

피해 증상 흰색 밀랍으로 덮인 성충과 약충이 잎 뒷면에서 집단으로 수액을 빨아 먹어 잎 앞면이 노랗게 변한다. 밀도가 높으면 잎이 옆으로 말리거나 부생성 그을음병이 발생한다.

형태 무시충은 약 2.0㎜ 크기이고 몸이 적갈색이지만 밀랍 솜털로 덮여 있어 흰색으로 보인다. 약충은 0.5~1.2㎜ 크기의 적갈색으로 어린 약충은 밀랍 솜털이 없으나, 자라면서 몸마디 측면으로 밀랍이 분비된다.

생활사 여름에는 조릿대, 겨울에는 때죽나무에 기생하는 것으로 알려졌다.

방제 방법 바둑돌부전나비의 주 먹이원으로 밀도가 높지 않을 경우 방제를 실시하지 않고, 밀도가 높을 경우 7월 상순부터 아세타미프리드 수화제 2,000배액 또는 디노테퓨란 수화제 1,000배액을 10일 간격으로 2~3회 살포한다.

잎 앞면의 부생성 그을음병 발생

잎 뒷면의 가해 양상

무시충과 약충

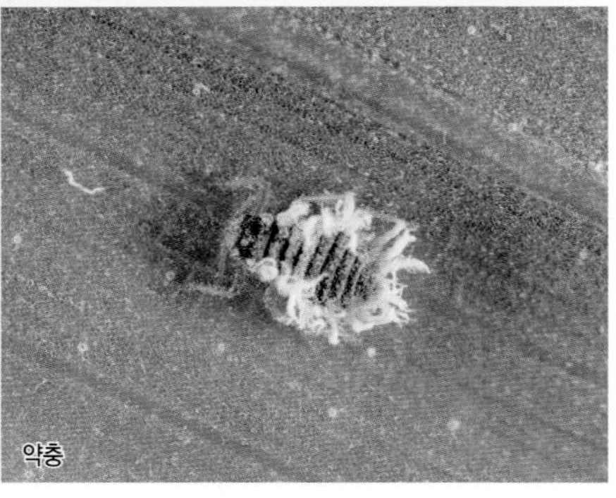
약충

암컷 성충의 밀랍주머니와 밀랍관

꼬리가루깍지벌레 *Antonina crawii*

피해 수목 대나무류

피해 증상 성충과 약충이 가지의 분기점에서 흰색 밀랍주머니를 만들고 수액을 빨아 먹어 수세를 떨어뜨리고, 부생성 그을음병을 유발한다.

형태 암컷 성충의 밀랍 주머니는 약 4㎜ 크기의 타원형이고 끝부분에서 굵은 흰색 밀랍관이 길게 뻗어 있다. 몸은 타원형이며, 어두운 자주색으로 몸마디가 분명하다.

생활사 연 1회 발생하며 성충으로 월동한다. 성충이 5월부터 산란해 6월경 성충의 몸속에서 연한 노란색 짚신 모양 약충이 나와 자유로이 걸어 다니면서 정착할 곳을 찾는다.

방제 방법 6월 상순부터 디노테퓨란 액제 1,000배액 또는 클로티아니딘 입상수용제 2,000배액을 10일 간격으로 2~3회 살포한다.

잎의 비정상적인 생장과 부생성 그을음병 발생

암컷 성충의 밀랍주머니

밀랍주머니 속의 암컷 성충

부생성 그을음병 발생

암컷 성충과 약충

대잎깍지벌레 *Unachionaspis tenuis*

피해 수목 대나무류

피해 증상 성충과 약충이 잎 뒷면의 자루 부근에서만 기생해 수액을 빨아 먹는다.

형태 암컷 성충의 깍지 크기는 약 2㎜이며, 원형으로 흰색을 띠며 납작하고 얇다. 암컷 성충의 몸길이는 1.0~1.5㎜로 옅은 황색을 띠며 길쭉한 모양이나 가슴부분이 가장 넓고 가늘어진다. 1령 약충의 허물은 담황색 불규칙한 달걀 모양이다.

생활사 수컷이 발견되지 않는 것으로 보아 단위생식을 하는 것으로 추정되며, 연 2회 발생하고 약충으로 월동한다.

방제 방법 밀도가 높을 경우 디노테퓨란 액제 1,000배액 또는 클로티아니딘 입상수용제 2,000배액을 10일 간격으로 2~3회 살포한다.

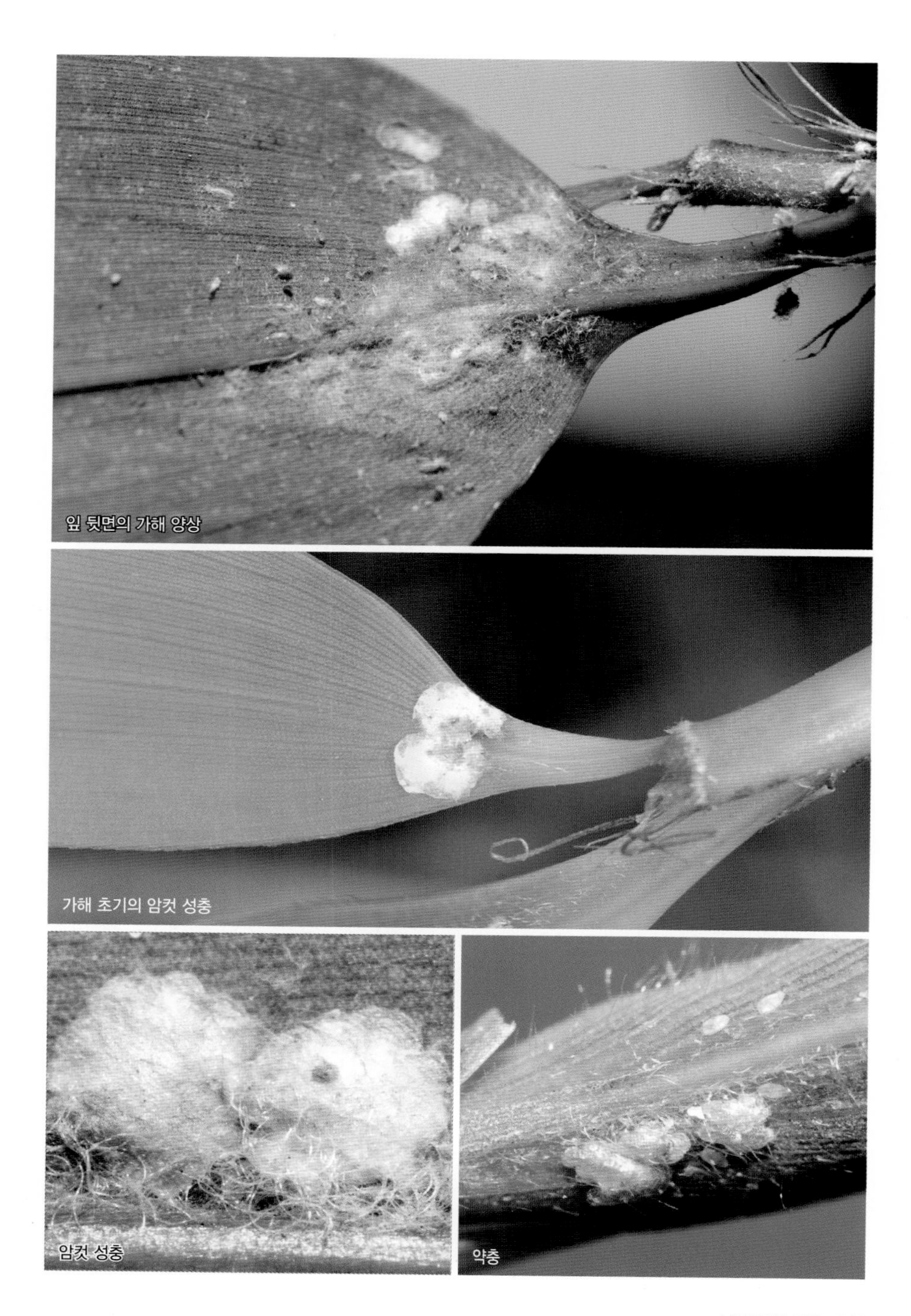

잎 뒷면의 가해 양상

가해 초기의 암컷 성충

암컷 성충

약충

암컷 성충

대나무흰깍지벌레류 *Kuwanaspis* spp.

피해 증상 성충과 약충이 잎, 가지, 줄기에 기생하며 수액을 빨아 먹는 대나무류의 대표적인 깍지벌레로 대나무흰깍지벌레(*K. pseudoleucaspis*)와 대길쭉흰깍지벌레(*K. howardi*)가 섞여서 기생하는 경우가 많다.

형태 대나무흰깍지벌레의 암컷 성충의 깍지는 길이가 2~3㎜로 길쭉하며 뒤쪽이 약간 넓어진다. 몸길이는 약 1.7㎜로 노란색이다. 대길쭉흰깍지벌레는 암컷 성충의 깍지 길이가 4~5㎜로 매우 길쭉하고, 제1배마디의 배면에 분비관이 옆으로 띠 2줄을 형성하며, 수컷이 있다.

생활사 대나무흰깍지벌레는 수컷이 발견되지 않는 것으로 보아 단위생식을 하는 것으로 추정되며, 연 2회 발생하며 성충으로 월동한다.

방제 방법 피해 초기에 디노테퓨란 액제 1,000배액 등을 10일 간격으로 2~3회 살포한다.

줄기에 기생하는 성충과 약충

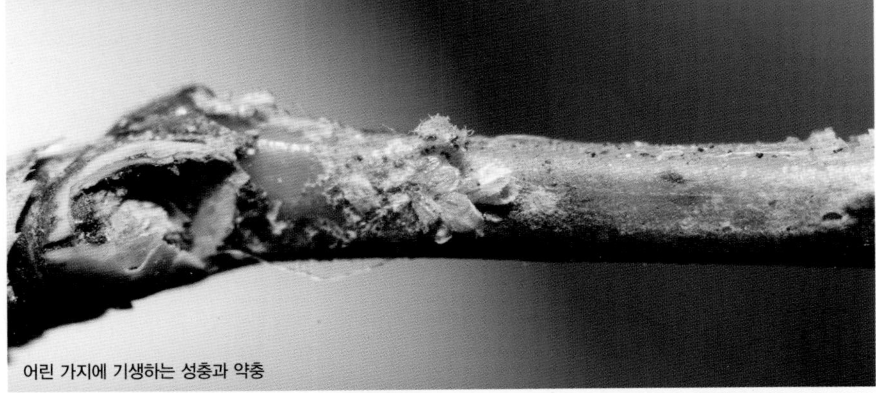
어린 가지에 기생하는 성충과 약충

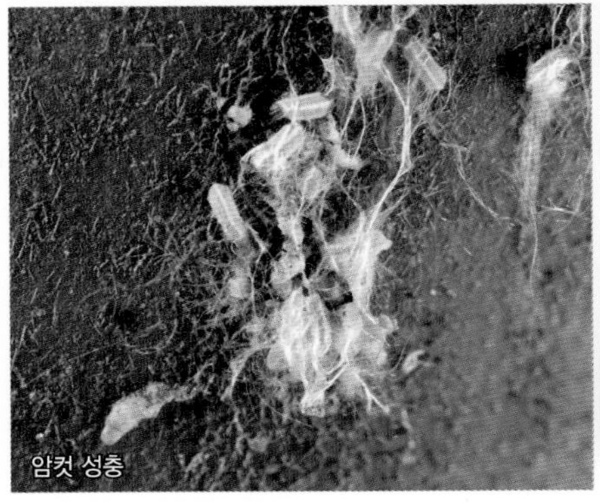
암컷 성충

밀랍물질을 분비하기 전의 암컷 성충

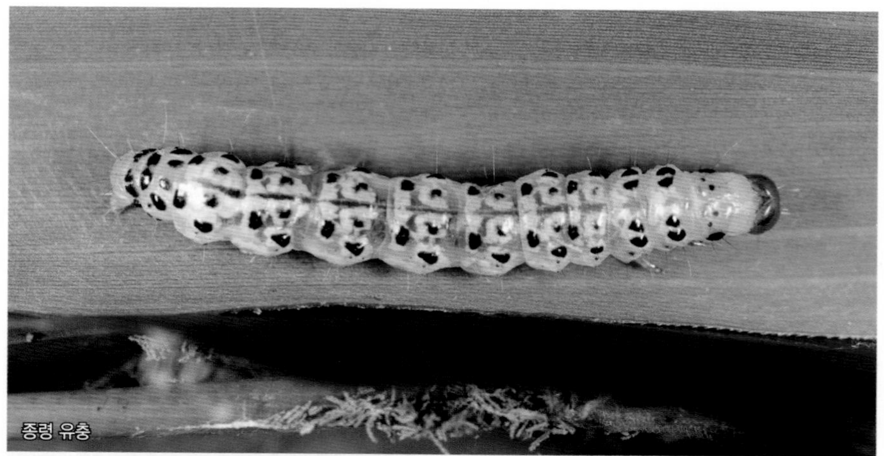
종령 유충

가해 양상

종령 유충의 옆면

줄허리들명나방 *Sinibotys evenoralis*

피해 수목 대나무류

피해 증상 유충이 대나무의 잎을 한 장씩 세로로 말거나 잎 여러 장을 묶고 그 속에서 잎을 갉아 먹는다.

형태 노숙 유충은 몸길이가 약 20㎜로 머리는 주황색이고 몸은 담녹색이며, 검은 점무늬가 배 윗면 양쪽으로 줄지어 있다. 성충은 앞날개 길이가 약 25㎜로 노란색 바탕에 버금바깥가두리선의 안쪽이 암갈색 띠를 이루고 있다.

생활사 연 2회 발생하며 묶어 놓은 잎의 내부에서 유충으로 월동한다. 유충은 3월 하순~5월 중순(월동유충), 6~7월, 8월 중순~10월 중순에 피해를 준다. 성충은 5월 중순~6월 중순, 7~8월 상순에 나타난다.

방제 방법 6월 상순과 8월 중순에 비티쿠르스타키 수화제 1,000배액 또는 디플루벤주론 수화제 2,500배액을 10일 간격으로 2회 이상 살포한다.

종령 유충

가해 양상

종령 유충의 옆면

줄노랑들명나방 *Microstega jessica*

피해 수목 대나무류

피해 증상 유충이 대나무 잎을 한 장씩 세로로 말거나 잎 여러 장을 묶고 그 속에서 잎을 갉아 먹는다.

형태 노숙 유충은 몸길이가 약 20㎜로 머리는 광택이 있는 주황색이고 몸은 담녹색이며, 황갈색 불규칙한 무늬가 있다. 성충은 앞날개 길이가 10~15㎜이고, 황갈색 바탕에 갈색 물결무늬가 있다.

생활사 연 1회 발생하며 주로 땅에 떨어진 죽순껍질에서 유충으로 월동한다. 성충은 5~6월에 나타나서 잎 뒷면에 약 20개씩 무더기로 산란한다. 유충은 6~8월에 가해하며, 8월에 노숙 유충이 되어 월동처로 이동한다.

방제 방법 6월 상순~8월 중순에 비티쿠르스타키 수화제 1,000배액 또는 디플루벤주론 수화제 2,500배액을 10일 간격으로 2회 이상 살포한다.

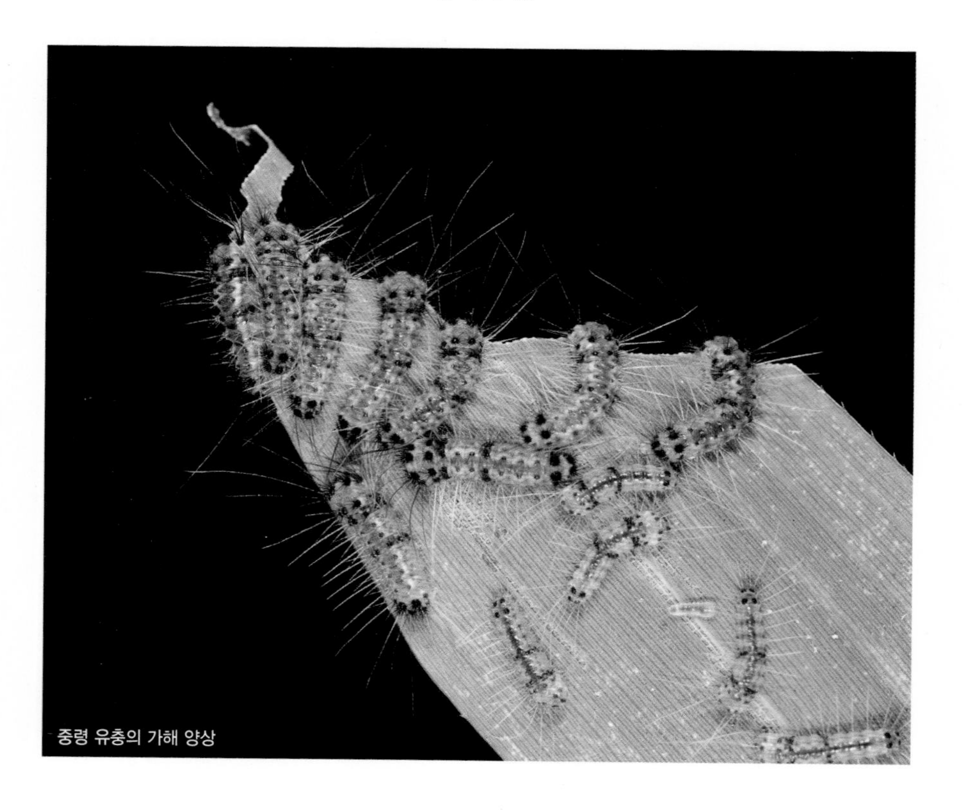
중령 유충의 가해 양상

대나무쐐기알락나방 *Balataea funeralis*

피해 수목 대나무류

피해 증상 어린 유충이 집단으로 잎 뒷면에서 잎살만을 먹기 때문에 잎이 하�게 보인다. 유충은 자라면서 잎가장자리부터 직선상으로 갉아 먹다가 분산한다.

형태 노숙 유충은 몸길이가 약 20㎜이며, 몸은 황갈색으로 각 마디에 검은색 털뭉치판이 있고 긴 털이 나 있다. 성충은 날개 편 길이가 약 23㎜로 몸과 날개가 검은색 또는 남색을 띤다.

생활사 연 2회 발생하지만 따뜻한 곳에서는 연 3회 발생한다. 잎에 고치를 형성하고 그 속에서 유충이나 전용태로 월동한다. 성충은 5~6월, 7~8월에 나타나서 잎 뒷면에 100~200개씩 무더기로 산란한다. 유충은 6~7월, 8~10월에 나타나서 잎을 갉아 먹는다.

방제 방법 유충의 가해시기에 비티쿠르스타키 수화제 1,000배액 또는 디플루벤주론 수화제 2,500배액을 10일 간격으로 2~3회 살포한다.

어린 유충의 가해 양상

잎 앞면의 피해 증상

부화 유충

부화 유충

중령 유충

종령 유충

성충

잎 뒷면에 낳은 알

참고문헌

강전유. 2001. 《수목치료의술》. 나무사랑. 665pp.
강전유 외 5인. 2008. 《나무병해도감》. 소담출판사. 288pp.
강전유 외 5인. 2008. 《나무해충도감》. 소담출판사. 328pp.
고영진 외 6인. 1998. 《식물병리학(역서)》. 월드사이언스. 667pp.
국립산림과학원. 2007. 《침엽수병해도감》. 123pp.
국립산림과학원. 2007. 《신산림해충도감》. 웃고문화사. 458pp.
김진석, 김태형. 2011. 《한국의나무우리땅에사는나무들의모든것》. 주식회사 돌베개. 688pp.
김창환, 남상호, 이승모. 1982. 《한국동식물도감 제27권 동물편(곤충류Ⅷ)》. 문교부. 삼화서적(주). 919pp.
나용준, 신현동, 이종규, 차병진 외 7인. 1999. 《수목병리학》. 향문사. 346pp.
나용준, 우건석, 이경준. 2009. 《조경수병해충도감》. 서울대학교출판문화원.579pp.
백문기 외 17인. 2010. 《한국곤충총목록》. 자연과생태. 598 pp.
백운하. 1972. 《한국동식물도감 제13권 동물편(곤충류Ⅴ)》. 문교부. 삼화서적(주). 751pp.
백운하. 1978. 《한국동식물도감 제22권 동물편(곤충류Ⅵ)》. 문교부. 삼화서적(주). 481pp.
산림청 임업연구원. 1991. 《수목병해충도감》. 424pp.
손재천. 2006. 《주머니속애벌레도감》. 황소걸음. 455pp.
신유황. 2001. 《원색한국나방도감》. 아카데미서적. 551pp.
신유황, 박규택, 남상호. 1983. 《한국동식물도감 제27권 동물편(곤충류Ⅸ)》. 문교부. 삼화서적(주). 1053pp.
윤주복. 2008. 《나무해설도감》. 진선출판사. 350pp.
이범영, 정영진. 1997. 《한국수목해충》. 성안당. 459pp.
이원구. 2010. 《한국식물응애도감(진드기강:응애상목)》. 보건에듀. 271pp.
이창복. 1979. 《대한식물도감》. 향문사. 990pp.
이창언. 1979. 《한국동식물도감 제23권 동물편(곤충류Ⅶ)》. 문교부. 삼화서적(주). 1070pp.
정영진, 이범영, 변병호. 1995. 《한국수목해충목록집》. 임업연구원. 360pp.
차병진 외 6인. 2006. 《장미병해충과생리장해이렇게막는다!》. 중앙생활사. 187pp.
한국식물병리학회. 2009. 《한국식물병명목록》 제5판. 한국식물병리학회. 853pp.
한국작물보호협회. 2012. 《2012작물보호제(농약)지침서》. 한국작물보호협회. 1351pp.
허운홍. 2012. 《나방애벌레도감》. 자연과생태. 520pp.

奥野孝夫, 田中寛, 木村裕. 1977. 《原色樹木病害虫図鑑》. 保育社. 365pp.
一色周知 監修. 1965. 《原色日本蛾類幼虫図鑑 上,下》. 保育社. 238pp.
上住泰, 西村十郎. 1992. 《原色庭木·花木の病害虫》. 農山漁村文化協会. 578pp.
梅谷献二, 岡田利承. 編. 2003. 《日本農業害虫大事典》. 全国農村教育協会. 1203pp.
江原昭三, 後藤哲雄. 2009. 《原色植物ダニ検索図鑑》. 全国農村教育協会. 349pp.
奥野孝夫, 田中寛, 木村裕. 1977. 《原色樹木病害虫図鑑》. 保育社. 365pp.
河合省三. 1980. 《日本原色カイガラムシ図鑑》. 全国農村教育協会. 455pp.
学習研究社. 2005. 《日本産幼虫図鑑》. 学習研究社. 336pp.

岸国平 編. 1998.《日本植物病害大事典》. 全国農村教育協会. 1276pp.
小林享夫, 勝本謙, 我孫子和雄, 安部泰久, 柿島真. 1992.《植物病原菌類図説》. 全国農村教育協会. 685pp.
小林冨士雄. 1991.《緑化木·林木の害虫》. 株式会社養賢堂. 187pp.
全国森林病害獣害防除協会. 2009.《樹木病害デジタル図鑑》. 全国森林病害獣害防除協会. 331pp.
日本植物病理学会 編. 2000.《日本植物病名目録》. 日本植物防疫協会. 857pp.
藤原二男. 2004.《樹種別診断と防除 花木·庭木·家庭果樹の病気と害虫》. 誠文堂新光社. 211pp.
森津孫四郎. 1983.《日本原色アブラムシ図鑑》. 全国農村教育協会. 545pp.

Choi, J.E.. 2004. *Pseudomonas* and allied genera from Korea. National Institute of Agricultural Science and Technology. Suwon. Korea. 302pp.
Jonson, W. T., Lyon, H.H. 1991. Insect That Feed on Trees and Shrubs. 2nd ed. Cornell University Press. 560pp.
Koh,Y.J., Hur,J.S. and Shin, H.D.. 2006. *Pestalotiopsis* in Korea. National Institute of Agricultural Science and Technology. Suwon. Korea. 101pp.
Lee, S.H., J. Holman and J. Havelka. 2002. Illustrated Catalogue of Aphididae in the Korea Peninsula. Part Ⅰ, Subfamily Aphidinae. Korea Research Institute of Bioscience and Biotechnology, Daejoen. 359pp.
Lee, J.T.. 2004. Phytoplasmal Diseases in Korea. National Institute of Agricultural Science and Technology. Suwon. Korea. 226pp.
Paik, J.C.. 2000. Homoptera(Coccinea). National Institute of Agricultural Science and Technology. Suwon. Korea. 193pp.
Shin, H.D.. 2000. Erysiphaceae of Korea. National Institute of Agricultural Science and Technology. Suwon. Korea. 320pp.
Shin, H.D., and Kim, J.D.. 2001. *Cercospora* and allied genera from Korea. National Institute of Agricultural Science and Technology. Suwon. Korea. 302pp.
Shin, H.D., and E.F. Sameva. 2004. *Septoria* in Korea. National Institute of Agricultural Science and Technology. Suwon. Korea. 183pp.
Sinclair, W.A., Lyon, H.H., Johnson, W.T.. 2005. Diseases of Trees and Shrubs. 2nd ed. Cornell University Press. 676pp.

찾아보기

병명(국명)

병명(영명)

해충명(국명)

해충명(학명)